高等院校生命科学类“十二五”规划教材

# 简明蛋白质组学

何华勤　主编

中国林业出版社

## 内容简介

本教材共9章，即绪论、蛋白质组学研究技术、蛋白质双向电泳技术、生物质谱鉴定蛋白质技术、蛋白质翻译后修饰、蛋白质组学的定量研究技术、蛋白质结构分析技术、互作蛋白质组研究技术、蛋白质组信息学。教材力争理论和实验技术的结合，使学生不但懂理论，而且会实践。同时，每个章节后附有思考题，便于学生复习和思考。

本教材可供生物科学、生物信息学等专业本科生和研究生使用。

**图书在版编目（CIP）数据**

简明蛋白质组学/何华勤主编．—北京：中国林业出版社，2011.1（2019.12重印）
高等院校生命科学类“十二五”规划教材
ISBN 978-7-5038-5994-6-01

Ⅰ．简…　Ⅱ．何…　Ⅲ．蛋白质－基因组－高等学校－教材　Ⅳ．①Q51

中国版本图书馆CIP数据核字（2010）第224989号

**国家林业和草原局生态文明教材及林业高校教材建设项目**

---

**中国林业出版社·教材建设与出版管理中心**
**策划、责任编辑：** 杜建玲
**电话：**（010）83143555　　**传真：**（010）83143516

---

出版发行　中国林业出版社（100009　北京市西城区德内大街刘海胡同7号）
E-mail:jiaocaipublic@163.com　电话:(010)83143500
http://www.forestry.gov.cn/lycb.html
经　销　新华书店
印　刷　三河祥达印刷包装有限公司
版　次　2011年6月第1版
印　次　2019年12月第4次
开　本　850mm×1168mm　1/16
印　张　14.25
字　数　352千字
定　价　35.00元

---

未经许可，不得以任何方式复制或抄袭本书之部分或全部内容。
**版权所有　侵权必究**

# 《简明蛋白质组学》编写人员

**主　编**　何华勤

**编　者**　（按姓氏笔画排序）

王经源（福建农林大学）

王彦芹（塔里木大学）

庄振宏（福建农林大学）

何文锦（福建师范大学）

何华勤（福建农林大学）

余爱丽（河北农业大学）

张子丁（中国农业大学）

张连茹（厦门大学）

周　倩（湖南农业大学）

高媛媛（福建师范大学）

# 前言

20世纪人类在基因组学研究上取得了巨大成就，也推动着21世纪生命科学研究跨入后基因组时代。蛋白质组学（Proteomics）是后基因组时代研究的核心，是从整体水平上分析一个有机体、细胞或组织的蛋白质组成及其活动规律的科学。经过数十年的积淀，蛋白质组学研究取得了丰硕的研究成果，尤为突出的是“人类蛋白质组研究计划”。这些研究成果的取得，促进了一些优秀蛋白质组学专著或教材的出版，如 D. Liebler（1999）著 *Introduction to Proteomics: Tools for the New Biology*，R. Twyman（2006）著 *Principles of Proteomics*（*Advanced Texts*），钱小红和贺福初（2003）主编的《蛋白质组学理论与方法》，陈主初和肖志强主编的《疾病蛋白质组学》等。这些专著或教材各具特色，要么简明扼要，要么内容全面。随着蛋白质组学研究的不断深入，蛋白质组学专著或教材的内容也需要不断充实、修正和更新。为此，在中国林业出版社的支持下，编写了《简明蛋白质组学》教材，以适应生命科学教育改革与本科人才培养的需要。

本书编写组中聚集了一批具有高学历的科研人员（每一位编写者成员都已取得博士学位），并且都在从事蛋白质组学的教学与科研实践。编写组成员在分析国内外相关专著和教材特点的基础上，整理了在长期教学与科研实践中积累下来的丰富资料，逐步清晰了本书的编写思路并架构了本书的主要内容。本书具有三个较为显著的特征：一是舍粗存精，编者从庞大的蛋白质组学研究内容中抽取出部分核心内容并进行组装，使本书能适应生命科学类专业的教学需求；二是深入浅出，本书用简明的语言由浅及深逐步展开了蛋白质组学的主要内容，尽量避免复杂的原理与计算，使本书通俗易懂，便于读者自学；三是信息量大，本书的每一章都列出了主要的参考文献，以扩大信息量，指导读者深入学习。同时，在每一章都配有一定数量的复习思考题，帮助读者回顾和总结章节内容。

本书共有9章。编写分工如下：第1章由福建农林大学生命科学学院何华勤和庄振宏编写，第2章由福建农林大学生命科学学院何华勤编写，第3章由湖南农业大学生物安全科学技术学院周倩编写，第4章由福建师范大学生命科学学院何文锦编写，第5章由福建师范大学生命科学学院高媛媛编写，第6章由河北农业大学生命科学学院余爱丽编写，第7章由中国农业大学生物学院张子丁编写，第8章由福建农林大学生命科学学院王经源编写，第9章由厦门大学生命科学学院张连茹编写。

本书编写人员在许多方面都进行了尝试，使其在体系构建、内容选择和思考题的配置等方面与现有同类书籍有较多不同之处。但由于编者水平有限，书中难免有疏漏和不当之处，希望各位同仁和广大读者不吝批评指正。

编写者

2010年6月于福州

# 目 录

前 言

第1章 绪 论 …… (1)
1.1 蛋白质组学的产生 …… (1)
1.1.1 蛋白质组学的产生 …… (1)
1.1.2 蛋白质组学与传统蛋白质化学 …… (4)
1.2 蛋白质组学的发展 …… (5)
1.2.1 蛋白质组学的发展特色 …… (5)
1.2.2 蛋白质组学的研究内容 …… (6)
1.2.3 蛋白质组学发展新趋势 …… (8)
本章小结 …… (9)
思考题 …… (9)
参考文献 …… (10)

第2章 蛋白质组学研究技术 …… (11)
2.1 表达蛋白质组学 …… (12)
2.1.1 蛋白质提取技术 …… (13)
2.1.2 蛋白质分离技术 …… (15)
2.1.3 蛋白质鉴定技术 …… (28)
2.2 功能蛋白质组学 …… (31)
2.2.1 酵母双杂交 …… (31)
2.2.2 蛋白质芯片技术 …… (33)
2.3 结构蛋白质组学 …… (34)
2.3.1 X射线晶体衍射图谱法 …… (34)
2.3.2 核磁共振 …… (35)
本章小结 …… (37)
思考题 …… (37)
参考文献 …… (38)

**第3章 蛋白质双向电泳技术** ……………………………… (39)
3.1 蛋白质样品制备的基本方法 ……………………………… (39)
3.1.1 样品的破碎与裂解 ……………………………… (39)
3.1.2 蛋白质的沉淀 ……………………………… (41)
3.1.3 蛋白质组分的纯化 ……………………………… (42)
3.1.4 裂解液的组成成分及其作用 ……………………………… (44)
3.1.5 蛋白质的定量 ……………………………… (45)
3.2 蛋白质分步提取及亚细胞蛋白质提取 ……………………………… (46)
3.2.1 蛋白质一步提取法 ……………………………… (47)
3.2.2 蛋白质分步顺序提取法 ……………………………… (47)
3.2.3 亚细胞蛋白质提取 ……………………………… (48)
3.3 一维等电聚焦电泳 ……………………………… (50)
3.3.1 蛋白质是两性电解质 ……………………………… (50)
3.3.2 pH 梯度的形成 ……………………………… (52)
3.3.3 等电聚焦电泳 ……………………………… (54)
3.3.4 等电聚焦技术类型及其特点 ……………………………… (55)
3.3.5 固相 pH 梯度技术 ……………………………… (55)
3.4 二维 SDS－聚丙烯酰氨凝胶电泳 ……………………………… (58)
3.4.1 二维 SDS-聚丙烯酰胺凝胶电泳的原理 ……………………………… (58)
3.4.2 双向凝胶电泳技术的局限性及改进方法 ……………………………… (60)
3.5 凝胶的染色、图形获取与分析 ……………………………… (62)
3.5.1 凝胶的染色 ……………………………… (62)
3.5.2 2-DE 数字化图像的处理 ……………………………… (64)
3.5.3 蛋白质胶上酶解 ……………………………… (72)
本章小结 ……………………………… (73)
思考题 ……………………………… (73)
参考文献 ……………………………… (74)

**第4章 生物质谱鉴定蛋白质技术** ……………………………… (76)
4.1 概 述 ……………………………… (76)
4.1.1 生物质谱仪的基本组成 ……………………………… (76)
4.1.2 生物质谱仪的关键性能指标 ……………………………… (76)
4.2 基质辅助激光解吸电离质谱 ……………………………… (77)
4.2.1 离子化源 ……………………………… (78)
4.2.2 TOF 质量检测器 ……………………………… (80)
4.3 电喷雾离子化质谱 ……………………………… (82)
4.3.1 ESI 工作原理 ……………………………… (82)
4.3.2 质谱与其他技术的串联使用 ……………………………… (84)

4.4 肽质量指纹图谱鉴定蛋白质技术 …… (85)
4.4.1 肽质量指纹图谱鉴定蛋白质 …… (85)
4.4.2 肽质量指纹图谱的优点及其局限性 …… (86)
4.4.3 PMF 检索工具 …… (86)
4.4.4 PSD 肽片段的部分测序技术 …… (89)
4.5 串联质谱数据鉴定蛋白质技术 …… (90)
4.5.1 串联质谱测定多肽序列原理 …… (91)
4.5.2 串联质谱的优点及局限性 …… (92)
4.5.3 肽序列标签鉴定技术 …… (92)
4.5.4 $^{18}O$ 标记从头测序技术 …… (93)
4.5.5 其他蛋白质鉴定技术 …… (94)
本章小结 …… (95)
思考题 …… (95)
参考文献 …… (96)

**第5章 蛋白质翻译后修饰 …… (98)**
5.1 磷酸化蛋白质的鉴定 …… (99)
5.1.1 概述 …… (99)
5.1.2 磷酸化蛋白质的检测方法 …… (100)
5.1.3 磷酸化蛋白质或多肽的分离与富集 …… (101)
5.1.4 磷酸化蛋白质的质谱检测与分析 …… (104)
5.2 糖基化蛋白质的鉴定 …… (109)
5.2.1 概述 …… (109)
5.2.2 糖基化蛋白质的种类 …… (110)
5.2.3 糖基化蛋白质的分离与富集技术 …… (113)
5.2.4 糖基化蛋白质的解析 …… (114)
本章小结 …… (116)
思考题 …… (117)
参考文献 …… (117)

**第6章 蛋白质组学的定量研究技术 …… (119)**
6.1 荧光定量蛋白质分析技术 …… (119)
6.1.1 荧光染料染色技术 …… (119)
6.1.2 2D-DIGE 蛋白质组技术 …… (121)
6.2 基于质谱的蛋白质组定量分析技术 …… (125)
6.2.1 代谢标记 …… (126)
6.2.2 提取后标记 …… (130)
6.2.3 非同位素标记定量分析 …… (137)

6.2.4 用 AQUA 肽绝对定量 …… (137)
6.3 蛋白质芯片技术 …… (138)
6.3.1 蛋白质芯片的分类 …… (139)
6.3.2 蛋白质芯片的应用 …… (139)
本章小结 …… (143)
思考题 …… (143)
参考文献 …… (143)

**第7章 蛋白质结构分析技术** …… (147)
7.1 蛋白质的结构 …… (147)
7.1.1 蛋白质结构的组织层次 …… (147)
7.1.2 蛋白质结构的实验测定及结构基因组学 …… (150)
7.1.3 蛋白质结构的分类 …… (152)
7.1.4 蛋白质结构与功能的关系 …… (154)
7.2 蛋白质结构比对 …… (155)
7.2.1 蛋白质结构比对的原理 …… (156)
7.2.2 常用的蛋白质结构比对方法 …… (157)
7.3 蛋白质二级结构预测 …… (159)
7.3.1 常用的二级结构预测方法 …… (160)
7.3.2 不同二级结构预测方法的评价 …… (163)
7.3.3 二级结构预测的展望 …… (164)
7.4 蛋白质三级结构预测 …… (165)
7.4.1 同源模拟 …… (165)
7.4.2 折叠识别 …… (168)
7.4.3 从头计算法 …… (172)
本章小结 …… (176)
思考题 …… (176)
参考文献 …… (176)

**第8章 互作蛋白质组研究技术** …… (178)
8.1 蛋白质-蛋白质相互作用的离体研究技术 …… (179)
8.1.1 蛋白质亲和层析 …… (179)
8.1.2 表面等离子共振技术 …… (179)
8.2 酵母双杂交技术 …… (180)
8.2.1 酵母双杂交技术的原理 …… (180)
8.2.2 酵母双杂交技术的试验流程 …… (181)
8.2.3 酵母双杂交技术的优缺点 …… (183)
8.2.4 双杂交技术的新进展 …… (183)

8.3 免疫共沉淀技术 …… (188)
8.3.1 免疫共沉淀法的原理 …… (188)
8.3.2 免疫共沉淀法的实验流程 …… (189)
8.3.3 免疫共沉淀技术的应用 …… (190)
8.4 蓝色非变性胶技术 …… (191)
8.4.1 BN-PAGE 技术的原理 …… (191)
8.4.2 BN-PAGE 技术的实验流程 …… (193)
8.4.3 BN-PAGE 的应用 …… (195)
本章小结 …… (196)
思考题 …… (196)
参考文献 …… (196)

**第9章 蛋白质组信息学** …… (198)
9.1 蛋白质组信息学简介 …… (198)
9.1.1 蛋白质组信息学的产生与发展 …… (198)
9.1.2 蛋白质组信息学的研究内容 …… (199)
9.2 蛋白质组信息学资源 …… (200)
9.2.1 蛋白质序列数据库 …… (200)
9.2.2 蛋白质模式模体数据库 PROSITE …… (203)
9.2.3 蛋白质结构数据库 …… (204)
9.2.4 蛋白质结构分类数据库 …… (205)
9.2.5 蛋白质互作网络数据库 …… (206)
9.2.6 蛋白质功能信息学数据库 …… (208)
9.3 蛋白质组信息学技术的应用 …… (211)
9.3.1 序列比对 …… (211)
9.3.2 结构预测 …… (213)
9.3.3 药物筛选及设计 …… (214)
本章小结 …… (215)
思考题 …… (215)
参考文献 …… (216)

# 第1章 绪 论

“蛋白质组”(proteome)一词源于蛋白质“PROTEin”与基因组“genOME”两个词的杂合，意指“一个基因组所表达的全套蛋白质”。蛋白质组学(proteomics)是以蛋白质组为研究对象，从整体水平上分析一个有机体、细胞或组织的蛋白质组成及其活动规律的科学。其中“-omics”是“组学”的意思，代表对生物体生命活动规律的一种全局研究策略，即从整体的角度来研究一个生物体、细胞或组织。蛋白质组学的主要研究内容包括蛋白质表达存在方式(修饰形式)的鉴定、结构与功能分析、蛋白质定位、蛋白质差异表达以及蛋白质间的相互作用分析等方面。

“蛋白质组学”和“蛋白质组”是澳大利亚学者 Wilkins 和 Williams 等人 1994 年在意大利 Siena 举行的双向凝胶电泳会议上提出，并首次出现在 1995 年 7 月的电泳(Electrophoresis)杂志上。此后生命科学的研究逐渐进入到一个以蛋白质组为研究对象的全新研究领域。经过 10 多年的积淀，蛋白质组学研究已经进入蓬勃发展时期，一批高水平的研究成果陆续在顶尖刊物发表，如 *Cell*、*Nature* 和 *Science* 等。特别指出的是，中国在这其中扮演着重要的角色，有学者认为，“蛋白质组学研究已成为我国生命科学领域能与发达国家保持同步的少有几个领域之一”。2003 年第二届国际蛋白质组大会上确定由中国领导、16 个国家 80 多家实验室共同参与启动“人类肝脏蛋白质组研究计划”(human liver proteome project, HLPP)，这是我国有史以来领导的第一项重大国际合作计划，也是第一个人类组织/器官蛋白组计划。

## 1.1 蛋白质组学的产生

### 1.1.1 蛋白质组学的产生

蛋白质组学是在 20 世纪基因组学研究取得巨大成就的基础上发展起来的。基因组学研究促进了蛋白质组学研究的发展，蛋白质组学研究又延伸了基因组学研究的深度。两者结合在一起，深层次揭示生命活动的规律。

#### 1.1.1.1 基因组学研究的成就

20 世纪是生命科学迅猛发展的世纪，基因研究为其中的一条主线。为纪念 Waston 与 Crick 提出 DNA 双螺旋结构 50 周年，*Nature* 杂志在 2003 年 4 月 24 日发表了以 DNA 双螺旋结构为背景的基因组研究成就图(图 1-1)。图 1-1 的上半部分为 1900 年到 1990 年基因组学研究的成就。20 世纪初，生命科学的研究以遗传学为代表。孟德尔遗传定律在 1900 年被重新发现，1913 年 Alfred Henry Sturtevant 绘制出第一张线式基因图谱，1929 年 Phoebus Levene 提出 DNA 的化学成分和基本结构，1944 年 Oswald Avery、Colin Macleod 和 Maclyn McCarty 指

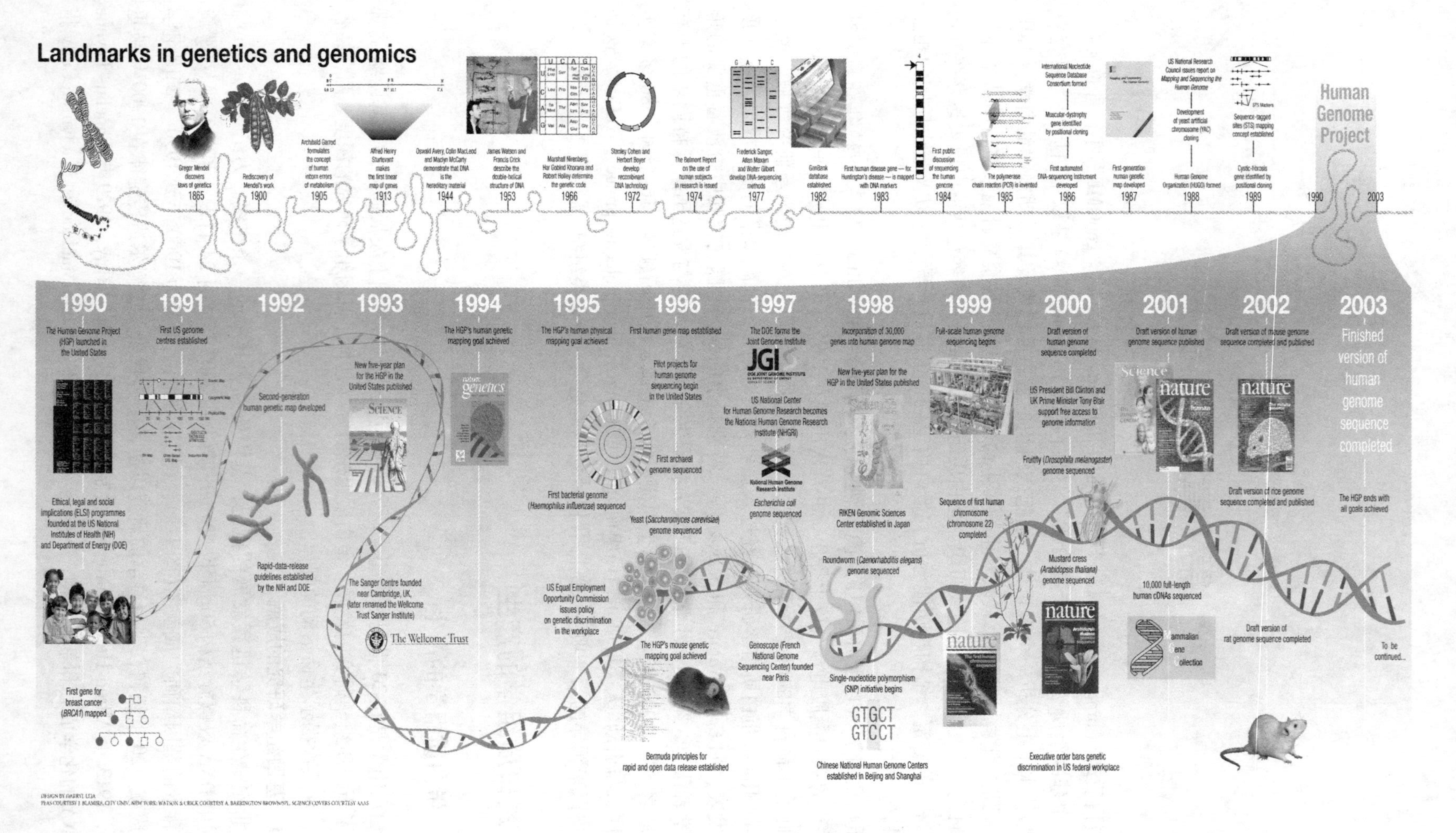


图 1-1　20 世纪基因组学的里程碑

出 DNA 是遗传信息的载体，并开展从基因分离、独立分配、连锁及化学属性等方面的研究，直至 1955 年 Waston 与 Crick 提出 DNA 的双螺旋结构，基因组学走过半个世纪的辉煌。在下半世纪，生命科学研究以分子生物学为代表，1966 年 Marshall Nirenberg、Har Gobind Khorana 和 Robert Holley 揭示了遗传密码子；1972 年 Herbert Boyer 和 Stanley Cohen 发展了重组 DNA 技术，发现改造后的 DNA 分子可在体外细胞中复制并表达；1983 年 Kary Mullis 发展聚合酶链式反应(PCR)技术；直至 1990 年美国正式启动人类基因组计划，生命科学研究达到前所未有的深度和广度。

图 1-1 的下半部分是人类基因组计划的里程碑。人类基因组计划被誉为生命科学领域的“阿波罗登月计划”，是人类生命科学史上最伟大的工程之一，是人类第一次系统、全面地解读和研究人类的遗传物质 DNA。1990 年提出人类的基因组计划(Human Genome Project, HGP)；2000 年，国际人类基因组计划的科学家发布了人类基因组的“工作框架图”；2003 年，国际人类基因组计划宣布绘制完成了更加精确的人类基因组序列图；2006 年 5 月 18 日，英美科学家宣布完成了人类第一号染色体的基因测序图，使已经进行了 16 年的人类基因组计划画上了一个圆满的句号。与此同时，包括水稻在内的多个物种的基因组测序工作也相继完成。

人类基因组计划的重大研究成果——人类基因组序列图谱的完成，宣告了生命科学随着新世纪的到来也进入了一个新的纪元——“后基因组时代”(postgenome era)。功能基因组学(functional genomics)成为研究的重心，蛋白质组学又是功能基因组学的核心。对此，2001 年 2 月，*Nature* 和 *Science* 杂志在公布人类基因组序列草图的同时，分别发表了题为“And now for the proteome”(呼唤蛋白质组)和“Proteomics in genome land”(基因组中的蛋白质组学)的述评与展望，对蛋白质组学研究发出了时代性呼唤。

**1.1.1.2 基因组学研究的局限及蛋白质组学的产生**

面对庞大的遗传信息，人们开始关注这些序列信息与生命活动之间直接或间接的联系，基因的功能是什么？它们又是如何发挥这些功能的？也即“后基因组计划”，又称为功能基因组学研究。完成基因组全长序列的测定只是完成了第一步的工作——结构基因组学，接下去要完成第二步工作——功能基因组学。正如美国北卡罗来纳州杜克大学负责第一号染色体测序项目的西蒙·格雷戈里博士说，“我们正迈入下一阶段，那就是弄清楚基因的作用以及如何相互影响。”

尽管已有多个物种的基因组被测序，但在这些基因组中通常有一半以上基因的功能是未知的。为了分析基因的功能，功能基因组学采用诸如基因芯片、基因表达序列分析(serial analysis of gene expression, SAGE)等的研究策略。但这些研究技术基本上都是以细胞中 mRNA 为研究对象，其前提是细胞中 mRNA 的水平反映了蛋白质的表达水平。但事实并非完全如此。

基因→mRNA→蛋白质，三位一体，构成了遗传信息的流程图，这是传统的中心法则。但 mRNA 的表达水平不能完全反映蛋白质的表达水平，原因有 3 个方面。一是基因与蛋白质之间并非一一对应关系，一个基因并不只存在一个相应的蛋白质，可能会有几个，甚至几十个。什么情况下会有什么样的蛋白，这不仅取决于基因，还与机体所处的周围环境以及机体本身的生理状态有关。二是组织中 mRNA 的表达丰度与蛋白质丰度的相关性并不好。蛋白质的动态修饰和加工并非必须来自基因序列。在 mRNA 水平上有许多细胞调节过程是难以观察到的，因为许多调节是在蛋白质的结构域中发生的。从基因到 mRNA 再到蛋白质，存在 3 个层次的调控，即转录水平调控(transcriptional control)、翻译水平调控(translational control)和翻译后水平调控(post-translational control)(图 1-2)。蛋白质的这种修饰是动态的、可逆的，而且修饰的种类和部位通常不能由基因序列决定。经过 3 个层次调控的蛋白质还通过一系列的运输过程，定位到组织细胞的适当位置，才能发挥正常的生理功能。许多蛋白质还要与其他分子结合后才具有活性。基因不能完全决定蛋白质的后期加工、修饰以及转运定位全过程。用 mRNA 的表达水平代表蛋白质表达水平，实际上仅考虑了转录水平调控。实践中也已经证明，组织中 mRNA 丰度与蛋白质丰度的相关性并不好，尤其对于低丰度蛋白质来说，相关性更差。更重要的是，蛋白质复杂的翻译后修饰、蛋白质的亚细胞定位或迁移、蛋白质－蛋白质间相互作用等几乎无法从 mRNA 水平来判断。三是蛋白质组能动态反映生物系统所处的状态。细胞周期的特定时期、分化的不同阶段、对应的生长和营养状况、温度、应激和病理状态，这些状态所对应的蛋白质组都是有差异的。

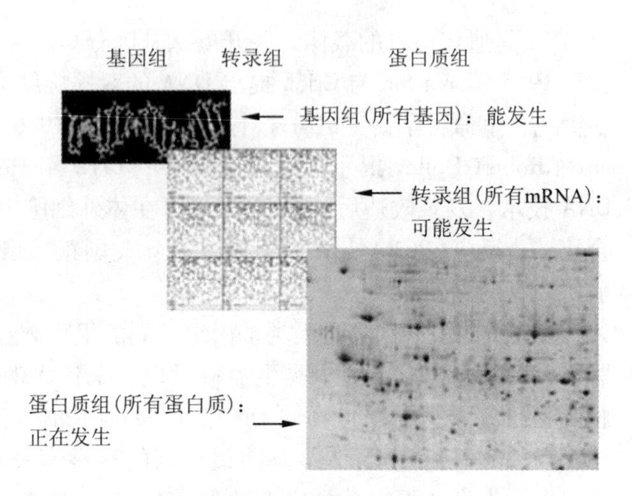


**图 1-2 基因组学、转录组学和蛋白质组学间的关系示意图**

毋庸置疑，蛋白质是生理功能的执行者，是生命现象的直接体现者，对蛋白质结构和功能的研究将直接阐明生命在生理或病理条件下的变化机制。蛋白质本身的存在形式和活动规律，如翻译后修饰、蛋白质间相互作用以及蛋白质构象等问题，仍依赖于直接对蛋白质的研究来解决。蛋白质组学的研究可望提供精确、详细的有关细胞或组织状况的分子描述。

### 1.1.2 蛋白质组学与传统蛋白质化学

值得一提的是，蛋白质组学研究与传统的蛋白质化学研究不同。蛋白质化学包括研究蛋白质的结构和功能，通常涉及物理生物化学或机械酶学。研究工作通常包括完整序列测定、结构测定以及进行结构控制功能的模型研究。物理生化学家和酶学家在同一时间内只研究 1 个蛋白质或多亚基蛋白质复合物。

蛋白质组学研究多蛋白质系统，重点研究作为一个大系统或部分网络的组成的多个不同蛋白质的相互作用。蛋白质组学需进行复杂混合物的分析，不是通过完整序列测定进行鉴定，而是在数据库匹配工具帮助下进行部分序列测定。蛋白质组学的内容是系统生物学，而不是结构生物学。换句话说，蛋白质组学的要点是鉴定系统的行为而不是任何单一组分的行为。

因此，传统蛋白质的研究主要是针对单个蛋白质，这种研究方式显然无法满足后基因组时代的要求。具体原因有 3 个方面：其一，生命现象的发生往往是多因素影响的，必然涉及多个蛋白质；其二，多个蛋白质的参与或是交织互作形成网络，或是平行发生，或呈级联因果；其三，在执行生理功能时，蛋白质的表现是多样的、动态的，并不像基因组那样基本固定不变。单个蛋白质的功能分析显然不足以揭示生命现象的本质。因此，蛋白质组学应运而生。它是以细胞内全部蛋白质的存在及其活动方式为研究对象。可以说，蛋白质组研究的开展不仅是生命科学研究进入后基因组时代的里程碑，也是后基因组时代生命科学研究的核心内容之一。2001 年国际权威杂志 *Science* 把蛋白质组学列为六大研究热点之一，其"热度"仅次于干细胞研究，名列第二。蛋白质组学的发展备受关注。

## 1.2　蛋白质组学的发展

### 1.2.1　蛋白质组学的发展特色

在 20 世纪 70 年代以前，蛋白质的研究一直优于核酸研究；之后，由于核酸研究新技术的不断涌现，如 DNA 重组、测序、PCR 等技术，使核酸研究后来居上，并远远超出蛋白质的研究水平而成为 20 世纪生命科学研究的主线。但蛋白质的研究尤其是相关技术的发展并未停滞不前。其中 O'Farrel P. H. 于 1975 年根据不同组分之间的等电点和分子量差异建立的蛋白质双向凝胶电泳(two-dimension electrophoresis，2-DE)技术使蛋白质的分辨率能达到成千上万个，完全可以用于组织与细胞中大规模蛋白质的分离，使蛋白质组学的研究进入发展快车道。

国际上蛋白质组研究发展迅速，无论是基础理论还是技术方法，都在不断进步和完善。如果说蛋白质学刚诞生时没有得到国际生物学主流的重视，那么近若干年情况已有了巨大的改变。美国、加拿大、欧盟、日本、韩国等国家和地区都将蛋白质组学作为优先支持发展的领域，相继启动各具特色的大型蛋白质组学研究计划，大力推动本国蛋白质组学的发展，力图在这场 21 世纪最激烈的生命科学竞争中取得先机。如美国国立卫生研究院(NIH)提出的未来 15 年发展纲要——NIH 线路图(NIH Roadmap)中计划投入大量经费支持蛋白质组研究；美国能源部 2003 年底出炉的《美国未来二十年大型科学设施展望》明确把蛋白质组学大型设施作为其发展重点之一，资助经费在 50 000 万美元以上。欧共体先期资助了酵母蛋白质组研究并取得了重要进展，随后在"第六框架计划"(Sixth Framework Programme)中将蛋白质组学研究列为优先资助的重要领域。日本启动了"蛋白质 3000 计划"(Protein 3000 Project)，在结构蛋白质组研究项目上已经投 入7 亿美元的研究经费。在法国，5 个研究不同模式生物的实验室得到为期 3 年的资助，每年约为 500 万美元平均分配到基因组、转录组和蛋白质组研究中。德国也没有忽略蛋白质组研究，联邦政府投资了 730 万美元开展蛋白质组和相关技术研究，并建立了一个蛋白质组中心。1998 年澳大利亚政府着手建立第一个蛋白质组研究网(Australian Proteome Analysis Facility，APAF)，APAF 将为该国的有关实验室提供一流的仪器设备，并把它们整合在一起进行大规模的蛋白质组研究。欧洲、亚太地区都成立了区域性蛋白质组研究组织，试图通过合作的方式，融合各方面的力量，完成人类蛋白质组计划(Human Proteome Project，HPP)。我国自 1999 年开始启动关于蛋白质组研究的国家自然科学基金重大项目。

与人类基因组计划相呼应，2001 年 4 月，在美国成立了国际人类蛋白质组研究组织(Human Proteome Organization，HUPO)，提出了人类蛋白质组计划(http：//www. hupo. org/)。人类蛋白质组计划是继人类基因组计划(Human Genome Project，HGP)之后生命科学领域最大规模的国际性科技工程，也可能是21 世纪第一个重大国际合作计划。由于蛋白质组研究的复杂性和艰巨性，人类蛋白质组计划将按人体组织、器官和体液分批启动的策略实施。首批行动计划包括由美国科学家牵头的人类血浆蛋白质组计划和由中国科学家牵头的人类肝脏蛋白质组计划。随后由英国科学家牵头的蛋白质组标准化计划、由德国科学家牵头的人类脑蛋白质组计划、由瑞典科学家牵头的人类抗体计划、由日本科学家牵头的糖蛋白质组计划，以及由加拿大科学家牵头的人类疾病的小鼠模型蛋白质组计划相继启动。最近，HUPO 正酝酿启动重要疾病生物标志物计划，致力于利用蛋白质组学技术寻找重要疾病的生物标志物，以提高其预警、早期诊断和治疗水平。

蛋白质组研究领域的另一个特色是许多企业或药厂开展了一些应用性研究，如膀胱癌、早老年痴呆症的蛋白质组研究、利用蛋白质组技术筛选疫苗等。在美国，各大药厂和公司在巨大财力的支持下，纷纷加入蛋白质组的研究阵容。据报道，Myriad 公司将与美国 Oracle 公司、日本日立股份、瑞士 Friedli 基金组织合作推出“蛋白质组”研究计划；由 Myriad 公司控股，4 家公司共同投资 1. 85 亿美元成立 Myriad 蛋白质组学股份有限公司。新成立的公司以鉴定人体中 30 万种以上的蛋白质为目标，并力争弄清各种蛋白质之间相互作用的机制。对此，Myriad 公司的首席执行官 Peter Meldrum 说：“我们将力争在分子水平上去揭示生命过程的奥秘”。Myriad 公司的计划分为两部分：第一部分是在酵母中表达人体的每一种蛋白质的同时研究这些蛋白质的相互作用；第二部分则把目标放在分析人体蛋白质复合体的组成及其中各蛋白质组分的功能与调控机制上。总之，两个方面的研究将帮助科学家们了解蛋白质如何实现正常的细胞功能以及如何抵抗疾病的侵袭。但 Myriad 公司所面临的竞争也是非常激烈。曾在人类基因组计划中发挥了重要作用的 Celera 公司也不甘示弱，宣布投资上亿美元于蛋白质组学领域。而当年提出人类蛋白质索引(Human Protein Index)的美国科学家 Normsn G. Anderson 也成立了类似的蛋白质组学公司，继续其多年未实现的梦想。国际上最大的蛋白质组公司——GeneProt 于 2001 年在瑞士成立，该公司由以开发蛋白质组数据库“SWISS-PROT”著称的研究人员发起，投资 1. 22 亿美元建立大规模蛋白质组研究中心，以应用蛋白质组技术开发新药物靶标为目的，建立了配备有上百台质谱仪的高通量技术平台。

### 1. 2. 2 蛋白质组学的研究内容

自 1995 年“proteome”一词问世到 1997 年底，发表的相关文章只有 41 篇，到 2008 年 12 月 31 日发表的文章达到 7 365 篇；近 10 年来文章数量以指数的方式增长。其间出现了一些标志性的研究成果。1999 年 11 月 *Nature* 杂志上发表了一篇用蛋白质组学技术分析蛋白质折叠的研究论文，揭示了蛋白质与分子伴侣间相互作用的关键结构特征，这项工作很好地体现了蛋白质组学研究技术的特点。2000 年 Rout 等运用蛋白质组学技术分离了完整的酵母核孔蛋白复合体，检测到所有的多肽，并系统地对每种可能的蛋白质组分进行复合体内定位与定量分析，从而描绘了酵母核孔蛋白复合体的完整分子结构，揭示了其工作原理。这个工作可以说是蛋白质组学解决结构生物学问题的一个典范，为揭示其他巨大分子机器的“构造”和工作原理指出了一条新路。

从近期国际上蛋白质组学研究的发展动向可以看出，揭示蛋白质之间的相互作用关系，建立相互作用关系的网络图谱，已成为揭示蛋白质组复杂体系与蛋白质功能模式的先导，已成为蛋白质组学领域的研究热点。2000 年初，*Science* 刊载了一篇应用蛋白质组学的大规模双杂交技术研究线虫生殖器官发育的文章，初步建立了与线虫生殖发育相关的蛋白质相互作用图谱，从而为深入研究与揭示线虫发育的机理等提供了丰富的线索。这一工作为以前专注于信号转导过程中单个蛋白质作用机制研究的科学家们提供了一个新的思路。总体而言，近年来蛋白质组学研究已经在蛋白质鉴定、蛋白质翻译后修饰和蛋白质 - 蛋白质相互作用等领域取得了显著进展。

#### 1.2.2.1 蛋白质的分离与鉴定

一些蛋白质组学研究新技术的出现促进了蛋白质的分离与鉴定研究。其中双向凝胶电泳技术与生物质谱技术已被广泛应用于可溶性蛋白及细胞膜外表面蛋白的分离与鉴定。对于难溶解的膜蛋白的分离，可采用色谱技术或分步溶解提取技术的研究策略。对于鉴定复合物中的蛋白质，可先对蛋白质复合物进行一维电泳或二维电泳分离，然后结合 Western-blotting(免疫印迹)技术进行鉴定。也可利用蛋白质芯片，如抗体芯片，或免疫共沉淀等技术对蛋白质进行分离与鉴定。

#### 1.2.2.2 蛋白质互作或蛋白质复合体分析

细胞中的调控过程大都是以蛋白质复合体或蛋白质 - 蛋白质间互作网络协同作用的形式来实现的。蛋白质互作或复合体的研究技术主要有非变性凝胶电泳技术(blue native-PAGE，BN-PAGE)、各种不同类型的色谱技术及免疫共沉淀技术等。从细胞提取物中快速鉴定某一蛋白复合体，特别是低丰度的蛋白质复合体，较为有效的策略是先对转基因生物体进行表位标记(epitope tagging)，然后进行亲和沉淀纯化分析。

#### 1.2.2.3 蛋白质翻译后修饰研究

许多蛋白质在翻译中或翻译后都要经历一个共价加工的过程，翻译后修饰是蛋白质功能调节的重要方式。蛋白质的翻译后修饰不仅是一个“装饰”，它调节着蛋白质的活性状态、定位、折叠以及蛋白质与蛋白质之间的交互作用等。因此，蛋白质翻译后修饰的研究对阐明蛋白质的功能具有重要作用。

#### 1.2.2.4 蛋白质功能鉴定

鉴定蛋白质的功能，如酶的活性及酶底物分析、配基—受体结合的分析，其研究技术有基因敲除和反义基因表达等。另外，对蛋白质翻译后在细胞内的定位研究也在一定程度上有助于蛋白质功能的了解。Clontech 的荧光蛋白表达系统就是研究蛋白质在细胞内定位的一个很好的工具。

#### 1.2.2.5 蛋白质复合体的结构分析

对蛋白质复合体结构的研究可揭示复合体与其配体间相互作用的机理，为阐明蛋白质复合体在机体内的生理功能以及指导相关药物的设计和开发提供理论基础。蛋白质经过限制性酶解后，结合交叉连接(cross-linking)或同位素交换技术(isotope exchange)，可以分析蛋白质复合体的结构。Tidow H(2010)等人运用 X 射线衍射技术对 PMCAs(质膜 $Ca^{2+}$-ATPases)的调控区(domain)与钙调蛋白(calmodulin)的复合体结晶体进行分析，检测到的复合体结构分

辨率高达 $3.0 \times 10^{-10}$ m，为阐明钙调蛋白活化 PMCAs 的机理奠定了基础。O'Farrell HC (2010)等人分析了詹氏甲烷球菌(*Methanocal-dococcus jannaschii*) 的 KsgA 与几个配体组成复合物的结构，其中包括 S-腺苷-L-半胱氨酸(S-adenosyl-L-methionine)与 KsgA/Dim1 构成的首个酶蛋白复合体，为调节核糖体合成的药物设计提供了重要的蛋白结构信息。

## 1.2.3 蛋白质组学发展新趋势

### 1.2.3.1 基础研究

蛋白质组学强调的是系统的研究策略。从整体的角度看，蛋白质组研究大致可以分为2种类型：一种是针对细胞或组织的全部蛋白质，即着眼点就是整个蛋白质组；而另一种则是以一个特定的生物学问题或与机制相关的全部蛋白质为着眼点。针对细胞蛋白质组的完整分析工作已经全面展开，不仅如大肠杆菌、酵母菌等低等模式生物的蛋白质组数据库在建立之中，高等生物如水稻和小鼠等的蛋白质组研究也已开展，人类一些正常和病变细胞的蛋白质组数据库也在建立之中。与此同时，更多的蛋白质组研究工作则是将着眼点放在蛋白质组的变化或差异上，也就是通过对蛋白质组的比较分析，首先发现并鉴定在不同生理条件下或不同外界环境条件下蛋白质组中有差异的蛋白质组分。

在基础研究方面，近两年来蛋白质组研究技术已被应用到各种生命科学领域，如细胞生物学、神经生物学、生殖生物学等。在研究对象上，覆盖了原核微生物、真核微生物、植物和动物等范围；涉及各种重要的生物学现象，如蛋白质功能鉴定、信号转导、细胞分化、蛋白质折叠，等等。在未来的发展中，蛋白质组学的研究范围必将更加广泛。

### 1.2.3.2 技术发展

遗传学和分子生物学的理论与试验研究技术的快速发展，造就了20世纪生命科学研究的辉煌。从20世纪初孟德尔遗传定律被重新发现，到DNA是遗传物质的确立、DNA结构的确定、遗传代码的阐明、DNA重组技术的发展，以及自动化程度日益提高的DNA测序技术的建立，为1990年启动人类基因组计划奠定了基础。21世纪，蛋白质组学的研究要取得成功，必然要在理论，特别是蛋白质组学的实验研究技术上取得突破。

在技术发展方面，蛋白质双向凝胶电泳技术是蛋白质组学研究的主要分离技术，但存在繁琐、不稳定和低灵敏度等缺点。因此，蛋白质组学的研究方法将出现多种技术并存、优势互补的现象。发展可替代或补充双向凝胶电泳技术的新方法已成为近期蛋白质组实验技术发展的最主要目标。目前，二维色谱(2D-LC)、二维毛细管电泳(2D-CE)、液相色谱-毛细管电泳(LC-CE)等新型分离技术都有补充和取代双向凝胶电泳技术之势；另一种策略是以质谱技术为核心，开发质谱鸟枪法(shot-gun)、毛细管电泳—质谱联用(CE-MS)等新技术，直接鉴定全蛋白质组混合物的酶解产物。随着对大规模蛋白质相互作用研究的重视，发展高通量和高精度的蛋白质相互作用检测技术也被科学家们所关注。此外，蛋白质芯片的发展也十分迅速，并已经在临床诊断中得到应用。

作为一门新兴的学科，蛋白质组学从产生的那一刻起就不是一个封闭的、概念化的知识体系，而是一个研究领域。分子生物学、生物信息学的迅猛发展以及各种高科技检测手段的不断出现，都赋予该领域新的内涵。比如，双向电泳矢量图已经应用于蛋白质翻译后修饰种类和程度的预测。Humphery-Smith 等创建了蛋白质重叠群(proteomic contig)的概念，可扩大双向电泳的 pH 浓度范围和分子范围，分辨更多的蛋白质组分，对蛋白质的差异表达进行准确的定量分析。“蛋白质重叠群”概念的提出，标志着蛋白质组学研究正由定性向准确的定量方向发展。一步消化法(OSDT)、平行胶内消化(PIGD)和双平行消化(DPD)3 种方法能实现 2-DE 胶上样品的酶解和转移的平行化，之后就可以运用质谱技术一次性测定大量的蛋白质样品。多维色谱整合串联质谱(MLCT-MS)技术能够克服 2-DE 技术中等电点 p*I* 过大或过小及疏水性强蛋白质丢失的缺陷，为蛋白质组学研究开创了新的思路。稳定同位素标记法和同位素亲和标签法(ICAT)解决了 2-DE 图像斥力和分析方面的难题，能定量分析微量蛋白质。

#### 1.2.3.3 应用研究

蛋白质组学从一开始就呈现出基础研究与应用研究并驾齐驱的趋势。蛋白质组学成为寻找疾病分子标记和药物靶标最有效的方法之一。目前国际上许多大型药物公司正投入大量的人力和物力进行蛋白质组学方面的应用性研究。在对恶性肿瘤、早老性痴呆等人类重大疾病的临床诊断和治疗方面，蛋白质组技术具有十分诱人的前景。它可以从蛋白质整体水平上研究恶性肿瘤的发病机制，从而使攻克这一难关成为可能，目前已应用于肝癌、膀胱癌、前列腺癌等的研究。在感染性疾病研究中，通过对引起感染性疾病病原的整体研究，同时结合血清学的分析，鉴定出与疾病相关的新标志物。这种研究策略在疾病的诊断、治疗、预防、致病原发病机制以及开发新药等方面正发挥着越来越大的作用。

此外，蛋白质组学还广泛应用于生命起源、生物的进化历程以及开发新的蛋白质药物等领域研究。作为一门新兴学科，蛋白质组学为人类展示了一幅具有美好前景的画面，在蛋白质组学技术的辅助下，人类揭开生命科学诸多奥秘的梦想已为期不远。

## 本章小结

随着人类和一些模式生物基因组测序工作的完成，半个世纪的基因研究为我们展示了生命科学的辉煌成就，而蛋白质组学是“后基因组”时代的研究核心。本章从基因组学研究的局限着手，系统地介绍了蛋白质组学产生的原因与发展历史，分析了蛋白质研究与基因研究、蛋白质组学与传统蛋白质化学研究的不同点，阐述了蛋白质组学发展的特色及其未来发展趋势，总结了当前蛋白质组学的主要研究内容。相信蛋白质组学将成为人类揭示生命科学领域诸多奥秘的新式武器。

## 思考题

1. 简述 20 世纪生物学研究的特色。
2. 分析蛋白质表达与基因表达的差异与联系。
3. 简述蛋白质组学研究与传统蛋白质化学研究的区别。
4. 从当前已发表的论文分析，总结当前蛋白质组学的研究内容。
5. 分析蛋白质组学研究发展的特色。
6. 简述蛋白质组学研究的发展趋势。
7. 谈谈你对蛋白质组学研究应用前景的认识。

# 参考文献

1. ABBOTT A. 2001. And now for the proteome[J]. Nature, 409(6822): 747.

2. COLLINS F S, GREEN E D, GUTTMACHER A E. et al. 2003. A vision for the future of genomics research-A blueprint for the genomic era[J]. Nature, (422): 835 - 847.

3. FIELDS S. 2001. Proteomics in genomeland[J]. Science, 291(5507): 1221 - 1224.

4. O'FARRELL H C, MUSAYEV F N, SCARSDALE J N, et al. 2010. Binding of adenosine-based ligands to the MjDiml rRNA methyltransferase: implications for reaction mechanism and drug design[J]. Biochemistry, 49(12): 697 - 704.

5. TIDOW H, HEIN K L, BAEKGAARD L, et al. 2010. Expression, purification, crystallization and preliminary X-ray analysis of calmodulin in complex with the regulatory domain of the plasma-membrane $Ca^{2+}$-ATPase ACA8 [J]. Acta Crystallogr Sect F Struct Biol Cryst Commun, 66(Pt 3): 361 - 363.

6. van WIJK K J. 2001. Challenges and Prospects of Plant Proteomics[J]. Plant Physiology, (126): 501 - 508.

7. WASINGER V C, CORDWELL S J, CERPA-POLJAK A, et al. 1995. Progress with gene-product mapping of the mollicutes: Mycoplasma genitalium[J]. Electrophoresis, 16: 1090 - 1094.

8. WILKINS M R, SANCHEZ J C, GOOLEY A, et al. 1995. Progress with proteome projects: Why all proteins expressed by genome should be identified and how to do it[J]. Biotech Genet Eng Rev, 13: 19.

9. WILKINS M R, SANCHEZ J C, WILLIAMS K L, et al. 1996. Current challenges and future applications for protein maps and post-translational vector maps in proteome projects[J]. Electrophoresis, 17: 830 - 838.

10. 俞利荣，曾嵘，夏其昌. 1998. 蛋白质组研究技术及其进展[J]. 生命的化学，18(6)：4 - 6.

# 第2章　蛋白质组学研究技术

由于蛋白质组是一个动态、变化的整体，生物体内的蛋白质不能像核酸一样通过 PCR 扩增来增加样品量，因此，蛋白质组学研究的复杂性要远远大于基因组，表现在以下 3 个方面。

其一，蛋白质的组成及结构比基因复杂。DNA 是由 4 种不同的碱基组成，而蛋白质是由 20 种氨基酸组成。由哪些氨基酸组成什么种类的蛋白质是基因决定的，但即使知道了某种蛋白质的氨基酸序列，也很难从基因结构和对应的氨基酸序列上准确推断出所编码蛋白质的三维结构、功能及其与其他蛋白质的相互关系。与基因的简单线状结构不同，蛋白质会折叠成不同的形状。不仅如此，细胞在合成蛋白质的过程中还会发生翻译后修饰，其方式也很难从组成蛋白质的氨基酸序列上预测到。

其二，生物体中蛋白质的数目远大于基因的数目。人类基因组包含 2.5 万～4 万个基因，而人类蛋白质可能高达 10 万个。仅仅一个典型的细胞就能制造成千上万种不同的蛋白质。有些基因能够制造多个蛋白质，这是因为基因在转录过程中会发生不同的剪切与拼接，不同剪切部位发生拼接，重组后就制造出不同的蛋白质。最近的研究预计，果蝇内一条特别高产的基因能够制造 9.8 万种不同的蛋白质。

其三，基因是相对静态的，生物体中的基因组在不同环境下是相同的。而蛋白质是动态的，随时间、空间的变化而变化。生物体只有一套基因组，但在不同时间、不同环境下生物体表达的蛋白质组不同。人类要认识一个生物体的蛋白质组，就必须逐一研究所有这些蛋白质的特性。

因此，蛋白质组学的研究技术远比基因技术复杂和困难。蛋白质组学的技术不如基因组学研究技术成熟。至今尚没有一种蛋白质的测序技术可与在基因组研究中起关键作用的自动化 DNA 测序技术相媲美。DNA 微阵列技术的发展与应用，使得基因的筛选实现了高通量，而目前的蛋白质分析技术离工业规模的高通量还有较大差距。发展高通量、高灵敏度、高准确性的研究技术平台是现在乃至相当一段时间内蛋白质组学研究中的主要任务。

尽管蛋白质如此复杂多变，而且蛋白质组学的研究技术也尚不成熟，蛋白质组研究的潜在价值仍引起广大研究者的极大关注。旧金山加州大学的 Burlingame 教授说："在人体内的蛋白质约有 30%～59% 是未知或功能不明的，我们已经具备了快速探究人类蛋白质组的能力，在未来两三年内将会取得重大进展。"

根据研究目标的不同，我们将蛋白质组学研究分为表达蛋白质组学、功能蛋白质组学和结构蛋白质组学三大分支。

## 2.1　表达蛋白质组学

表达蛋白质组学(expressional proteomics)是观察某种细胞或组织中蛋白质的整体表达，分析不同条件下蛋白质表达量的变化的科学。表达蛋白质组学侧重于用图谱的方式显示、衡量和分析蛋白质表达的整体变化，如分析生物体在不同发育时期、不同环境、疾病或药物处理下的蛋白质整体变化。

表达蛋白质组学研究技术的基本流程见图 2-1。首先提取样品中的蛋白质复合物，分离成不同的蛋白质单体，经过蛋白酶水解，蛋白质单体被酶切成大小适宜的肽段；质谱分析肽段，获得肽指纹图谱或序列标签，在蛋白质数据库进行蛋白质鉴定。其主要的研究技术包括蛋白质分离技术、质谱分析技术、基因表达的系列分析技术(serial analysis of gene expre-

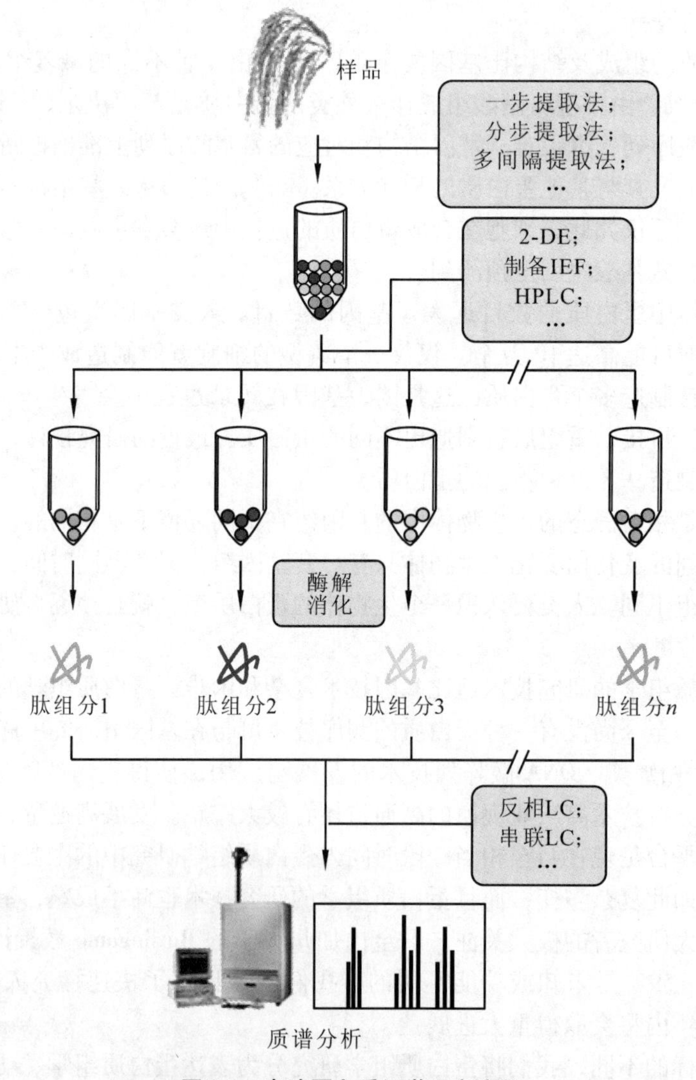


**图 2-1　表达蛋白质组学研究流程**

ssion, SAGE)及微测序技术等。下面简要介绍蛋白质组学中广泛应用的蛋白质分离和质谱分析技术。

### 2.1.1 蛋白质提取技术

蛋白质组的研究实质上是在细胞水平上对蛋白质进行大规模的平行分离和分析，往往要同时处理成千上万种蛋白质。蛋白质组学研究成功与否，很大程度上取决于蛋白质提取和分离技术方法水平的高低。

样品制备时，可采用不同溶剂提取、分离及纯化蛋白质。蛋白质在不同溶剂中溶解度的差异，主要取决于蛋白质分子中非极性疏水基团与极性亲水基团的比例，其次取决于这些基团的排列和偶极矩。故分子结构性质是不同蛋白质溶解差异的内因。温度、pH 值、离子强度等是影响蛋白质溶解度的外界条件。提取蛋白质时常根据这些内外因素综合加以利用。表 2-1 列出细胞中不同结构蛋白质的溶解特性。

**表 2-1 不同结构蛋白质的溶解性质***

| 蛋白质类别 | 溶解性质 |
|---|---|
| 简单蛋白质<br>白蛋白<br>球蛋白 | 溶于水及稀盐、稀酸、稀碱溶液，可被 50% 饱和度硫酸铵析出 |
| 真球蛋白 | 一般在等电点时不溶于水，但加入少量的盐、酸、碱则可溶解 |
| 拟球蛋白 | 溶于水，可为 50% 饱和度硫酸铵析出 |
| 醇溶蛋白 | 溶于 70%~80% 乙醇中，不溶于水及无水乙醇 |
| 壳蛋白 | 在等电点不溶于水，也不溶于稀盐酸，易溶于稀酸、稀碱溶液 |
| 精蛋白 | 溶于水和稀酸，易在稀氨水中沉淀 |
| 组蛋白 | 溶于水和稀酸，易在稀氨水中沉淀 |
| 硬蛋白质 | 不溶于水、盐、稀酸及稀碱 |
| 缀合蛋白(包括磷蛋白、黏蛋白、糖蛋白、核蛋白、脂蛋白、血红蛋白、金属蛋白、黄素蛋白和氮苯蛋白等) | 此类蛋白质的溶解性质随蛋白质与非蛋白质结合部分的不同而异，除脂蛋白外，一般可溶于稀酸、稀碱及盐溶液中。脂蛋白如脂肪部分露于外，则脂溶性占优势；如脂肪部分被包围于分子之中，则水溶性占优势 |

* 摘自 http://www.wrfcn.com/jskf_2.htm

当前，常用的蛋白质提取方法有 2 种：一步法和分步提取法。研究人员应根据实验设计和研究目的不同，选择不同的蛋白质提取溶剂和不同的蛋白质样品制备方法。一步法通常采用单一裂解液和单一的裂解步骤，提取细胞或组织中的全蛋白质组分进行蛋白质组分析。分步提取法是对样品进行预分级，即采用各种方法将细胞或组织中的全体蛋白质分成几部分，分别进行蛋白质组研究。其中样品预分级的主要方法是根据蛋白质溶解性和蛋白质在细胞中不同的细胞器定位进行分级，如专门分离出细胞核、线粒体或高尔基体等细胞器的蛋白质成分。样品预分级不仅可以提高低丰度蛋白质的提取量，还可以针对某一细胞器的蛋白质组进行研究。

#### 2.1.1.1　一步法

一步法是指在蛋白质的提取过程中只选用具有单一增溶作用的蛋白裂解液、而且单一的裂解步骤。一步法的蛋白质提取效率较低，大约仅为总蛋白质的 50%。单一裂解液中的离液剂、去垢剂、两性电解质或还原剂浓度发生变化，不同结构蛋白质的溶解性也会发生变化。因此，对不同材料需要通过反复试验，摸索到最适宜的蛋白质提取方法。

#### 2.1.1.2　分步提取法

(1) 顺序提取法

顺序提取法 (sequential extraction) 的原理是基于不同提取液对蛋白质的溶解能力不同，对全细胞蛋白质进行分步提取，然后再分别进行电泳。采用顺序提取法对细胞总蛋白进行预分离，3 种溶解性逐渐增强的提取液分步抽提细胞总蛋白，所得到的三部分蛋白质样品分别进行二维凝胶电泳(图 2-2)。实际上在根据蛋白质等电点和相对分子质量不同，用 2-DE 进行二维分离之前，增加了溶解性能不同的第三维分离。试验结果表明，采用三步法，能观察到的蛋白质点增加了约 20%，很多低丰度的蛋白质，特别是一些疏水性的蛋白质可以被观察到。此方法优点在于可以检测出更多的蛋白质斑点，且低丰度蛋白质的浓度得到增强，从而提高了提取效率。

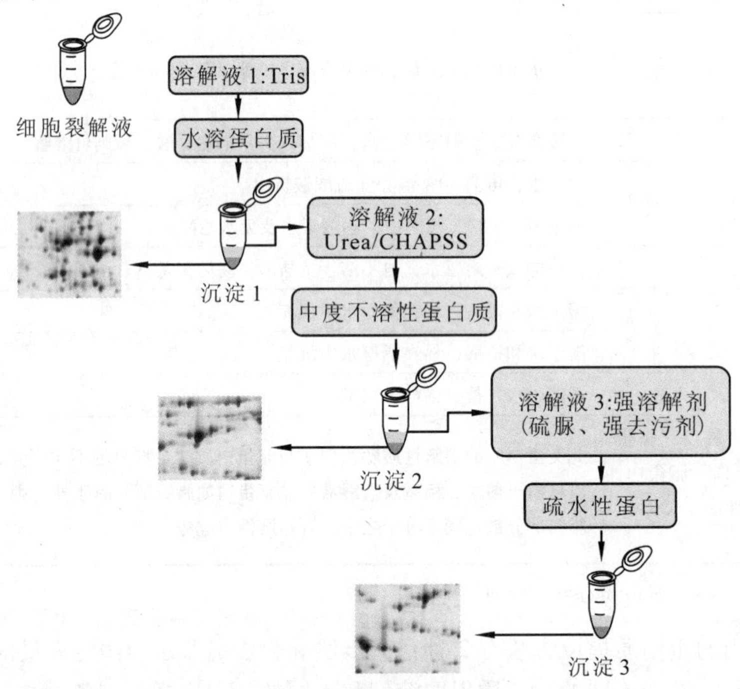


**图 2-2　顺序提取法的基本流程**

(2) 样品分级提取技术

根据所需分离蛋白质的特殊属性，使其预先富集，然后再进行分离。常用的方法包括电泳、色谱、免疫沉淀等。

①细胞器预分离提取　为了提取某一特定细胞器上的蛋白质，防止其他细胞组分的干扰，细胞破碎后常将细胞内各组分先进行分离。通常利用各种细胞器大小、形态和密度的不

同，进行密度梯度离心或差速离心，分离出细胞内特定的细胞器，然后从细胞器中提取蛋白质，得到生物学上功能相关的一类蛋白质。该方法减少了蛋白质的分散性和复杂性。

细胞器的分离制备，介质的选择十分重要。最早使用的介质是生理盐水，但生理盐水容易使亚细胞颗粒发生聚集作用而结成块状，沉淀分离效果不理想。现一般用蔗糖、Ficoll(一种蔗糖多聚物)或葡萄糖-聚乙二醇等高分子溶液。

②多间隔电解法　多间隔电解法(multi-compartment electrolyser)也是一种样品预分级的方法，由澳大利亚的Herbert等人于2000年提出。电泳装置由中间的聚焦室和两端的电极室组成。电极室内装电极液，由阴阳离子交换膜将电解质与样品分开。聚焦室由隔膜分成多个样品室。操作时，将预分离的蛋白质混合物放进聚焦室中，随着等电聚焦电泳的进行，混合物中的蛋白质根据各自的等电点不同而聚焦到相应的样品室中并被分别收集。将经过此种预分离的蛋白质样品采用窄范围pH的胶条进行电泳分离。采用这种方法，蛋白质的分辨率明显提高。

## 2.1.2 蛋白质分离技术

理想的蛋白质分离方法首先要具备超高分辨率，能够将成千上万个蛋白质包括它们的修饰物同时分离并与后续的鉴定技术有效衔接。这种理想的分离方法还应当对不同类型的蛋白质，包括酸性的、碱性的、疏水的、亲水的，相对分子质量小的、相对分子质量大的，均能有效分离。常用的蛋白质分离技术有双向电泳技术(2-DE)、一维电泳分离技术、色谱分离技术等。这些分离技术可与下游质谱技术联用。

### 2.1.2.1 一维电泳分离技术

一维电泳分离技术(1D-SDS-PAGE)结合MALDI-TOF-MS技术，被证明是一种对低复杂度蛋白质进行有效的分离与鉴定的方法。其基本原料是蛋白质样品溶解在含有还原剂(巯基乙醇或DTT)和SDS(十二烷基磺酸钠)的上样缓冲液中，不同蛋白质组分按照与相对分子质量约恒定的比例与SDS结合，形成蛋白质-SDS复合物，这时复合物表现为SDS的带电特性(负电荷)，在电场力的作用下，蛋白质-SDS复合物在载体-交联聚丙烯酰胺凝聚(PAGE)上电泳，其速度取决于各自的相对分子质量。这样电泳一定时间后，蛋白质按照相对分子质量的大小分离成条带。其流程图见图2-3。

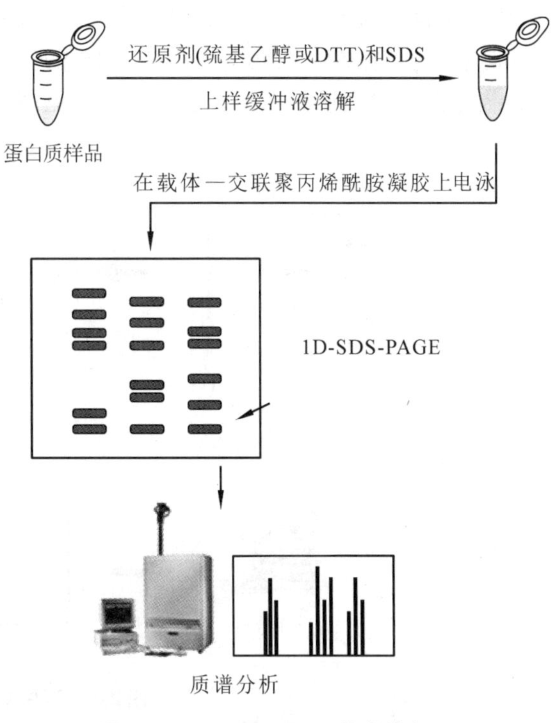


**图2-3 1D-SDS-PAGE技术流程**

蛋白质分离的目的是降低蛋白质复合物的复杂性。1D-SDS-PAGE分离技术的使用取决于蛋白质样品的复杂程度。大多数

1D-SDS-PAGE 在长度为 1 ~ 15cm 的泳道上分离蛋白质，可以获得 5 ~ 50 条蛋白质条带。对于高度复杂的蛋白质复合物，如全细胞抽提物，每一条蛋白质条带上可能含有许多不同的蛋白质，1D-SDS-PAGE 的分离效果不够理想。但是有些蛋白质样品并不是高度复杂的复合物，如许多生物体液，包括脑脊液、肺内衬液等含有较少的蛋白质，比较适合采用 1D-SDS-PAGE 进行分离。

1D-SDS-PAGE 分离技术免除了样品从 1D 胶向 2D 胶过渡时的繁复操作。缺点是 1D-SDS-PAGE 得到的分离度是相当有限的；在凝胶上的单一蛋白质条带实际上可能含有多种蛋白质；而且在胶上蛋白酶切和多肽序列的直接测定方面还存在一定问题。但将一向等电聚焦(iso-electric focusing，IEF)电泳与准确、灵敏、高分辨率的质谱鉴定技术相结合，可能发展成为 2-DE 的替代方法之一，用于蛋白质组的分析。

**2. 1. 2. 2　蛋白质双向电泳技术**

蛋白质双向电泳技术(two-dimension electrophoresis，2-DE)结合质谱的技术是目前最流行和可靠的蛋白质分离技术平台。它可以将成千上万个蛋白质同时分离并展示出来。自 20 世纪 70 年代发明以来，在蛋白质组学研究中已经得到十分广泛的应用。蛋白质双向电泳技术实际上是 2 种不同分离方法的结合，是连续进行垂直方向的 2 次电泳将蛋白质复合物分离的技术。其第一向是根据蛋白质的等电点，运用等电聚焦的技术分离蛋白质复合物；第二向是在第一向的基础上，根据相对分子质量的差异分离聚焦的蛋白质。但由于操作的繁杂性及载体两性电解质稳定性的限制，2-DE 的重复性较差。

20 世纪 80 年代，研究人员用固相 pH 梯度干胶条(immobilized pH gradient，IPG)代替人工胶条，加上与干胶条相配套的电泳仪如 PROTEAN IEF Cell、IPG-phor 等进行第一向等电聚焦，不仅极大地提高了电泳的分辨率，也提高了试验结果的可重复性，尤其是不同实验室之间结果的可比性。双向电泳和质谱技术联用已成为近年最流行最可靠的技术平台。以 2-DE 为基础的蛋白质分离与鉴定技术流程见图 2-4。

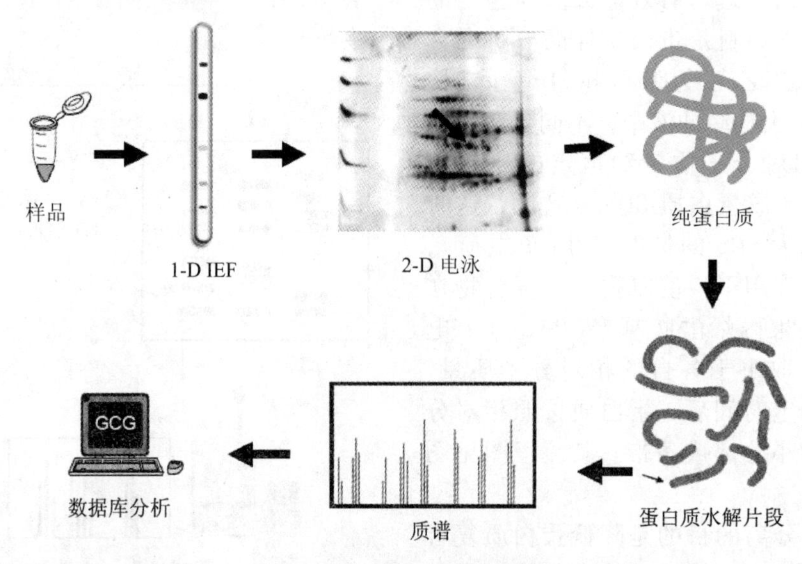


**图 2-4　蛋白双向电泳流程图**

尽管2-DE在蛋白质组研究中已获得广泛的应用，但是以2-DE为基础的蛋白质组研究体系还存在很多局限。一是重复性，虽然IPG技术极大提高了2-DE的重复性，但重复性仍然是2-DE方法存在的主要问题。除了电泳条件，样品的获得和分离过程等都会影响2-DE的重复性。二是蛋白质的丢失。2-DE分析时，疏水性蛋白质和相对分子质量大的蛋白质，特别是大于100 kDa蛋白质的丢失，使得2-DE作为通用的蛋白质分离展示的方法还有一定的局限。三是自动化，2-DE技术距自动化尚远。

#### 2.1.2.3 荧光差异显示凝胶电泳

荧光差异显示凝胶电泳（difference gel electrophoresis，DIGE）是运用多重荧光分析的方法，在同一块胶上同时分离多个分别由不同荧光标记的样品，并第一次引入了内标的概念。DIGE技术是对2-DE在技术上的改进。具体流程见图2-5。首先对不同的蛋白质样品进行不同的荧光标记，如Cy3、Cy5或Cy2标记，然后混合样品，进行2-DE凝胶电泳分离，然后在同一块胶上可以检测蛋白质在不同样品中的表达情况。

试验中每个蛋白质点都有它自己的内标，并且软件可全自动根据每个蛋白质点的内标对其表达量进行校准，保证所检测到的蛋白质表达丰度变化的真实性。DIGE技术极大地提高了试验结果的准确性、可靠性和可重复性。目前DIGE技术已经在各种样品中得到应用，包

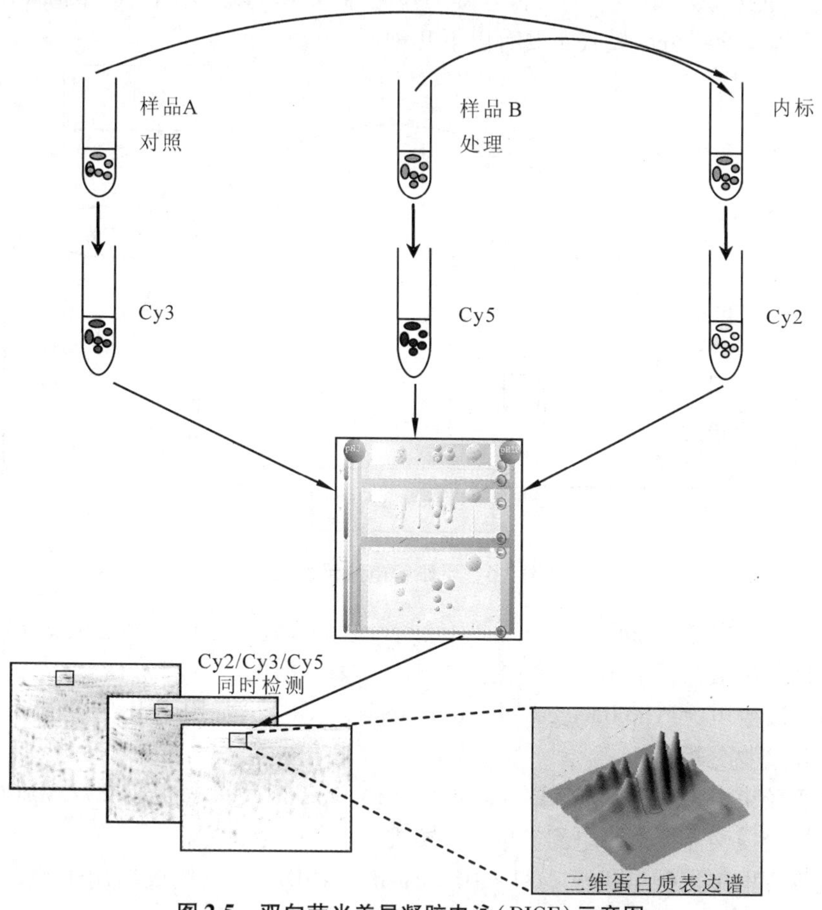


**图2-5 双向荧光差异凝胶电泳(DIGE)示意图**

括人、大鼠、小鼠、真菌、细菌等，主要用于功能蛋白质组学，如各种肿瘤研究，寻找疾病分子标志物，揭示药物作用的分子机制或毒理学研究等。

### 2.1.2.4 毛细管电泳

毛细管电泳(capillary electrophoresis，CE)是近年发展起来的一类以毛细管为分离通道，以高压直流电场为驱动力的新型液相分离分析技术。1981年，Jorgenson和Lukacs两位学者首先在75μm内径的石英毛细管内用高电压进行分离，并阐述了相关理论，创立了现代毛细管电泳技术。短短数年间，毛细管电泳技术迅速发展，综合了高效液相色谱和凝胶电泳的共同优点，具有快速、高效、高灵敏度、易定量、重现性好及自动化、在线检测等优点，可以说是经典电泳技术与现代微柱分离技术完美结合的产物。已广泛应用于氨基酸、肽、蛋白质、离子分析、对映体分析和很多其他离子态物质的分析。

毛细管电泳技术的基本原理是根据在电场作用下离子迁移速度不同而对组分进行分离和分析，以极小内径(20~200μm)的毛细管为工具，在高压电场作用下，根据在缓冲液中各组分之间迁移速度和分配行为上的差异，正离子、中性分子和带负电荷的分子依次流出，在靠负极的一端开一个视窗，可用各种检测器直接测定待测组分(图2-6)。目前已有多种高灵敏度的检测器为毛细管电泳仪的检测提供了质量保证，如紫外检测器(UV)、激光诱导荧光检测器(LIF)、能提供三维图谱的二极管阵列检测器(DAD)以及电化学检测器(ECD)。毛细管电泳技术发展至今，分离模式主要有以下几种：

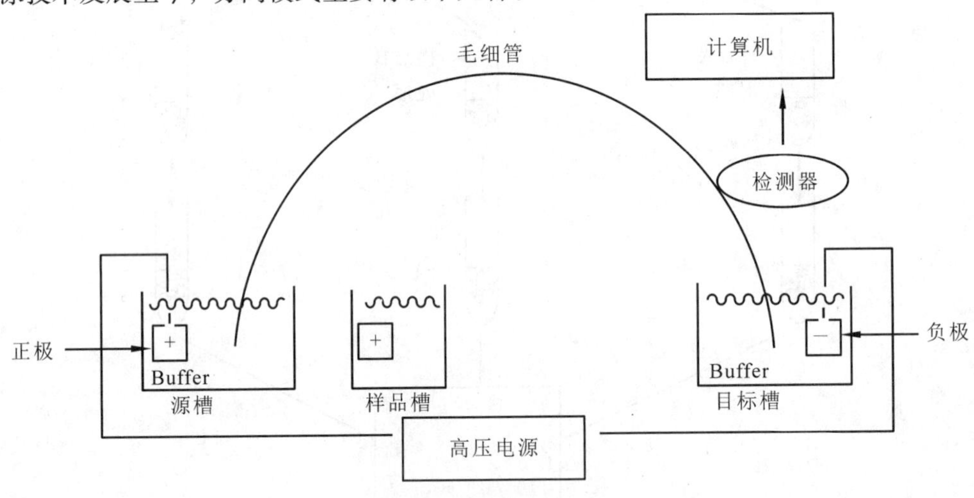


**图2-6 毛细管电泳示意图**

①毛细管区带电泳(capillary zone electrophoresis，CIE)，是最基本也是最常用的一种操作模式，应用范围最广，可用于各种蛋白质、肽、氨基酸的分析。

②毛细管凝胶电泳(capillary gel electrophoresis，CGE)，常用于RNA、DNA片段的分离和测序，PCR产物分析。

③毛细管胶束电动色谱(micellar electrokinetic capillary chromatography，MECC)，是唯一既能分离中性溶质又能分离带电组分的CE模式。

④毛细管等电聚焦(capillary isoelectric focusing，CIDF)，已经成功用于测定蛋白质等电点，分离异构体。

⑤毛细管等速电泳(capillary iso-tachophoresis, CITP)。

⑥毛细管电色谱(capillary electro-chromatography, CEC)。

⑦亲和毛细管电泳，可以用于研究诸如抗原－抗体或配体－受体等特异性相互作用。

⑧CE/MS 联用，CE 的高效分离与 MS 的高鉴定能力结合，成为微量生物样品，尤其是多肽、蛋白质分离分析的强有力工具。

毛细管电泳在临床检验医学中应用十分广泛，根据用途不同可分为：临床疾病诊断、临床蛋白质分析、临床药物监测、代谢研究、病理研究、同工酶分析、PCR 产物分析、DNA 片段及序列分析等。从所检测样品来源，可分为：尿样、血浆或血清、脑脊液、红细胞、其他体液或组织，以及实验动物活体试验。从所分离分析的组分看，包括肽类、各种蛋白质、病毒、酶、糖类、寡核苷酸、DNA、小的生物活性分子、离子、药物及其代谢产物等。CE 在临床应用方面，还有一些新的报道，比如尝试将高灵敏度的分子信标技术与 CE 相结合，利用 CE 激光诱导检测器检测被分子信标标记的 PCR 产物；国外已开始探索利用毛细管电泳对 PCR 产物作 DNA 单链构象多态性(single strand conformation polymorphism, SSCP)分析筛查点突变。毛细管电泳的应用尚属起步，随着 CE 技术的不断发展和完善，将在临床应用和基础研究领域发挥更重要的作用。

#### 2.1.2.5 色谱分离技术

在蛋白质组学分析中，双向电泳仍是目前最主要的分离技术，但是它有一些固有的缺点，如二维凝胶电泳图谱上并不是每个蛋白质点的含量都足够用于蛋白质的质谱分析；存在歧视性问题，如对于低丰度蛋白、疏水性蛋白、极碱性蛋白($pI>10$)、一些极大蛋白(相对分子质量 >200 000)和极小蛋白(相对分子质量 <8 000)，2-DE 还不能够将其很好地显示出来；费时、费力、重复性差，而且不容易自动化。近年来对 2-DE 进行了不少改进，但并未获得实质性进展。

液相色谱分离复杂蛋白质组分的技术具有高通量、易于自动化的优点，结合质谱鉴定技术，可用于复杂蛋白质混合物的定性与定量分析。

(1)色谱分离蛋白质复合物的原理

任何将混合物组分在两相中(固定相和流动相)进行分配的分离技术都被称为色谱。尽管色谱有许多种形式，如纸色谱、薄层色谱、液相色谱和气相色谱等，但都是基于同样的原理——复合物溶解在同一种溶剂中，当流动相流经固定相时，复合物的组分可以与溶剂以及固定相基质分子间发生作用。由于复合物中的组分与固定相的亲和力不同，所以复合物各组分移动的速率也会不一样。与固定相亲和力低的分子移动较快，而与固定相亲和力高的分子移动缓慢，从而出现滞后。这样，复合物便会被分离成一系列的组分。

实现色谱操作的基本条件是必须具有相对运动的两相，其中的一相固定不动，即固定相(stationary phase)，另一相是携带样品向前移动的流动相(mobile phase)。固定相填装在色谱柱(column)中。

在蛋白质组学研究中，液相色谱(liquid chromatography, LC)由于变化多样且与质谱兼容性好而被广泛运用。液相色谱可以与蛋白质双向电泳技术串联使用。液相色谱技术可在双向电泳技术的上游，对样品进行预分级；液相色谱技术也可以处于双向电泳技术的下游，对单个蛋白质点中的多肽混合物继续细分。液相色谱还可以替代双向电泳技术，充当蛋白质分离的主要手段。不同的液相色谱技术，其分离的原理也不同，如根据蛋白质的大小、电荷数、疏水性以及与特定配基的亲和力进行分离等。应依据不同的分离目的选择具有不同物理或化学性质的基质来分离蛋白质或多肽。

(2)色谱分离蛋白质复合物的策略

液相色谱－质谱(LC-MS)技术先是对先并不复杂的蛋白质复合物进行酶切，得到多肽混合物。多肽混合物经过反相色谱柱，被分离成不同的馏分。将不同的肽馏分上样进行质谱分析，获得肽片段序列信息，结合数据库检索鉴定蛋白质。具体流程见图 2-7。

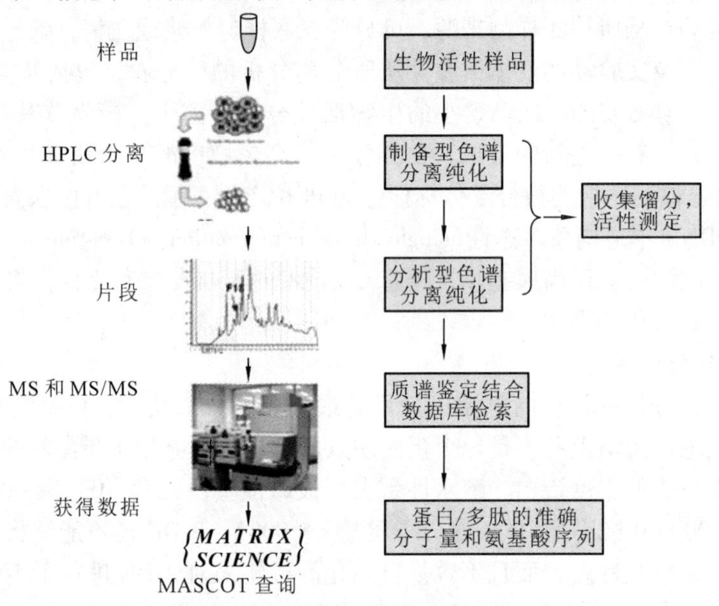


**图 2-7　一维色谱－质谱技术流程图**

一维色谱－质谱联用技术适用于并不复杂的蛋白质体系，是蛋白质组学研究中值得重视的、简便的方法之一。与蛋白质双向电泳(2-DE)分离技术相比，采用液相色谱的方法分离蛋白质和多肽有诸多优点。

①速度快　一般几个小时可完成全部分离，而 2-DE 分离一般需 1～2d。

②自动化　由于在溶液状态样品处理方便、快速，避免了 2-DE 从胶上回收样品的繁复操作，分析过程易于与质谱联接。

③多用途　对各种蛋白质均适用，包括疏水性、酸性、碱性、分子质量大于 100kDa 或小于 10kDa 的蛋白质都能得到分离。

(3)离子交换色谱

离子交换色谱(ion exchange chromatography，IEC)分辨率高、柱容量大，是适用于蛋白质、多肽和其他带电生物分子分离的色谱技术。

蛋白质是一类复杂的两性电解质，它有 3 种荷电状态，即表观电荷为正、负或零的状态。在溶液中蛋白质的荷电状态与溶液的 pH 值有关。蛋白质的正电荷通常是由于其分子内的精氨酸、赖氨酸、组氨酸残基以及肽链的 N 端所引起的。当 pH＞8.0 时，半胱氨酸残基也会发生离子化。一种蛋白质的表观电荷为零时溶液的 pH 值成为该蛋白质的等电点(pI)。

当溶液的 pH > pI 时，蛋白质的表观电荷为负；溶液的 pH < pI 时，蛋白质的表观电荷为正。

蛋白质分子的荷电基团总是处于分子表面，只有金属蛋白质例外。在金属蛋白质分子中，金属离子通常以配位键与某些氨基酸残基结合，形成蛋白质分子三级结构中特定的结构域而对其临近的氨基酸残基的电离情况产生影响。

IEC 中流动相 pH 值的确定应考虑以下几个因素。一是所选用溶液的 pH 值应尽量保证蛋白质的稳定性；二是为了得到良好的分离结果，溶液的 pH 值至少应高于或低于等电点 1 个 pH 单位，以保证被分离的蛋白质具有良好的荷电状态；三是在选择 pH 值时还应考虑董南效应(Donnan effect)的影响。所谓董南效应，是指离子交换剂释放或者接受的质子会与其周围的微环境的质子形成一种瞬间的平衡，这种平衡会使该微环境的 pH 值不同于溶液真实的 pH 值。一般说来，对于阴离子交换剂会高 1 个 pH 单位，对于阳离子交换剂会低 1 个 pH 单位。因此，如果蛋白质在 pH = 8.0 的环境中吸附于阴离子交换剂表面，其实际的 pH 值可能为 9.0；如果蛋白质在 pH = 5.0 的环境中吸附于阳离子交换剂表面，其实际的环境可能为 pH = 4.0。

IEC 正是根据蛋白质分子的荷电状况来分离溶液中净电荷不同的蛋白质，见图 2-8。在 IEC 的分离过程中，用离子交换剂的电荷基团吸附溶液中带相反静电荷的蛋白质离子，被吸附的蛋白质离子随后被带相同类型电荷的其他离子所置换而被洗脱。根据离子交换剂荷电基团所带电荷的不同，离子交换剂分为 2 大类：表面带有正电荷的阴离子交换剂和表面带有负电荷的阳离子交换剂。阴离子交换剂用于分离带负电荷蛋白质，此时溶液的pH > pI；阳离子交换剂用于分离带正电荷的蛋白质，此时溶液的 pH < pI。

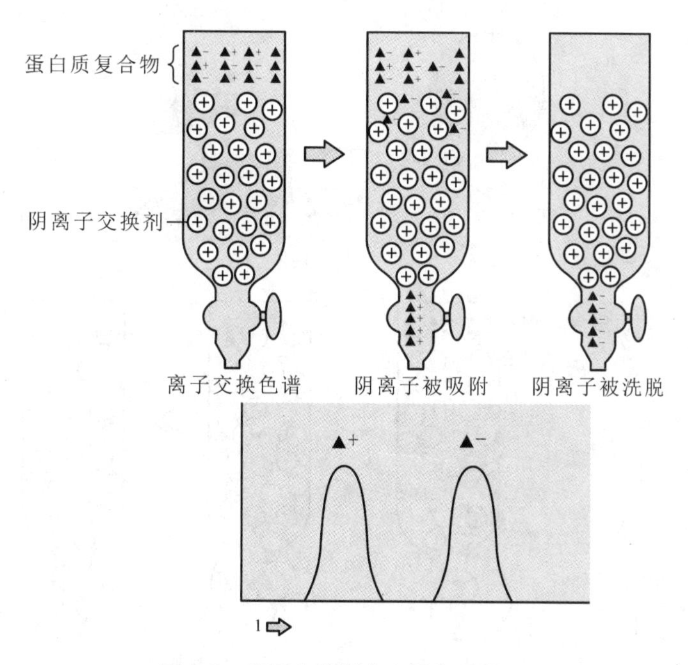


**图 2-8 离子交换柱分离蛋白质原理**

在相同的 pI 条件下，当 pI 比溶液的 pH 值高越多，蛋白质的表观负电荷越强，越容易被阳离子交换剂吸附；pI 越低于溶液的 pH 值时，蛋白质的表观正电荷越强，越容易被阴离子交换剂吸附。反之，在相同的 pH 值条件下，pI 不同的蛋白质所带电荷数不同，被离子交换剂吸附的能力也不同。含有蛋白质离子的溶液通过离子交换柱时，各种蛋白质离子与离子交换剂上的荷电部位竞争性结合。由于各种蛋白质离子与交换剂的结合力不同，导致洗脱速率有快有慢，最终实现分离的效果。

在生理的 pH 值条件下(pH 6.0～8.0)，许多蛋白质都是带负电荷，因此 IEC 更多采用阴离子交换色谱模式。又由于仅仅通过调节溶液的 pH 值就可以改变蛋白质的荷电状态，因此 IEC 既能用于复杂体系中蛋白质复合物的分离，也可以用于蛋白质与杂质的分离。

(4)亲和色谱

亲和色谱法(affinity chromatography，AC)是利用蛋白质与固定相表面存在某种特异性吸附而进行选择性分离的一类液相色谱技术。通常是在基质表面先键合间隔臂，再连接配基形成固定相。当流动相流经色谱柱时，被配基特异性吸附的分子被保留在柱上，其他分子先流出色谱。改变流动相条件，可以将保留在柱子上的蛋白质分子洗脱下来，见图 2-9。亲和色谱是分离纯化蛋白质、酶等生物大分子最特异而有效的一种色谱分离技术，同时它也可以用于某些生物大分子结构和功能的研究。亲和色谱具有高度的专一性，分离过程简单快速，具有很高的分辨率，在生物化学分析中具有广泛的应用。

亲和色谱一般包含 2 步的洗脱过程。先洗脱下来的是那些无法与亲和色谱配基结合的蛋白质或多肽；其次洗脱下来的是挂在柱上的蛋白质或多肽。要达到这一效果，通常使用 2 种

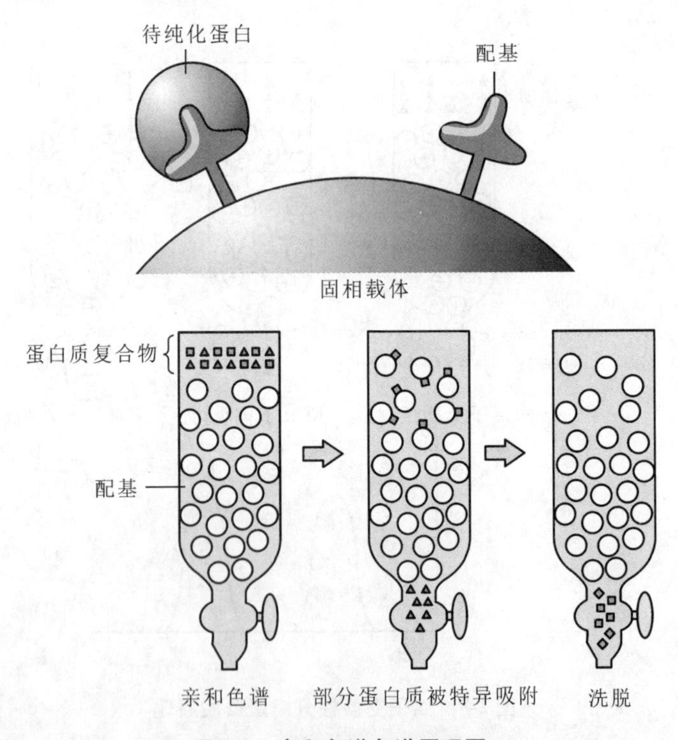


**图 2-9 亲和色谱色谱原理图**

洗脱液顺序洗脱：第一种洗脱液将那些不结合的蛋白质洗脱下来，第二种洗脱液使结合的蛋白质与配基解离。在某些情况下需要的是第一步洗脱下来的组分。例如，要从样品去除某种高丰度的蛋白质而使剩余蛋白质的分析简化，即亲和去除(affinity depletion)；在大多数情况下是需要第二步洗脱下来的能够与配基特异性结合的蛋白质组分，即亲和纯化(affinity purification)。

亲和色谱的常用配基见表 2-2。选择并制备合适的亲和吸附剂是亲和色谱的关键步骤，它包括基质和配体的选择、基质的活化、配体与基质的偶联等过程。

**表 2-2　常用于亲和色谱的配基**

| 常用配基 | 分离对象 |
| --- | --- |
| 酶 | 底物、抑制剂、辅酶 |
| 抗体 | 抗原、病毒细胞 |
| 外源凝集素 | 多糖、糖细胞 |
| 核酸 | 组蛋白、核酸聚合物、结合蛋白 |
| 激素 | 受体、载体蛋白 |
| 细胞 | 细胞表面特异蛋白、外源凝集素 |
| 带有螯合基团的配基和金属离子 | 磷酸化蛋白、金属蛋白 |

(5)尺寸排阻色谱

用化学惰性的多孔性凝胶做固定相，按固定相对样品中各组分分子阻滞作用的差别来实现分离的色谱法，称为尺寸排阻色谱(size exclusion chromatography，SEC)。其中以有机相作为流动相的尺寸排阻色谱称为凝胶渗透色谱(gel permeation chromatography，GPC)，主要用于合成聚合物的分子质量测定。以水溶液作为流动相的尺寸排阻色谱称为凝胶过滤色谱(gel filtration chromatography，GFC)，用于分离蛋白质、核酸、多糖等物质，还可以用于测定蛋白质的分子质量，以及样品的脱盐和浓缩处理等。常用的填料有分子筛、葡聚糖凝胶、微孔聚合物、微孔硅胶或玻璃珠等。

凝胶过滤色谱法主要依据凝胶的孔容、孔径分布与样品分子质量大小的互相匹配来实现组分的分离。凝胶是一种不带电荷、具有三维空间的多孔网状结构、呈珠状颗粒的物质，每个颗粒的细微结构及筛孔的直径均匀一致，像筛子。直径大于孔径的分子将不能进入凝胶内部，而是直接沿凝胶颗粒的间隙流出，称为全排出。较小的分子可在容纳它的空隙内自由出入，柱内保留时间长。由此，较大的分子首先洗脱下来，较小的分子被后洗脱下来，从而达到相互分离的目的(图 2-10)。

(6)反相色谱

反相液相色谱(reversed-phase liquid chromatography，RPLC)是一类基于疏水性进行分子分离的液相色谱技术。它的特点是固定相的极性比流动相弱。RPLC 的固定相是疏水的，被分离物质中各组分分子由于疏水性的不同而与固定相发生强弱不同的相互作用，从而分离复合物。疏水性较弱的样品与固定相的相互作用较弱，流速较快；疏水性较强的样品分子和固

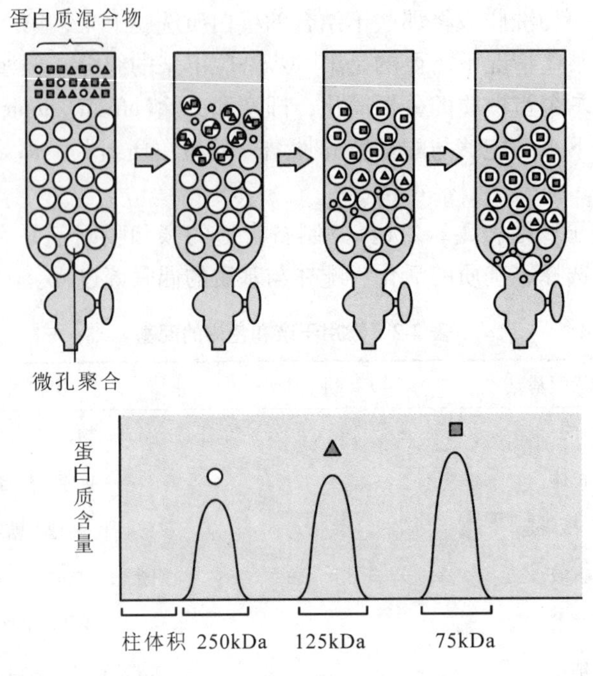


图 2-10 凝胶过滤色谱原理图

定相存在较强的相互作用，因此流速较慢。

但反相高效液相色谱(reversed-phase high performance liquid chromatography, RP-HPLC)分离效果与待分离物的质量有关。因为被分离物在柱上的滞留能力是随分子质量的增加而增加。首先破坏弱的疏水相互作用，然后通过逐步增加洗脱缓冲液中的有机溶剂含量以形成梯度洗脱。在目前蛋白质组学研究所使用的多种色谱方法中，RP-HPLC 是最有效且分辨率最高的，它被广泛应用于胰酶消化后肽段的分离。

(7)色谱聚焦

色谱聚焦(chromato-focusing, CF)是根据待分离物等电点的不同进行分离的一种色谱分析技术。早在 1975 年，Sluyterman 等已经从理论上分析了色谱聚焦的原理，并用实验进行了验证。结果表明色谱聚焦不但可行，而且能够达到等电聚焦电泳同样的分离效率。然而，直到蛋白质组学研究的兴起后，CF 技术才真正受到人们的重视。

CF 使用离子交换剂作为固定相，在洗脱过程中依赖 pH 值梯度的形成。CF 技术与离子交换色谱分离技术的不同在于色谱聚焦分离是在离子交换剂的表面形成 pH 值梯度，而不是在流动相中形成 pH 值梯度。CF 的特点是可按等电点的差异对样品成分进行分离，分辨率可达到 0.02 个 pH 单位，容易进行自动化操作，并能制作出包含 p*I* 和相对分子质量、类似于二维电泳的蛋白质图谱，因此提供了一种新的适用于差异蛋白质组学的研究方法。

### 2.1.2.6 多维液相色谱分离技术

(1)多维液相色谱分离蛋白质的原理

多维液相色谱(multidimensional HPLC, MHPLC)是指连续使用几种液相色谱分离技术使复杂复合物中的成分得到更大程度分离的色谱技术。目前主要以二维液相色谱为主。其基本的操作是利用高压切换阀将经过第一维色谱柱分离后样品中的某个色谱峰(混合组分峰)的一部分或全部选择性地切换到二维色谱柱上，进行再次分离。常采用的二维液相色谱分离模式有离子交换色谱 - 反相液相色谱、色谱聚焦 - 反相液相色谱、分子排阻色谱 - 反相液相色谱、亲和色谱 - 反相液相色谱等。反相液相色谱因其高效的分离能力、无盐、便于后续处理而常被作为二维分离体系中的最后一维。

与 2-DE 相比，多维液相色谱分离技术的主要优点在于较高的选择性，能从复杂的蛋白质复合物样品中分离出需要的组分。此外，多维液相色谱对低丰度的成分具有很好的富集和检出能力，而且易于实现自动化，分析数据重现性好。

①离子交换色谱 - 反相液相色谱技术(IEC/RP-HPLC)　IEC/RP-HPLC 是基于待分离物带电特性和疏水性的差异，先将蛋白质复合物酶解后的复杂多肽复合物进行离子交换色谱分离，然后对收集的馏分再进行反相液相色谱分离。在第一维色谱分离中蛋白质由于表观电荷的差异而分离，在第二色谱分离中维蛋白质由于疏水性的不同而分离。

②色谱聚焦 - 反相液相色谱技术　色谱聚焦 - 反相液相色谱技术是近年来备受关注的一种二维液相色谱技术。它的特点是高通量、重现性好，适用于复杂体系蛋白质组的分离。该技术的第一维是通过色谱聚焦将样品按照 0.25 ~ 0.3 的 pH 值范围划分为若干馏分，然后再经由反相柱，根据蛋白质疏水性的差异再次进行分离。

目前 Beckman Coulter 公司已经开发出相应的商品化仪器 ProteomeLab™ PF 2D，并在临床蛋白质组学研究领域得到应用。

③亲和色谱 - 反相液相色谱技术　先用亲和色谱柱对某一类具有特异性亲和力的蛋白质或者多肽进行分离，然后再将洗脱下来的蛋白质分子依据疏水性的差异再次分离。这种方法对于研究蛋白质翻译后修饰，特别是磷酸化蛋白质组学的研究具有重要意义。

(2) 多维液相色谱 - 串联质谱分离鉴定蛋白质的方法

从组织、细胞或其他生物样本获得的蛋白质复合物，用蛋白酶(通常是胰蛋白酶)裂解，得到的多肽混合物样品进行二维色谱分离。质谱分析一般采用电喷雾串联质谱，通过测定肽段的序列对蛋白质进行鉴定。二维色谱 - 串联质谱(2D-HPLC/MS-MS)分析方法的流程见图 2-11。

采用二维色谱 - 串联质谱(2D-HPLC/MS-MS)大规模分离鉴定蛋白质较成功的例子是酵母蛋白质组的分析。酵母全细胞裂解液经不同强度的缓冲溶液处理，获得可溶、弱溶、难溶 3 个组分并分别进行蛋白酶解。2D-HPLC 的分离采用内径 100μm 的毛细管色谱柱，色谱柱先用 5μm 的反相 C18 填料填充 10cm，然后用 5μm 的强阳离子交换填料填充 4cm。将 420μg 可溶、440μg 弱溶和 490μg 难溶细胞蛋白提取物的多肽混合物分别加样于上述色谱柱中。经过二维色谱柱分离后的多肽样品直接进入质谱器，测定肽段的氨基酸序列。最后根据数据库的查询结果进行蛋白质的鉴定。整个分离与鉴定过程可以高通量、自动化地进行。

与 2-DE/MS 技术相比，2D-HPLC/MS-MS 方法的不足之处在于蛋白酶裂解复杂蛋白质组分后得到的多肽混合物过于复杂，较难实现对细胞内全部蛋白质的识别与鉴定。但 2D/HPLC-MS-MS 仍不失为蛋白质组研究中的大规模蛋白质分离与鉴定的重要技术，是 2-DEMS 技术的重要补充。

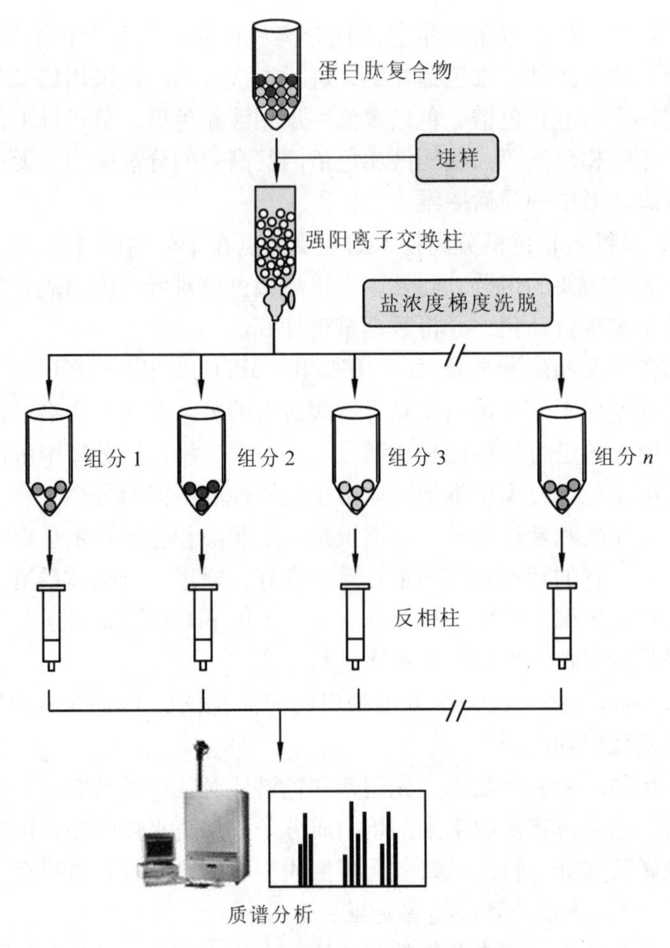


图 2-11 二维色谱 - 质谱技术流程图

#### 2.1.2.7 同位素亲和标签技术

同位素亲和标签(isotope-coded affinity tag, ICAT)技术是近年发展起来的一种用于蛋白质分离分析的一项新技术，由于采用了一种全新的 ICAT 试剂，针对磷酸化蛋白分析以及与固相技术相结合，ICAT 技术本身又取得了许多有意义的进展，已形成 ICAT 系列技术。用具有不同质量的同位素亲和标签(ICATs)标记处于不同状态下细胞中的半胱氨酸，利用串联质谱技术对复合样品进行质谱分析。来自 2 个样品中的同一类蛋白质会形成易于辨识比较的 2 个峰形，能非常准确地比较出 2 份样品蛋白质表达水平的不同。

ICAT 方法的关键是 ICAT 试剂的应用。该试剂由三部分组成，如图 2-12。中间部分被称为连接部分，分别连接 8 个氢原子或重氢原子，前者称为轻链试剂，后者称为重链试剂。中间部分一头连接一个巯基的特异反应基团，可与蛋白质中半胱氨酸上的巯基连接，从而实现对蛋白质的标记。另一头连接生物素，用于标记蛋白质或多肽链的亲和纯化。当采用 ICAT 技术进行蛋白质的定量分离与鉴定时(图 2-13)，首先要对蛋白质进行标记，然后进行蛋白质酶切，对蛋白质酶切后的多肽复合物进行亲和色谱分离，复合物中仅仅被同位素标记的肽段能够被色谱柱保留，并进入质谱进行鉴定，其他大量肽段都不被色谱柱保留。通过比较标

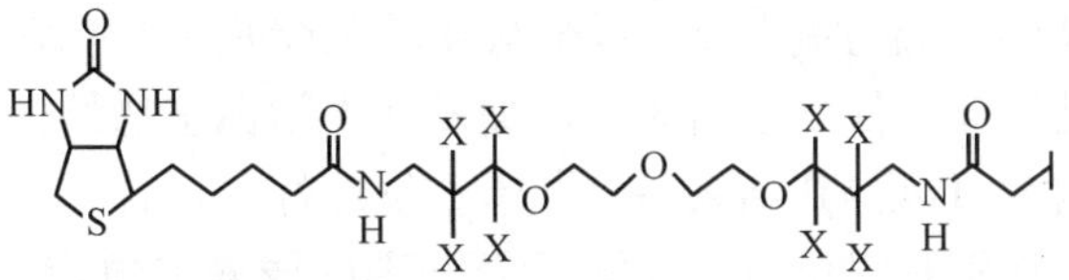

图 2-12 同位素标记的亲和标签(ICAT)试剂结构图

(Tao W A and Aebersold R)

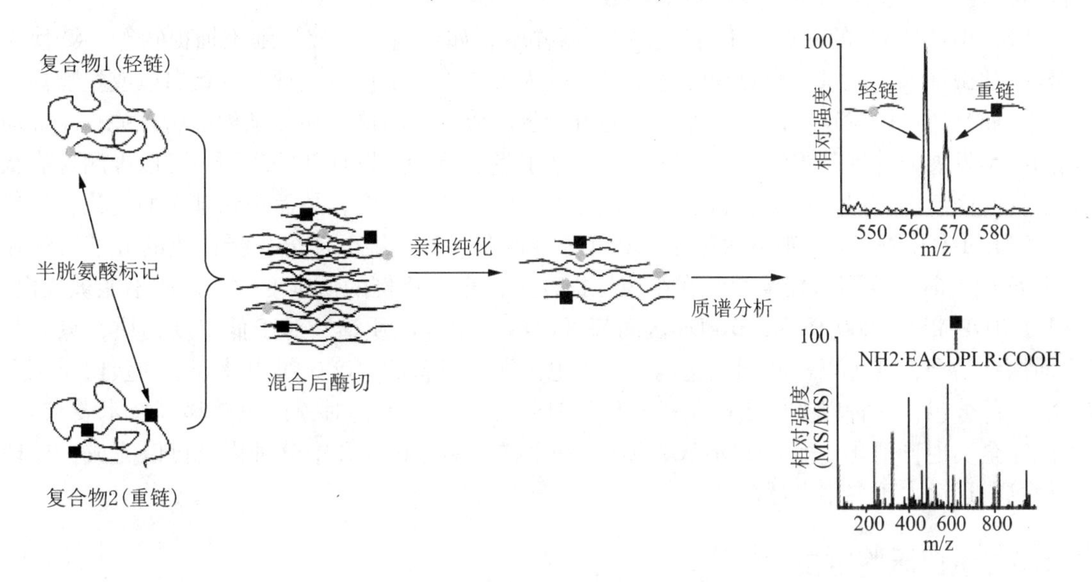


图 2-13 ICAT 试剂对蛋白质表达之定量方法

(Tao W A and Aebersold R)

记了重链和轻链试剂肽段在质谱图中信号的强度，可以实现对差异表达蛋白质的定量分析；采用串联质谱技术测定肽段的序列，可以实现蛋白质的鉴定。

ICAT 的优点在于它可以对混合样品(来自正常和病变细胞或组织等)直接测试；能够快速定性和定量鉴定低丰度蛋白质，尤其是膜蛋白等疏水性蛋白质等；还可以快速找出重要功能蛋白质(疾病相关蛋白质及生物标志分子)。同时结合了液相色谱和串联质谱，因此不但明显弥补了双向凝胶电泳技术的不足，同时还使高通量、自动化蛋白质组分析更趋简单、准确和快速，代表着蛋白质组分析技术的主要发展方向。

#### 2.1.2.8 表面增强激光解吸离子化飞行时间质谱技术

飞行质谱的全称是表面增强激光解吸电离飞行时间质谱技术(SELDI-TOF-MS)。飞行质谱技术于 2002 年由诺贝尔化学奖得主田中(Tanaka)发明，诞生伊始便引起学术界的重视，成为最引人注目的亮点。通常情况下将样品经过简单的预处理后直接滴加到表面经过特殊修饰的芯片上，利用激光脉冲辐射使芯池中的分析物解吸形成荷电离子，根据不同质荷比，这些离子在仪器场中飞行的时间长短不一，由此绘制出一张质谱图来。该图经计算机软件处理还可形成模拟谱图，同时直接显示样品中各种蛋白质的相对分子质量、含量等信息。比较 2 个样品之间的差异蛋白，也可获得样品的蛋白质总览。SELDI 技术分析的样品不需用液相色谱或气相色谱预先纯化，因此可用于分析复杂的生物样品。而且，SELDI 技术可以分析疏水性蛋白质、等电点过高或过低的蛋白质以及低分子量的蛋白质( <25 kU)，还可以发现在未经处理的样品中许多被掩盖的低度蛋白质，增加发现生物标志物的机会。SELDI 技术只需少量样品，在较短时间内就可以得到结果，且试验重复性好，适合临床诊断及大规模筛选与疾病相关的生物标志物，特别是它可直接检测不经处理的尿液、血液、脑脊液、关节腔滑液、支气管洗出液、细胞裂解液和各种分泌物等，从而可检测到样品中目标蛋白质的分子质量、等电点、糖基化位点与磷酸化位点等参数。

SELDI-TOF-MS 的优点：①可直接使用粗样本，如血清、尿液、细胞抽提物等；②使大规模、超微量、高通量、全自动筛选蛋白质成为可能；③不仅可发现一种蛋白质或生物标记分子，而且还可以发现不同的多种方式的组合蛋白质谱，而这可能与某种疾病有关；④推动基因组学发展，验证基因组学方面的变化，基于蛋白质特点发现新的基因。可以推测疾病状态下，基因启动何以与正常状态下不同，受到哪些因素的影响，从而跟踪基因的变化。

SELDI-TOF-MS 与二维电泳相比，其优势表现在：①二维电泳分析蛋白质的分子质量在 30 kDa 以上时电泳图谱较清楚，在组织抽提物中占很大比例的低丰度的蛋白质不能被检出。SELDI-TOF-MS 在 200 Da ~ 500 kDa 区间都可以给出很好的质谱，对于低丰度物质，只要与表面探针结合，就可以检测到，这也是二维电泳所不具备的。②二维电泳胶上的蛋白质斑点很大一部分包含一种以上的蛋白质；而且耗时长，工作量大，对象染色转移等技术要求高，不能完全实现自动化。而 SELDI-TOF-MS 对一个样本的分析在几十分钟内就可以完成，处理的信息量远远大于二维电泳。

### 2.1.3　蛋白质鉴定技术

1967 年瑞典化学家 Edman 推出第一台蛋白质自动测序仪，至今蛋白质测序仪经历了液相测序仪—固相测序仪—气相测序仪的发展历程。

液相测序：样品一直处于溶液状态，没有耦联到任何载体上，样品容易损失。

固相测序：将蛋白质共价耦联于聚苯乙烯膜、微孔玻珠或 PVDF 膜上再进行序列分析的方法。此方法可避免因冲洗而使样品损失，同时在序列降解及冲洗步骤采取较剧烈的条件。

气相测序：蛋白质通过 polybrene 等载体吸附在化学惰性的玻璃滤膜上，偶联碱和裂解酸以气相方式转运，反应副产物和 ATZ(噻唑啉酮苯胺)氨基酸通过有机溶剂以气相方式萃取，蛋白质本身不会丢失。

蛋白质的鉴定技术，主要指获得蛋白质一级序列的方法。蛋白质测序的技术可以分为 3 类：

①*蛋白质测序*　N 端测序和 C 端测序，Edman 不能解决 N 端封闭肽的测序问题。

②*DNA 测序*　据已经测定的部分氨基酸序列设计引物，扩增出其 mRNA，从而推断蛋白质的全序列技术。但对于转译后加工所导致的氨基酸残基的修饰无能为力。

③*质谱测序*　20 世纪 80 年代末出现的两大技术：电喷雾(electrospray ionization，ESI)质谱和基质辅助激光解吸电离 - 飞行时间(matrix-assisted laser desorption/ionization time-of-flight，MALDI-TOF)，采用软"电离"的电离方式。特点是需求样品量少，速度快，价格昂贵。

#### 2.1.3.1　蛋白质 N 端测序——Edman 降解法

蛋白质测序技术最具有意义的发展是瑞典化学家 Edman 发展的以他名字命名的蛋白质

N 端测序方法——Edman 降解法。可以说 Edman 降解堪称有机化学成功的经典，经过几十年研究，发现其耦联试剂——异硫氰酸苯酯(即 Edman 试剂)仍是最适用的。

Edman 降解进行蛋白质与多肽序列分析是一个循环式的化学反应过程，包括 3 个主要步骤：

(1)偶联

异硫氰酸苯酯与蛋白质和多肽的 N 端残基反应。苯异硫氰酸酯(PITC)在 pH 值 9.0 的碱性条件下对蛋白质或多肽进行处理，PITC 与肽链的 N 端的氨基酸残基反应，形成苯氨基硫甲酰(PTC)衍生物，即 PTC-肽(图 2-14)。

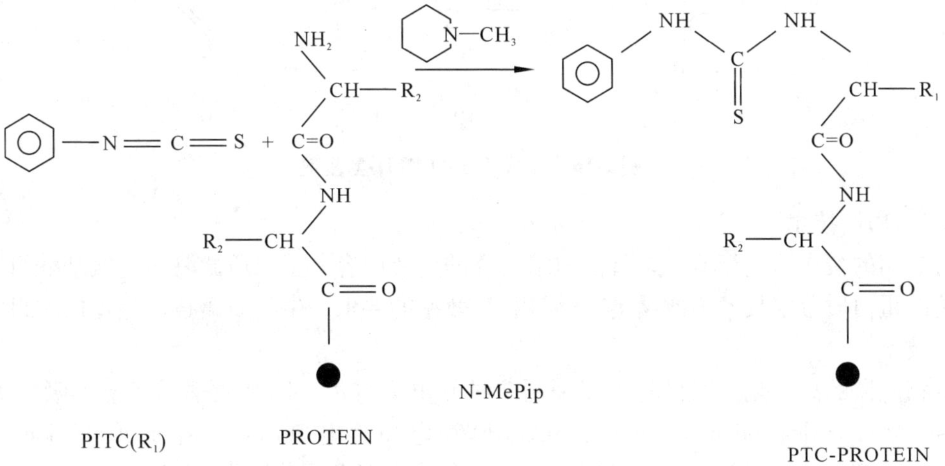

$NH_2$
N—$CH_3$
CH—$R_2$
N═C═S + C=O
NH
$R_2$—CH
C═O
N-MePip
NH NH
C
S
CH—$R_1$
C=O
NH
$R_2$—CH
C═O
PITC($R_1$)
PROTEIN
PTC-PROTEIN

**图 2-14　PITC 与肽链的 N-端的氨基酸残基反应，生成 PTC-肽**

(2)环化裂解

苯氨基硫甲酰酞(PTC-肽)环化裂解。PTC-肽用三氟乙酸处理，N 端氨基酸残基肽键被有选择地切断，释放出该氨基酸残基的噻唑啉酮苯胺衍生物(图 2-15)。

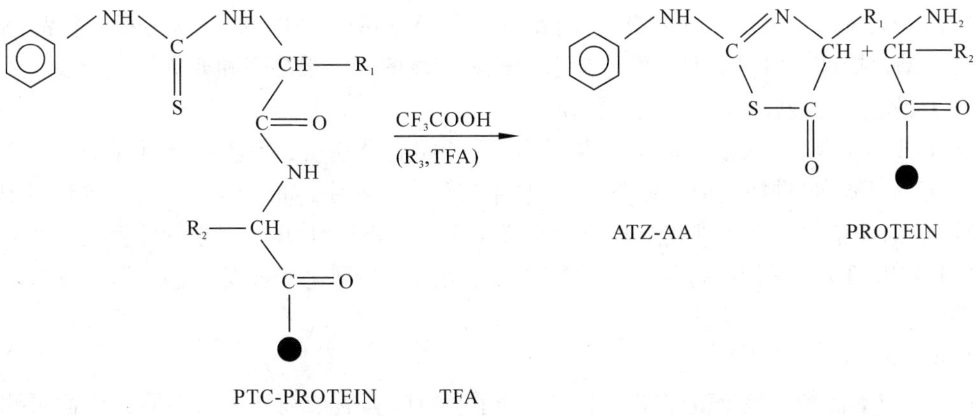

NH NH
C
S
CH—$R_1$
C═O
NH
$R_2$—CH
C═O
$CF_3COOH$
($R_3$,TFA)
NH N $R_1$ $NH_2$
C CH + CH—$R_2$
S—C C═O
O
PTC-PROTEIN
TFA
ATZ-AA
PROTEIN

**图 2-15　PTC-肽被选择性切断，释放出该氨基酸残基的噻唑啉酮苯胺衍生物**

(3)转化

噻唑啉酮苯胺(ATZ)转化为苯异硫尿氨基酸(PTH-氨基酸)。将该衍生物用有机溶剂(如氯丁烷)从反应液中萃取出来，而去掉了一个N端氨基酸残基的肽仍留在溶液中。萃取出来的噻唑啉酮苯胺衍生物不稳定，经酸作用，再进一步环化，形成一个稳定的苯乙内酰硫脲(PTH)衍生物，即PTH-氨基酸(图2-16)。

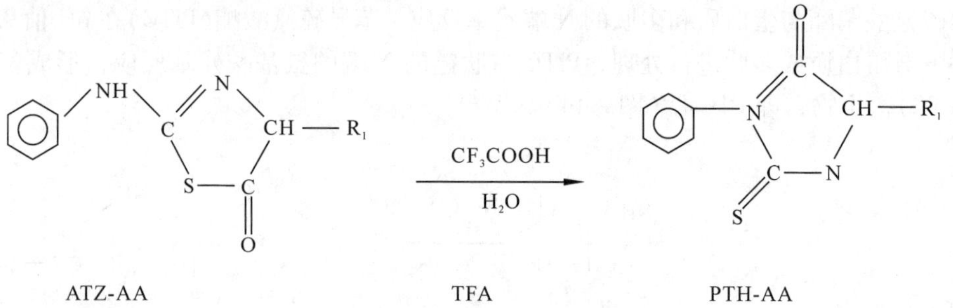

NH C N CH — $R_1$ S C O

$CF_3COOH$

$H_2O$

O C N CH — $R_1$ C N S

ATZ-AA　　TFA　　PTH-AA

**图2-16　生成稳定的PTH-氨基酸**

### 2.1.3.2　质谱技术

对分离的蛋白质进行鉴定是蛋白质组研究的重要内容，蛋白质微测序、氨基酸组成分析等传统的蛋白质鉴定技术不能满足高通量和高效率的要求，生物质谱技术是蛋白质组学的另一支撑技术。

生物质谱的离子化方法目前主要采用2种软电离技术，即基质辅助激光解吸电离(matrix-assisted laser desorption/ionization，MALDI)和电喷雾电离(electrospray ionization，ESI)。MALDI是在激光脉冲的激发下，使样品从基质晶体中挥发并离子化。ESI使分析物从溶液相中电离，适合与液相分离手段(如液相色谱和毛细管电泳)联用。MALDI适于分析简单的肽复合物，而液相色谱与ESI-MS的联用适合复杂样品的分析。

(1)MALDI

MALDI的技术特点：具有分离、鉴定双重功能，可用于复合物的分析；测量范围宽，相对分子质量可达300 000；精度高，蛋白质相对分子质量测定精度可达0.01%；灵敏度高，所需样品量少，可达飞摩尔级；分析时间短，5～10min可完成一次分析；样品制备简便，可自动化操作；对样品要求低，能忍耐较高浓度的盐、缓冲剂和非挥发性杂质，所以特别适合于鉴定二维凝胶电泳分离的蛋白质。

MALDI-TOF-MS的发展方向：寻求新的基质(如混合基质、室温离子化液体等)和新的制样方法(如超微量进样，纳升级)；将新技术应用在分析中(如酶切技术、毫微升溶剂提取技术等)；对质谱仪进行改进或与其他分析仪器联用，如MALDI与傅立叶转换离子回旋共振质谱(MALDI-FTMS)联用能得到更多的蛋白结构信息；小型化、智能化、简易化及自动化已成为趋势。

(2) ESI

ESI的技术优势：检测范围宽，生物大分子经电喷雾后质荷比大大下降，因而可测相对分子质量高达十几万甚至更高的生物样品；分辨率和灵敏度高，可达$10^{-15}$～$10^{-12}$mol；不需要特定基质，避免子基质峰的干扰；适用于结构分析，可分析生物大分子的构象及非共价相互作用，与串联质谱结合可分析蛋白质、多肽的一级结构和共价修饰位点等；自动化程度高，可与液相色谱、毛细管电泳等高效分离手段在线联用；MALDI 是脉冲式离子化技术，而 ESI 是连续离子化技术，检测所需时间更短；ESI 常和四极杆质谱联用，仪器价格相对便宜。

ESI 技术的局限性：对样品中的盐类耐受性差；对复合物图谱的解析较复杂；受溶剂的影响和限制很大。目前 ESI 主要用于亲水生物大分子的分析，较少用于疏水生物样品的分析。

(3)质量分析器

软电离技术的出现拓展了质谱的应用空间，而质量分析器的改善也推动了质谱技术的发展。生物质谱的质量分析器主要有 4 种：离子阱(ion trap，IT)、飞行时间(time of flight，TOF)、四极杆飞行时间(quadrupole TOF)和傅立叶变换离子回旋共振(fourier transform ion cyclotron resonance，FTICR)。它们的结构和性能各不相同，每一种都有自己的长处与不足。它们可以单独使用，也可以互相组合形成功能更强大的仪器。

离子阱质谱灵敏度较高，性能稳定，具备多级质谱能力，因此被广泛应用于蛋白质组学研究；不足之处是质量精度较低。与离子阱相似，傅立叶变换离子回旋共振质谱也是一种可以“捕获”离子的仪器，但是其腔体内部为高真空和高磁场环境，具有高灵敏度、宽动态范围、高分辨率和质量精度(质量准确度小于 1mg/L)，这使得它可以在一次分析中对数百个完整蛋白质分子进行质量测定和定量。

FTICR-MS 的一个重要功能是多元串级质谱，与通常的只能选一个母离子的串级质谱方式不同，FTICR-MS 可以同时选择几个母离子进行解离，这无疑可以大大增加蛋白质鉴定工作的通量。但是它的缺点也很明显，操作复杂、肽段断裂效率低、价格昂贵等，这些缺点限制了它在蛋白质组学中的广泛应用。

MALDI 通常与 TOF 质量分析器联用分析肽段的精确质量，而 ESI 常与离子阱或三级四极杆质谱联用，通过碰撞诱导解离(collision-induced dissociation，CID)获取肽段的碎片信息。

## 2.2 功能蛋白质组学

功能蛋白质组学(Functional Proteomics)是通过分析蛋白质间的互作、蛋白质的三维结构、蛋白质的细胞定位以及蛋白质翻译后修饰(PTMs)，明确细胞或组织中全部蛋白质的生理功能。

功能蛋白质组学侧重于从全局的角度鉴定和分类蛋白质的功能、活性和互作。如分析不同组织全部蛋白质的功能，构建它们之间的进化信息；在分子水平了解发生在细胞内的蛋白质互作网络，预测突变或干扰下细胞或组织的形态变化。

功能蛋白质组学的研究方法有：生物信息学分析(*in silico*)、全基因组的蛋白质标签(genome-wide protein tagging)、基因敲除(knockout)或删除(deletion)、酵母双杂交(yeast two-hybrid analysis)、蛋白质芯片(protein chip)等。

### 2.2.1 酵母双杂交

酵母双杂交系统的建立得益于对真核生物调控转录起始过程的认识。细胞起始基因转录需要有反式转录激活因子的参与。转录激活因子在结构上是组件式的(modular)，即这些因子往往由 2 个或 2 个以上相互独立的结构域构成，其中有 DNA 结合结构域(binding domain，BD)和转录激活结构域(activation domain，AD)，这 2 个结构域各具功能，互不影响。它们是转录激活因子发挥功能所必需的。单独的 BD 虽然能和启动子结合，但是不能激活转录。一个完整的激活特定基因表达的激活因子必须同时含有这 2 个结构域，否则无法完成激活功能。不同来源激活因子的 BD 区在与 AD 结合后则特异地激活被 BD 结合的基因的表达。

基于这个原理，1989 年，Song 和 Field 建立了第一个基于酵母的细胞内检测蛋白间相互作用的遗传系统，基本流程见图 2-17。主要由 3 个部分组成：①与 BD 融合的蛋白表达载体，被其表达的蛋白质称诱饵蛋白(bait)。②与 AD 融合的蛋白表达载体，被其表达的蛋白质称靶蛋白(prey)。③带有 1 个或多个报告基因的宿主菌株。常用的报告基因有 HIS3、URA3、LacZ 和 ADE2 等。而菌株则具有相应的缺陷型。双杂交质粒上分别带有不同的抗性基因和营养标记基因。这些有利于实验后期杂交质粒的鉴定与分离。根据目前通用的系统中 BD 来源的不同主要分为 GAL4 系统和 LexA 系统。后者因其 BD 来源于原核生物，在真核生物内缺少同源性，因此可以减少假阳性的出现。

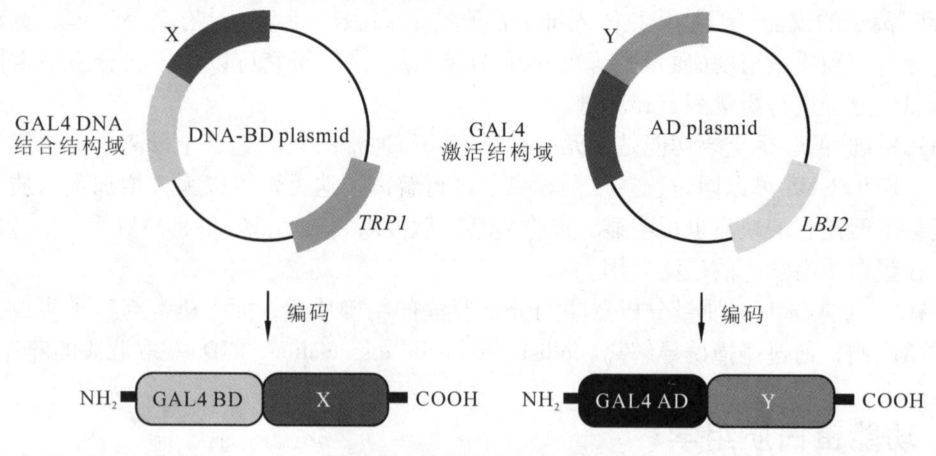


**图 2-17　酵母双杂交示意图**

将 2 个待测蛋白分别与这 2 个结构域建成融合蛋白，并共表达于同一个酵母细胞内。如果 2 个待测蛋白质间能发生相互作用，就会通过待测蛋白的桥梁作用使 AD 与 BD 形成一个完整的转录激活因子并激活相应的报告基因表达。通过对报告基因表型的测定可以很容易地知道待测蛋白分子间是否发生了相互作用。

这一经典的蛋白相互作用研究方法接近于体内环境，那些瞬时、不稳定的两两相互作用也可以被检测到，并且与内源蛋白的表达无关。但酵母双杂交方法本身也有一定的局限性：

①不能研究具有自激活特性的蛋白质。

②只能检测 2 个蛋白间的相互作用。

③检测的相互作用须发生在细胞核内，对于不能定位到细胞核中的蛋白质无法研究。

④大部分实验中有将近 50% 的假阳性率，且推测的相互作用仅有 3% 在 2 种以上的实验中得到验证。

为了弥补方法本身的缺点及局限性，研究者也不断地对其进行完善和改进。Stelzl 等在研究中就采用了以下的策略：①选择不同功能、不同大小的蛋白作为诱饵，以确保所选靶蛋白在整个蛋白质组中的代表性；②筛选过程采用两轮杂交的方法：第一轮以混合诱饵(8 个)对文库进行筛选，结果呈阳性的克隆再进行一对一的第二轮杂交，这样既降低了工作量又提高了结果的准确性；③免疫共沉淀(pull-down)对酵母双杂交的结果进行体内的相互作用验证；④利用生物信息学的方法对结果进行系统分析，包括基因的染色体定位、蛋白质作用网络的拓扑结构分析等，从多方面分析结果的可信度。据此，他们最终确认了 911 对高可信度的相互作用，涉及401 种蛋白，数据分析中设立了6 个标准来判定得到的结果，大大提高了酵母双杂交实验结果的可信度。

### 2.2.2 蛋白质芯片技术

根据蛋白质芯片的检测方法和应用领域的不同，蛋白质芯片技术(protein chips，protein array)可分为生物化学型芯片、化学型芯片和生物反应器芯片 3 类。

生物化学型芯片的探针可根据研究目的不同，选用抗体、抗原、受体、配体或酶等具有生物活性的蛋白质和多肽。其中，单克隆抗体是一种比较理想的探针蛋白。基因工程抗体技术的应用加速了生物化学型蛋白质芯片的发展。噬菌体抗体探针就是典型的代表。当然也可以利用其他的蛋白质文库，如噬菌体肽库和噬菌体表达文库等制备探针。另外，用蛋白质组学技术筛选到的疾病相关蛋白质或其抗体作为探针，可制备诊断用蛋白质芯片。

化学型芯片的探针为色谱介质，通过介质捕获样本中的兴趣蛋白；若将洗脱条件进行调整，则可选择不同的靶蛋白进行研究。

图 2-18 所示的是以抗体为探针的蛋白质芯片技术：一是样品标记。对不同的蛋白质复合物运用不同的探针进行标记。二是洗脱，对芯片进行洗脱，没有标记上的探针被洗脱去。三是荧光扫描，对不同发光的探针进行扫描，读取荧光信号。

目前，对芯片所捕获蛋白质的检测主要有 2 种方式。一种是以质谱技术为基础的直接检

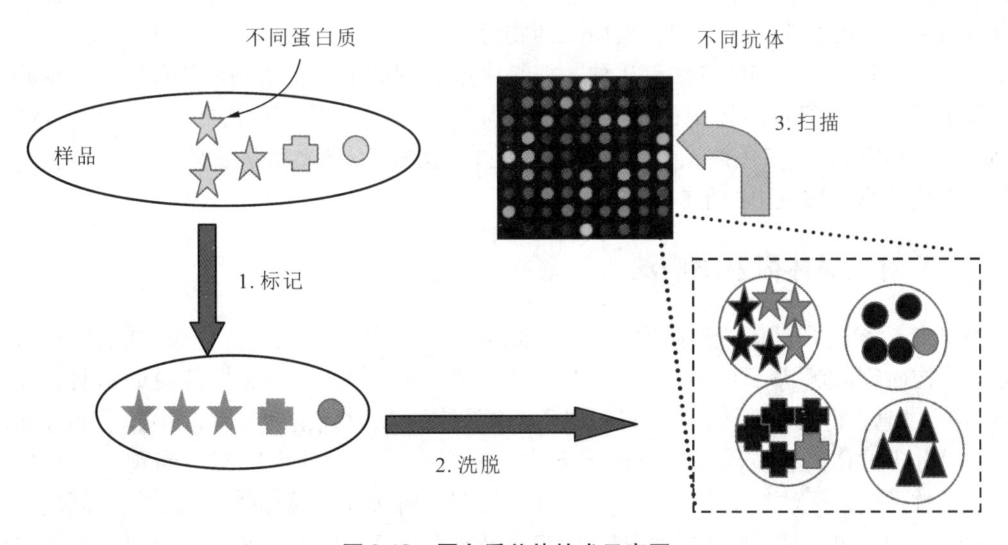


图 2-18 蛋白质芯片技术示意图

测法，包括前面已提到的表面增强激光解吸离子化-飞行时间质谱分析(SELDI-TOF-MS)、基质辅助的激光解吸离子化-飞行时间质谱分析(MALDI-TOF-MS)和电喷雾离子化串联质谱分析(ESI-MS/MS)等。通过质谱分析，可获取靶蛋白的肽质量指纹图谱或肽序列标签，经数据库搜寻，对靶蛋白进行鉴定。以质谱技术为基础的检测方法适用于上述 3 种蛋白质芯片。

另一种靶蛋白的检测方法是间接的，将样品中的蛋白质或识别靶蛋白的抗体用酶、荧光素或同位素进行标记，结合到芯片上的靶蛋白就会直接或通过底物间接发出特定的信号(荧光、颜色、放射线)，然后对信号进行扫描检测。这类芯片的检测方法类似于 DNA 芯片的检测，从定量及简便的角度来讲优于前一种方法。它主要适用于生物化学型芯片的检测，用于研究抗原与抗体、配体与受体、酶与受体之间的相互作用。

蛋白质芯片技术是一种高通量、平行、自动化、微型化的蛋白质表达、结构和功能分析技术，目前已被应用于蛋白质相互作用、疾病诊断、药物设计和筛选等多个领域。

近年来，蛋白质芯片技术得到快速发展。2000 年，MacBeath 和 Schreiber 制造出高密度蛋白质芯片并且能保持蛋白质的成键能力。它与传统的布朗技术基本相同，只是用蛋白质替代 DNA。首先以醛基活化光滑的表面，蛋白质通过共价键与之相连。2001 年，耶鲁大学的 Snyder 等将芽孢酵母大部分基因产物，大约 6 000 种蛋白质，表达并在其 N-末端以 GST-HisX6(glutoahione S-转移酶-聚组氨酸)标记，然后，蛋白质芯片通过光滑的玻璃表面上的醛基或 Ni 离子包裹(与 HisX6 成键)，使蛋白质平滑地附到芯片之上，最后通过荧光标记的 GST 抗体进行确认。蛋白质芯片公司 Ciphergen 在芯片表面包裹了各种材料，利用这些不同的表面区别不同的蛋白质，其设计的表面材料有疏水型、亲水型、阳离子和阴离子交换型、金属离子和潜活性分子，等等。

## 2.3 结构蛋白质组学

结构蛋白质组学(structural proteomics)侧重于在活性构象下研究蛋白质，描绘蛋白质或者蛋白质复合体的三维结构。如蛋白质与药物分子间的互作、蛋白质工程等。

测定蛋白质三维结构的方法有 2 种，一是应用 X 射线晶体衍射图谱法(X-ray crystallography)和中子衍射法测定晶体中的蛋白质分子构象；二是应用核磁共振法(nuclear magnetic resonance，NMR)、圆二色性光谱法、激光拉曼光谱法、荧光光谱法、紫外差光谱法和氢同位素交换法等测定溶液中的蛋白质构象。

### 2.3.1 X 射线晶体衍射图谱法

1912 年劳埃发现晶体的晶格恰好是 X 射线波长的变体，可以作为光栅，能够产生衍射，为晶体结构研究掀起了一个新的纪元。22 年后，Bernal 和 Crowfoot，两位诺贝尔奖获得者在 1934 年成功地获得第一张蛋白质(胃蛋白酶)单晶体的 X 射线衍射照片。小分子如金属、无机或有机分子的衍射相位问题很早已经解决。而蛋白质分子的衍射相位问题，由于分子太大，原子数目太多无法解决。1953 年，Perutz 发现了解决蛋白质晶体衍射的相位问题，即同晶置换法。相位可以说是衍射的要害。1957 年 Kendrew 和 1959 年 Perutz 分别获得了肌红蛋白和血红蛋白的低分辨率结构，为分子生物学立下了汗马功劳，开创了分子生物学的前沿，也孕育了结构生物学的诞生。1957 年到 1967 年的 10 年里，溶菌酶结构的发现是继肌红蛋白和血红蛋白之后的第三个蛋白质结构。之后一系列的蛋白酶结构应运而生，而且分辨率较高。这个时候，蛋白质晶体学就不是在试探阶段，已经成为一门成熟的科学。

应用 X 射线晶体衍射(X-ray crystallography)图谱法测定蛋白质的结构首先要得到蛋白质的结晶体。一般是将要表达蛋白质的基因经过 PCR 扩增后克隆到表达载体中，然后在大肠杆菌中诱导表达；提纯表达的蛋白质并在其适宜的结晶条件下使其结晶，然后对晶体进行 X 射线衍射，收集衍射图谱，通过一系列的计算，得到蛋白质的原子结构。X 射线晶体衍射分析主要包括以下几个步骤。

(1)晶体培养

蛋白质晶体的培养通常是利用气相扩散法(vapor diffusion method)的原理来达成。也就是在含有高浓度的蛋白质(10～50mg/mL)溶液加入适当的溶剂，慢慢降低蛋白质的溶解度，使其接近自发性的沉淀状态时，蛋白质分子将在整齐的堆栈下形成晶体。

(2)衍射数据收集

如图 2-19 所示，使用单色 X 射线入射单晶体样品，在垂直入射线样品的后方放置显影胶片。摄谱时样品绕垂直于入射 X 射线的轴作几度的来回摆动，摄完一张谱后，需将晶体转动几度再摄一张，要获得一套完整的衍射数据需要摄取很多张谱图。

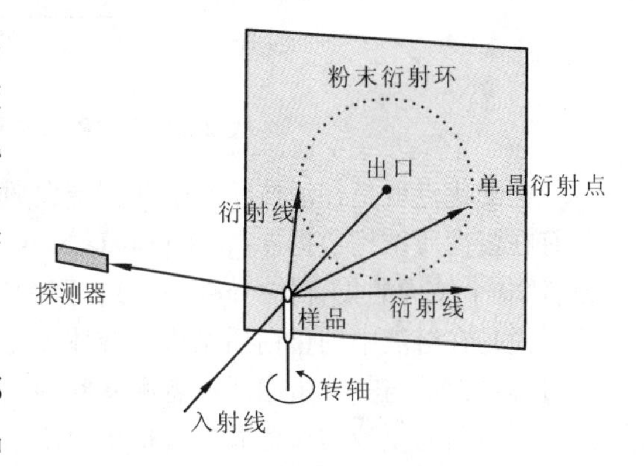

**图 2-19　X 射线晶体衍射图谱法**

(3)晶体结构的解析

指标化衍射图，求出晶胞常数，依据全部衍射线的衍射指标，总结出消光规律，推断晶体所属的空间群。将测得的衍射强度作吸收校正、LP 校正等各种处理以得出结构振幅和相角。

应用 X 线晶体衍射图谱法测定蛋白质结构的优点是：速度快，在蛋白质结晶的基础上，用 X 射线衍射法获得晶体结构；而且不受蛋白质大小的限制，无论蛋白质多大，只要能够获得结晶体就能够得到其三维结构。

## 2.3.2　核磁共振

核磁共振(nuclear magnetic resonance，NMR)是指核磁矩不为零的核，在外磁场的作用下，核自旋能级发生塞曼分裂(Zeeman splitting)，共振吸收某一特定频率的射频(radio frequency，RF)辐射的物理过程。近年来，NMR 法测定小型蛋白质的三维结构得到了成功的应用。NMR 法不需要制备蛋白质晶体，但这种方法仅限于分析长度不超过 150 个氨基酸残基的小型蛋白质。

1985 年，库尔特 · 维特里希第一个用多维核磁共振 NMR 的方法确定了第一个生物大分子的三维结构，明确了 NMR 可作为测定生物大分子的主要手段。2002 年库尔特 · 维特里希因此获得诺贝尔奖。

蛋白质核磁共振解析技术可分为液体核磁共振和固体核磁共振。

#### 2.3.2.1　液体核磁共振解析技术

液体核磁共振解析的步骤：首先通过基因工程技术，表达出目的蛋白，提纯之后，摸索目的蛋白稳定的条件。如果蛋白质没有聚合，且折叠良好，便可上样。将蛋白样品(通常是 1～3mM，500μL，pH6～7 的 PBS)装入核磁管中，放入核磁谱仪中，然后用一系列写好的过程软件控制谱仪，发出一系列的电磁波，激发蛋白质中的$^{1}H$、$^{13}N$、$^{13}C$ 原子，电磁波发射完毕，收集数据、处理谱图、电脑计算，从而得到蛋白的原子结构(图 2-20)。

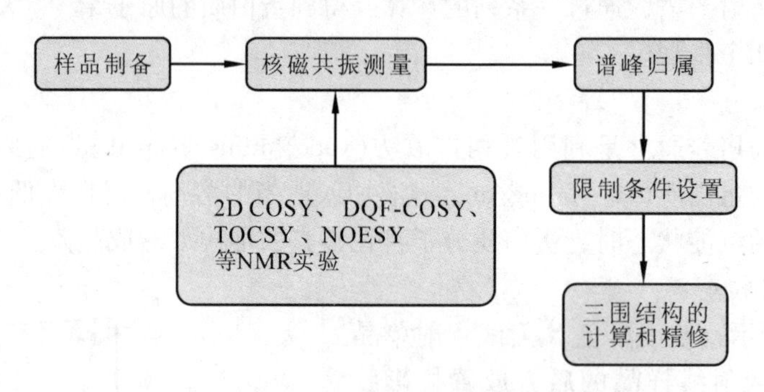


图 2-20　NMR 测定蛋白质三维结构的基本过程

它的优点就是在液体状态下获得蛋白质的结构。这种结构是一个动态的结构。事实上，所有在蛋白质结构数据库(protein data bank，PDB)中或者文献中发表的 NMR 结构都是 10 个或者 20 个结构的集合体(ensemble)，因为这些结构都是进行能量优化后符合条件的结构，或者说是在溶液中的蛋白质结构。液体核磁共振解析获得蛋白质的活性动态结构，适合于研究目标蛋白质与其他蛋白质或者配基间的相互作用。其缺点是，受蛋白质分子质量大小的限制，到目前为止液体核磁共振解析蛋白质结构的上限是 50kDa。

#### 2.3.2.2　固体核磁共振解析技术

一些生物大分子，如膜蛋白、蛋白质复合体、蛋白质纤维等，在生命过程中起着极为重要的作用，但是由于难以得到这些生物分子的单晶以及它们在溶液中的低溶解度，用 X 射线和液体 NMR 很难得到它们的结构。如膜蛋白质，膜蛋白质约占人类基因编码蛋白质的 30%，一些重要的生命活动，如能量转换、信息识别与传递、物质运送和分配，都与膜蛋白密切相关。但到目前为止，只有 157 种(总共约 3 万种)膜蛋白的三维结构是已知的。对于这些“困难”的生物大分子，固体 NMR 被认为是最有前途的研究手段之一。自从 2002 年德国科学家首次用魔角旋转 NMR 得到固体蛋白质的三维结构以来，近几年固体核磁共振解析技术获得飞速发展。随着高磁场 NMR 仪器的使用，魔角旋转 NMR 探头技术的发展，固体蛋白质样品制备技术的成熟和一批两维到四维固体 NMR 脉冲序列的使用，魔角旋转 NMR 研究蛋白质的能力大大提高，魔角旋转 NMR 已经能够对 25Da～30kDa 的蛋白质进行 NMR 信号全归属和相应的结构和动力学研究。

20 世纪 80 年代是结构生物学发展的迅猛时期，在基础研究不断取得重大发展的同时，在医学和制药等方面的应用研究也取得重大突破。但无论是 X 射线晶体衍射图谱法还是核磁共振法测定蛋白质的结构，目标蛋白质都要满足 2 个条件。一是表达量要大，NMR 对蛋白质的量要求低些，大约十几个毫克。X 射线晶体衍射图谱法需要的蛋白质量较大，而且还要摸索蛋白质结晶的条件。因此蛋白质一定要能在胞质中表达。二是，蛋白质要折叠。许多蛋白质，尤其是真核蛋白质在大肠杆菌中是以包含体的形式存在，这种情况下很难用以上两种技术获得其三维结构信息。

小于 20kDa 的蛋白质可以考虑用 NMR 技术，因为 NMR 研究功能与相互作用方面更加擅长，而且不需要结晶、速度快。如果目标蛋白质比较大，可以考虑用 X 射线晶体解析。

蛋白质组学研究在技术发展方面将出现多种技术并存、各有优势和缺限的特点，而难以像基因组研究形成比较一致的方法。除了发展新方法外，更应该强调各种方法间的整合和互补，以适应不同蛋白质的不同特征。另外，蛋白质组学与其他学科的交叉也将日益显著和重要，这种交叉是新技术新方法的活水之源，特别是，蛋白质组学与其他大规模学科如基因组学、生物信息学等领域的交叉所呈现出的系统生物学(system biology)研究模式，将成为未来生命科学最令人激动的新前沿。

## 本章小结

由于生物体内蛋白质的动态性和多样性，蛋白质组学研究的复杂性远远大于基因组学研究。当前蛋白质组学的研究出现多种技术并存的现象。本章先介绍蛋白质组学三大分支——表达蛋白质组学、功能蛋白质组学和结构蛋白质组学的概念与研究内容，然后简要介绍了各分支的典型研究技术。在表达蛋白质组学中，着重介绍了蛋白质的电泳分离技术与色谱分离技术；在功能蛋白质组学中，介绍了酵母双杂交技术与蛋白质芯片技术；在结构蛋白质组学中，介绍 X 晶体衍射技术与核磁共振技术。蛋白质组学的各种研究技术各有优势与不足，难以像基因组研究形成比较一致的方法。因此，除了发展新方法外，更应该强调各种方法间的整合与互补。

## 思考题

1. 为什么说蛋白质组学的研究要比基因研究更复杂？
2. 蛋白质组学的研究主要可以分为哪三大分支？各分支的研究侧重点是什么？
3. 简要介绍表达蛋白质组学研究的基本流程，并说明各阶段的主要技术。
4. 蛋白质分离的技术有哪几种？分析各自的优缺点。
5. 一维电泳与双向电泳技术的应用上有什么区别？
6. 简述多维色谱 - 质谱联用技术流程。
7. 功能蛋白质组学的研究技术有哪些？简述酵母双杂交技术的特点。
8. 结构蛋白质组学的研究技术有哪些？简述 X 衍射晶体法与 NMR 方法测定蛋白质结构的特点。

# 参考文献

1. FIELDS S, SONG O K. 1989. A novel genetic system to detect protein- protein interactions[J]. Nature, 340: 245 - 246.

2. HERBERT B, RIGHETTI P G. 2000. A turning point in proteome analysis: sample prefractionation via multicompartment electrolyzers with isoelectric membranes[J]. Electrophoresis, 21(17): 3639 - 3648.

3. MACBEATH G, SCHREIBER S L. 2000. Printing Proteins as Microarrays for High-Throughput Function Determination[J]. Science, 289(5485): 1760 - 1763.

4. STELZL U, WORM U, LALOWSKI M, HAENIG C, et al. 2005. A human protein - protein interaction network: a resource for annotating the proteome[J]. Cell, 122(6): 957 - 968.

5. TAO W A, AEBERSOLD R. 2003. Advances in quantitative proteomics via stable isotope tagging and mass spectrometry[J]. Curr Opin Biotechnol, 14(1): 110 - 118.

6. VON MERING C, KRAUSE R, SNE B, et al. 2002. Comparative assessment of large-scale data sets of protein-protein interactions[J]. Nature, 417(6887): 399 - 403.

7. ZHU H, BILGIN M, BANGHAM R, et al. 2001. Global analysis of protein activities using proteome chips [J]. Science, 293(5537): 2101 - 2105.

8. 仲人前，耿红莲. 2004. 蛋白质电泳技术的发展和应用[J]. 检验诊断与实验室自动化(2): 60.

9. http: //www. wrfcn. com/jskf_ 2. htm.

# 第3章　蛋白质双向电泳技术

传统的蛋白质化学研究和近年发展起来的蛋白质组学研究，都需要用一定的方法将蛋白质复合物分离成单个组分，至少分离成相对简单的亚组分。分离蛋白质的方法有很多种，一般来说分为选择性分离和非选择性分离2大类。选择性分离是根据蛋白质某些特殊的性质，比如蛋白质的结合特性或者生化功能，将蛋白质复合物分离。非选择性分离则是利用蛋白质的一些基本性质，比如蛋白质的分子质量或者所带的静电荷来进行分离。本章主要讲述蛋白质组学研究中有关蛋白质分离的技术，包括样品制备与样品分离的基本原理与方法。

## 3.1　蛋白质样品制备的基本方法

在蛋白质组学研究分析中，建立有效的、可重复的样品制备方法十分关键。样品制备是蛋白质成功分离的关键步骤，直接影响到蛋白质组研究结果；而且样品制备的失误在后续的分离工作中无法修复。在样品制备之前要明确研究目的，是提取出尽可能多的蛋白质，还是仅捕获所感兴趣的某些蛋白质。应根据研究目的采用相应的样品制备策略。目前没有一种蛋白质样品制备方法能适用于所有的生物材料。因此，应针对不同的材料选择适宜的蛋白质样品制备方法。

样品制备的目标是使样品中所需提取的蛋白质能完全溶解、分离、变性且还原。因此，样品制备时要特别注意下列4个问题：一是要保证蛋白质的完全溶解。提取液的配方应以能溶解所需提取的全部蛋白质组分为前提，且在电泳分离过程中必须始终保持蛋白质处于溶解状态。二是要避免蛋白质降解或丢失。在制备过程中要保持低温或添加蛋白酶抑制剂，防止蛋白质降解。同时尽量采用简单的方法制备样品，步骤越复杂，蛋白质丢失和人为化学修饰的几率越大。当然，制备的方法应该可重复，保证试验结果的可靠性。三是要去除杂质的干扰。在蛋白质样品制备与分离过程中可能出现的杂质有核酸、多糖、脂类物质等，这些物质会对蛋白质造成污染，影响分离的效果。四是勿反复冻融已制备好的样品。样品的裂解液可以是新鲜制备的，也可以是先制备好后分装冷冻保存于-80℃冰箱备用。但样品应该新鲜制备，避免反复冻融影响蛋白质的分离效果。

蛋白质样品制备的方法一般包括细胞的破碎、裂解、蛋白质沉淀及杂质的去除等步骤。要根据不同样品、不同状态以及不同的实验目的合理组合细胞裂解和去除杂质的方法。

### 3.1.1　样品的破碎与裂解

样品的破碎与裂解看似简单，但操作过程中一旦方法不当，就可能造成蛋白质的丢失或修饰。这一过程要最大限度地减少蛋白质丢失、修饰和降解。

为了对细胞内蛋白质做完整的分析，必须先对细胞进行有效的破碎。如何选择细胞破碎的方法，取决于待分析的样品和所针对的是全蛋白还是部分蛋白。根据工具的不同，细胞破碎方法可分为机械法、物理法、化学与生物化学法。根据破碎力度的不同，细胞破碎方法又可分为温和的方法与剧烈的方法。

#### 3.1.1.1　机械法

(1) 研磨法

常用于固体材料或组织材料的破碎，适合实验室使用，是一种较为剧烈的细胞破碎方法。通常的做法是，将剪碎的组织材料置于研钵或匀浆器中，加入少量石英砂研磨成匀浆。或者先用液氮预冷研钵，然后将冷冻保存于液氮中的组织或细胞研磨成粉状。

(2) 组织捣碎法

常用于固体组织材料的破碎，也是一种较剧烈的细胞破碎法。可用家用食品加工机将组织打碎，然后用内刀式组织捣碎机以 10 000 ~ 20 000r/min 的转速打碎细胞。为防止温度过高降解蛋白质，通常捣碎 10 ~ 20s，暂停 10 ~ 20s，反复多次，以达到破碎细胞的目的。

#### 3.1.1.2　物理法

(1) 超声波处理法

常用于组织培养的细胞破碎，是一种剧烈的破碎方法。这种方法利用超声波的振动力来破碎细胞壁和细胞器。细胞破碎的效果与样品浓度和所使用的超声波的频率有关。操作过程中要防止样品过热所导致的蛋白质降解。因此，应采用间断式超声，以保持低温状态。如果用这种方法来破碎微生物细胞，超声的时间要稍长一些。

(2) 反复冻融法

常用于细菌或组织培养的细胞破碎，是一种较为温和的破碎方法。将待破碎的细胞冷却至 -15 ~ -20℃，然后在室温或 40℃ 下迅速融化，如此反复多次。由于冷冻时细胞内形成冰晶，会造成剩余细胞液浓度增高从而导致细胞的溶胀破裂。该方法比较适合于细胞壁较脆弱易碎的微生物菌体。但这种方法的破碎效率低，有时还会造成部分蛋白质的降解。

(3) 冷热交替法

常用于从细菌或病毒中提取蛋白质，是较为温和的破碎方法。样品在 90℃ 温浴数分钟，立即转至冰浴，反复多次，由于瞬间的热胀冷缩可以使绝大部分细胞破碎。

(4) 压力杯法

常用于含有细胞壁的微生物材料，如细菌、酵母和藻类，是一种剧烈的彻底破碎细胞的方法。在 $1.0 \times 10^8 \sim 2.0 \times 10^8$ Pa 的高压下，使几十毫升的细胞悬浮液通过一个小孔突然释放到常压，将细胞彻底破碎。这种破碎细胞的方法比较理想，但仪器费用较高，不太适合于普通实验的操作。

#### 3.1.1.3　化学与生物化学法

化学与生物化学法属于较温和的细胞破碎技术。

(1) 有机溶剂处理法

利用氯仿、甲苯、丙酮等脂溶性溶剂或十二烷基硫酸钠(SDS)等表面活性剂处理细胞，可溶解细胞膜，使细胞破裂，释放内含物。这种方法对于动物细胞具有比较理想的破碎效果。

(2)酶解法

酶解法专一性强，操作条件温和，效率高，只需选择合适的酶和反应条件就可以进行有效的细胞破碎。破碎真菌和放线菌一类的微生物细胞经常使用这种方法。如溶菌酶、纤维素酶、蜗牛酶和酯酶等，在37℃、pH 8.0 的条件下处理细胞，会使其酶解破碎。

(3)自溶法

新鲜的生物材料存放于一定 pH 值和适当温度下，细胞结构在自身水解酶的作用下发生溶解，可使细胞内含物释放出来。但自溶法在操作时要特别小心，因为细胞内的蛋白水解酶也将导致蛋白质的分解。

(4)渗透压冲击法

渗透压冲击法利用细胞膜的渗透特性，先将待破碎细胞置于高渗溶液中，然后再转移到低渗溶液或水中。由于细胞膜为天然的半透膜，在低渗溶液和低浓度的稀盐酸溶液中存在渗透压差，溶剂分子大量进入细胞，使细胞膜胀破，从而释放细胞内含物。这种方法简单易行，适用于没有细胞壁的动物细胞的破碎。

## 3.1.2 蛋白质的沉淀

在蛋白质组提取分离中，沉淀这一步是可选步骤，其目的是从污染杂质(盐、去污剂、核酸和脂类等)中选择性分离蛋白质。蛋白质的沉淀也能浓缩样品。由于蛋白质沉淀并不是完全有效，且某些蛋白质沉淀后不易重新溶解，因此在样品制备过程中应尽量避免沉淀和重溶。以下介绍几种常用的蛋白质沉淀方法。

### 3.1.2.1 盐析法

蛋白质在高浓度的中性盐溶液中，溶解度会随着盐浓度的增加而降低。在高盐溶液中，蛋白质倾向于聚合，并从溶液中沉淀下来。而许多可溶性的杂质，如核酸，将依然保留在溶液中，因而可将蛋白质与这一类杂质分离。盐析法具有成本低，操作简单，对蛋白质生物活性影响小等优点。但这种方法只能用来预分离或富集蛋白质。因为有些蛋白质在高盐溶液中也是可溶的，无法通过沉淀分离得到所有的蛋白质。

硫酸铵盐析法是最常用的盐析法，具有盐析能力强，溶解度大，对蛋白质影响小，价格低廉等优点。硫酸铵盐析法的具体操作步骤如下。

①在含有 EDTA 的缓冲溶液中( >50mmol/L)处理蛋白质，最终蛋白质浓度 >1mg/mL。

②加入硫酸铵至所需要的浓度，搅拌 10 ~ 30min，离心沉淀蛋白质。

③沉淀下来的蛋白质中含有硫酸铵杂质，可以再利用透析、超滤或脱盐柱等方法去除。因为残存的硫酸铵会干扰等电聚焦，必须去除干净。

### 3.1.2.2 有机溶剂沉淀法

有机溶剂能使水溶液中的蛋白质发生沉淀作用，其可能的机理有 2 种。一是有机溶剂能降低水溶液的介电常数，增加蛋白质不同电荷之间的静电引力，使蛋白质沉淀；二是有机溶剂与水作用使蛋白质的表面水化层厚度压缩，导致蛋白质脱水，蛋白质的疏水作用增加，从而产生沉淀。有机溶剂沉淀法具有分辨率高、沉淀不需要除盐的优点。常用的有机溶剂沉淀法有以下几种。

(1)三氯醋酸沉淀法

这是一种有效的蛋白质沉淀方法，将三氯醋酸(TCA)加到提取液中，使其终浓度高达10%~20%，然后在冰上沉淀30min。此外，组织样品可以直接用10%~20%的TCA进行匀浆。这种方法可以防止蛋白质降解和其他的化学修饰。离心后收集沉淀，再用乙醇或丙酮洗去残留的TCA。残留的TCA必须彻底清洗，否则会造成某些蛋白质的降解或修饰。但经过TCA沉淀分离后的蛋白质难以完全再溶。

(2)丙酮沉淀法

丙酮用来沉淀蛋白质，可以去除溶于有机溶剂的杂质，如去污剂、脂类等。在提取物中加入3倍体积的冰丙酮，-20℃放置2h，离心收集沉淀。通过空气干燥或者冷冻干燥去除残留的丙酮。

(3)TCA/丙酮沉淀法

丙酮和TCA两者联用效果更好。通常将样品悬浮在含有20mmol/L二硫苏糖醇(DTT)或0.07%巯基乙醇的10%TCA溶液中，-20℃沉淀45min，用离心法收集蛋白质沉淀，并用含有0.07%巯基乙醇或者20mmol/L DTT的预冷丙酮溶液清洗。通过空气干燥或冷冻干燥去除丙酮。

(4)苯酚提取法

苯酚提取蛋白质的方法较为复杂，提取出的蛋白质中杂质含量相对较少，可能丢失的蛋白质较前三种方法多。因此一般适合用于杂质含量较高的植物材料的蛋白质提取。首先是将样品破碎，加入1.5倍的苯酚和1.5倍的酚提取液，5 000r/min离心10min，收集上清液。再加入1倍体积的酚提取液，再次5 000r/min离心10min，收集上清液，加入0.2倍体积的甲醇，-70℃冰箱保存过夜。离心、清洗沉淀，用200μL的甲醇缓冲液(内含0.1M $NH_4AC$，1% β-Me)，离心去上清液。重复上一步骤，往沉淀中加入80%的丙酮200μL，离心沉淀保存在-4℃中待用。

#### 3.1.2.3　聚乙二醇沉淀法

许多相对分子质量高的非离子聚合物，如聚乙二醇(PEG)、葡聚糖等也可用于沉淀蛋白质。PEG的相对分子质量高达4 000，且无毒，不可燃，操作条件温和、简便，沉淀比较完全，而且对蛋白质具有一定的保护作用。PEG沉淀蛋白质的机理被认为是PEG分子在溶液中形成网状结构，与溶液中的蛋白质分子发生空间排斥作用，使蛋白质分子沉淀。

PEG沉淀法的具体操作步骤是：取100~150mL 50% PEG溶液加入到100mL蛋白质样品中，缓慢搅拌60min，至完全沉淀，然后离心收集蛋白质沉淀。

### 3.1.3　蛋白质组分的纯化

制备好的样品中常常会含有核酸、多糖、色素、去污剂和代谢物等非蛋白类杂质，如植物组织中富含多酚、多糖、醌、色素、脂质、次生代谢物质和核酸等干扰蛋白质研究的成分。有些杂质会对蛋白质进行化学修饰，如多酚类物质；有些杂质会影响蛋白质电泳分离的过程，如盐组分。这些杂质必须去除，否则会影响蛋白质组的分析结果。但在蛋白质组分纯化的过程，即非蛋白类杂质的去除过程，又可能造成蛋白质的丢失、化学修饰或蛋白质的解聚。如果发生蛋白质的化学修饰或解聚，2-DE胶上的蛋白质点将增多，同样影响分析结果，因此，在操作过程中要特别小心。蛋白质组分的纯化过程常见的有以下几个步骤。

(1)核酸沉淀法去除核酸

核酸对蛋白质双向电泳的影响主要体现在三方面。一是核酸会增加蛋白质样品的黏度，导致电泳的背景弥散；二是高相对分子质量的核酸容易堵塞加样孔，阻止蛋白质样品进入凝胶；三是核酸与蛋白质形成的复合物会影响等电聚焦。此外，如果分离后的蛋白质用硝酸银染色，核酸也能被染色，导致背景变黑。

去除核酸常用的方法是用核酸内切酶进行降解。即在粗匀浆中加入少量脱氧核糖核酸酶(DNase)，于4℃保温30～60min，可使DNA降解为足够小的碎片，离心沉淀后可去除核酸。也可以用合成载体两性电解质(SCA)来结合核酸，然后通过超离去除。但相对分子质量高的蛋白质在超离过程中也会发生沉淀，这样导致蛋白质的丢失。

(2)有机溶剂沉淀法去除杂质

有机溶剂能降低溶液的介电常数，从而增加蛋白质分子上不同电荷间的吸引力，导致蛋白质的溶解度降低。而且有机溶剂又能与水作用，破坏蛋白质的水化膜，使蛋白质在一定浓度的有机溶剂中沉淀析出。常用的有机溶剂是乙醇和丙酮，在加入有机溶剂时注意搅拌均匀以免局部浓度过大，且要在低温条件下进行。分离后的蛋白质沉淀应立即用水或缓冲液溶解，以降低有机溶剂的浓度。有机溶剂沉淀法可以去除以下杂质。

①多糖　多糖杂质会堵塞加样孔，而且带负电的多糖与蛋白质结合形成的复合物会导致拖尾，影响聚焦。可以通过超速离心或者沉淀的方法去除多糖。

②脂类　样品中残留的脂类可与许多蛋白质，尤其是膜蛋白形成复合物，从而降低蛋白质的溶解性，改变蛋白质的等电点和相对分子质量。此外，脂类也能和表面活性剂结合，使其效率降低。丙酮沉淀也可去除脂类。此外，蛋白质裂解液中的变性剂也可减少蛋白质与脂类的结合。

③次生代谢物或磷脂　几乎所有细胞裂解时，都可能产生一些次生代谢物或磷脂。这些物质通常带负电，会影响阳极的等电聚焦。通常采用TCA/丙酮沉淀来去除这类杂质。

(3)抑制剂去除多酚类物质

许多植物组织中都含有多酚类物质。多酚类物质可以通过酶催化的氧化反应来修饰蛋白质。因此在蛋白质提取过程中要防止多酚类物质的氧化，如用还原剂防止其氧化或用抑制剂来灭活多酚氧化酶。在细胞破碎过程中还可以用聚乙烯吡咯烷酮(PVP)来吸收多酚类物质。

(4)透析法去除盐离子和外源性带电小分子

样品中盐离子浓度的增加将使胶条的电导增加，使电泳过程无法达到设置的高电压，影响蛋白质等电聚焦。带电小分子可以引起水的流动，使胶条的一段肿胀而另一端变干，导致两端酸性和碱性蛋白质无法聚焦，造成2-DE图像拖尾或蛋白质丢失。

一般在进行2-DE电泳时，样品如果采用水化方式进入胶条，盐浓度应该低于10mmol/L；如果采用样品孔加样，盐离子浓度可提高至50mmol/L，但要注意防止蛋白质在样品孔中沉积。

通常可以采用透析、凝胶过滤和沉淀/重溶的方法来进行脱盐处理。透析脱盐非常有效，但会造成蛋白质溶液稀释，稀释的蛋白质溶液可以通过真空浓缩增加其浓度。凝胶过滤和沉淀/重溶的脱盐方法将造成蛋白质的丢失，一般应避免使用。

## 3.1.4 裂解液的组成成分及其作用

生物样品的组成十分复杂，为了获得最佳的蛋白质组分析结果，样品需要变性，同时尽可能使其中的蛋白质充分溶解。变性的目的是为了破坏蛋白质的三维立体结构，使肽链的酶解位点充分暴露出来，以便下一步的蛋白质酶切，为获得良好的质谱数据做准备。但在变性的过程中往往伴有蛋白质溶解性的降低，甚至发生凝聚的现象。为了达到变性和溶解的双重目的，裂解液通常含有变性剂、表面活性剂、还原剂、载体两性电解质以及蛋白酶抑制剂等多种成分。

### 3.1.4.1 裂解液的成分

(1)变性剂

变性剂用于改变溶液离子强度和 pH 值，破坏蛋白质与蛋白质之间的相互作用，通过改变溶液中的氢键，破坏蛋白质的二级结构和三级结构，使蛋白质充分伸展。最常用的变性剂是尿素，常用浓度为 8mol/L，根据样品溶解的需要可以增至 9 ~ 9. 8mol/L。如果为了提取膜蛋白，可以将硫脲和尿素联合使用，这样能大大增加蛋白质的溶解度。

(2)表面活性剂

表面活性剂有助溶、变性和保护蛋白质的作用。蛋白质组学分析中常用的表面活性剂分为离子型表面活性剂、非离子型表面活性剂和两性离子表面活性剂 3 种类型。

离子型表面活性剂对蛋白质具有很强的变性和溶解作用。SDS 作为最常用的一种，几乎可以溶解各种蛋白。但值得注意的是，SDS 可以使几乎所有质谱分析的酶失活，而从蛋白质溶液中去除 SDS 比较困难，因此，SDS 的使用受到了一定的限制。但无色杆菌蛋白酶 Ⅰ(achromobacter protease Ⅰ，APⅠ)可以在 0. 1% 的 SDS 溶液中保持 100% 的活性。

常用的非离子型表面活性剂有 Triton X-100 和乙基苯基聚乙二醇(NP-40)。它们的变性能力较离子型表面活性剂弱，但它们可以使脂膜溶解，又不使蛋白质变性。因此，在分离有生物功能的膜蛋白时经常使用这种类型的表面活性剂。

两性离子活性剂常用 3-[(3-胆酰胺丙基)-二乙胺]-丙磺酸(CHAPS)，通用浓度为 0. 5%~4. 0%。溶解效果比非离子表面活性剂好。

(3)还原剂

还原剂的作用主要是破坏蛋白质的二硫键，使蛋白质处于还原状态。常用的还原剂有二硫苏糖醇(DTT)、二硫赤藓糖(DTE)和非离子型还原剂三丁基磷(TBP)。在变性剂和表面活性剂联用的情况下，还原剂可以使变性的蛋白质展开更完全，溶解得更彻底。

(4)载体两性电解质

载体两性电解质的作用在于屏蔽蛋白质分子表面的疏水基团，增加蛋白质分子的溶解度。同时又可以吸附高浓度尿素溶液中形成的氰酸盐离子，离心时还有助于核酸的沉淀，以去除蛋白质中的核酸杂质。除此之外，它还可以阻止蛋白质样品和 IPG 胶条中固相化的两性电解质发生相互作用。需要注意的是，为了保证实验的精确性，样品制备过程中所使用的载体两性电解质的 pH 值范围应与双向电泳过程中等电聚焦时所选用的 IPG 胶条 pH 值范围相符。

(5)蛋白酶抑制剂

为了避免细胞破碎后细胞自身的蛋白质水解酶被释放出来并被激活，导致蛋白质组成分变得更加复杂，在样品制备过程中应尽可能在低温下操作，并使用蛋白酶抑制剂。由于每一种蛋白酶抑制剂只能对一类蛋白酶起作用。因此，在样品制备过程中建议使用多种广谱蛋白酶抑制剂组成的复合配方，以达到最佳效果。

#### 3.1.4.2 裂解液的配方

裂解液的配方有多种，不同实验室有不同的习惯。实验者可以根据样品的具体情况摸索出更适合的裂解液配方。Angelika Görg 建议的 3 种常用配方是：

① 9mol/L 尿素，1%(m/v)DTT，2%~4%(m/v)CHAPS，2%(v/v)两性电解质(pH 值 3~10)，10mmol/L Pefabloc 蛋白酶抑制剂。

② 7mol/L 尿素，2mol/L 硫脲，1%(m/v)DTT，2%~4%(m/v)CHAPS，2%(v/v)两性电解质(pH 值 3~10)，10mmol/L Pefabloc 蛋白酶抑制剂。

③ 热的 SDS 缓冲液：1% SDS(m/v)，100mmol/L Tris-HCl，pH 7.0，在 95℃ 煮样品 5min，冷却后加入至少 3 倍体积的上述裂解液。

### 3.1.5 蛋白质的定量

用于蛋白组学分析的蛋白质溶液在进行分离之前要进行总蛋白量的测定，以便确定后续分析蛋白质的上样量。要求蛋白质定量的测定方法要灵敏、可操作性强、准确度高。常用的方法有紫外分光光度法和比色法。

#### 3.1.5.1 紫外分光光度法(UV 法)

UV 法的原理是利用蛋白质分子中酪氨酸、色氨酸、苯丙氨酸等氨基酸残基在 280 nm 处有最大吸收峰，且在 0.2~2mg/mL 的浓度范围内，其吸收值与蛋白质浓度成正比。因此，在 280nm 波长处直接检测蛋白质溶液的吸光值来计算蛋白质的含量。

这种方法测定总蛋白含量的过程非常简单，先测试空白液含量，然后测试蛋白质溶液在 280nm处的吸光值。由于缓冲液中存在一些杂质，一般要消除 320nm 的“背景”。

UV 法速度快，操作简单，适合于检测成分相对单一的蛋白质。它的缺点是容易受到 DNA 的干扰，灵敏度低，要求被测试的蛋白质溶液浓度要高。此外，这种方法的准确性取决于蛋白质溶液中酪氨酸、色氨酸、苯丙氨酸等氨基酸的含量，所以不能严格定量。

当溶液中有核酸污染时，应同时测定 260nm 波长处的吸光度值，以公式：蛋白质浓度 (mg/mL) $=1.55A_{280}-0.75A_{260}$ 来估算蛋白质的浓度。

#### 3.1.5.2 比色法

比色法测定的原理是蛋白质分子中某些氨基酸残基，如酪氨酸、丝氨酸可与外加的显色基团或者染料反应，产生有色物质。有色物质的浓度与蛋白质分子中参与反应的氨基酸残基数目直接相关，从而计算出参与反应蛋白质的浓度。比色法有 Lowry、BCA、Bradford 等几种常用方法。

(1)Lowry 法

Lowry 法的原理是蛋白质在碱性溶液中可与 $Cu^{2+}$ 形成 $Cu^{2+}$-蛋白质复合物，然后这一复合物还原磷钼酸－磷钨酸试剂，产生钼蓝与钨蓝混合的深蓝色复合物，这种复合物在 745 ~ 750nm 处有最大吸收峰，其吸收值与蛋白质浓度成正比。Lowry 法的灵敏度范围为 5 ~ 100μg /mL。

Lowry 法的缺点是需要顺序加入几种不同的反应试剂，反应需要的时间较长，而且容易受到非蛋白物质的影响。含 EDTA、Triton X-100、硫酸铵等物质的蛋白质定量不适合用此种方法。高浓度的胍盐和尿素也会干扰测定，会使蛋白质发生不可逆变性。

(2) 二喹啉甲酸法(BCA 法)

这是一种较新的、更敏感的蛋白质含量测定法。BCA 法的原理是蛋白质的肽链在碱性溶液中能与 $Cu^{2+}$ 络合，同时 $Cu^{2+}$ 被还原成 $Cu^{+}$，后者与 BCA 试剂结合，形成稳定的吸收峰在 562 nm 的紫色复合物。紫色复合物与蛋白质浓度具有很强的线性关系。相对于 Lowry 法，BCA 法操作简单，灵敏度高，其范围为 25 ~ 2 500μg /mL。

BCA 法测定蛋白质浓度时不受样品中绝大部分化学物质的影响，可以耐受样品中高达 5% 的 SDS、Triton X-100 或 Tween 20、Tween 60、Tween80。但由于 BCA 的显色反应是依赖于 $Cu^{2+}$ 的还原，还原剂(DTT、巯基乙醇、二硫苏糖醇等)和离子络合剂(EDTA、EGTA 等)会干扰显色反应。因此在测试过程中要确保 EDTA 的浓度低于 10mmol/L，无 EGTA，二硫苏糖醇的浓度低于 1mmol/L，巯基乙醇的浓度低于 0. 01% 。

(3) Bradford 法

Bradford 法的原理是蛋白质可与考马斯亮蓝结合产生有色化合物，其吸收峰在 465 ~ 595 nm处，以 595 nm 处吸光度值计算蛋白质含量。其特点是敏感度高，灵敏度范围为 50 ~ 1 000μg/mL。Bradford 法只需一种反应试剂，操作简单快速，可与还原剂相容，但对去污剂敏感。缺点是蛋白质定量不够准确，并会使蛋白质发生不可逆的变性。

#### 3. 1. 5. 3 蛋白质定量过程中应注意的一些问题

①由于各种方法的反应基团以及显色基团不同，所以同时使用几种方法对同一样品得出的样品浓度没有可比性。

②比色法一般用牛血清白蛋白(BSA)作为蛋白质标准品。即使使用同种比色法测定，同一种样品也会因为选择标准品的不同而产生不同的结果。因此，在选择比色法之前要参照被测蛋白质成分的化学特点来选择合适的标准品。

③比色法定量蛋白质经常出现的问题是样品的吸光值太低，导致测出的样品浓度与实际浓度差距较大。出现这一问题的原因是反应后的颜色有一定的半衰期，因此每种比色法都有一段最佳的测量时间，时间过长得到的吸光值变小，换算得到的浓度就低。应该在最佳的检测时间内完成所有样品的检测(包括标准样品)。

④反应的温度和溶液的 pH 值也是影响实验结果的重要因素。

⑤最好避免使用石英或者玻璃材质的比色杯，因为反应后的颜色会让石英或者玻璃着色，导致样品吸光值不准确。

## 3. 2 蛋白质分步提取及亚细胞蛋白质提取

上一节介绍了蛋白质样品制备的基本步骤。但由于蛋白质种类很多，性质上的差异也很大，即使是同类蛋白质，也会因样品材料的不同而导致制备方法的差别。因此，不可能有一个固定的程序适用于各种不同材料蛋白质的提取。对含有不同种类蛋白质的样品，可采用不同的溶剂来提取、分离与纯化蛋白质。例如，大部分蛋白质均可溶于水、稀盐、稀酸或稀碱溶液中，球蛋白类能溶于稀盐溶液中，脂蛋白可用稀去垢剂溶液如十二烷基硫酸钠、洋地黄皂苷(digitonin)溶液或有机溶剂来抽提，其他不溶于水的蛋白质通常可用稀碱溶液抽提。本节介绍最常用的蛋白质一步提取法、依据蛋白质溶解性的不同而逐步改变裂解液配方的分步提取法以及亚细胞蛋白质的提取。

### 3.2.1 蛋白质一步提取法

一步提取法的裂解液配方：Tris-HCl(pH7.5)50mmol/L，NaCl 250mM，EDTA 0.1mmol/L，NP40 0.5%，Leupeptin 10μg/mL，PMSF 1mmol/L，NaF 4mmol/L，Triton X-100 1%。

一步提取法的具体步骤：

① 研磨：剪碎组织，加入200μL裂解液，研磨至组织无肉眼可见的碎片。裂解液和组织的比例是0.5mL buffer /100mg。

② 吸取至离心管中：吸取组织悬液至离心管中，用200μL裂解液冲洗研磨器，把组织混悬液尽量都冲下来，吸入离心管中，重复1次，共600μL组织混悬液，冰上裂解1h。

③ 4℃，15 000r/min(或最大)离心30min，取上清液(沉淀为细胞大碎片和核碎片，上清液即为总蛋白)。

### 3.2.2 蛋白质分步顺序提取法

一步法提取的蛋白质通常只占总蛋白组的一部分，利用蛋白溶解性的不同分步提取，可获得更多种类的蛋白质。提取过程通常采用水相、有机相和表面活性剂为基础的提取液。分步提取法所采用裂解液的溶解性是依次增加的。第一步裂解液只含有40mmol/L Tris，其余为去离子水，只溶解偏亲水性的蛋白质。第二步的裂解液属于传统的裂解方法，含有表面活性剂CHAPS、还原剂DTT、解聚剂Urea等成分，由于具有良好的溶解能力，可以溶解亲水性、中性和较疏水性的蛋白质。第三步裂解液中添加了能够促进疏水蛋白质溶解的成分，如表面活性剂SB3-10、还原剂DTT、解聚剂Thiourea，主要溶解偏疏水性的蛋白质。上述基本的操作步骤可依据样品类型的不同而变化。分步分离提取法已被证实是一种快速有效的分级和浓缩不溶性蛋白(如膜蛋白)的方法。具体操作步骤如下：

①水溶液的提取　5～15mg细胞加入2mL裂解液Ⅰ(40mmol/L Tris)。反复冻融3～4次，加入适量的DNase和RNase A，振荡混匀。离心收集上清液，冷冻干燥器中抽干，作为第一步提取物。

②含Urea/CHAPS/DTT溶液的提取　向第一步的沉淀加入500μL裂解液Ⅱ(8mol/L Urea，4% CHAPS，100mmol/L DTT，40mmol/L Tris，0.5% Pharamalyte 3-10，20μg/mL DNase和5μg /mL Rnase A)，剧烈振荡混匀，离心收集上清液，即为第二步提取物。

③含硫脲/SB3-10/TBP溶液的提取液　将上一步所余的沉淀用40mmol/L的Tris清洗后，加入200μL裂解液Ⅲ(5mol/L Urea，2mol/L Thiourea，2% CHAPS，2% SB3-10，2mol/L TBP，40 mmol/L Tris，0.5% Pharamalyte 3-10，20μg/mL DNase和5μg /mL Rnase

A)，剧烈振荡混匀，离心后收集上清液，-70℃保存。

### 3.2.3　亚细胞蛋白质提取

生物细胞的细胞器是一个动态的结构，为了从蛋白质水平详细阐述各亚细胞器的功能，人们提出了亚细胞蛋白质组学的概念。亚细胞蛋白质组是蛋白质组学研究的一个新领域。

简单地说，亚细胞蛋白质组就是先将组织中的研究对象——细胞亚群分离开来，再提取这一亚细胞的蛋白质进行蛋白质组学分析。建立亚细胞蛋白质组的一个突出优点就是降低了蛋白质组分的复杂性，获得的数据比复合蛋白质组更有意义。亚细胞分级的经典方法是根据亚细胞的大小和密度的差异，用梯度密度离心的方法进行。现有许多成功的先例，Fialka 等(1997)等利用梯度密度离心从小鼠的乳腺上皮细胞中分离亚细胞区室，获得了早期核内体、晚期核内体及大多数的粗面内质网的二维电泳图谱。下面以膜蛋白和核蛋白为例介绍亚细胞蛋白质提取。

#### 3.2.3.1　膜蛋白质组

膜蛋白(membrane protein)是指镶嵌在细胞膜中的蛋白质。严格意义上，膜蛋白指多肽链多次跨越膜脂双分子层的蛋白质。膜蛋白质占细胞总蛋白的 30% 以上，在细胞生命活动中发挥重要的作用，如内吞、离子跨膜运输、膜内外的信号传导等，甚至有些膜蛋白已经成为药物设计的靶标蛋白质。因此，膜蛋白质组的分析已经成为蛋白质组学研究的一个重要内容。

充分的膜蛋白提取，无疑对于研究膜蛋白的结构和功能都是非常重要的。由于膜蛋白嵌在膜中，水溶性不好，一般难溶于普通的裂解液。往往在提取细胞时获得的膜蛋白量占膜蛋白总量的不足 0.1%。膜蛋白提取的基本方法是先用梯度离心法去除细胞质、细胞核等各种杂质，保留细胞膜，然后用表面活性剂从膜中提取蛋白质。这种做法的好处是后续可以用强烈的表面活性剂提取细胞骨架的相关蛋白，而无需考虑胞质蛋白、细胞核成分或染色质成分的混入。使用这种方法所获得的膜蛋白，无论在种类上还是数量上，都比普通酸溶解法所得到的蛋白质要多。

将膜与胞质蛋白及细胞核分离后，可进一步从细胞膜制剂中将所需的膜蛋白增溶下来。常用的表面活性剂是 Triton X-114。基本原理是在 4℃环境下几乎所有的蛋白质都溶于 Triton X-114 水溶液，温度若超过 20 ℃时，Triton X-114 溶液分为水相和去污相，亲水性蛋白质溶于水相中，疏水的膜蛋白质溶于去污剂相中，利用此性质来提取膜蛋白。但要注意膜的纯度，因为有些细胞器与膜一直粘连着，如线粒体，这时制备的样品中并非所有蛋白都是膜蛋白。下面介绍 Katz 等人(2007)推荐的细胞膜蛋白提取裂解方法。

①将组织用液氮研磨成粉状，重悬在 5 倍体积的缓冲液(50mM Tris-HCl pH 7.5，1.5mmol/L $MgCl_2$，10mmol/L KCl，5mmol/L ε-氨基己酸、1mmol/L PMSF)中。冰上孵育 30min。

②差速离心提取细胞膜蛋白：5 200r/min 离心 30min 去沉淀，去除细胞核。

③12 000r/min 离心 30min 去沉淀，主要去除线粒体和叶绿体。收集上清液。

④上清液加入 4mmol/L EDTA，去除核糖体和核酮糖二磷酸羧化酶/加氧酶。冰上孵育 30min。12 400r/min 离心 1h，得到的沉淀即为细胞质膜蛋白。

⑤往沉淀中重悬缓冲液(0.5mmol/L 甘油，10mmol/L $Na^+$-MOPS pH 7.5，2mmol/L $MgCl_2$，10mmol/L KCl)清洗，总体积为40mL。置于冰上慢搅30min，12 400r/min 离心1h。

⑥沉淀用含2% SDS 的50mmol/L Tris-HCl、pH 7.5 溶液室温孵育20min，40 000r/min 离心40min。

⑦最后沉淀溶解于裂解液(8mol/L urea，2mol/L thiourea，4% CHAPS 和80mmol/L DTT)中，溶解时间一般为30min，使膜蛋白充分溶解，Bradford 定量即可上样。

在膜蛋白上样进行双向凝聚电泳时要保持膜的脂类环境和水溶性，因为膜蛋白大都是碱性蛋白，难溶于水相介质。另外，要注意上样量，因为膜蛋白往往是低丰度的，在二维凝胶图谱上会被大蛋白所掩盖。

**3.2.3.2 核蛋白质组**

核蛋白质(nuclear protein)是指在细胞质内合成，然后运输到核内起作用的一类蛋白质。包括各种组蛋白、DNA 合成酶蛋白、RNA 转录和加工的酶蛋白以及各种起调控作用的蛋白因子等。核蛋白质一般都含有特殊的氨基酸信号序列，这些内含的短肽保证了整个蛋白质能够通过核孔复合体转运到细胞核内，这段具有“定向”“定位”作用的序列称为核定位序列。核蛋白在生物基因的表达调控中起到重要作用。如组蛋白(Histone)是细胞核蛋白质最重要的组成部分，其与 DNA 结合形成核小体(nucleosome)，而核小体又是染色质的结构单体。因此，有人将组蛋白编码称为生物的“第二套遗传密码”。Turner 等(2002)认为组蛋白是染色质结构调节的中心，Francis 和 Kingston(2001)认为组蛋白的翻译后修饰是基因表达调控的中心。

提取核蛋白质，首先分离细胞核，其步骤如下：

①新鲜样品2~5g 液氮速冻，置于预冷的研钵(-20℃)中，轻微研磨。重复加液氮、研磨4~5次。

②研磨后的粉末移到50mL 离心管中，加入20mL 预冷的提取缓冲液 NIB(5mmol/L Tis-HCl pH 值9.5，10mmol/L EDTA，100mmol/L KCl，0.5mol/L 蔗糖，4mmol/L 亚精胺，1.0mmol/L 精胺，0.1% β-Me)，匀浆。用中等速度冰上摇匀5min。

③分别经4层棉布和尼龙布过滤，用冰上预冷的50mL 离心管收集滤液。

④加入1mL 内含10%(v/v)Triton-100 的 NIB 继续过滤，合并滤液。Triton X-100 的终浓度必须达到0.5%，以去除叶绿体。

⑤4 200r/min 4℃离心10min，去上清液。

⑥沉淀用0.2~5mL 的保存液(1:1 NIB:100% 甘油)重溶。储存液的用量取决于细胞核的量，一般情况下可参考 $5\times10^6$核/mL。

⑦DAPI 染色，电子显微镜下观察。

⑧分装于1.5mL 离心管，保存在-20℃冰箱中。

提取核蛋白时，通过离心沉淀分离出保存液中的细胞核。细胞核中的蛋白质一般是中度溶解性的，破碎细胞核膜后，联合尿素、硫脲和去污剂裂解就可以提取出大部分的核蛋白。

随着电子显微技术和超速离心技术的广泛应用，亚细胞蛋白质组的研究也得到快速的发展。但亚细胞组分的纯度仍然是限制亚细胞蛋白质组研究快速发展的一个瓶颈。就当前研究较多的膜蛋白质组或核蛋白质组而言，还没有一个强有力的证据来证明双向电泳中所获得的蛋白质点都是膜蛋白质或核蛋白。近年来研究人员也提出了许多修正的方法，以排除一些可能的细胞器污染，提高亚细胞组分的纯度。

## 3.3　一维等电聚焦电泳

生物大分子如蛋白质、核酸和多糖等常以颗粒分散在溶液中，溶液中任何物质由于本身的解离或表面吸附其他带电质点而带电，带电颗粒在电场中移动，移动方向取决于它们的带电符号。电泳技术就是由各种带电粒子在电场中迁移率不同而进行分离的一种技术。

泳动度是带电颗粒在单位电场强度下的泳动速度，常用泳动度 $U$ 来表示。即：

$$U = v/E = (d/t)/(V/L) = (d/V)(L/t)$$

式中　$U$——泳动度，$cm^2/(V \cdot s)$；

$v$——泳动速度，cm/s；

$E$——电场强度，V/cm；

$d$——颗粒泳动距离，cm；

$L$——支持物有效长度，cm；

$V$——实际电压，V；

$t$——通电时间，s。

通过测量 $d$、$L$、$V$、$t$，即可计算出颗粒的泳动度。当外界因素一定，泳动度是一物质的特性，通过测泳动度，可以鉴别待测物。

电泳分离技术可以用不同的支持物作为介质，如纸、薄层材料或琼脂糖、淀粉、聚丙烯酰胺凝胶系统。固定化的介质中将样品放入流动相中进行分离，有利于避免电泳过程中由于发热和扩散效应所引起的分子区带扭曲和扩散的现象。其中，聚丙烯酰胺凝胶的孔径与蛋白质分子大小相近，能达到最好的分离效果，且制胶方便，价格低，重现性好，易于显色，与下游蛋白质分析兼容性好等优点，成为蛋白质分离的首选介质。

蛋白质双向电泳的第一向通常是等电聚焦(iso-electric focusing，IEF)，根据蛋白质所带不同的静电荷进行分离。等电聚焦的原理基于 2 个前提，一是蛋白质是两性电解质，二是载体两性电解质所形成的连续 pH 梯度。等电聚焦技术最早出现在 20 世纪 60 年代中期，它克服了一般电泳易扩散的缺点。近年来，等电聚焦电泳又取得新的进展，对待分离生物分子等电点的分辨率达到 0.001pH 单位。因此，等电聚焦由于分辨力高、重复性好、样品容量大、操作简便等优点，在生物化学、分类学、分子生物学及临床医学研究等诸方面，都得到广泛应用。

### 3.3.1　蛋白质是两性电解质

蛋白质由 20 种不同氨基酸通过肽键的链接构成。氨基酸的种类和序列决定蛋白质的性质。构成蛋白质的一些氨基酸侧链在一定 pH 值的溶液中是可解离的，从而会带上一定的电荷。如天冬氨酸和谷氨酸属于酸性氨基酸，其侧链含有带负电的羧基($—COO^-$)，见图 3-1。在 pH 值低的溶液(酸性)中，其末端羧基将只带 1 个质子而呈中性；在 pH 值高的溶液(碱性)中，其末端羧基将失去 1 个质子而带负电。赖氨酸、精氨酸和组氨酸属于碱性氨基酸。

在酸性条件下，赖氨酸、精氨酸侧链的氨基和组氨酸侧链的咪唑基会结合质子而使其带正电荷；在碱性条件下，这些质子发生解离而呈中性(图 3-1)。

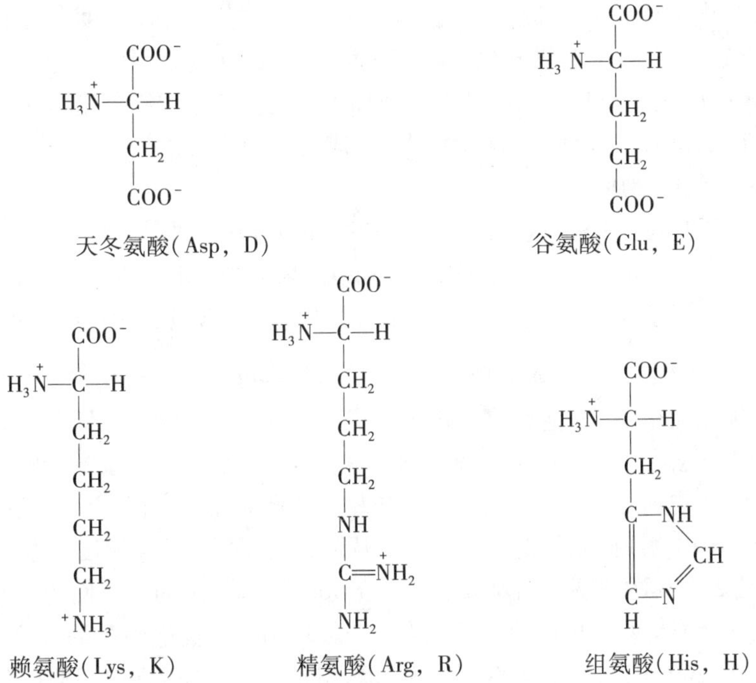

天冬氨酸(Asp，D)　　谷氨酸(Glu，E)

赖氨酸(Lys，K)　　精氨酸(Arg，R)　　组氨酸(His，H)

**图 3-1　极性带电荷氨基酸的分子结构式**

蛋白质的带电量是组成该蛋白质所有氨基酸带电量的总和。在 pH 值低的溶液(酸性溶液)中，由于碱性氨基酸带正电荷，而酸性氨基酸呈中性，这时蛋白质带正电荷。在 pH 值高的溶液(碱性溶液)中，由于酸性氨基酸带负电荷，碱性氨基酸呈中性，这时蛋白质带负电荷。因此蛋白质为两性物质，既具有提供质子的氨基酸残基，也具有接受质子的氨基酸残基。但在某一特定 pH 值的溶液中，蛋白质所带的静电荷为零，则此 pH 值称为蛋白质的等电点(pI)(图 3-2)。

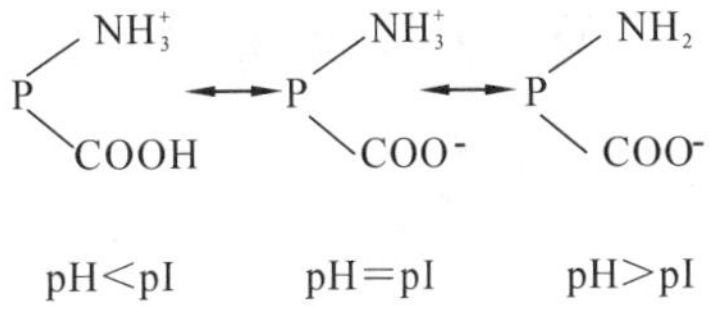

$pH<pI$　　$pH=pI$　　$pH>pI$

**图 3-2　蛋白质分子在不同 pH 值下的解离状态**

等电点反映两性电解质在溶液中得失质子的能力，是其固有的物化性质。两性电解质的等电点在数值上等于它呈电中性时溶液的 pH 值。当某一两性电解质 pI 较低，即释放质子($H^+$)的能力较强，使溶液 pH 值下降，这类两性电解质称为酸性两性电解质；反之，pI 高的两性电解质，接受质子($H^+$)的能力较强，可使溶液 pH 值上升，称为碱性两性电解质。

两性电解质在溶液中的行为可以从两方面看，一方面是溶液的 pH 值决定两性电解质所带电荷的性质。比如溶液的 pH 值为 7.0，对 pI = 9 的两性电解质来说，是处于酸性环境，故其带正电荷；但对 pI = 3 的两性电解质来说，却是处于碱性环境，故其带负电荷。所以，不同 pI 的两性电解质，在同一环境中带有不同性质和数量的电荷。另一方面，溶液中的两性电解质又破坏了水的解离平衡，使溶液 pH 值有所改变。

## 3.3.2  pH 梯度的形成

等电点聚焦电泳产生 pH 梯度的方法有 2 种：一是“人工 pH 梯度”。用 2 种不同的 pH 缓冲液相互扩散，在混合区形成 pH 梯度，即为人工 pH 梯度。因为缓冲液是电解质，在电场中它的离子移动会引起 pH 梯度的改变，所以不稳定。常用于制备型电泳。二是“自然 pH 梯度”，是利用载体两性电解质在电场作用下形成自然 pH 梯度。

### 3.3.2.1  载体两性电解质

常用的载体两性电解质是一系列脂肪族多氨基和多羧基类的混合物，是一系列的异构物和同系物。合成载体两性电解质的原料是丙烯酸和多乙烯多胺，用几个 pH 值很相近的多乙烯多胺（如五乙烯六胺）为原料，与不饱和酸（如丙烯酸）发生加成反应，生产载体两性电解质。

$$\text{丙烯酸} + \text{多乙烯多胺} \xrightarrow{\text{加成反应}} \text{Ampholine(载体两性电解质)}$$

加合反应优先加在 α、β 饱和酸的 β 碳原子上，调节胺和酸的比例可以加上 1 个或多个羧基。这种合成方法与一般有机物合成不同。有机合成一般要求合成的产物越纯越好，而这里要求合成出的产物越复杂越好，要有多种异构物和同系物，以保证许多具有不同而又接近 pK 值和 p*I* 值的异构物或同系物混合在一起，从而得到平滑的 pH 梯度。载体两性电解质的等电点在 pH 值 3 ~ 10 的范围，相对分子质量在 300 ~ 1 000 之间，它们的缓冲能力等于或优于组氨酸，电导性能良好，可以使电场强度分布较均匀。两性电解质的水溶性良好，在 1% 水溶液中的紫外（260nm）吸收值很低。图 3-3 是不同厂家载体两性电解质的分子结构式。从图 3-3 可见，在载体两性电解质的结构中，既有酸性基团（$—NH_3$），也有碱性基团（$—COO^-$）；既可接受质子，也可释放质子。

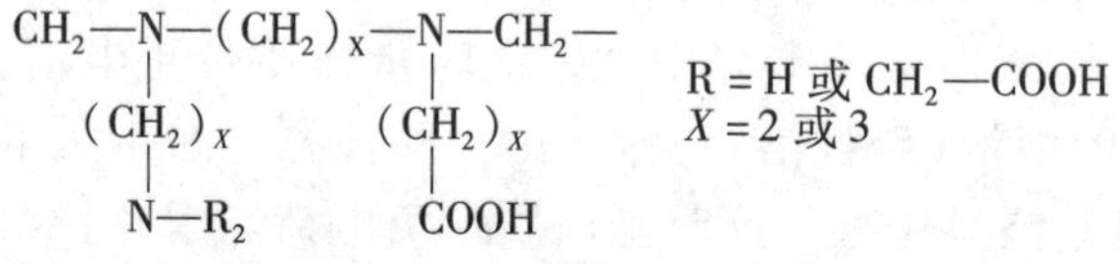

$CH_2—N—(CH_2)_X—N—CH_2—$（左侧 N 上连 $(CH_2)_X—N—R_2$；右侧 N 上连 $(CH_2)_X—COOH$）

$R = H$ 或 $CH_2—COOH$
$X = 2$ 或 3

Ampholine（瑞典 LKB）两性电解质

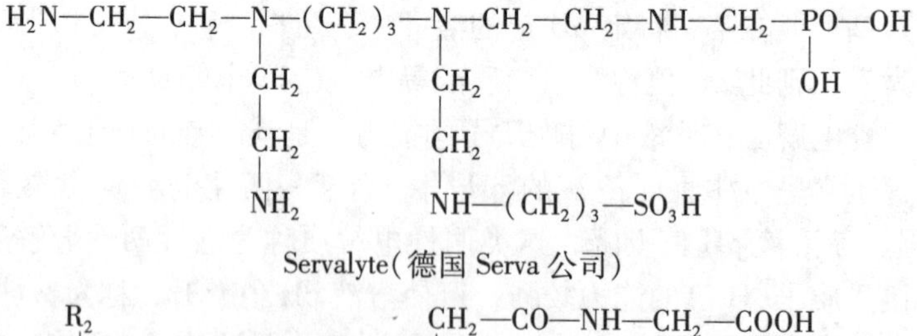

$H_2N—CH_2—CH_2—N—(CH_2)_3—N—CH_2—CH_2—NH—CH_2—PO(OH)—OH$（第一个 N 上连 $CH_2—CH_2—NH_2$；第二个 N 上连 $CH_2—CH_2—NH—(CH_2)_3—SO_3H$）

Servalyte（德国 Serva 公司）

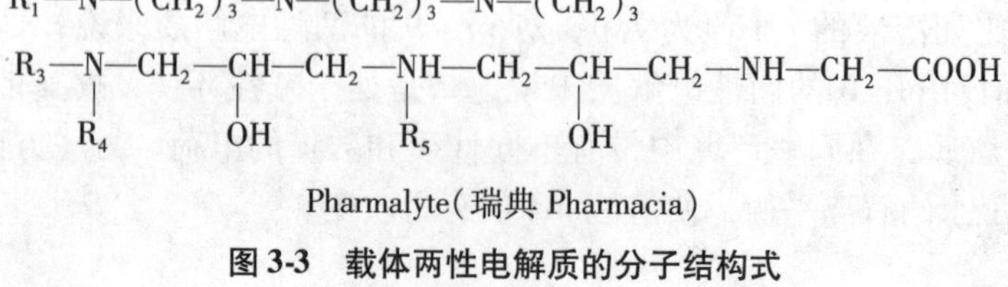

$R_1—N(R_2)—(CH_2)_3—N—(CH_2)_3—N(CH_2—CO—NH—CH_2—COOH)—(CH_2)_3$

$R_3—N(R_4)—CH_2—CH(OH)—CH_2—NH(R_5)—CH_2—CH(OH)—CH_2—NH—CH_2—COOH$

Pharmalyte（瑞典 Pharmacia）

**图 3-3  载体两性电解质的分子结构式**

### 3.3.2.2　pH 梯度的形成

电泳时，电泳槽正极的电极缓冲液是磷酸，负极的是氢氧化钠。电泳槽两端通电后，两极发生以下电极反应：

$$正极端反应：6H_2O \rightarrow O_2 + 4H_3O^+ + 4e^-$$

$$负极端反应：4H_2O + 4e^- \rightarrow 2H_2 + 4OH^-$$

在负极引起 pH 值的升高，在正极 pH 值下降。由于电极槽的正极端缓冲液是酸性溶液，负极端是碱性溶液，通电后造成电极附近 pH 值的急剧变化，如图 3-4。

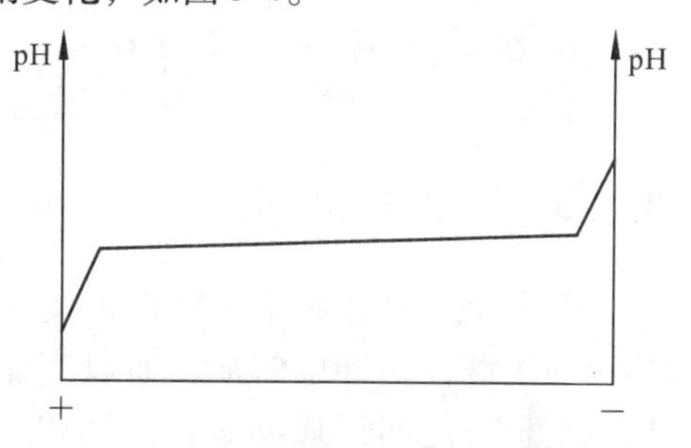


图 3-4　无两性电解质体系的 pH 梯度

在制备聚丙烯酰胺凝胶时，将载体两性电解质混溶其中。正极端是酸性环境，此时载体两性电解质都带正电荷，但由于 pI 的不同，其所带正电荷数量会也有所差异，电泳时向负极泳动的速度也就因此不同。同理，负极是碱性环境，载体两性电解质带有数量不等的负电荷，以不同速度向正极泳动。

根据两性电解质的特性，在泳动过程中又不断与溶液交换质子，从而改变了溶液的 pH 值。当达到平衡时，即得失质子相等时，不再出现净质子交换。此时，载体两性电解质到达等电点并各处于自己的 pI 区域，pI 即是溶液的 pH 值。溶液也因此而呈现不同的 pH 值，随载体两性电解质的 pI 梯度而形成溶液的 pH 梯度。由于凝胶具有防对流扩散的作用，使溶液的 pH 梯度保持稳定不变，见图 3-5。

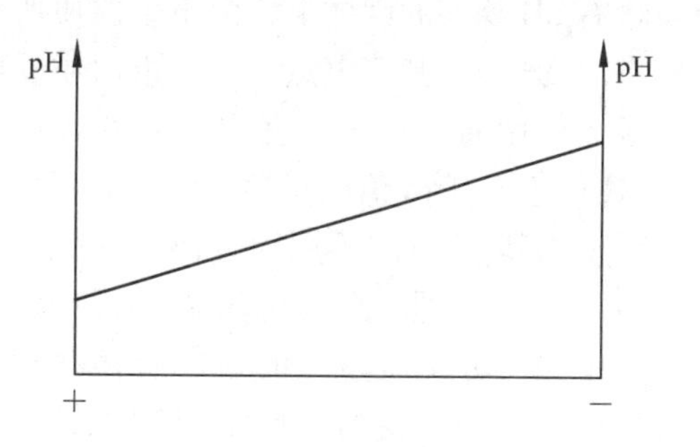


图 3-5　有两性电解质体系的 pH 梯度

实验操作中，开始电泳时一般先恒压 60V、15min，目的是使小分子的载体两性电解质可在短时间内形成一个粗略的 pH 梯度。此后，恒流 8mA，避免由于介质中带电颗粒较多而引起电泳电流过高破坏凝胶的现象。当各种蛋白质逐渐泳动到各自等电点位置时，带电颗粒逐步减少，电阻随之增大，两端电压值会逐渐升高。当电压升到 550V 时，带电颗粒已大大减少，电流不再偏高，此时可以恒压到 580V。继续电泳 120min 后，蛋白质颗粒已渐渐到各自的等电点位置，电流继续降低。当电流接近于零时，表明蛋白质颗粒基本不再泳动，电泳结束。这样，蛋白质因等电点的不同而得到分离。

### 3.3.2.3　载体两性电解质的选用

在分离未知蛋白质组时，可先采用 pH 3.0 ~ 10.0 的载体，经初步测定后选择改用较窄 pH 值的两性电解质载体，以提高分辨率。在使用 pH 7.0 以上或以下范围的两性电解质时，因缺少中性载体，在聚焦过程中载体与电极之间在 pH 7.0 部位会形成纯水区带，纯水区带的电导率极低，影响电泳，因此应尽量避免。如果确要使用不含 pH 7.0 的载体时，应加入相当于 10% 载体量的 pH 6 ~ 8 或 pH 3 ~ 10 的载体，以避免产生纯水区带。因此，不同的载体两性电解质有不同的物理化学特性，试验时应综合考虑蛋白质样品与载体两性电解质的特性。一般来说，载体两性电解质必须具备以下条件：

①在等电点处必须有足够的缓冲能力，以便能控制 pH 梯度，而不致被样品蛋白质或其他两性物质的缓冲能力改变 pH 的梯度。

②在等电点处必须有足够高的电导，以便电流能通过，而且要求具备不同 pH 值的载体有相同的电导系数，使整个体系中的电导均匀。如果局部电导过小，就会产生极大的电位降，从而其他部分电压就会太小，以致不能保持梯度，也不能使应聚焦的成分进行电迁移到达等电点处。

③相对分子质量要小，便于与被分离的高分子物质用透析或凝胶过滤法分开。

④化学组成应不同于被分离物质，不干扰测定。

⑤不与分离物质反应或使之变性。

### 3.3.3　等电聚焦电泳

等电聚焦电泳技术是在电泳支持介质中加入载体两性电解质，通以直流电后在正负极之间形成稳定、连续和线性的 pH 梯度，见图 3-6。把蛋白质加入到含有 pH 梯度的载体上，由于蛋白质所在点的 pH 值与其等电点不符，蛋白质受电场力作用而泳动。一直到其所处环境的 pH 值等于其 pI 值时运动停止，即蛋白质就依据其 pI 值的不同而分离，这就是等电聚焦的原理。在等电聚焦过程中，凝胶中相对分子质量大的蛋白质移动相对要慢些，但只要有足够的时间，最终会与 pI 值相同的蛋白质聚焦在同一位置。

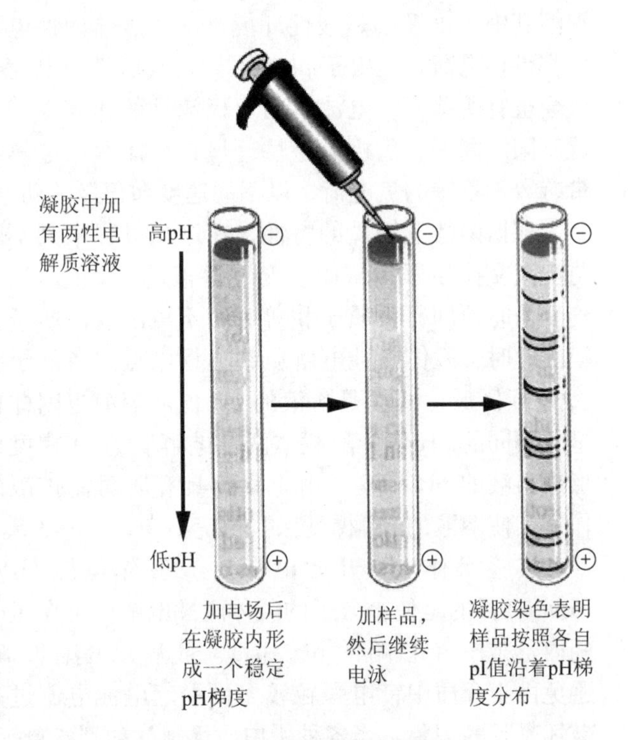


**图 3-6　等电聚焦电泳的原理**

当蛋白质所在点的 pH 值与其等电点 pI 值不相等时，蛋白质就带上一定量的正电荷或负电荷。如图 3-7 中的蛋白质 A 和 B。蛋白质 A 的 pI 值为 5.0，蛋白质 B 的 pI 值为 8.0。当蛋白质 A 和 B 分别处于 pH 值小于 5.0 和 8.0 的位置上，A 和 B 都带上正电荷。外加一个电场，蛋白质 A 和 B 就会在电场作用下分别向负极移动，同时电荷密度逐渐降低。当到达各自的等电点位置时，A 和 B 的净电荷为 0，也就是不带电荷，就不再继续泳动。相反，当蛋白质点 A 和 B 分别处于 pH 值大于 5.0 和 8.0 的位置上，A 和 B 都带负电

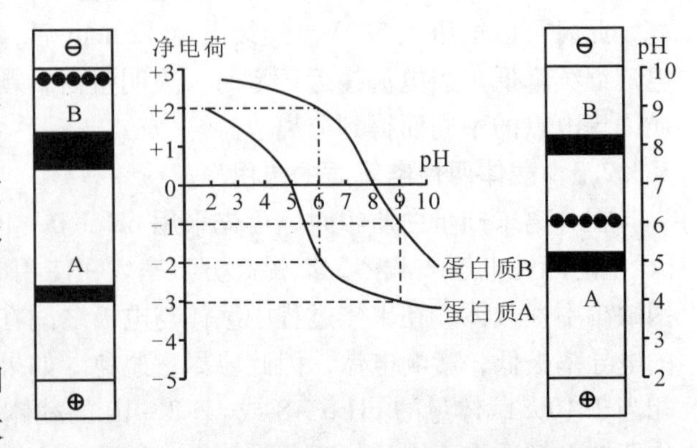


**图 3-7　蛋白质因等电点 pI 值不同而分离**

荷，在电场力的作用下往正极泳动，同时电荷密度逐渐降低，也分别在 pH = 5.0 和 pH = 8.0 的位置上停止。因此，大小不同的蛋白质在与其 pI 值相等的pH 位置被聚焦成窄而稳定的区带，这种效应称为“聚焦效应”。聚焦效应保证了蛋白质分离的高分辨率，是等电聚焦最突出的优点。

### 3.3.4 等电聚焦技术类型及其特点

依据第一维等电聚焦条件和方式的不同，双向凝胶电泳技术可分 ISO-DALT、Nonequilibrium pH gradient elctrophoresis(NEPHGE)和 IPG-DALT 3 种形式。前面介绍的管状凝胶 IEF 属于第一种形式。在聚丙烯酰胺管胶中，载体两性电解质(carrier ampholyte)在外加电场的作用下形成 pH 梯度，蛋白质在 pH 梯度中等电聚焦。为此，Anderson 将之称为 ISO-DALT 技术(ISO 即等电点，DALT 即道尔顿)。

ISO-DALT 的特点是：由于载体两性电解质是两性的小分子，其相对分子质量比蛋白质大分子要小得多，在外加电场的作用下，其迁移速率比蛋白质分子快得多，迅速在 IEF 凝胶中建立一个连续的 pH 梯度，蛋白质分子在一个连续的 pH 梯度中开始泳动。当然也可以先加电场一段时间后再加样品，目的是先建立一个 pH 梯度。等电点聚焦技术的发展得益于载体两性电解质的引入，但该技术仍然存在一些弊端：一是重复性差。载体两性电解质是一种混合物，不同批次的混合效果难以保持一致，引起同一蛋白质在不同次的等电聚焦试验中出现的位置发生偏差，即影响 2-DE 分离效果的重复性。另外，管状凝胶机械强度差，难操作，易拉伸变形或断裂，也导致重复性降低。二是阴极漂移。在电泳过程中，由水合正离子引起的电渗流将导致大量溶液向阴极迁移，SCA 分子也向阴极移动，即阴极漂移。阴极漂移的结果将导致碱性两性电解质的流失，造成 pH 梯度的不稳定。在 ISO-DALT 技术中，玻璃管的使用加剧了阴极漂移。因此，在实际操作过程中，pH 值在 7 ~ 8 以上的 pH 梯度很难维持，常常导致碱性蛋白难以聚焦，甚至导致碱性蛋白质的丢失。

非平衡 pH 梯度电泳(NEPHGE)是由 O'Farrell 等于 1977 年提出，能够克服 ISO-DALT 阴极漂移的弊端，适合于碱性蛋白质(pI 7 ~ 11.5)的分离。蛋白质样品加在酸性端，电泳到蛋白质已经分开但还没有达到各自等电点时就停止电泳，相比较而言，NEPHGE 电泳展开时间较短。因为如果聚焦达到平衡状态，碱性蛋白质会离开基质而丢失。因此，蛋白质等电聚焦的迁移需在平衡状态前完成。由于这一点很难控制，导致重复性差。

IPG-DALT(immobilized pH gradient，IPG)技术发展于 20 世纪 80 年代早期，它的出现解决了 pH 梯度不稳的问题，克服了管状胶 IEF 重复性差和阴极漂移的难题，提高重复性。目前可以精确制作各种线性、非线性和 S 型曲线的固相化胶条，也可以制作 pH 值范围或宽或窄的胶条，如酸性 pH 3 ~ 5 或碱性 pH 6 ~ 11 的 IPG 胶条。

### 3.3.5 固相 pH 梯度技术

#### 3.3.5.1 IPG 胶条

固相 pH 梯度(immobilized pH gradient，IPG)技术的发展，得益于 Immobilines 试剂。如图 3-8 所示，Immobilines 试剂是一类具有弱酸或弱碱缓冲基团的丙烯酰胺衍生物，与丙烯酰

$$CH_2{=}CH{-}\underset{\displaystyle O}{\underset{\|}{C}}{-}\underset{\displaystyle H}{\underset{|}{N}}{-}R \qquad\qquad CH_2{=}CH{-}\underset{\displaystyle O}{\underset{\|}{C}}{-}\underset{\displaystyle H}{\underset{|}{N}}{-}H$$

R：氨基或羟基

（A） （B）

**图 3-8 丙烯酰胺衍生物（A）和丙烯酰胺（B）**

胺和 N，N′-甲叉双丙烯酰胺有相似的聚合行为。Immobilines 分子的一个双键在聚合过程中通过共价结合镶嵌到聚丙烯酰胺骨架中，在 Immobilines 分子的另一端有缓冲基团—R，在聚合物中形成弱酸或弱碱的缓冲体系，pH 梯度的范围和形状通过两个相对酸和相对碱的混溶液配方聚合而成。Immobilines 拥有 $CH_2{=}CH{-}CO{-}NH{-}R$ 结构的 8 种丙烯酰胺衍生物系列，其中—R代表羧基或者叔氨基基团，它们构成了分布在 pH 值 3 ~ 10 范围的缓冲体系。研究人员利用 Immobilines 试剂开发了固相的 pH 梯度技术。

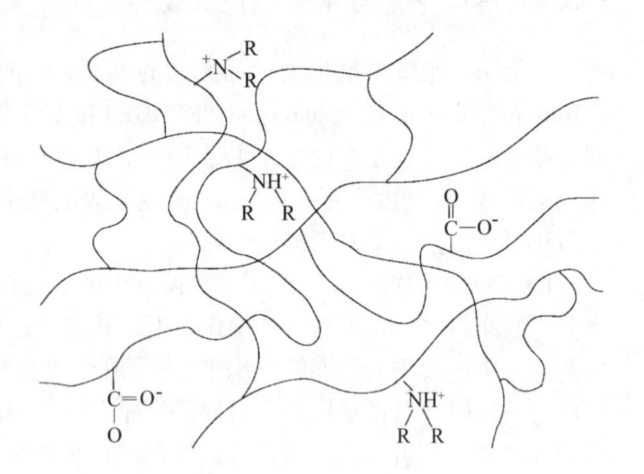


**图 3-9 IPG 形成示意图**

根据一定的计算后，将适宜的 IPG 试剂添加至混合物中用于凝胶聚合。在聚合中，缓冲基团通过乙烯键共价聚合至聚丙烯酰胺骨架中，形成 pH 梯度（图 3-9）。

与传统载体两性电解质预制胶相比，IPG 胶具有机械性能好、重现性好、易处理、上样量大的特点，而且避免了电渗透作用，可以进行特别稳定的 IEF 分离，达到真正的平衡状态，基本上解决了阴极漂移和重复性差的问题。而且 Immobilines 可以随意调配，这样就可以控制生产不同 pH 值分离范围的干胶条，见图 3-10。宽范围的胶条有 pH 3 ~ 10、pH 3 ~

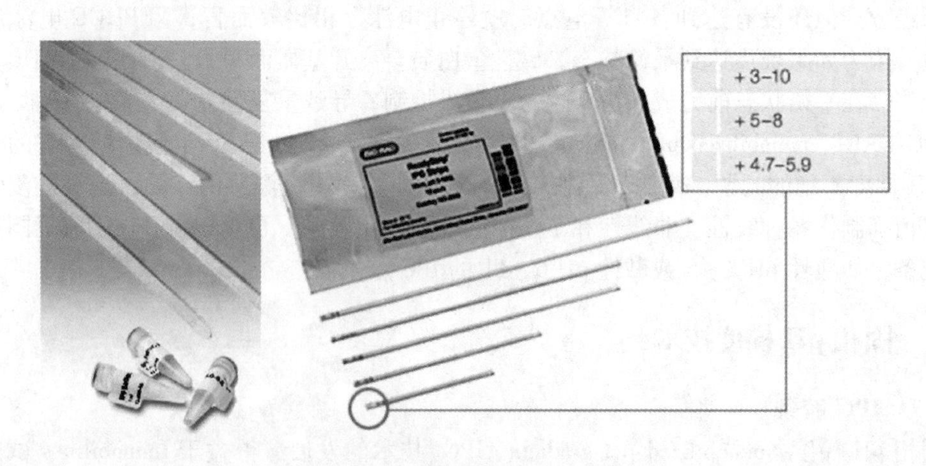


**图 3-10 不同 pH 值范围的 IPG**

12，窄范围胶条有 pH 4 ~7、pH 6 ~11、pH 5 ~8 等，甚至可以限定到一个 pH 值单位，在实验中可以根据样品的等电点分布范围来选择胶条的 pH 值范围。

### 3.3.5.2 IPG 电泳设备

目前 GE 公司和 Bio-Rad 公司都有商品化的 IPG 胶条及 IPG 电泳设备，见图 3-11 和图 3-12。自动电泳设备可以提供 50 ~ 10 000V 的输出电压，适用于 7cm、11cm、17cm、18cm、24cm 各自长度胶条的电泳。可以根据研究需要选择不同长度的 IPG 胶条用于蛋白质的一向分离，一般电泳总量不高于 100 000Vh 为好。IPG 电泳技术现在已经成为蛋白质组学 2-DE 研究的标准程序。

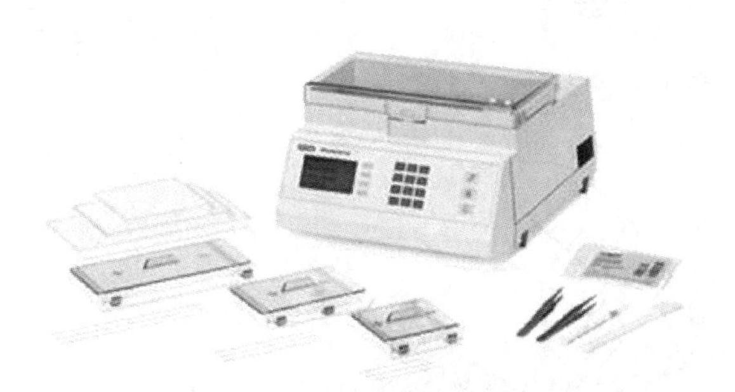
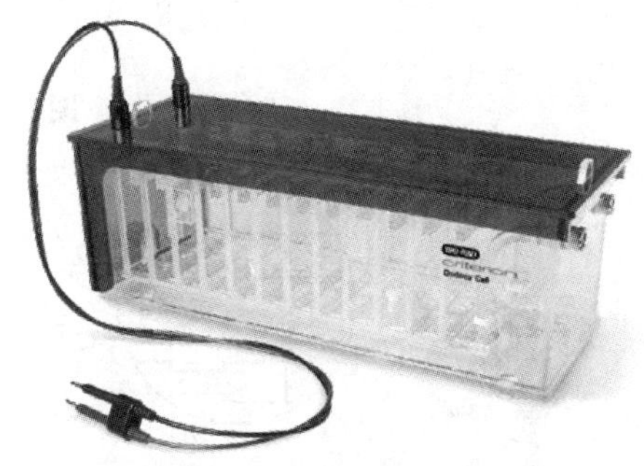

图 3-11 Bio-Rad 等电聚焦电泳仪及二相电泳设备

等电聚焦的操作步骤如下(以水化液中含蛋白质样品为例)：

①*注入样品* 取样品平均注入聚焦盘槽中(7cm 胶条每槽 125μL；17cm 每槽 300μL 以为例)。尽量将样品保持在两电极之间。

②*放入胶条* 用两支原厂配套镊子，小心夹住胶条顶端的两侧，撕去胶条上的保护膜。将 IPG 胶条按胶面朝下的方式，从一端缓慢放入聚焦盘有样品的槽中。要注意胶条两端的极性和正负电极端对应。同时要小心置放胶条，避免产生气泡。见图 3-13。

图 3-12 GE 公司等电聚焦电泳仪

③*加矿物油* 最后在胶条上均匀加上矿物油(7cm 胶条每槽加 1mL；17cm 每槽加 1.5mL)，避免样品因蒸发而烧干。

④*加电极纸* 在水化结束后，可暂停程序，在电极两端加电极纸。用双蒸水湿润电极纸 2 次，小心用一个镊子夹起胶条的一端，用另一支镊子夹着电极纸，置于电极上方，避免气泡产生。电极纸的作用是吸附样品中的杂质，样品较纯时，这一步骤可以省略。见图 3-14。

⑤*运行程序* 将聚焦盘的上盖盖好，聚焦盘置于 IEF 电泳槽的正确位置上，注意正负极的位置。运行预设设定的电泳程序或重新设定新程序，进行电泳。

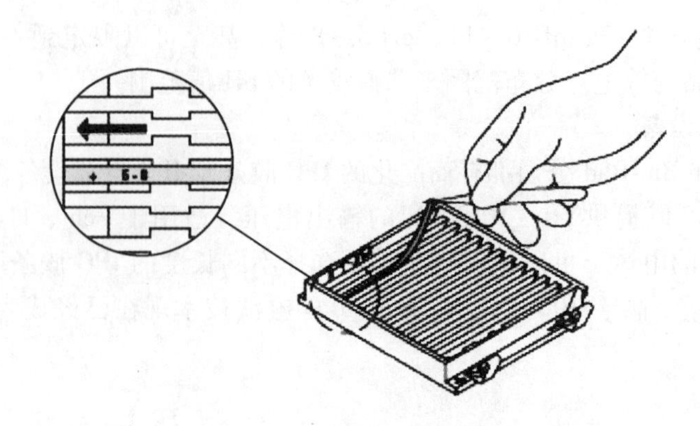

图 3-13　置胶条于聚焦盘中

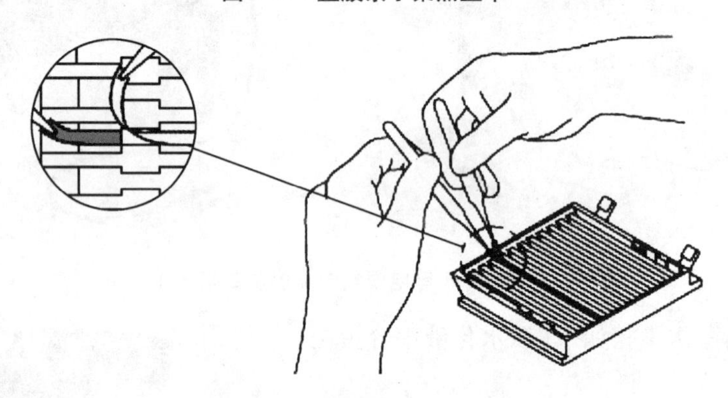

图 3-14　电极两端加入电极纸

## 3.4　二维 SDS－聚丙烯酰氨凝胶电泳

### 3.4.1　二维 SDS-聚丙烯酰胺凝胶电泳的原理

在完成蛋白质的第一相分离(IEF)后，进行第二相的十二烷基硫酸钠(SDS)-聚丙烯酰氨凝胶电泳(PAGE)，见图 3-15。

在进行二相电泳之前，蛋白质先与 SDS 结合。SDS 是一种很强的阴离子表面活性剂，它可以断开分子内和分子间的氢键，破坏蛋白质分子的二级和三级结构，使蛋白质分子被解聚成肽链，形成单链分子，因此消除了不同蛋白质分子由于空间构型差异造成的迁移率差异。此外，蛋白质分子与 SDS 阴离子的结合是按照一定的比例进行，大量的 SDS 分子结合在蛋白质上，导致其所带负电荷的量远远超过了它原有的净电荷，从而消除了不同蛋白质之间所带净电荷的差异。同时由于 SDS 是按一定比例结合于多肽分子上，相对分子质量大的蛋白质比相对分子质量小的蛋白质将结合更多的 SDS 分子，SDS-蛋白复合物的电荷密度将保持基本相同，蛋白质之间相对分子质量的差异还是同样存在于 SDS-蛋白复合物中。这样 SDS-PAGE 电泳中蛋白质的迁移率主要取决于蛋白质的相对分子质量，而与其所带电荷的性质和空间构型无关。

聚丙烯酰胺凝胶（polyacrylamide gel，PAG）是作为双向电泳技术的支持介质。用作支持的其他介质还有液体类介质，如蔗糖、Ficoll；也有凝胶介质，除聚丙烯酰胺凝胶外，有琼脂糖和葡聚糖等。在蛋白质双向电泳中，要求支持的介质应能防止蛋白质的扩散和对流。由于聚丙烯酰胺凝胶的孔径与蛋白质分子大小相近，而且具有制胶方便、易于显色、透明等优点，成为双向电泳技术分离蛋白质的首选支持介质。

聚丙烯酰胺凝胶是通过丙烯酰胺单体和双功能基团交联剂如N，N′-甲叉双丙烯酰胺（N，N′-methylene bisacrylamide）按一定比例混合，在引发剂和增速剂的作用下，丙烯酰胺单体聚合形成长链聚合物，甲叉双丙烯酰胺的双功能基团和链末端的自由功能基团反应从而发生交联，形成网状结构（图3-16）。根据分离目的的不同，可按不同浓度和比例来配置PAG胶，使其所形成的网孔孔径大小与待分离的蛋白质接近。

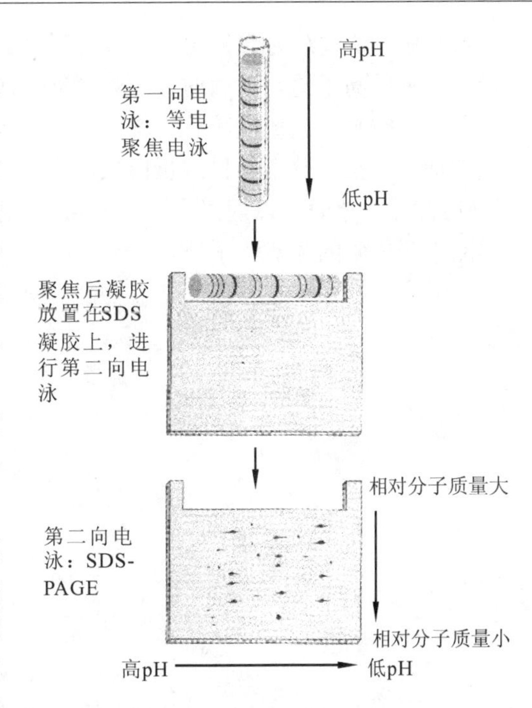


**图3-15 从IEF到SDS-PAGE的示意图**

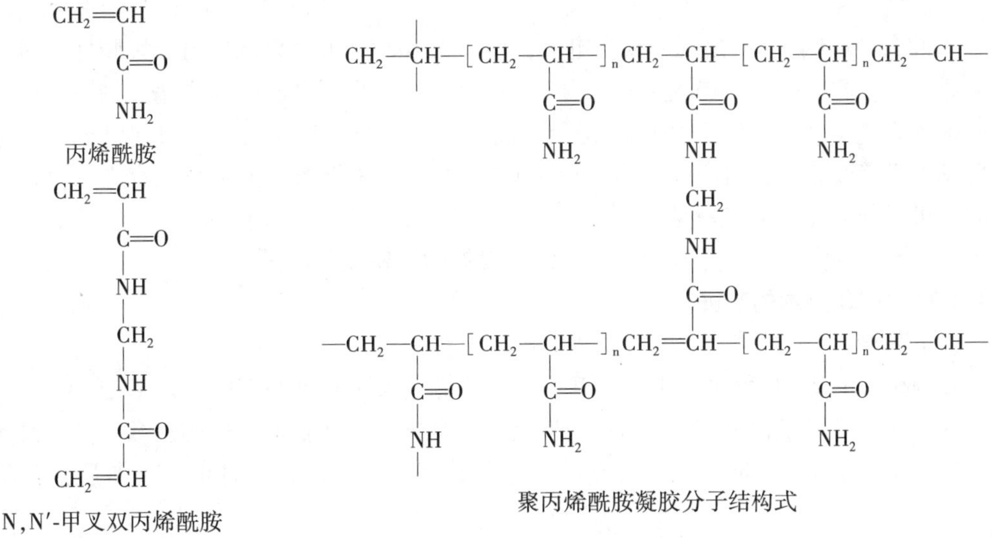

丙烯酰胺

N,N′-甲叉双丙烯酰胺

聚丙烯酰胺凝胶分子结构式

**图3-16 聚丙烯酰胺单体及凝胶分子结构式**

凝胶通过分子筛作用增强了蛋白质迁移时依赖于其分子大小的分离能力。分子筛的效应取决于凝胶孔径的大小，而凝胶孔径的大小，取决于胶浓度 $T$（凝胶溶液中两个单体的百分比）和N,N′-甲叉双丙烯酰胺占两个单体总量的百分比 $C$。在聚丙烯酰胺凝胶中，单体包含丙烯酰胺和N,N′-甲叉双丙烯酰胺。通常来说，$T$ 增加时，凝胶孔径变小。在 $T\leqslant15\%$ 的普通凝胶中，$C$ 大约为 5% 时，凝胶孔径达到最小。当低于这一数值时，由于交联不足导致孔径变大；而高于这一数值时，丙烯酰胺分子由于过度交联形成密实的束状结构，在中间也会留下一些空洞，造成凝胶孔径增大。在 $T \geqslant 15\%$ 时，能够形成最小孔径所需要的，$C$ 也会相应增加。根据待分离的目的蛋白质相对分子质量的大小，$T$ 可以在 1%~30% 之间变化(图 3-17)。在电泳时可以通过在一条泳道上添加已知相对分子质量的一系列标准蛋白质来估算样品中蛋白质的相对分子质量。

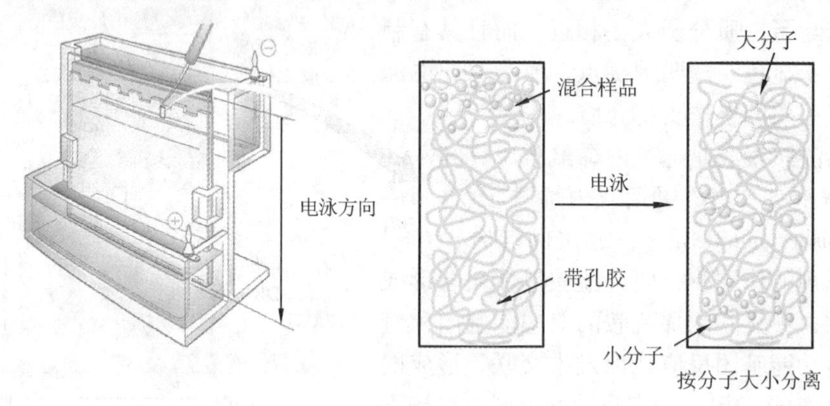


**图 3-17 SDS-PAGE 双向电泳示意图**

## 3. 4. 2 双向凝胶电泳技术的局限性及改进方法

20 世纪 70 年代中期出现的双向电泳，1975 年被 Patrik O'Farrell 用于大肠杆菌蛋白质组学的研究，在此次研究中得到了一张含 1 000 个点的二维蛋白质电泳图谱，约占大肠杆菌蛋白质组的 20%。如今 IPG 胶条已经完全取代了灌制麻烦的管状胶，但双向电泳的程序从那以后基本没有改变。蛋白质组学将 2-DE 的作用发挥到了极致，但它仍然存在一些问题。这些问题可以分为 2 大类，一是集中在分辨率、灵敏度、表现度和自动化 4 个方面，目前已经有了一些改进的方法。二是限制蛋白质组学发展的一些瓶颈问题。

### 3. 4. 2. 1 2-DE 技术的改进

(1)分辨率的改进

目前标准的 2-DE 程序是建立在 IPG 胶条的等电聚焦和 SDS-PAGE 的基础上，良好的操作条件下大约可以获得 2 500 个的蛋白质点。但真核生物细胞蛋白质的总数至少要高出一个数量级，也就是说 2D 胶上的一个点可能包含有多个蛋白质，这将增加下游质谱分析的复杂性。

提高 2-DE 分辨率的一种策略是使用大胶来分离蛋白质。比如可以使用长度大于 30cm 的 IPG 胶条和 SDS-PAGE 来获得最大的分辨率，在这种凝胶上可以分离获得多达 10 000 个的蛋白质点。但是大胶的缺点是难于操作。

另一种提高分辨率的方法是使用 ZOOM 胶。ZOOM 胶是多种窄 pH 梯度的 IPG 胶。双向电泳结束后，不同 pH 梯度的 ZOOM 胶可以在计算机上拼接成一个大的完整蛋白质组合图。比如使用 6 块 ZOOM 胶拼接的蛋白质组图可以从大肠杆菌中获得 3 000 个以上的点，与常规的1 000个点相比，检测到的蛋白质点提高了2倍。将长距离胶和ZOOM胶结合可以提高2-DE的分辨率(图3-18)。

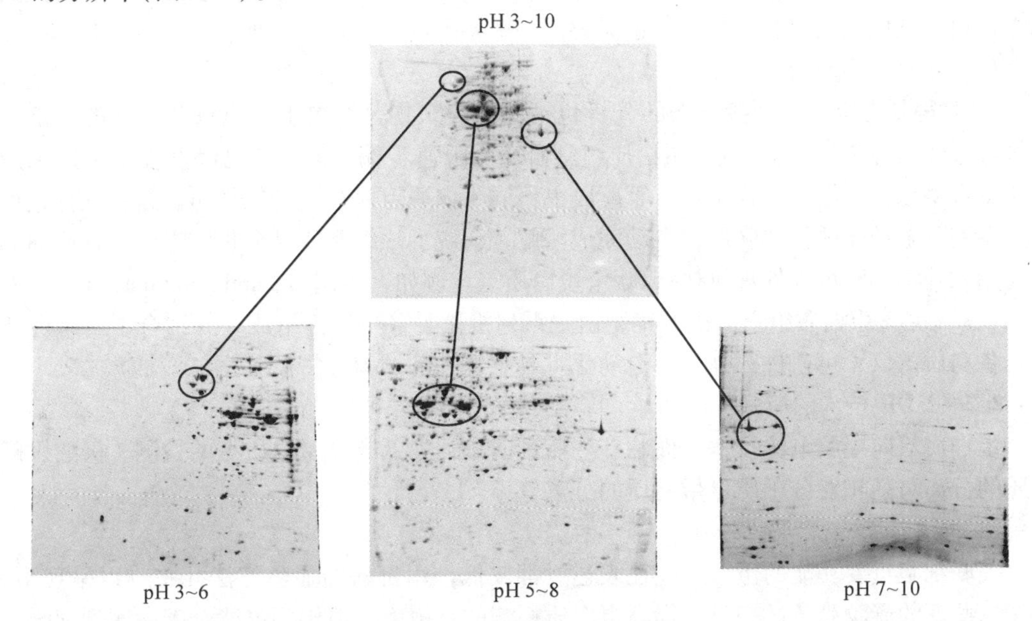


**图3-18 ZOOM胶提高2-DE分辨率**

如果是为了提高某一特定pH值范围内蛋白质的分辨率，一种可替代的方法是使用非线性pH值范围的一向胶。增加固定化电解质试剂的间隔可以很容易得到非线性的pH梯度。最常用的是将pH 4～7之间的梯度拉宽，因为这一区域是蛋白质组中绝大多数蛋白质等电点所在的区域。此外，电泳前使用不同的方法对样品进行预先分级也是获得更好分辨率的方法。想要成功地使用窄pH胶条就要事先进行严格的预分级处理，因为等电点在胶条pH梯度外的蛋白质会倾向于在电极处形成高浓度，并造成沉淀，进而干扰其他蛋白质的聚焦。

(2)灵敏度的改进

一个细胞中不同蛋白质的丰度有很大差别，可以达到4～6个数量级。总蛋白中大多数蛋白质以极少量或者极大量两个极端形式存在。例如，在酵母蛋白质组中，50%的蛋白质由约100个基因表达，丰度最高的蛋白质在单个细胞内的拷贝可以超过1 000 000个，其余蛋白质的拷贝数则是从100 000到100个拷贝不等。拷贝数极少的蛋白质往往是一些与功能最相关的基因产物，如转录因子以及其他一些调控蛋白。在体液中蛋白质的浓度相差更为悬殊(估计可以到达9个数量级)。影响2-DE灵敏度的因素，一方面是由于蛋白质染色、电泳过程造成低丰度蛋白质的丢失，另一方面是高丰度的蛋白质染色过程中会遮蔽掉低丰度的蛋白质。增加双向电泳分辨率的方法也可以提高2-DE的灵敏度。还可以先通过亲和色谱的方法除去高丰度蛋白质，避免低丰度的蛋白质被屏蔽。

(3)表现度的改进

由于不同蛋白质在理化性质上存在很大差异，所以事实上不可能设计出一种能将所有蛋白质呈现在双向电泳图片上的方法。凝胶上最终表现哪些蛋白质，最关键的因素是蛋白质溶解的程度。常用的裂解细胞蛋白质的方法通常不适合溶解膜蛋白，因此膜蛋白在一般的双向电泳凝胶上得不到很好的表现。通过增强表面活性剂可以提高膜蛋白的回收率，也可以通过专门提取膜蛋白的方法，在提取样品的最初阶段富集膜蛋白。对于另一些难于分离的蛋白质如组蛋白、染色质蛋白和核蛋白，也需要用一些特殊的手段进行处理。

(4)2-DE 的自动化

2-DE 得到的电泳图片接下来的分析包括图像的采集、切取蛋白质点和质谱的鉴定。这一过程已经成为 2-DE 方法进行蛋白质组学研究的限速步骤。但目前已经开发出可用来产生高质量数字化凝胶图像并且定量计算凝胶上不同蛋白质点表达量的软件包。这些软件包可以与一系列下游操作的仪器联用，自动完成酶解、清洗、浓缩和质谱分析的操作。这些商业化的应用软件每小时可以处理 200 ~ 300 个蛋白质点。例如，美国 Genomic Solution Inc. 开发出 Investigator 完整蛋白质组学解决方案，由一系列机械手臂与软件组成，并结合了二维电泳实验设备与质谱仪，可以进行高效、自动化且具重复性的试验分析。

#### 3.4.2.2　2-DE 技术的瓶颈

蛋白质双向凝胶电泳技术也面临一些瓶颈问题，如低丰度蛋白质点的检测、极酸极碱蛋白质的分离与高相对分子质量蛋白质的分离等。

(1)低丰度蛋白质点的检测

关联细胞重要功能的蛋白质往往表达量都较低，用目前的显色方法几乎难以呈现出来。虽然一些新的凝胶染色试剂可以提高蛋白质检测的灵敏度，但仍不可能全部检测到细胞所表达的上万个甚至更多的蛋白质。

(2)极酸和极碱性蛋白质的分离

商业化的胶条最多只能分离 pH 3 ~ 11 范围内的蛋白质，而且由于阴极漂移等原因导致碱性区蛋白质的分离难度更大。因此，对于 pI 值小于 3 或者大于 11 的蛋白质，目前无法在 2-DE 胶上得到体现。

(3)高分子质量蛋白质的分离

由于 IPG 胶条在重泡胀时，分子质量大于 100kDa 的蛋白质很难进入胶条，导致这部分蛋白质在电泳时丢失。

此外，膜蛋白的提取和有效分离以及真正高通量的胶上蛋白质鉴定技术也是制约双向电泳应用于蛋白质组学研究的瓶颈。目前虽然出现了一些新的技术用于改善这些状况，但最终彻底的解决方案尚未出现。因此，双向电泳仍然会是当前蛋白质组学研究技术体系中最重要的分离方法。

## 3.5　凝胶的染色、图形获取与分析

### 3.5.1　凝胶的染色

凝胶上的蛋白质点要通过染色才能进行检测。染色方法的基本要求是对所有的蛋白质都有效，高灵敏度、宽线性范围、好的重现性和与后续处理过程的兼容性也是必须考虑的因素。迄今为止，没有一种检测方法能全部满足上述要求。常用的染色技术有考马斯亮蓝染色、银染、负染和荧光染色。由于试验要求的差异和各实验室条件的不同，蛋白质的染色需

要综合考虑各种因素。下面就目前通用的方法做一简要的介绍。

#### 3.5.1.1　考马斯亮蓝染色

考马斯亮蓝染色(coomassie staining)是蛋白质染色方法中最常用的一种技术。考马斯亮蓝是一种氨基三苯甲烷染料，可与蛋白质形成较强的非共价复合物。考马斯亮蓝用于蛋白质染色时，蛋白质对染料的吸附与蛋白质的量大致成正比，因此可以较准确地定量。考马斯亮蓝有G-250和R-250两种，R-250的检测灵敏度为50~100ng，G-250为10ng，两者都能与质谱分析兼容。但是大多数的糖蛋白不能被考马斯亮蓝染色。另外，考马斯亮蓝染色的另一个缺点是时间较长，染色过程需要24~28h。考马斯亮蓝染色技术的通用程序为：

①固定　凝胶置于固定液(50%乙醇溶液，10%冰醋酸)中，过夜。

②染色　固定后的凝胶转移到染色液(45%甲醇，10%冰醋酸和0.25%G-250溶液)中，至少2h。

③脱色　凝胶转移至脱色液(25%乙醇，8%冰醋酸)中，反复更换脱色液，直到背景明亮、干净。

④保存　水洗凝胶干净后用保鲜膜包裹好，置于4℃冰箱中。

近来，有学者提出一种改进型的考马斯亮蓝染色法，称为胶体考马斯亮蓝染色法(colloidal coomassie staining)。这种技术可使考马斯亮蓝G-250与蛋白质的碱性氨基酸残基结合形成胶体状态，大大降低了背景干扰，同时缩短了染色时间，检测灵敏度可提高到8~50ng。

#### 3.5.1.2　银染

银染(silver staining)也是一种常用的蛋白质染色技术，它是在碱性条件下利用甲醛将自由银离子还原成银颗粒，沉积在蛋白质分子表面而呈色。其检测灵敏度可达1ng，是检测双向电泳胶上蛋白质点最灵敏的一种方法。

在当前的蛋白质组学的研究中有2种银染方法：经典银染法(classical silver staining)和与质谱兼容的银染法(mass spectrometry-compatible silver staining)。经典银染法的使用试剂中含有戊二醛和其他强氧化剂，这些试剂会与蛋白质发生交联，影响质谱结果，因此与质谱不兼容。凡是在蛋白质组学中需要进行质谱分析的都不能用经典银染法进行染色。与质谱分析兼容的银染法试剂中不含戊二醛等强氧化剂，但染色背景较深，检测灵敏度低于经典银染法。目前已有数家公司出售与质谱兼容的银染试剂盒，在蛋白质组分析中检测灵敏度可达0.1 ng，在浓度10~40倍范围内成线性关系。缺点是试剂盒价格昂贵，不适合普通实验室使用。银染的通用程序为：

①固定　凝胶用固定液(300mL/L乙醇、0.5moL/L醋酸钠、5mL/L戊二醛及2g/L硫代硫酸钠溶液)固定过夜。

②水洗　用去离子水漂洗5次，每次15min；再以水洗30s。

③染色　用经预冷的染色液(1g/L $AgNO_3$，0.1mL/L甲醛)染色20min。

④水洗　去离子水漂洗30s。

⑤显色　用显色液(25g/L碳酸钠、0.5g/L硫代硫酸钠，0.1mL/L甲醛)浸泡5~10min。显色过程仔细观察，直到各蛋白质点清晰显色即可停显，避免过度显色。

⑥停显　当各蛋白质点清晰显色时，将凝胶浸泡在停显液(10mL/L醋酸液)中。

#### 3.5.1.3 负染

负染的开发是专门为了提高 PAGE 胶上蛋白质的回收率。常用的负染方法有铜染、锌-咪唑等。负染法的结果是胶面着色而蛋白质点透明，其灵敏度稍高于考马斯亮蓝染色，可达 50ng 以下，且染色过程很快，只需 5~15min 即可。蛋白质的生物活性在染色过程中不会被破坏，可以通过络合剂如 EDTA 或 Tris-甘氨酸转移缓冲液络合金属离子来提取蛋白质。该法可与质谱兼容，但定量不够准确。

#### 3.5.1.4 荧光染色

由于考马斯亮蓝染色和负染的灵敏度低，而银染的线性又差，因此，这三种染色技术在蛋白质组学的研究，特别是在比较蛋白质组研究中的应用有限。荧光染色剂对蛋白质无固定作用，与质谱兼容性好，灵敏度与银染相当，且线性范围高于银染，目前正受到普遍关注和应用。但是荧光染料价格昂贵，且需要价格不菲的荧光扫描仪检测信号，使得大多数实验室还没有条件用荧光染色替代银染和考马斯亮蓝染色。这里介绍几种不同的荧光染料。

(1)含有钌(II)的有机络合物

其典型代表是一类商品化的含有钌(II)的有机化合物 SYPRO 宝石红(SYPRO Ruby)、SYPRO 橙红(SYPRO Orange)、SYPRO 红(SYPRO Red)、SYPRO 橘红(SYPRO Tangerine)。这些染料的灵敏度为 2~10ng，染色时间为 30~60min。其中 SYPRO Ruby 特别适合双向凝胶电泳的染色，它不含戊二醛、甲醇或 Tween-20 等，很容易和集成化蛋白质组学平台(包括自动化凝胶染色仪、图像分析工作站、机器人剪切器和蛋白质酶解工作站、质谱)等兼容。其染色过程简单，线性范围好(1~4 000)，不同蛋白质染色结果差异小，适用于糖蛋白、脂蛋白和钙离子结合蛋白等用其他染色方法难以染色的蛋白质的染色。

(2)N-羟基琥珀酰二亚胺衍生物

N-羟基琥珀酰二亚胺衍生物，如 Cy2、Cy3 和 Cy5，在双向差异凝胶电泳(fluorescence two-dimensional differential gel electrophoresis, 2-D DIGE)中得到很好的应用。通常的做法是利用 Cy3 和 Cy5 两种染料分别对 2 个不同蛋白质样品进行荧光标记，并在一块 2-D 胶上同时进行电泳。由于 2 种染料的激发波长不同，用 2 个不同波长对同一块胶进行扫描，得到 2 个图像，经软件匹配找到 2 个样品的差异。由于在同一块胶上运行，完全避免了实验因素对重复性的影响。该染色法的缺点是需要对蛋白质进行共价修饰，将改变蛋白质的迁移。

(3)Deep Purple 染料

Deep Purple 是近几年来推出的另一种快速高效的荧光染色物质，它是从一种菌类——*Epococcum nigrum* 中提取的天然染料。Deep Purple 以非共价结合方式与 SDS 和蛋白质结合，其荧光基团为表可可各酮(epicocconone)。该染料的特点是灵敏度高(比 SYPRO Ruby 灵敏 8 倍)，凝胶上不会产生杂点，背景浅，无毒无害，易于操作，与质谱兼容性好。

### 3.5.2 2-DE 数字化图像的处理

双向电泳图像的处理包括 2-DE 电泳图像的获取和对电泳图像的分析 2 个过程。2-DE 电泳图像的获取是指在蛋白质双向电泳后，将凝胶图像以数字化的形式保存下来，以便下一步的软件分析。对电泳图像的分析是指应用双向电泳图像分析软件，对电泳图像上的蛋白质点进行分析，以获取图像中蛋白质的总点数、蛋白质点的相对分子质量与等电点、不同试验处理的凝胶图谱间蛋白质点的缺失和出现以及相应蛋白质点间的表达丰度变化等信息。

**3.5.2.1　二维凝胶电泳图像的采集**

经染色后的凝胶电泳图片有2种类型。第一种类型是在可见光下人眼可以看得到蛋白质点，如考马斯亮蓝染色、银染和负染的凝胶图片。这类凝胶电泳图像的获取可以用可见光扫描仪，如Bio-Rad公司的GS-800光密度仪和GE公司的ImageScanner III等，也可以用具有电感耦合装置(charge coupled devices，CCD)的成像仪。第二种类型是在可见光下人眼看不到蛋白质点，如荧光染色电泳胶片或化学发光或磷光的胶片。这一类凝胶电泳图像的获取要用专门的光密度扫描仪，如GE公司的Typhoon 9400，或具有冷CCD的成像仪。由于荧光或者化学发光的光强度都比较弱，在获取图像时需要较长的曝光时间，会提高背景热噪声。当前冷CCD相机技术，结合高通透镜头系统，能够捕获到信号极其微弱的荧光及化学发光的样品图像，并且能够最大程度地降低噪声，减少背景干扰。

影响图片采集质量的因素包括扫描或成像系统的分辨率、灵敏度，以及图像的对比度和明亮度。获取图像时设置的分辨率越大，图像越清晰，但图像文件所占字节数也大大提高，使软件在分析处理图像时对处理器的要求提高，造成运行时间的延长。在实际操作时分辨率设置为300dpi即可。下面以Typhoon 9400为例，介绍凝胶图像的获取步骤。

①选择Typhoon scanner控制软件。

②将凝胶样本置于机台的玻璃屏幕上，根据扫描范围，在软件界面上自左下向右上选取范围(图3-19)。

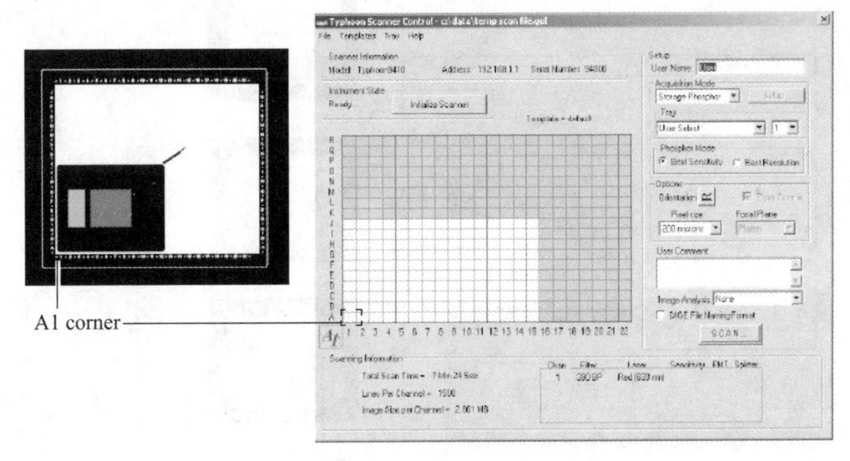


**图3-19**

③在控制软件中选择凝胶样本的标记形式，共可分为3种：

一是同位素标记。如图3-20～图3-23，其他参数无须设置。

二是化学发光。可按Setup键，设置“感光度”“滤色镜”与“光电倍增管伏特数”。默认值分别为“normal”、“none”和“600”。

三是荧光。必须进入Setup选择荧光染料的类型。

④确定凝胶样本的摆放方位，并选择扫描分辨率(图3-24)。

⑤设置完成后，按下SCAN，选择欲保存图像的文件夹(图3-25)。

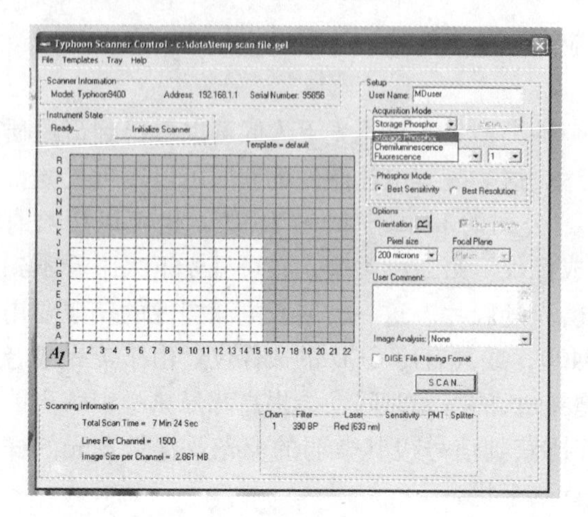


图 3-20

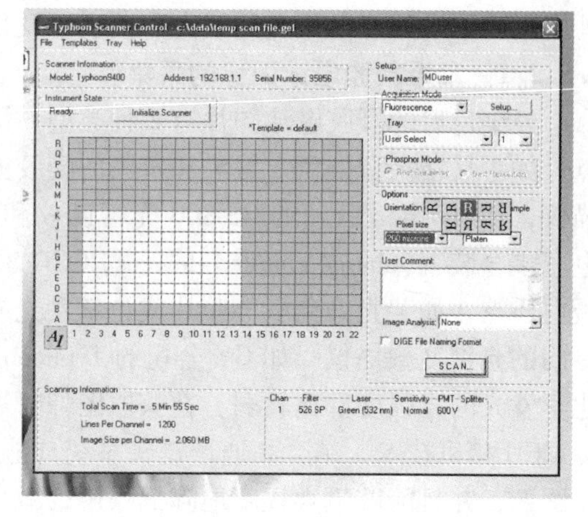


图 3-23

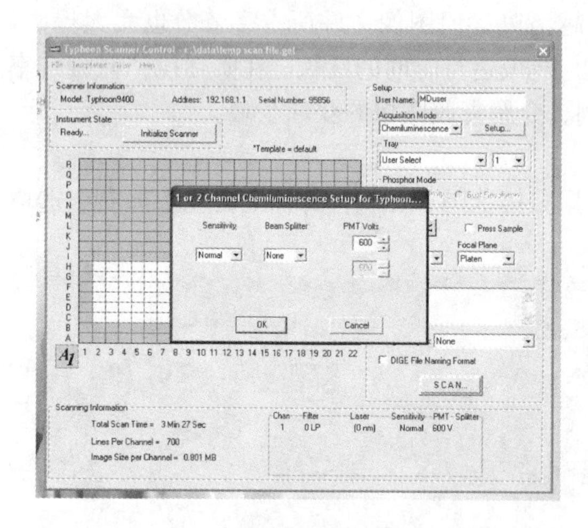


图 3-21

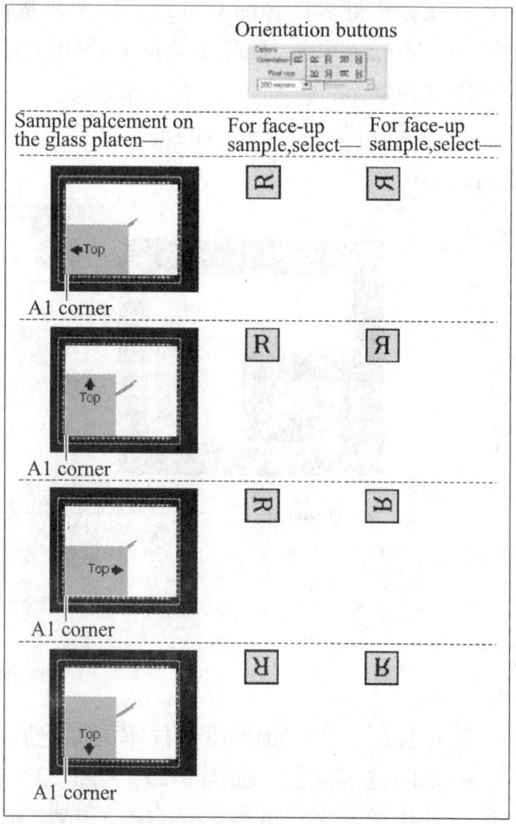

Orientation buttons

| Sample palcement on the glass platen— | For face-up sample,select— | For face-up sample,select— |
| --- | --- | --- |
| Top / A1 corner | R | R |
| Top / A1 corner | R | Я |
| Top / A1 corner | R | R |
| Top / A1 corner | R | R |

图 3-24

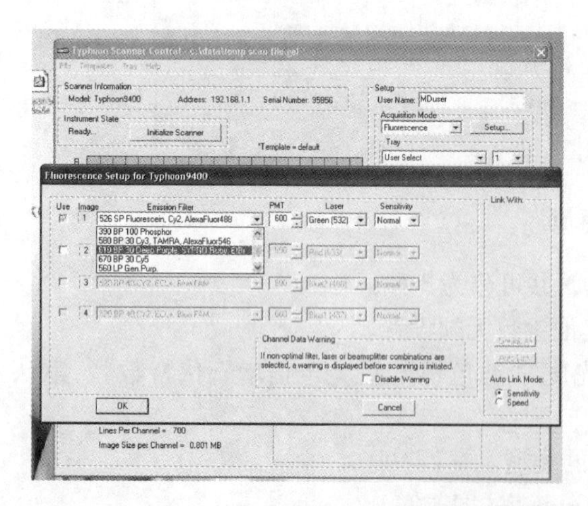


图 3-22

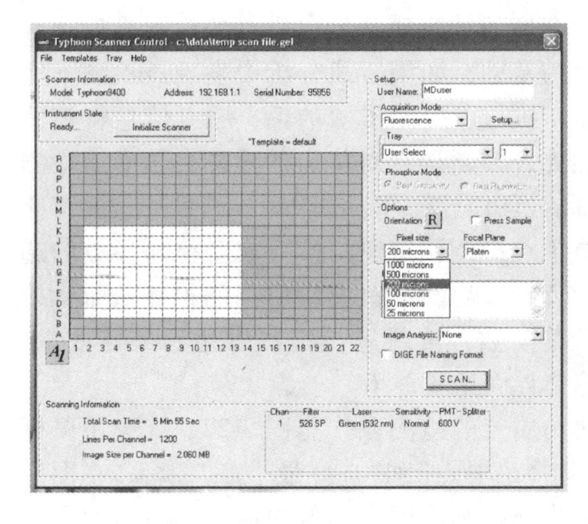


图 3-25

常见的可见光扫描仪的扫描方式有透射和反射 2 种，可以选择黑白、256 色和真彩色等模式。对于多色荧光、磷屏和化学发光适用的扫描仪，可以选择在可见光范围以外的其他激发波长扫描凝胶，这些蛋白质点肉眼无法观察。但这种凝胶上的蛋白质点在鉴定时无须脱色处理，与下游质谱鉴定的兼容性好，更适用于蛋白质组的自动化和高通量化。

### 3.5.2.2 二维凝胶图像的分析

获得蛋白质双向电泳的凝胶图像后，需要对互为对照样品的凝胶图像进行同步分析，比较对应蛋白质点的表达丰度，获得差异蛋白质点的缺失、出现及表达量变化等信息。这是差异蛋白质组的研究策略。凝胶图像的分析过程包括总蛋白质点数的统计、蛋白质点定位、表达丰度计算等过程，这些工作需要依赖图像分析软件来完成。双向电泳凝胶分析软件的工作原理是每一个像素点构建一个算子(operator)，分析算子中心与边缘的光密度值，比值达到一定强度时该中心点的像素即被识别为一个蛋白质点。重复此过程，自动完成所有蛋白质点的检测。经过多年的发展，目前已形成许多商业化的凝胶图像分析软件，如 BIO-RAD 公司的 PDQuest、GE 公司的 Image Master 2D Elite 和国产软件 ProteinMaster 等。不同凝胶图像分析软件的功能基本相似，下面以 ProteinMaster 软件为例，介绍分析软件的原理与操作技巧。

(1)蛋白质点的检测

蛋白质点的检测包括点的定位、点形状的确定，以及点体积(丰度)、面积、点的亮度

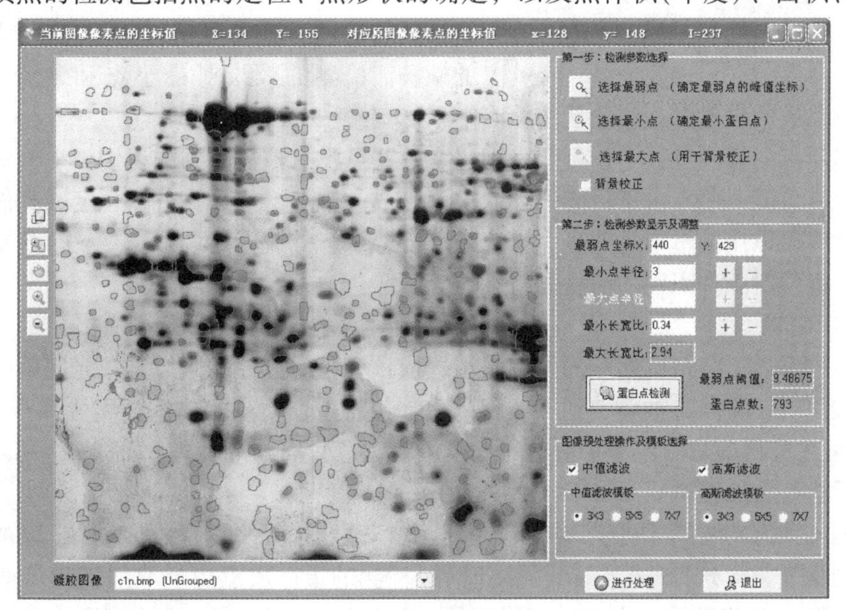


图 3-26

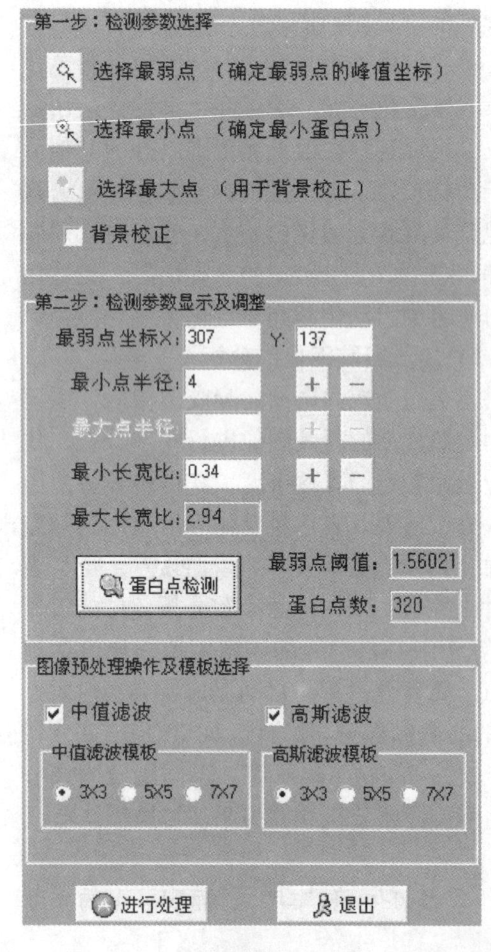


图 3-27

和背景亮度的计算等。蛋白质点的检测是后续各步分析的基础，如果后续分析中发现点检测不完善，重新执行点检测步骤的话，原有信息将被清除。因此，必须认真对待点的检测，尽可能检测到全部的蛋白质点。ProteinMaster 软件的检测窗体中提供了点检测预览窗口，完成对检测参数的选择后，查看预览窗口中蛋白质点的检测效果，检查并调整参数，重新进行检测以达到最佳效果。检测窗体界面见图 3-26。

蛋白质点的检测操作见图 3-27。首选用鼠标点选“选择最弱点”和“选择最小点”图标，在图像上用最小外接圆法圈定图像中最小和最弱的蛋白质点。若需要校正图像背景，勾选“背景校正”和“选择最大点”。用最小外接圆法圈定图像中最大的蛋白质点。然后可以微调最小点与最大点的长宽比，检测到所有蛋白质点。如果发现图像有较大的噪声干扰，在图 3-26 中的“图像预处理操作及模板选择”中选取“中值滤波”或“高斯滤波”，并点选相应模板。若检测效果不佳，重新确定以上参数并再次检测，直到效果最佳为止。检测后图像中最弱点的阈值将显示在图 3-27 中。通过最弱点的阈值、最小点半径、最小和最大长宽比、最大点半径和滤波方式参数的合理设置实现蛋白质点的检测。检测的效果对最小点和最弱点较敏感，要反复进行参数的设置以达到最佳的检测结果。

在蛋白质点的检测过程中，可能发现仍有一些点没有被识别到或识别到一些污染物造成的假点，也有可能一些点由于距离过近而被识别成一个点，或是临近点强度太高而掩盖弱蛋白质点。这时可以用编辑来进一步完善。ProteinMaster 软件提供了删点、添加点和点切割等编辑功能，以便对软件识别的信息进行补充。

(2) 背景消减

完成点检测后，各蛋白质点的体积是由构成该蛋白质点的各个像素吸光度值的累加。在凝胶背景较深时，背景将被叠加到点体积中去，使得蛋白质点的体积比实际体积偏高。ProteinMaster 可在分析前对图像作平滑、对比度调节和背景消减等处理，而 ImageMaster 软件则在点检测后进行背景消减。

背景消减共有 4 种模式可供选择：非点模式消减、边界平均像素值消减（取被检测点边界点的平均强度为背景）、边界最低强度（沿被检测的蛋白质点边界取强度最低的点为背景点）和手工消减（人工选取人为可以充当背景的蛋白质点或区域，软件将这些点的光密度值均值作为凝胶背景）。如果上述 4 种方式均不能满足要求，也可以直接编辑某个点的背景水平。

(3) 归一化处理

对点的体积进行归一化，以便对不同胶上的同一蛋白质点进行准确客观的定量。归一化处理一般有2种模式。一种模式基于某一点，该点可能是一已知的标志蛋白质或人为添加的数值。此时要注意的是该标志点必须在每一块胶上都存在，否则将无法在不同的胶之间进行对比匹配。另外一种归一化的模式是基于全部点体积之和，以每一个点的体积除以总和，通过这种模式得到的数值可能会很小，因此可以乘以一个放大因子，当该放大因子的值是100时所得的数值即为点体积的百分含量。归一化处理后的数据是否合理决定着图像分析数据统计学分析的可靠性。

(4) 蛋白质点匹配

蛋白质点的匹配是2-DE图像分析中非常重要的一步。在ProteinMaster软件中蛋白质点匹配是一个交互式的过程。首先对多张凝胶图像进行分组，每组中所有图像生成一张虚拟胶，如图3-28所示。

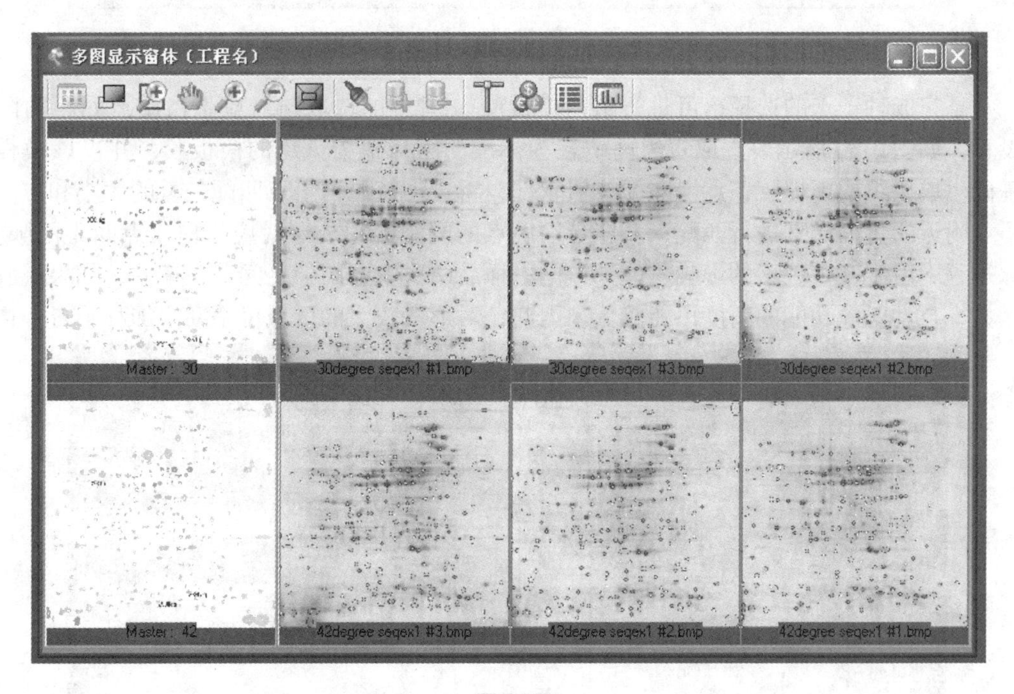


**图3-28**

ProteinMaster软件提供手动和自动两种匹配方法，无论是手动还是自动第一步都是种子点(user seeds)的选取。手动匹配时，首先在一张凝胶图像上以一个明显的蛋白质点位置为主界标，通过鼠标操作，在其他凝胶图像上确定对应蛋白质点的位置上，并保存该组种子点的坐标，如图3-29所示。同样的操作可以添加多组种子点，但必须保证种子点的对应关系准确无误。自动匹配时，软件将自动搜索较突出的特征点，搜索到的特征点将作为种子点进行蛋白质点匹配。

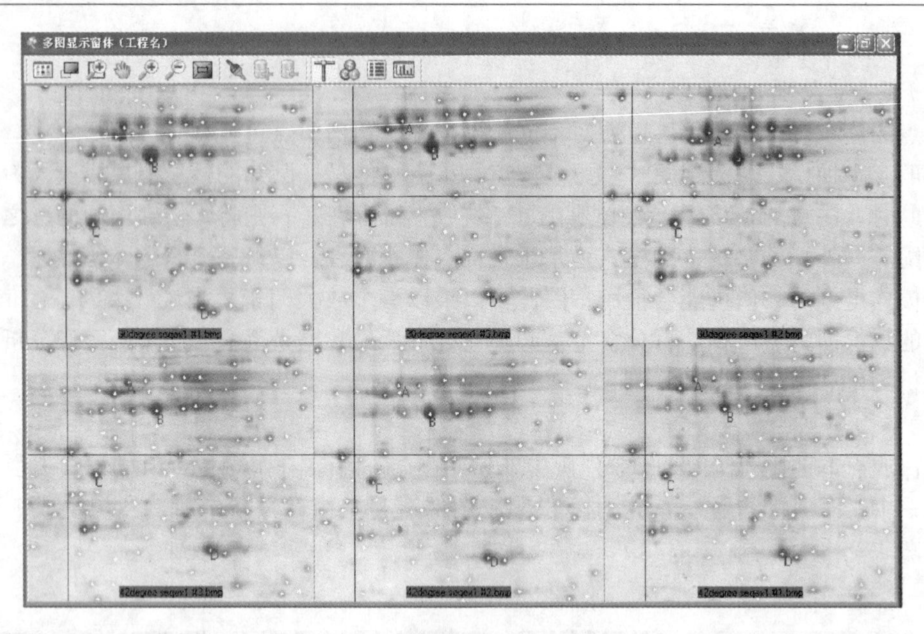


图 3-29

一旦完成种子点的选择，可进行组内模板胶(主胶)的选取与对应蛋白质点间距门限值的设置，如图 3-30 所示。选取每组内中较为标准的图像作为该组的模板胶，并以该模板胶为基础生成该组的虚拟胶；点击匹配按钮软件，将自动按照种子点匹配矢量的大小和方向对种子点附近的蛋白质点进行匹配，对应蛋白质点的间距必须小于对应蛋白质点间距门限值。电泳过程中由于某些因素的影响可能导致同一样品两次电泳图像之间存在偏差，如果凝胶变形太大，自动匹配功能的精度可能较低。因此，对形变较大的区域可手动添加种子点，再进

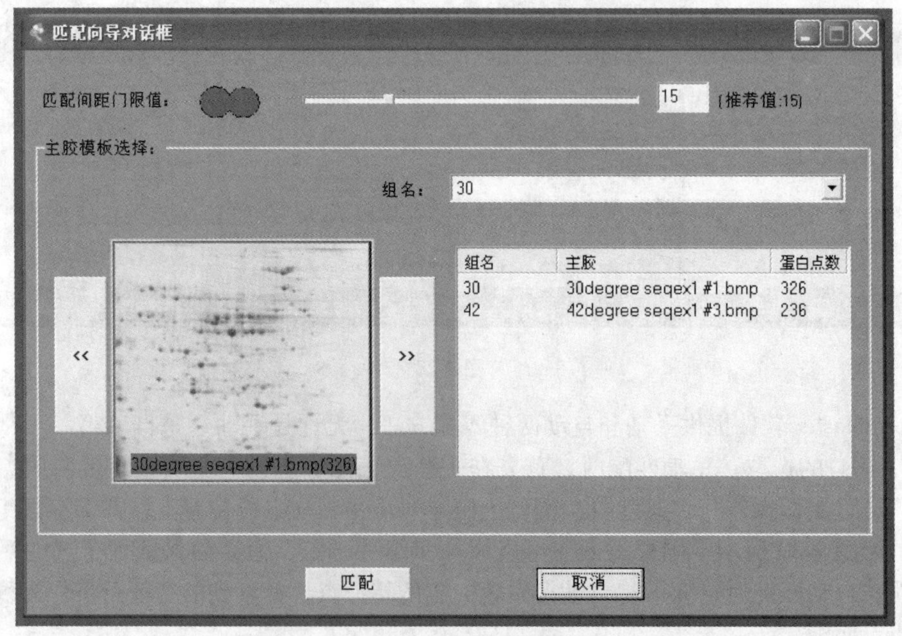


图 3-30

行蛋白质点的自动匹配。如果一个种子点不行，还可以添加多个种子点，但必须保证种子点间对应关系的准确无误。

蛋白质点匹配以后，软件可以自动对相互间匹配上的蛋白质点进行表达量的比较。设置表达量的差异范围，如超过 2 倍，软件会自动列出表达量差异超过 2 倍的蛋白质点。如图 3-31 所示。

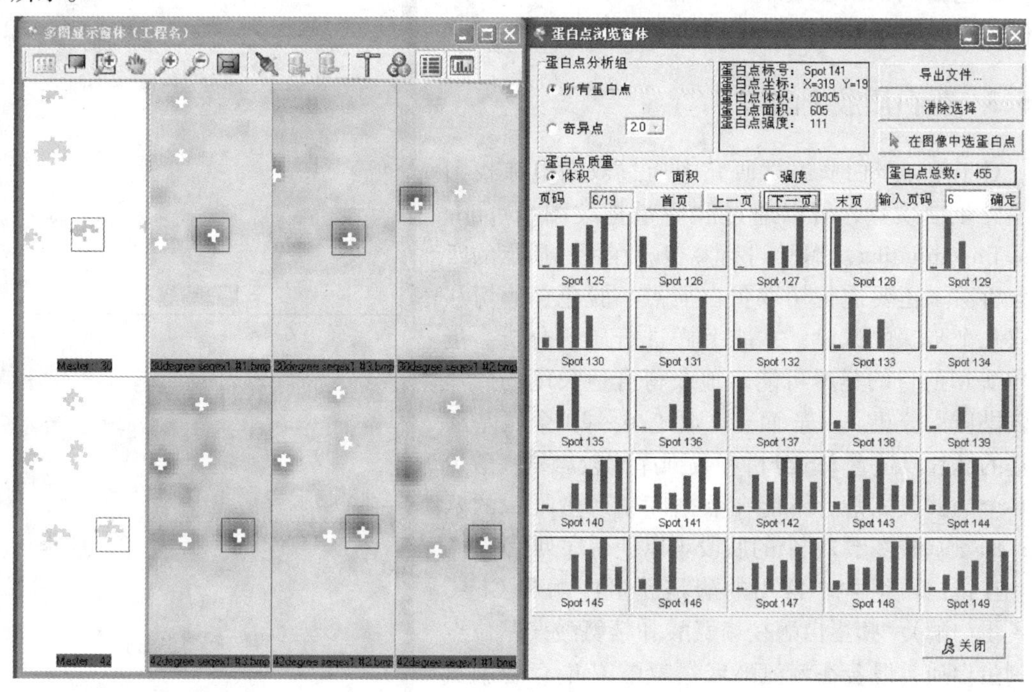


**图 3-31**

(5) 结果输出

双向电泳图像分析将生成大量蛋白质表达量的数据，ProteinMaster 软件将这些数据以表格的形式输出或粘贴到 Excel 软件中，利用 Excel 功能进行分析，如图 3-32 所示。

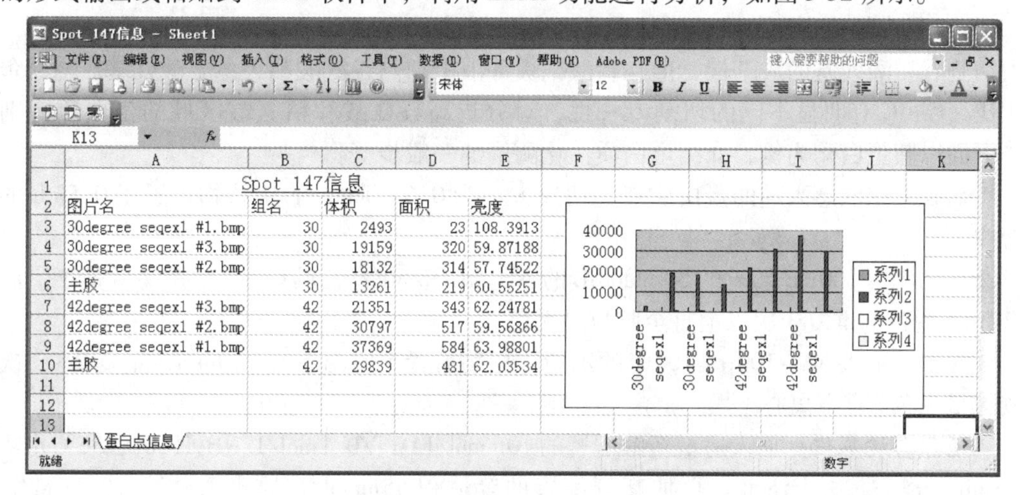

Spot_147信息 - Sheet1

Spot 147信息

| 图片名 | 组名 | 体积 | 面积 | 亮度 |
|---|---|---|---|---|
| 30degree seqex1 #1.bmp | 30 | 2493 | 23 | 108.3913 |
| 30degree seqex1 #3.bmp | 30 | 19159 | 320 | 59.87188 |
| 30degree seqex1 #2.bmp | 30 | 18132 | 314 | 57.74522 |
| 主胶 | 30 | 13261 | 219 | 60.55251 |
| 42degree seqex1 #3.bmp | 42 | 21351 | 343 | 62.24781 |
| 42degree seqex1 #2.bmp | 42 | 30797 | 517 | 59.56866 |
| 42degree seqex1 #1.bmp | 42 | 37369 | 584 | 63.98801 |
| 主胶 | 42 | 29839 | 481 | 62.03534 |



**图 3-32**

使用者可以从这些海量的数据中提取感兴趣的蛋白质点并对其进行命名标记。自命名的蛋白质点将在其虚拟胶上相应的位置标记显示出来，如图3-33所示。检测结果还可以生成蛋白质点报告或凝胶报告，包括列表和图像，并可储存为.BMP文件，以便使用者进一步统计分析。

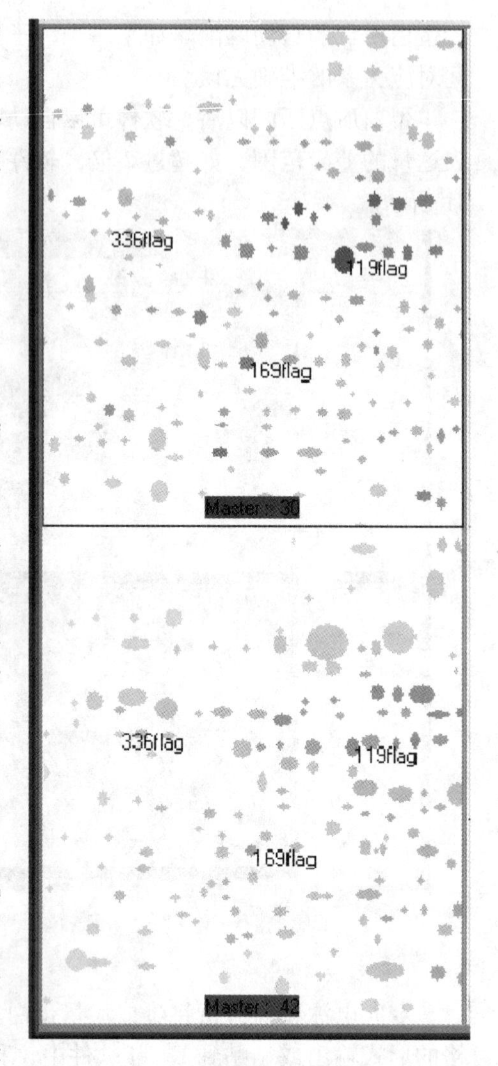


图3-33

### 3.5.3　蛋白质胶上酶解

对于差异蛋白质组学研究中通过双向电泳找到的差异蛋白质点，可以通过肽质量指纹图(peptide mass fingerprinting, PMF)进行鉴定。在蛋白质点的匹配分析后，还要进行切取蛋白质点、脱色、酶切和萃取几个步骤的试验，才能上样进行质谱分析。蛋白质酶切的目的是尽可能多地获得合适长度的肽片段以供质谱分析。一般而言，含有6~20个氨基酸残基的肽片段适合MS分析和数据库比较。氨基酸少于6个的肽段太短，不能在数据库中产生唯一的匹配；而氨基酸多于20个的肽段难以获得序列信息。

在蛋白质组学中常用的酶是胰蛋白酶和Glu-C(V8蛋白酶)。胰蛋白酶在赖氨酸和精氨酸残基位点切割蛋白质，但若在赖氨酸或精氨酸C端存在脯氨酸则不能切割。胰蛋白酶的优点是切割产生肽段的长度很适于MS分析，可以在宽pH值范围和温度范围内工作，且在溶液和凝胶中消化都有很好的活性，更重要的是胰蛋白酶兼容性好，可与多种染色胶兼容。Glu-C是内切蛋白酶，在乙酸铵或碳酸氢铵缓冲液中切割谷氨酸残基的羧基端，但在磷酸钠缓冲液中切割谷氨酸和天冬氨酸残基。与胰蛋白酶相比，Glu-C有明显不同的切割专一性，对分析高赖氨酸和精氨酸区域的蛋白质特别有用。下面以胰蛋白酶为例，介绍蛋白质消化酶解的一般步骤。

①切胶　挖取感兴趣的蛋白质点，切成大小为0.6~1$mm^3$的块状物，置于0.5mL的离心管中。

②脱色　用100μL 50%的50mmol/L的$NH_4HCO_3$/50%乙腈(v/v)，振荡后置于室温下5~10min脱色，重复3次以上直至胶粒呈无色。

③脱水　加入50~100μL 100%的乙腈，振荡后置于室温下5~10min，重复2~3次直至胶粒呈白色。真空离心干燥。

④还原与烷基化　加入适量新鲜配置的10mmol/LDTT/0.1mol/L $NH_4HCO_3$，56℃水浴还原45min，离心，去上清液。再加新鲜配置的等体积55mmol/L的碘乙酰胺、0.1mol/L的

$NH_4HCO_3$烷基化，室温避光60min，离心，去上清液。

⑤洗胶 加入适量的0.1mol/L的$NH_4HCO_3$，振荡后置于RT中5～10min，真空离心干燥。

⑥脱色 加入50～100μL 100%的乙腈，37℃下离心15min，真空抽干。

⑦重复⑤和⑥步骤1次。

⑧重泡涨 加入适量Trysin(12.5μg/mL)，振荡，4℃孵育30min后，吸出残余酶液。

⑨酶切 加适量的无酶消化液，6 000r/min离心，37℃过夜。

⑩萃取 置于室温下，吸取上清液，保存。加20mmol/L的$NH_4HCO_3$振荡，置于室温中20min，吸取上清液，保存。加适量5% TFA/50%乙腈抽提2次，收集上清液。再加入100%乙腈，振荡，置于室温下5min，吸取上清液，保存，重复1次。每次收集上清液前均经6 000r/min离心。合并所有上清液，真空抽干。

⑪上样 加适量的0.1% TFA溶解样品，与基质混匀后点样。

## 本章小结

蛋白质双向电泳技术是蛋白质组学研究的一个重要支撑技术。本章根据蛋白质双向电泳的实验步骤，系统地介绍了蛋白质双向电泳技术的原理及其技术流程。首先介绍了蛋白质样品制备的方法，包括“一步法”与“分步提取法”。其次分析了蛋白质等电聚焦(IEF)的原理与实验步骤，包括蛋白质两性电解质的特性以及如何利用小分子两性电解质建立pH梯度，并比较了第一相管胶技术和IPG技术的各自优势。本章分析了第二向SDS-PAGE分离蛋白质的原理与实验方法，比较了凝胶的3种染色技术，包括考马斯亮蓝染色法、银染法和荧光染色法，分析了扫描技术与CCD技术获取凝胶图像的步骤，并介绍了如何应用凝胶分析软件对凝胶上各蛋白质点的表达情况进行定量分析。最后小结了蛋白质双向凝胶电泳技术的局限性及其改进策略。

## 思考题

1. 蛋白质双向电泳中样品制备应当遵循的基本原则是什么？
2. 细胞破碎有哪些方法？各有何优缺点？
3. 样品中的杂质对双向电泳有何影响？如何去除？
4. 简要阐述蛋白质等电聚焦的基本原理。
5. 蛋白质双向电泳技术有哪些缺陷？如何改进？
6. 说明各种蛋白质染色技术的优缺点。
7. 总结说明蛋白质组学双向凝胶电泳(2-DE)技术与基因组学基因克隆技术的差异点。

## 参考文献

1. BANKS R, DUNN M, FORBES M, et al. 1999. The potential use of laser capture microdissection to selectively obtain distinct populations of cells for proteomic analysis-preliminary findings[J]. Electrophoresis, 20: 689 - 700.

2. BERGGREN K N, SCHULENBERG B, LOPEZ M F, et al. 2002. An improved formulation of SYPRO Rudy protein gel stain: Comparison with the original formulation and with a ruthenium II tris(bathophenanthroline disulfonate)formulation[J]. Proteomics, 2: 486 - 498.

3. BONNER R F, EMMERT-BUCK M, COLE K, et al. 1997. Laser capture microdissection: Molecular analysis of tissue[J]. Science, 278: 1481 - 1483.

4. BRUSH M. 1998. Dye hard: protein gel staining products[J]. Scientist, 12: 16 - 22.

5. CASTELLANOS-SERRA L, HARDY E. 2001. Detection of biomolecular in electrophoresis gels with salts of imidazole and zinc II: a decade of research[J]. Electrophoresis, 22: 864 - 873.

6. EMMERT-BUCK M R, BONNER R F, SMITH P D, et al. 1996. Laser capture microdissection[J]. Science, 274: 98 - 1001.

7. EMMERT-BUCK M R, GILLESPIE J W, PAWELETZ C P, et al. 2000. An approach to proteomic analysis of human tumors[J]. Mol. Carcinog, 27: 158 - 165.

8. FERNANDEZ-PATRON C. Castellanos-Serra L, Rodriguez P. 1992. Reverse staining of sodium dodecyl sulfate poly acrylamide gels by imidazole-zine salts: sensitive detection of unmodified proteins[J]. Bio Techniques, 12: 564 - 573.

9. FEY E G, PENMAN S. 1988. Nuclear matrix proteins reflect cell type of origin in cultured human cells[J]. Proc. Natl. Acad. Sci. USA, 85: 121.

10. FIALKA I, PASQUALI C, LOTTSPEICH F, et al. 1997. Subcellular fractionation of polarized epithelial cells and identification of organelle-specific proteins by two-dimensional gel electrophoresis[J]. Electrophoresis, 18: 2582 - 2590.

11. GÖRG A, OBERMAIER C, BOGUTH G, et al. 2000. The current state of two-dimensional eletrophoresis with immobilized pH gradients[J]. Electrophoresis, 21: 1037 - 1053.

12. GUY G R, PHILIP R, TAN Y H. 1994. Analysis of cellular phosphoproteins by two-dimensional gel eletrophoresis: applications for cell signaling in normal and cancer cells[J]. Electrophoresis, 15: 417 - 440.

13. JAMES A, MACKINTOSH, HUNG-YOON CHOI, et al. 2003. A fluorescent natural product for ultra sensitive detection of proteins in one-dimensional and two-dimensional gel electrophoresis[J]. Proteomics, 3: 2273 - 2288.

14. LEE C, LEVIN A, BRANTON D. 1987. Copper staining: a five-minute protein stain for sodium dodecyl sulfate-polyacrylamide gels[J]. Anal Biochem, 166: 308 - 312.

15. OAKLEY B R, KIRSCH D R, MORRIS N R. 1980. A simplified ultrasensitive silver stain for detecting proteins in polyacrylamide gels[J]. Anal Biochem, 105: 361 - 363.

16. ORNSTEIN D K, GILLESPIE J W, PAWELETZ C P, et al. 2000. Proteomic analysis of laser capture microdissected human prostate cancer and in vitro prostate cell lines[J]. Electrophoresis, 21 : 2235 - 2242.

17. NAYLOR S. 2004. Genomic and proteomic sample preparation: higher throughput solutions[J]. Expert Re-

view, Proteomics, 1(1): 11 - 16.

18. SIMONE N L, BONNER R F, GILLESPIE J W, et al. 1998. Laser capture microdissection : opening the microscopic frontier to molecular analysis[J]. Trends Genet, 14: 272 - 275.

19. SIRIVATANAUKSON Y, DRURY R, CRNOGORAC-JURCEVIC T, et al. 1999. Laser-assisted microdissection: Application in molecular pathology[J]. J. Pathol, 189 : 150 - 154.

20. UNLU M, MORGAN M E, MINDEN J S. 1997. Difference gel electrophoresis: a single gel method for detecting changes in protein extracts[J]. Electrophoresis, 18: 2071 - 2077.

21. WILKINS M R, GASTEIGER E, SANCHEZ J C, et al. 1998. Two-dimensional gel eletrophoresis for proteome projects: The effects of protein hydrophobicity and copy number[J]. Electrophoresis, 19: 1051 - 1055.

22. YANO H, WONG J H, LEE Y M, et al. 2001. A strategy for theidentification of proteins targeted by thioredoxin[J]. Proc Natl Acad Sci USA, 98: 4794 - 4799.

23. YAN J X, WAIT R, Berkelman T, et al. 2000. A modified silver staining protocol for visualization of proteins[J]. Electrophoresis, 21: 3666 - 3672.

24. 钱小红，贺福初，等. 2006. 蛋白质组学：理论与方法[M]. 北京：科学出版社.

25. 邱宗荫，尹一兵，等. 2008. 临床蛋白质组学[M]. 北京：科学出版社.

26. R M 哈马驰，等. 编. 周兴茹，裴端卿，等，译. 2008. 药物研究中的蛋白质组学[M]. 北京：科学出版社.

27. D 菲格斯. 主编. 钱小红，贺福初，等，主译. 2007. 工业蛋白质组学[M]. 北京：科学出版社.

28. R M 特怀曼. 著. 王恒樑，袁静，刘先凯，等，译. 2007. 蛋白质组学原理[M]. 北京：化学工业出版社.

29. 陆健，等. 2005. 蛋白质纯化技术及应用[M]. 北京：化学工业出版社.

30. 颜真，张英起. 2007. 蛋白质研究技术[M]. 西安：第四军医大学出版社.

# 第4章　生物质谱鉴定蛋白质技术

蛋白质分析鉴定建立在这样一个基本事实上：大多数含有6个或6个以上氨基酸的肽序列在一个生物的蛋白质组中是唯一的。换句话说，我们可以将一段6个氨基酸的肽链定位于单一基因产物上。因而，如果能得到肽的序列，或者能精确测定肽的质量，就可以通过与蛋白质序列数据库的匹配来鉴定肽片段的蛋白质来源。当然，某些6肽可能定位于多个蛋白质，但典型的多次“命中”来自相关蛋白质的高度保守区域。如果可以得到定位于相同蛋白质的几个肽序列，这将加强匹配的准确性。因而分析蛋白质组学的本质是将蛋白质转换成肽，得到肽的序列，然后根据在数据库中的序列匹配来鉴定相关的蛋白质。

大多数分析蛋白质组学的问题始于蛋白质混合物。混合物中含有不同相对分子质量、不同修饰作用和不同溶解度的完整蛋白质。蛋白质必须经切割消化成多肽片段，因为质谱仪往往不能直接对完整的蛋白质进行质量和序列的测定。现代MS仪器可以分析复杂的肽混合物，但是组分相对简化的肽混合物更有利于收集数据和分析。

## 4.1　概　述

生物质谱技术是蛋白质组学研究中的三大核心技术之一。20世纪80年代末，美国科学家和日本科学家分别开发出基质辅助激光解吸电离（matrix assisted laser desorption/ionization，MALDI）和电喷雾电离（eletrospray ionization，ESI）2种软电离技术，推动了生物质谱（Bio-MS）技术的发展，使传统的、主要应用于小分子物质研究的质谱技术发生了根本性的变革。

### 4.1.1　生物质谱仪的基本组成

质谱技术的原理是将样品分子离子化后，根据不同离子间质荷比（$m/z$）的差异来分离并检测离子的相对分子质量。质谱仪的核心包括3个基本组成部分，如图4-1。第一部分是离子化源，其作用是将肽段转化为离子；第二部分是质量分析器，其作用是根据离子的质量/电荷比（$m/z$）的不同来分离离子；第三部分是离子检测器，其作用是检测质量分析器分离后的不同离子。

### 4.1.2　生物质谱仪的关键性能指标

在蛋白质组学研究中，首先需要获得精确的肽质量指纹图谱数据或者肽序列标签数据，然后用这些数据与数据库中存储的数据匹配，从而鉴定一个蛋白质。因此，质谱数据的可靠性程度直接关系到最后的鉴定结果。怎样获得良好的质谱数据呢？表示一台质谱仪的性能指

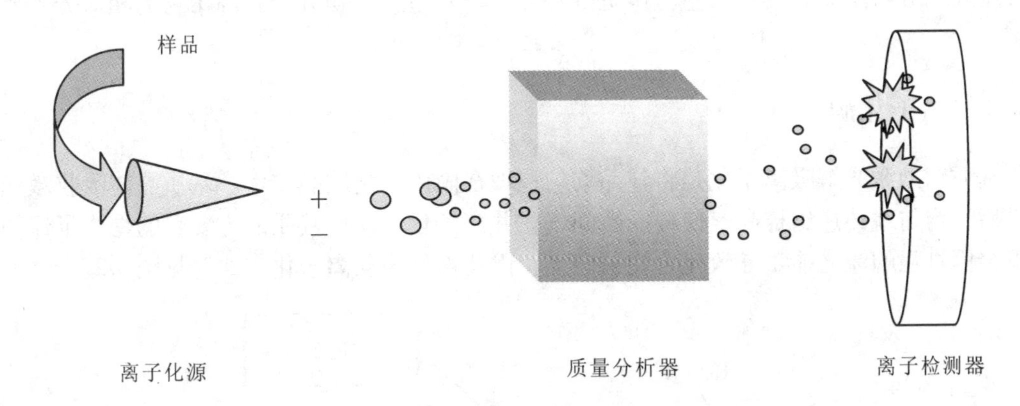


**图 4-1　生物质谱仪的基本组成部分**

标很多，但最重要的是灵敏度、分辨率和质量精确性指标。

(1) 灵敏度

质谱仪的灵敏度是指在一定的样品和一定的分辨率条件下，产生一定信噪比的分子离子峰所需的样品量；用此时的进样量与信噪比规定灵敏度指标。例如，标准测试样品为八氟萘，进样量为 1pg，质谱采用全扫描方式从 $m/z=200$ 到 $m/z=300$，扫描完成后，用八氟萘的分子离子 $m/z=272$ 做质量色谱图并测定 $m/z=272$ 离子的信噪比，如果信噪比为 20，则该仪器的灵敏度可表示为 1pg 八氟萘（信噪比 20∶1）。在蛋白质组学研究中，由于蛋白质样品的量是有限的，因此需要用到能分析飞摩尔（$10^{-15}$mol）或样品量更低的仪器。

(2) 分辨率

质谱仪的分辨率是指将 2 个相邻质量的离子分开的能力，常用 $R$ 表示。如果质谱仪在质量为 $m$ 处恰能分辨质量 $m$ 和 $m+\Delta m$ 两个质量的离子，那么质谱仪的分辨率定义 $R=m/\Delta m$。分辨率表示质谱仪能在多大程度上区分 $m/z$ 相似的离子。较高分辨率的质谱仪（磁分区仪器或傅里叶变换仪器）能够可靠区分的 $m/z$ 达到 0.01 的离子。在蛋白质组学研究中常用的质谱仪能区分 $m/z=1$ 的不同离子。

(3) 质量精确性

质谱仪的质量精确度是指质量测定的精确程度，常用相对百分比表示。例如，某化合物的相对分子质量为 2 010 278，用某质谱仪多次测定该化合物，测得的质量与该化合物理论质量之差在 0.004 之内，则该仪器的质量精度为百万分之二十。质量精度是高分辨质谱仪的一项重要指标，对低分辨质谱仪没有太大意义。在蛋白质组学研究中，肽离子或肽片段离子的测定值必须尽可能接近真实值，这样才能保证鉴定结果的可靠性。

## 4.2　基质辅助激光解吸电离质谱

1987 年，Hillenkamp 和 Karas 发明了新型的离子化技术——基质辅助激光解吸电离（MALDI），该技术与其他离子化技术相比，具有离子化均匀、离子碎片只带单一电荷等特点。将 MALDI 离子化技术和 TOF 质谱技术结合生产的 MALDI-TOF 质谱技术具有操作简单，灵敏度高，分辨率高，测定质量范围宽等特点，非常适合生物分子和高聚物的相对分子质量测定。

### 4.2.1　离子化源

基质辅助激光解吸离子化是将样品均匀包埋在固体的基质晶体中。基质晶体吸收激光的能量后，均匀地传递给样品，使样品瞬间气化并离子化。使用基质的主要目的是为了保护样品不会因过强的激光能量导致化合物被破坏，因此被称为软离子化方式，见图 4-2。

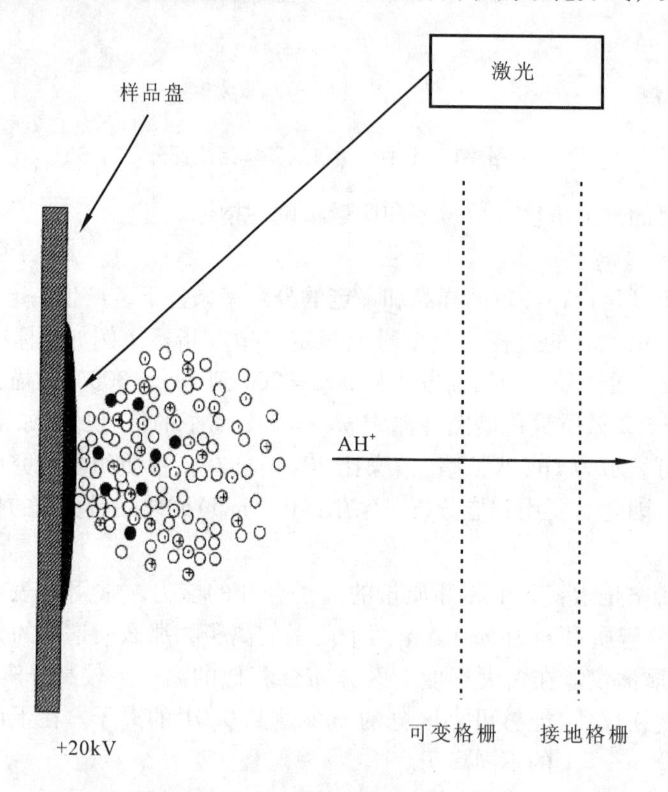


**图 4-2　基质辅助激光解吸离子化**

#### 4.2.1.1　基质

早期的激光解吸离子化没有基质(matrix)辅助，激光能量直接作用于被分析物，使分子碎裂，产生大量碎片，而不易得到分子离子。1988 年，Tanaka 等首先采用可吸收激光的基质(如甘油)将被分析物包埋其中，避免了激光能量对分子结构的破坏，测定了分子质量为 35kDa 的蛋白质。后来发现，采用固体基质可以使样品分散得更均匀，离子化效果更好。

基质在 MALDI 中担负着一个关键的角色，它吸收激光的能量并传递到待测分子中，并保护待测分子不受破坏而形成碎片离子。可以成为较好基质的有机化合物应具备 4 个条件。一是能强烈吸收入射的激光；二是有较低的气化温度(最好以升华的方式气化)；三是能与待测物共享相同的溶剂；四是在固相体系中能分离和包围待测分子而不形成共价键。

对于蛋白质、多肽、核酸或多糖样品，较为通用的基质有芥子酸(sinapinic acid，SA)，

2,5-羟基苯甲酸（2,5-dimerthoxy-4-hydroxycinnamic acid，DHBA），3-羟基吡啶甲酸（3-hydroxypicolinic acid，3HPA），α-氰基-4-羟肉桂酸（α-Cyano-4-hydroxycinnamic acid，αCHCA）等，这 4 种常用基质的化学结构式见图 4-3，4 种常见基质形成的晶体形状见图 4-4。

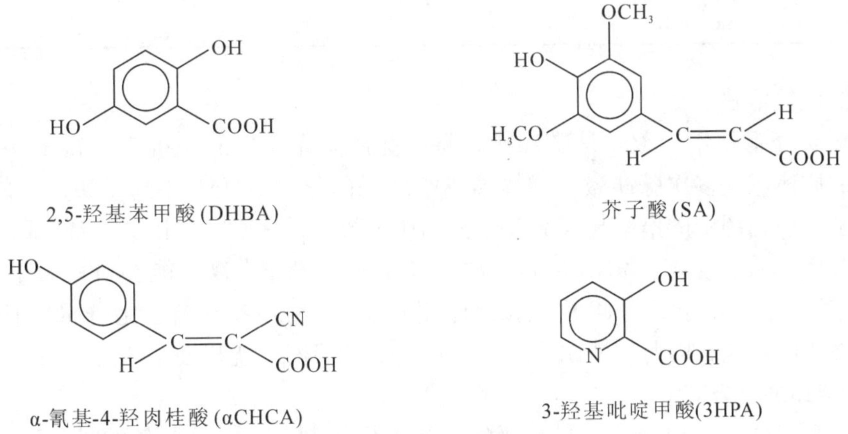

2,5-羟基苯甲酸 (DHBA)　　芥子酸 (SA)

α-氰基-4-羟肉桂酸 (αCHCA)　　3-羟基吡啶甲酸(3HPA)

**图 4-3　4 种常见基质的化学结构式**

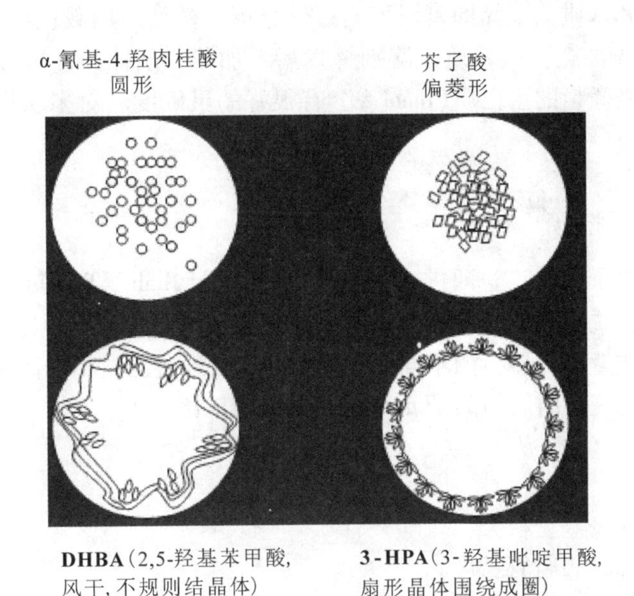


**图 4-4　4 种常见基质形成的晶体**

#### 4.2.1.2　激光

激光（laser）在 MALDI 中充当气化和离子化源，通常采用的激光束波长为 337nm。蛋白质、肽链或核苷酸与基质混合后，接收 337nm 的激光能量，形成带电离子（表 4-1）。由于样品的电离过程是由基质介导的，因此基质的选择对待测分子的离子化具有较大的影响，继而影响到样品分析的灵敏度、分辨率和精确度。合适的基质应保证待测物的离子化，而且基质本身离子造成的背景较弱。MALDI 最大的特点是离子电荷通常为 1 或 2 个，而不像电喷雾离子化（ESI）中为多电荷，对分子质量较大的样品而言，不会形成复杂的多电荷图，因而对

**表4-1 MALDI中生物分子与基质混合后的极性**

| 生物分子 | 基质 | 极性 | 生物分子 | 基质 | 极性 |
|---|---|---|---|---|---|
| 肽链 | αCHCA | + | 多糖 | DHBA | + |
| 蛋白质 | SA，αCHCA | + | 核酸 | 3HPA | +/- |

图谱的解析比较清楚。

MALDI离子源使用的激光是脉冲式，每一脉冲激光产生的一批离子得到一张质谱图，一般使用的质谱图是多次脉冲激光扫描质谱峰结果的累加。MALDI离子源产生的离子多为单电荷离子，质谱图中的谱峰与样品各组分的质量数是一一对应。因此，MALDI-MS最适合分析多肽及蛋白质混合物。MALDI离子源的离子化效率非常高，能够对极微量样品（fmol-amol级）进行分析。由于MALDI的进样是固相方式，不像电喷雾离子化（ESI）的液相进样容易受溶液性质的影响，因此它能耐受一定浓度的缓冲溶液、盐和去垢剂的存在。

**4.2.1.3 样品加样方式**

在MALDI-TOF-MS分析中，最重要的一步是样品制备。样品制备的过程通常是将基质的饱和溶液与待分析物溶液混合，将混合物（通常0.5～1μL）加载到样品板上，待溶剂挥发干后，形成的样品和基质的混晶即可引入质谱仪分析。样品的加载也可用其他改进的方法，如"三明治"法，即先加载一层基质，溶剂挥发后，加载一层样品，再挥发后，再加载一层基质，这种方法对极微量的蛋白质（pmol级）有很好的灵敏度。对多肽样品，下一层基质通常可省去。

### 4.2.2 TOF质量检测器

当样品分子被离子化后，立即进入飞行时间（time of flight，TOF）检测器。在检测器中，离子化后的样品首先脱离基质分子后，在质量分析器中由于离子质荷比（$m/z$）的不同而被分离开来并被检测。质量分析器检测不同离子的质荷比是通过测量不同离子在飞行管中飞行的时间来实现的。因为飞行时间与离子$m/z$的平方根成正比。

$$\frac{m}{z}=\frac{2t^2K}{L^2}$$

式中 $t$——飞行时间；

$L$——飞行距离（飞行管长度）；

$m$——质量；

$K$——离子动能；

$z$——离子带电荷数。

随着TOF技术的不断更新，如反射检测技术、源后裂解技术等的出现，TOF仪器的质量精度、分辨率和灵敏度得到显著提高。而且从理论上分析，TOF可检测任何质量的离子。

**图4-5 不同质量的带电离子飞行时间与其$m/z$的关系示意图**

飞行时间（TOF）质量分析器正如其名字所表

示的含义，测定离子从分析器的一端飞行到另一端并撞击检测器所用的时间。$m/z$ 越大，飞行得越慢，时间 $t$ 越大。如图 4-5 所示。下面介绍不同类型的飞行时间质量分析器。

#### 4.2.2.1 线性模式

待测分子在 MALDI 的离子源处形成离子，然后质谱仪连续从离子源提取离子，沿飞行管飞行到检测器，质量轻的离子飞行速度快，到达检测器所用的时间较少；质量重的离子飞行速度慢，到达检测器所用的时间较大。这种简单的从“开始到结束”分析器的工作方式称为“线性模式”，如图 4-6 所示。

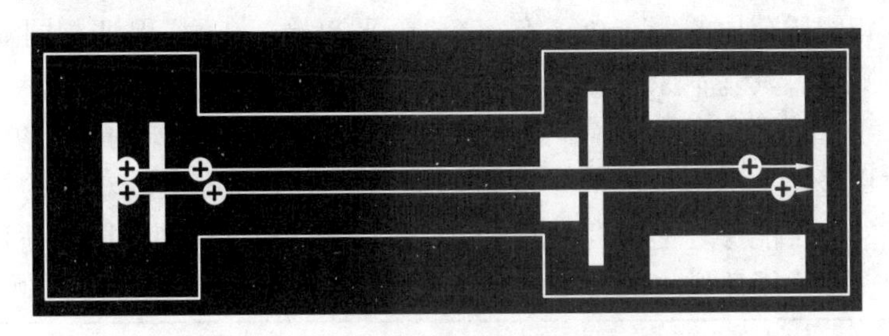

**图 4-6 线性模式质量分析器原理图**

用连续提取离子的线性模式，TOF 仪器的质量分辨率和测量准确度相对较低，测量误差在 2% 左右。这是由相同质荷比 $m/z$ 的离子从加速器进入 TOF 质量分析器时的速度不同造成的，即“非公平起始”。由于初速度的不同，相同质荷比的离子达到检测器的时间也就不同。

#### 4.2.2.2 反射器模式

为了提高仪器的分辨率和质量测量准确度，在质谱仪的飞行管道内加了一个反射电场(reflector 或 ion mirror)，这种仪器称为反射飞行时间质谱(RETOF-MS)。反射器模式按照视力比拟，它相当于近视 TOF 的接触镜片。反射器使具有相同 $m/z$ 值的离子聚焦，并使它们在相同时间到达检测器。因此，反射器模式极大提高了 TOF 分析的分辨率，其工作原理如图 4-7 所示。

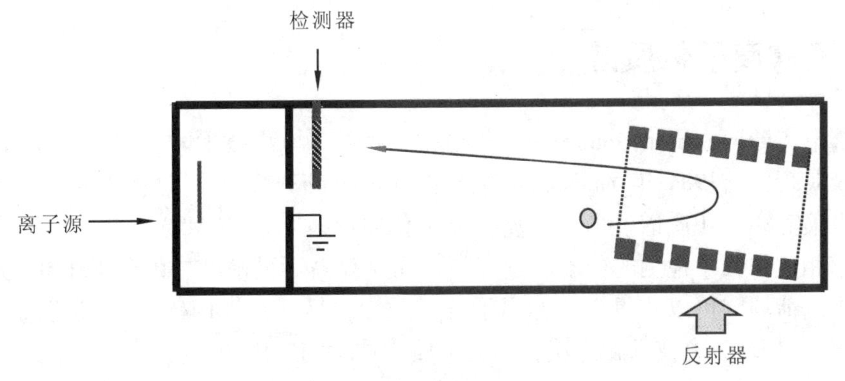


**图 4-7 反射器模式质量分析器原理图**

反射器模式的飞行时间质量分析器也能用以分析离子的源后衰变(post-source decay, PSD)产生的亚稳离子，获得离子的内部结构信息。所谓源后衰变，是指在 MALDI 离子源中产生的离子(母离子)在飞行管道飞行过程中可能发生裂解，分解为中性碎片和子离子。中性离子在飞行过程中丢失，而子离子继续保持原有的飞行速度，但质量减少，即成为动能减少的亚稳离子。PSD 技术对完整肽质量的测定是一个重要的补充技术。肽 PSD 谱图中出现具有基本公式 $H_2N^+=CHR$(R 是氨基酸侧链)的肽亚氨离子，这些亚氨离子是存在特定氨基酸的标志，可在某些软件工具的帮助下用来鉴定肽序列，这是 PSD 谱图一个很有价值的应用。

#### 4.2.2.3　延迟提取模式

延迟提取模式是在激光脉冲(电离)与沿飞行管的离子方向之间建立一个电场，形成微小延迟。使具有相同质荷比的所有离子有一个"公平起始"，这样保证相同 m/z 的离子在相同时间内撞击检测器。其基本原理见图 4-8。

离子在进入飞行管之前先经过一个高压电场。如果相同质荷比的离子初速度不同(图 4-8 步骤 1)，经过电场后，速度大的离子获得的加速度小于速度小的获得的加速度，在达到检测器时速度小的离子能够赶上速度大的离子(图 4-8 步骤 2)。使相同质荷比的离子到达检测器的时间相同，提高了质谱仪的分辨率和精确性。

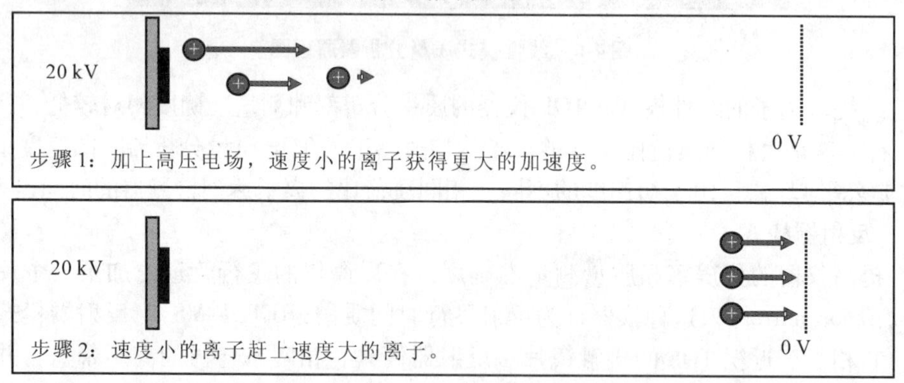


图 4-8　延迟提取模式质量分析器原理图

## 4.3　电喷雾离子化质谱

电喷雾电离(electrospray ionization, ESI)是一种新的电离技术。人们早在 20 世纪初就观察到 ESI 及其现象。1984 年 Yamashita 等人和 Aleksandrov 等人同时将 ESI 和质谱 MS 相匹配，形成电喷雾离子化质谱技术。电喷雾离子化质谱技术(ESI-MS)可以产生多电荷峰，与传统的质谱相比扩大了检测的分子质量范围，同时提高了灵敏度。由于 ESI-MS 方法产生的是一系列多电荷峰，可以获得准确的离子分子质量。另外，ESI-MS 技术还可与 HPLC 和高效毛细管电泳(CE)分离技术相连接，扩大了质谱技术的应用领域。

### 4.3.1　ESI 工作原理

ESI 是一种软电离技术，其基本原理是，在大气压下，分析物的溶液通过一带高电压的毛细管。在电压为 2 ~ 6 kV 的电场作用下，使从毛细管流出的样品溶液发生静电喷雾，形成带电荷的雾状液滴。经过干燥的氮气气幕，液滴的溶剂蒸发，液滴逐渐变小，但所带电荷不变，因此表面电荷密度增加，直至产生的库仑斥力与液滴表面张力达到 Rayleigh（雷利）极限，液滴爆裂为带电的子液滴，这一过程不断重复，使最终的液滴变得非常细小。当液滴越变越小时，液滴表面的电场变得非常强大，最后变成完全脱溶剂的离子。这样样品离子就以单电荷或多电荷的形式进入气相，进行质谱分析。ESI- MS 工作原理如图 4-9 所示。

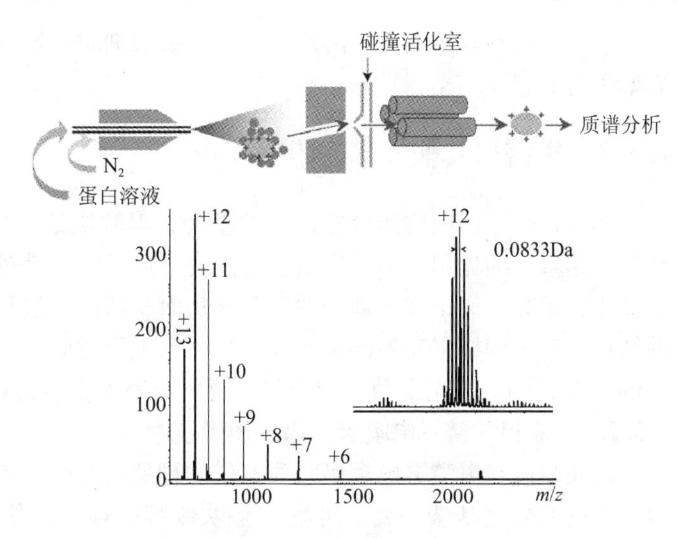


**图 4-9 ESI-MS 工作原理**

ESI-MS 既可分析大分子，也可分析小分子。对质量小于 1 000 Da 的分子，会产生$[M+H]^+$或$[M-H]^-$离子，选择相应的正离子或负离子进行检测，就可得到待测物的质量。而质量高达20 kDa的大分子在 ESI 中会形成一系列多电荷离子，联用传统四极杆质谱分析器，通过数据处理系统，可获得样品的质量，准确度高达 0.01 %，大大优于其他方法所得到的蛋白质质量。

电喷雾电离化质谱技术主要提供化合物的质量信息。为了得到待测物的结构信息，需采用串联 MS 及碰撞诱导解离（collision-induced dissociation，CID）技术。首先将母离子（parent ion）用第一级 MS 分离出来，在碰撞室中与惰性气体分子相撞而裂解，即碰撞诱导解离过程，产生子离子（daughter ion），再用后一级质谱得到结构信息。

电喷雾离子化的特点是产生高电荷离子而不是碎片离子，使质量电荷比（$m/z$）降低到多数质量分析仪都可以检测的范围，因而大大扩展了质量的检测范围。离子的真实质量可根据质荷比及电荷数算出。电喷雾质谱技术可以耐受少量的缓冲溶液、盐和去垢剂，这些物质可与分析物形成加成物而增加质量测定的难度，也可抑制分析物离子的形成。因而最佳的离子形成是在无缓冲溶液、无盐和去垢剂的情况下。

电喷雾质谱另一个特点是可以方便地与多种分离技术联用，如液—质联用（LC－MS）。一个高效简便的方法就是在离子化前采用高效液相色谱技术作为进样系统，将待分析物与杂质进行分离，然后进行电喷雾电离质谱检测，以提高蛋白质分离与鉴定的效果。ESI-MS 的进样系统可以采用输入（infusion）、流动注射（flow injection）、高效液相色谱（HPLC）或毛细管电泳（CE）等技术。

在进行 ESI-MS 分析前，对样品的预处理是相当重要的环节。ESI-MS 检测的失败往往都是由样品处理不当造成的。ESI-MS 分析前一定要除去样品中的不挥发盐，常用的方法有固相萃取、超滤和柱切换等。影响 ESI 样品离子信号的主要因素有三个方面。一是样品溶液的 pH 值。低 pH 值有利于分子的质子化，提高 pH 值可导致灵敏度和分子所带电荷的数目下降。因此，在正离子检测中，溶液 pH 应保持较低值。二是溶剂的性质。ESI 常用的溶剂有醇类、乙腈及水等，常用的混合溶剂及添加剂有甲酸、乙酸、氨水及挥发性盐，如醋酸铵等。适用于 ESI 的溶剂应能使样品在溶液中电离形成离子，溶剂黏度和表面张力低有利于雾化，热容量低有利于离子去溶剂化。三是去溶剂时干燥气体的温度与流速，如氮气，也会影响 ESI 离子信号。

## 4.3.2　质谱与其他技术的串联使用

随着多肽蛋白质质谱分析技术的发展，串联质谱(MS/MS)技术在阐明蛋白质结构中起到越来越重要的作用。串联质谱技术是通过离子在运动过程中发生自然的或人为的质量或电荷变化，研究母离子和子离子的关系，从而获得碎裂过程的信息，并进而推测多肽或蛋白质的结构。三级四极(triple quadrupole)质谱、飞行时间(time of flight)质谱和四级离子肼(quadrupole iion trap)质谱是目前应用最广泛的 3 种串联质谱技术。

### 4.3.2.1　液相色谱－电喷雾－串联质谱技术

液相色谱与电喷雾电离串联质谱仪的耦联(LC-ESI-MS/MS)，能快速灵敏地检测多肽或蛋白质的部分氨基酸序列，可鉴定多肽侧链中存在的修饰位点(如糖基化、磷酸化、乙酰化、硫酸化等)，并可定位出蛋白质或多肽分子中的二硫键。结合日益扩展的蛋白质数据库，可以查询到待测分子的氨基酸全序列或鉴别其是否为新蛋白。

LC-ESI-MS/MS 质谱仪主要由三部分构成，即高效液相色谱、电喷雾电离串联质谱及仪器控制和数据分析系统。通常采用毛细管高效液相色谱先对待测样品进行分离纯化，这对高分子质量蛋白质或肽类的氨基酸序列以及氨基酸修饰加工的鉴定尤为重要。一般可分为 2 种情况。

①*对已知蛋白质的鉴定*　可用 LC-ESI-MS/MS 对 Micro-HPLC 的各洗脱峰进行连续监测，获得各洗脱峰的分子质量，经过蛋白质数据库的匹配来推知各肽段的氨基酸序列。这是由于蛋白酶的识别位点是专一的，蛋白酶在待测蛋白样品上的降解位点是固定的，那么不同氨基酸多肽序列的理论分子质量就可以预先计算并保存在蛋白质数据库中。实际检测到的 Micro-HPLC 各洗脱峰的分子质量与数据库中保存的肽段分子质量进行匹配，从而获得各洗脱峰的氨基酸序列。对已知序列蛋白用 LC-ESI-MS/MS 进行肽图分析，其特点是可以快速自动化地进行超微量测定。

②*对未知蛋白质样品的鉴定*　见图 4-10。离子化的样品进入第一个四极杆质谱分析器时，样品中各离子化组分被分离开来，并检测出各自 $m/z$ 值及离子丰度。然后质谱仪的控制系统中预先设定 $m/z$ 值的范围以及离子丰度的域值，只有满足该条件的样品离子才能继续进入碰撞室(collision cell)。因此，第一个四极杆质谱分析器实际上起着(离子)质量过滤器(mass filter)的作用。被允许进入碰撞室的前体离子在此与惰性气体进行碰撞，并被裂解为若干小分子质量的产物离子，这一过程称为碰撞诱导裂解(collision-induced decomposition，CID)。各产物离子继而被送入第二个四极杆质谱分析器并检测出各子离子的 $m/z$ 值及离子丰度。由此可见，2 个或多个分子质量不同的肽段，即使其在 Micro-HPLC 上的保留时间完全相同，由于第一个四极杆质谱分析器对样品离子的选择作用，使得各样品的分析彼此不受干扰，通过改变选择参数可使所有样品组分得到

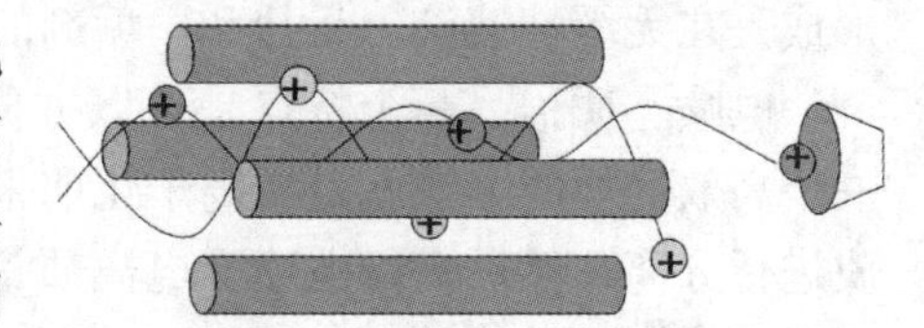

**图 4-10　四极杆质量分析器**

测定。质谱仪的数据处理系统能够自动计算出样品及其产物离子的分子质量，并按照预先设定的参数，自动搜索蛋白质数据库。

#### 4.3.2.2 ESI-Q-TOF 质谱仪

Q-TOF 是由四极杆质谱和飞行时间质谱组成的串联型质谱仪。四极杆在单质谱模式下有离子导向作用，在串联质谱状态下有质量分选功能。装有反射器的飞行时间(TOF)分析装置与四极杆质谱垂直配置，在 MS 和 MS/MS 状态下均有质量分析功能。

四级杆－飞行时间质量分析器和电喷雾离子源相连接形成的仪器称 ESI-Q-TOF，结构见图 4-11 所示。在四极杆和 TOF 分析器之间是碰撞活化室(hexapole collision cell)，能够实现碰撞诱导解离(CID)。在进行 MS/MS 质谱分析时，第一级四极杆质谱选取单一离子并将它送入碰撞活化室与惰性气体(氩气)发生碰撞并使母离子发生诱导裂解。碰撞活化室由六极杆组成，在工作状态下极杆上仅有射频电位，因而所有离子均能通过碰撞活化室到达垂直飞行时间质谱的加速器中。在推斥极的作用下，离子进入 TOF-MS 进行质量分离，仪器的最终检测器为高敏感性的微通道板。为适应研究的需要，ESI-Q-TOF 的分辨率得到进一步提高。一般装有多级反射器(W 型)，由于多级反射，其分辨率可高达 20 000FWHM。

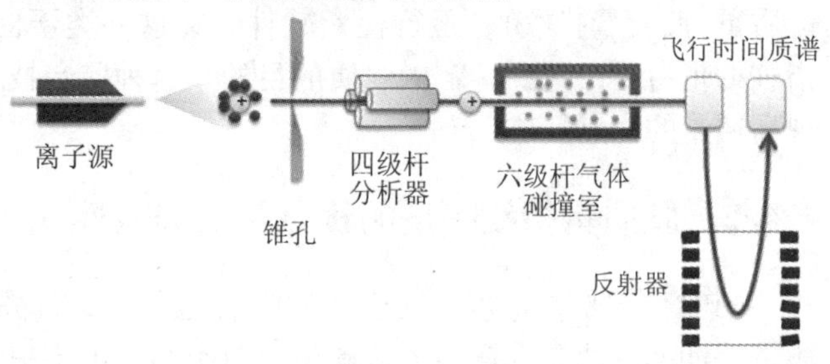


**图 4-11 ESI-Q-TOF 仪器结构图**

Q-TOF 连接的离子源可以是 ESI 离子源也可以是 MALDI 离子源，与 Q-TOF 连接的质量检测器可以是 TOF-MS，也可以是 TOF-MS/MS。这些模式同样可以用于负离子的检测。TOF-MS 是 Q- TOF 的主要工作模式之一，用以检测肽指纹图谱及蛋白质图谱的数据。TOF-MS/MS 模式则可以进一步选择肽指纹图谱中的肽段来进行二级质谱。二级质谱得到的图谱经软件处理后可以对该肽段氨基酸的序列进行鉴定，有利于对未知蛋白质的研究。

## 4.4 肽质量指纹图谱鉴定蛋白质技术

蛋白质的鉴定方法主要是利用蛋白质的各种属性参数(atttibute parameter)如相对分子质量、等电点、序列、氨基酸组成、肽质量指纹图谱等在蛋白质数据库中检索，寻找与这些参数相符的蛋白质。随着大规模的基因组测序、生物质谱技术和生物信息学的快速发展，蛋白质鉴定方法也发生了戏剧性的变化，使大规模蛋白质组研究成为现实。其中生物质谱以其极高的灵敏度和对结果的快速获得而成为蛋白质鉴定分析的关键技术。

### 4.4.1 肽质量指纹图谱鉴定蛋白质

肽质量指纹图谱(peptide mass fingerprinting, PMF)是指用质谱检测获得的肽片段质量进行蛋白质鉴定的技术。由于 MALDI-TOF-MS 检测获得了肽质量指纹图谱，因此鉴定肽片段信息是 MALDI-TOF-MS 的下游技术。肽质量指纹图谱鉴定蛋白质的精度依赖于蛋白质数据库中数据的准确性、比对算法及其检索软件的功能。

在蛋白质组学研究中，蛋白质首先要被蛋白酶水解为肽片段。能产生用于质谱检测肽片段的酶需具备几个特点：一是酶的水解位点具有专一性；二是酶切产生的蛋白质肽段大小应适合质谱分析并利于数据库检索(500 Da < 分子质量 < 5 000 Da)；三是酶自身稳定，不易自降解。因此，每一种蛋白质被特定的水解酶消化后，产生一定数量且具有特定长度的肽片段。蛋白质肽质量指纹图谱数据库的作用之一就是保存有各种蛋白质在特定酶水解后产生的各种肽片段的分子质量。肽质量指纹图谱鉴定蛋白质的原理就是用检测到的蛋白质各种肽片段质量(肽质量指纹)，运行检索软件，在这一类蛋白质数据库检索，寻找具有相同肽质量指纹的蛋白质，达到鉴定蛋白质的目的。这种鉴定技术与传统方法相比，具有速度快、可实现高通量的优点。

### 4.4.2　肽质量指纹图谱的优点及其局限性

PMF 技术是鉴定蛋白质质量的强有力方法。首先，MALDI 可耐受分析混合物中存在的微量缓冲液、盐和少量的电荷离子，对于纯度不是很高的样品也能获得较理想的结果。而电喷雾电离(ESI)技术对样品蛋白质的纯度要求较高。因此，MALDI 技术是 PMF 分析的最佳离子化技术。其次，PMF 技术仅需少数肽片段质量就能准确鉴定一个蛋白质。第三，由于在 MALDI 质谱仪中使用了离子反射器和时间延迟提取技术，大大提高了这类质谱仪的分辨率，使其能更准确地测定肽片段的分子质量，增强了 PMF 鉴定的成功率。更重要的是 MALDI-TOF-MS 及 PMF 鉴定的整个过程能完全自动化，适于蛋白质组的高通量分析。而且前人已经开发建立了许多基于 PMF 的数据库分析软件，如 MS-Fit、Peptident、MOWSE、ProfFound 和 PeptideSearch 等。因此，肽质量指纹图谱法被认为是鉴定蛋白质最快速、最有效的方法。

当然，PMF 技术鉴定蛋白质也存在局限性。肽质量指纹图谱法的关键是获得精确的肽片段的分子质量。但是很多因素会影响肽片段质量的精确性。如质谱仪的运行状态不佳而导致肽片段的分子质量测定不准确；有的蛋白质存在 2 种或更多种的异构体，在蛋白质数据库中贮存的蛋白质可能与待测样品是不同形态的异构体；体内的翻译后修饰会引起肽片段的分子质量发生变化；在蛋白质提取、分离和处理过程中产生非特异修饰也可能引起分子质量的变化；蛋白质可能被非特异裂解等。另外，PMF 分析是将实验获得的肽质量与数据库中理论肽质量相比较，其成败也依赖于数据库中理论肽质量的准确性。当待测蛋白质所属物种的基因组序列数据有限时，用 PMF 进行蛋白鉴定的成功率将非常低。所以 PMF 最适用于那些可以获得大量基因组序列、cDNA 序列和蛋白质序列的生物，尤其是那些已经完成全基因组序列测定的物种。当然，随着搜索数据库算法的增强，肽质量指纹图谱法将得到进一步的发展，鉴定的精度也将得到进一步的提高。

### 4.4.3　PMF 检索工具

#### 4.4.3.1　常用 PMF 检索工具

PMF 检索工具是将检测到的待测样品的肽质量指纹图谱与数据库中的理论肽质量指纹图谱进行比较和评价，是将试验数据转换成具有生物学意义结果的关键步骤。常用的 PMF 检索工具及其蛋白质数据库见表 4-2。

表 4-2 PMF 检索工具及其网址

| 工具名称 | 网 址 | 服务提供商 |
|---|---|---|
| PeptIdent | http://www.expasy.ch/tools/peptident.html | ExPASy |
| MS-Fit | http://prospector.ucsf.edu/ucsfhtml3.2/msfit.htm | UCSF Mass Specttrometry Facility |
| ProFound | http://prowl.roclefeller.edu/cgi-bin/ProFound | ProteoMetrics and Rockefeller University |
| PeptideSearch | http://www.mann.embl-heidelberg.de/GroupPages/PageLink/peptidesearch/FR_ PeptideSearchFormG4.html | EMBL Protein & Peptide Group |
| Mascot | http://www.matrixscience.com/cgi/index.pl?page=/search_ form_ select.html | Matrix Science Ltd, London |

检索时根据样品及仪器的实际使用情况设置检索参数以限制检索范围。检索参数主要包括检索的数据库(database);待测蛋白质的种属(Organism Species or Organism Classfication, OS or OC);蛋白质等电点(p*I*)和相对分子质量(Mw)范围;半胱氨酸的质量修饰形式;肽质量数误差范围(mass tolerance);未水解的酶切位点数(maximum number of missed cleavage sites, MC);最少匹配的肽数目(minimum number of peptides required to match)等。

参数"Database"的设置是选择需要检索的蛋白质数据库。种属是指待测蛋白质样品的来源。"Mass tolerance"值设置越小,检出的结果越少,目标蛋白质的检索得分值与其他蛋白得分值的差距就越大。最少匹配的肽数目是指目标蛋白质与待测蛋白质匹配的低限肽数目。

#### 4.4.3.2 Mascot 的使用方法

图 4-12 为 Mascot 查询页面,参数的选择如下。

Database:选择数据库,一般采用 NCBI 的非冗余库(NCBInr)。

Taxonomy:根据样品来源选择物种名称(如 Human 数据库)。

Enzyme:选择所使用的水解酶(如 Trypsin)。

Allow up to:选择可能遗漏的酶切位点数。

Fixed modifications:选择固定修饰。

Variable modifications:选择可变修饰。

Protein mass:选择蛋白质分子质量上限。

Peptide tol. ±:选择肽分子质量误差范围。

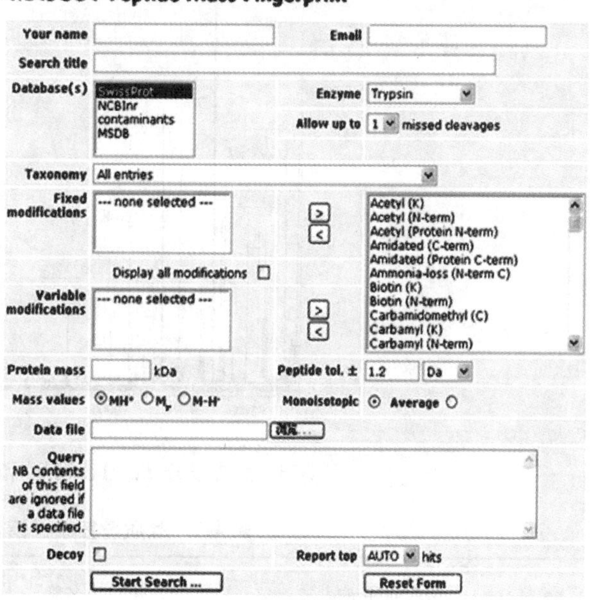


图 4-12 Mascot 查询页面

#### 4.4.3.3　实例分析——Hela 细胞总蛋白质的分离并利用肽质量指纹图谱对蛋白质进行鉴定

提取并分离水稻(*Oryza sativa* cv. Nipponbare)苗期叶片的总蛋白质，利用肽质量指纹谱技术对其中感兴趣的蛋白质进行鉴定。先提取叶片总蛋白质，对其中差异表达的蛋白质点进行胶内酶切后，通过基质辅助激光解吸/电离化飞行时间质谱（MALDI-TOF-MS）测得各肽段的 PMF，如图 4-13 所示。将得到的肽质量指纹谱输入 Mascot 搜索引擎检索 NCBI 的 nr 数据库，搜索的物种选择水稻。检索结果如表 4-3 所示。

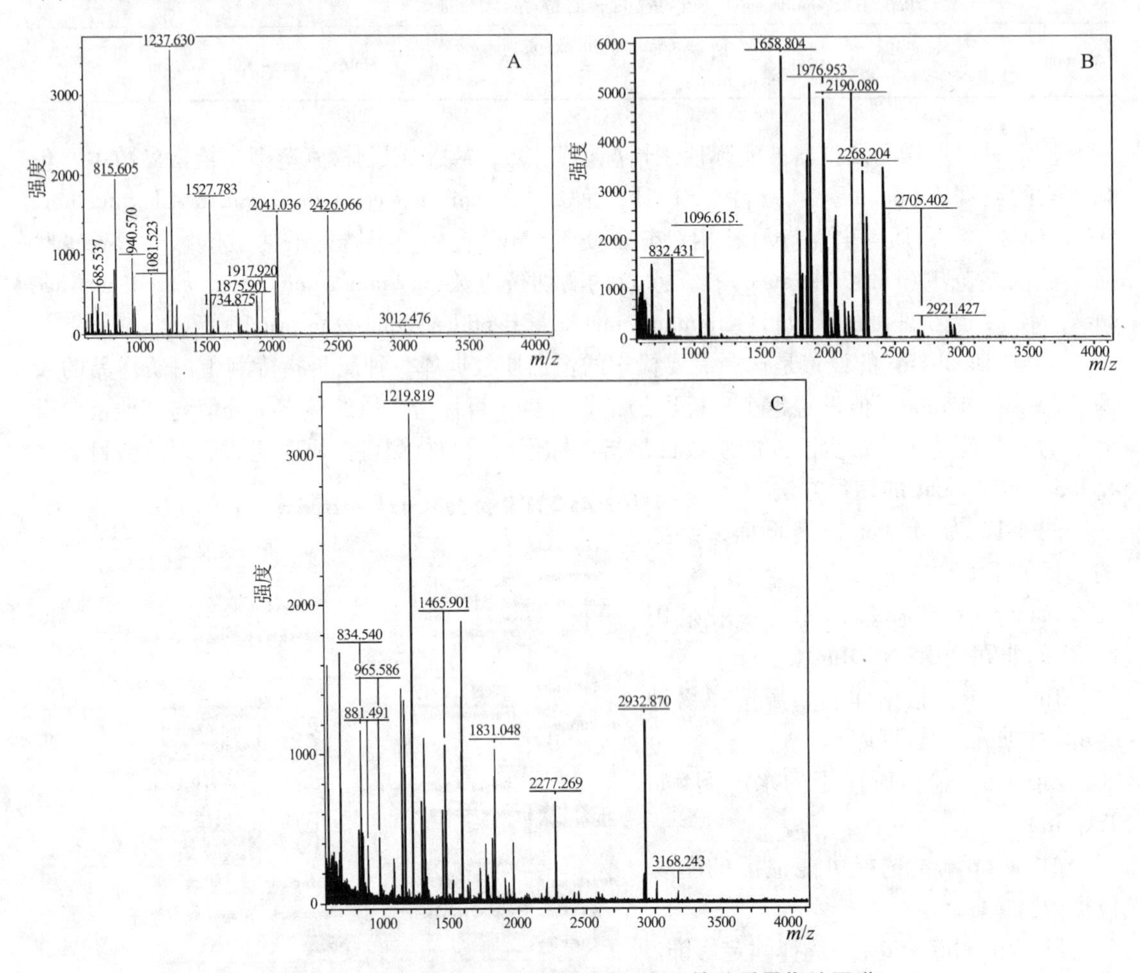


图 4-13　蛋白质点 1(A)、2(B)和 3(C)的肽质量指纹图谱

表 4-3　肽质量指纹图谱数据库检索结果

| 编号 | 蛋白质序列号 | 蛋白质名称 | 匹配肽段 | 序列覆盖率(%) | 理论 *Mr*/pI |
|---|---|---|---|---|---|
| 1 | gi │ 218193706 | Glucose-1-phosphate adenylyltransferase | 14 | 29 | 55 518/7.01 |
| 2 | gi │ 115470967 | Methylmalonate semi-aldehyde dehydrogenase | 14 | 28 | 57 666/5.98 |
| 3 | gi │ 115489652 | 5-methyltetrahydropteroyltriglutamate-homocysteine methyltransferase | 15 | 26 | 84 874/5.93 |

检索结果表明，蛋白质点1、2和3分别被鉴定为葡萄糖-1-磷酸酰基转移酶（Glucose-1-phosphate adenylyltransferase）、甲基丙二酸半醛脱氢酶（Methylmalonate semi-aldehyde dehydrogenase）和5-甲基四氢蝶酰三谷氨酸高半胱氨酸甲基转移酶（5-methyltetrahydropteroyltriglutamate-homo-cysteine methyltransferase）。表4-3中的3个蛋白质点的肽段匹配数（peptide matched）和序列覆盖率（Sequence coverage）都较高，表明鉴定结果较可靠。另一方面，可以从所鉴定蛋白质的实际分子质量及等电点与其在凝胶上的表观分子质量及等电点来分析鉴定结果的可靠性。如果两者基本相符，那么鉴定结果可信。

### 4.4.4　PSD肽片段的部分测序技术

虽然MALDI技术不会破坏待测蛋白质或肽段的结构，但在离子化过程中也会形成许多亚稳离子。对于肽(或蛋白质)，亚稳离子常会发生中性小分子如水和氨($NH_3$)的丢失，甚至是不同程度肽键的断裂。于是在MALDI-MS中出现2种不同类型的片段反应。

#### 4.4.4.1　源内衰变(in source decay，ISD)

ISD发生在离子源区域内，大约在激光撞击样品与基质之后的几百纳秒内发生。这些片段离子经过衰减后被取出，在线性飞行时间质谱中被检测到。许多蛋白质和大的多肽常在MALDI质谱仪的离子源区域内被衰变成小的肽离子片段，主要产生2种类型的衰变离子，一种是含N端的b型片段离子，另一种是含C端的y型片段离子。通过分析这些片段离子谱也可鉴定蛋白质。

#### 4.4.4.2　源后衰变(post-source decay，PSD)

PSD较ISD需要一个更长的时间跨度，常为微秒级，发生在MALDI反射式飞行时间质谱的离子源区域后的第一个无电场区域。不同片段离子和“母离子”保持同样的速度被反射镜反射，离子的飞行路径发生转向。由于片段离子是从“母离子”中分离出来，且动能低于“母离子”，通过设置不同的反射场电压可分离获得足够数量的片段离子(常需10～15个片段来鉴定蛋白质)，形成片段离子谱。一旦用已知质量的肽片段标化，这些分割谱能粘在一起形成PSD谱。将仅有1个氨基酸质量差异的一系列片段离子排列，就可推测出肽片段序列或序列标签，最后用数据库查询工具(如MS-Tag、MS-Seq、PepFrag和PeptideSearch等)查询蛋白质或DNA数据库，鉴定待测蛋白质，这种鉴定技术称为PSD肽片段部分测序技术。它是MALDI-TOF-MS鉴定蛋白质技术的又一重要方法。

PSD谱主要是酰胺键断裂的结果，以N端b型片段离子和C端y型片段离子为主。但还常含有N端a型、c型片段和C端x型、z型片段，使PSD谱具有高度复杂性，给分析带来一定的困难。同时，“母离子”的快速冷却产生强的PSD还原效应，使得PSD在蛋白质鉴定中受到一定的限制。近两年出现了将MALDI离子源与其他质量分析器如离子阱、Q-TOF、TOF-TOF联用的模式，这些分析器都具有真正的MS/MS功能，因此，实现了将MAIDI的高通量与串联质谱的序列分析功能合二为一的优点。

例：图4-14是双向电泳分离促肾上腺皮质激素(ACTH)1839肽段后，未知蛋白点B的PMF谱图，为了能得到更明确的鉴定结果，选取 *m/z* 1421.72峰作PSD测序分析(见图4-15 PSD谱图)。

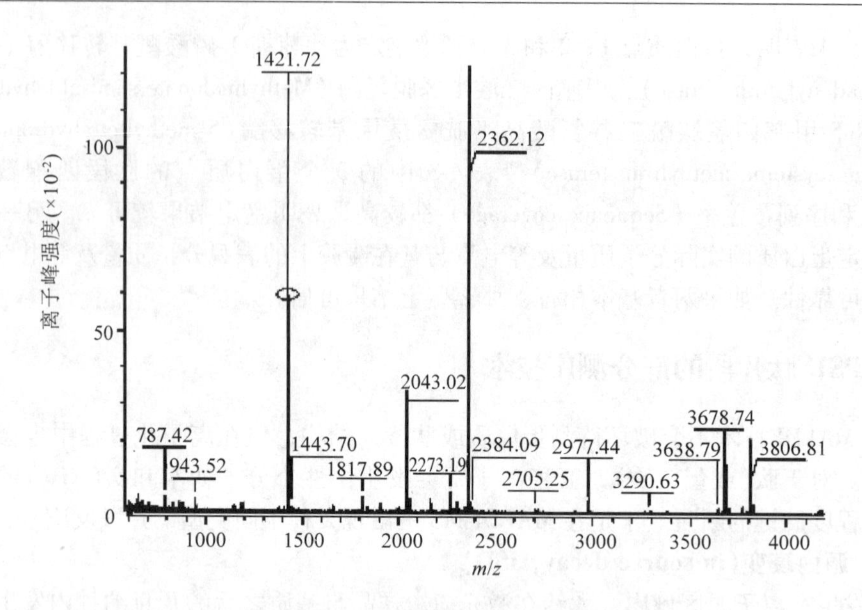


**图 4-14 蛋白点 B 的 PMF 图**(引自王杰等, 2004)

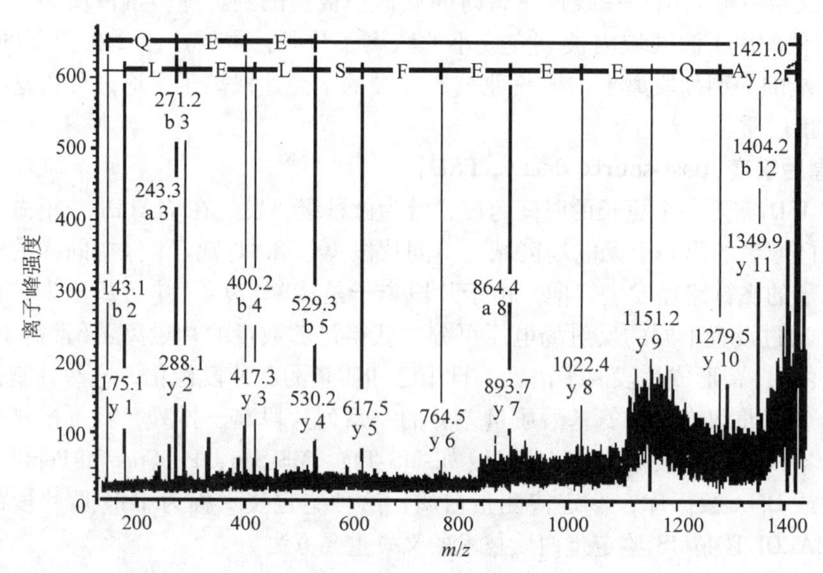


**图 4-15 m/z 为 1421.72 峰的 PSD 图**(引自王杰等, 2004)

## 4.5 串联质谱数据鉴定蛋白质技术

传统的蛋白质测序法分析鉴定蛋白质和多肽一级结构时，只能进行末端(N 端或 C 端)的鉴定，要获得蛋白质所有氨基酸序列，首先要对蛋白质进行酶解，酶解后的肽段经色谱分离收集后，分别测序，最后拼接成全序列。这个过程十分繁琐且工作量大。而质谱方法可以一次分析蛋白质酶解的所有肽段，解析其序列，从而获得蛋白质完整的一级结构。而对于分子质量较小的多肽，只需根据分子质量和 MS/MS 数据，即可分析其一级结构。

## 4.5.1 串联质谱测定多肽序列原理

串联质谱用于检测在质谱中获得肽段碎片的分子质量。肽段在质谱中的碎裂有一定的规律，肽段母离子在质谱仪的碰撞室经高流速惰性气体碰撞解离，沿肽链在酰胺键处断裂并形成子离子，生产 a、b、c 型和 x、y、z 型系列离子，见图 4-16。a、b、c 型离子保留肽链 N 端，电荷留在离子 C 端，x、y、z 型离子保留肽链 C 端，电荷留在离子 N 端。其中 b 型和 y 型离子在质谱图中较多见，丰度较高。y、b 系列相邻离子的质量差，即为氨基酸残基质量，根据完整或互补的 y、b 系列离子可推算出氨基酸的序列。20 种基本氨基酸残基的相对分子质量见表 4-4。

图 4-16 是肽链在质谱中断裂形成的主要离子，串联质谱法鉴定蛋白质的过程还会出现 b-$H_2O$ 和 y-$NH_3$ 等形式离子。除了这些主要离子外，侧链基团的断裂也产生一些离子，如苏氨酸(Thr)和丝氨酸(Ser)容易脱水，精氨酸(Arg)易脱胍。此外，2 个以上肽键同时断裂将产生一些内部离子(internal ions)。

**表 4-4 20 种氨基酸残基(NH—HCR—C＝O)的相对分子质量**

| 氨基酸名称 | 单同位素相对分子质量 | 平均相对分子质量 |
|---|---|---|
| 甘氨酸 Glycine(G) | 57.021 46 | 57.051 9 |
| 丙氨酸 Alanine(A) | 71.037 11 | 71.078 8 |
| 丝氨酸 Serine(S) | 87.032 03 | 87.078 2 |
| 脯氨酸 Proline(P) | 97.052 76 | 97.116 7 |
| 缬氨酸 Valine(V) | 99.068 41 | 99.132 6 |
| 苏氨酸 Threonine(T) | 101.047 68 | 101.105 1 |
| 半胱氨酸 Cysteine(C) | 103.009 19 | 103.138 8 |
| 异亮氨酸 Isoleucine(I) | 113.084 06 | 113.159 4 |
| 亮氨酸 Leucine(L) | 113.084 06 | 113.159 4 |
| 天冬酰胺 Asparagine(N) | 114.042 93 | 114.103 8 |
| 天冬氨酸 Aspartic acid(D) | 115.026 94 | 115.088 6 |
| 谷氨酰胺 Glutamine(Q) | 128.058 58 | 128.130 7 |
| 赖氨酸 Lysine(K) | 128.094 96 | 128.174 1 |
| 谷氨酸 Glutamic(E) | 129.042 59 | 129.115 5 |
| 甲硫氨酸 Methionine(M) | 131.040 49 | 131.192 6 |
| 组氨酸 Histidine(H) | 137.058 91 | 137.141 1 |
| 苯丙氨酸 Phenulalanine(F) | 147.068 41 | 147.176 6 |
| 精氨酸 Arginine(R) | 156.101 11 | 156.187 5 |
| 酪氨酸 Tyrosine(Y) | 163.063 33 | 163.176 0 |
| 色氨酸 Tryptophan(W) | 186.079 31 | 186.213 2 |

(引自钱小红等，2005)

质谱法不能区别亮氨酸(Leu，L)与异亮氨酸(Ile，I)，二者为同分异构体，残基相对分子质量均为 113.084 06。如果 Ile 和 Leu 在碰撞诱导解离(CID)的作用下分裂，会生成不同的侧链离子，就可以将两者区分开来。另外，谷氨酰胺(Gln，Q)与赖氨酸(Lys，K)的残基相对分子质量十分接近(相差 0.0364Da)，常规的质谱中不易区分，需要在分辨率极高的质谱，如傅里叶变换离子回旋加速共振质谱(FTICR)或高分辨磁质谱中，才可以区别它们微小的质量差异。也可以用多级 MS 断裂 Lys 和 Gln 不同的侧链，或将 Lys 衍生为高精氨酸来区分两者。

串联质谱主要有 3 种类型，MALDI 串联两级 TOF 质谱系统(MALDI-TOF/TOF-MS)、串联四极杆-TOF 质谱系统(Q-TOF-MS)和串联四极杆-线性离子阱杂交型质谱系统(quadrupolelinear ion trap MS)。蛋白质串联质谱鉴定技术是利用肽段中氨基酸序列的特异性，其鉴定结果更加可靠。仅 1 条肽段序列就可以鉴定蛋白质，常用于蛋白质混合物的鉴定。适当调整后，还可鉴定蛋白质翻译后修饰。串联质谱技术在蛋白质组学研究中发挥着越来越重要的作用，已成为蛋白质组学研究最先进的工具。

### 4.5.2　串联质谱的优点及局限性

串联质谱技术是 PMF 技术的延伸，具有分析待测分子内部结构的功能，可以检测获得每一个肽段的氨基酸序列。根据一级质谱(MS)检测到的肽片段相对分子质量和串联质谱(MS/MS)检测到的肽序列信息，通过蛋白质数据库的检索来鉴定蛋白质，大大提高了蛋白质鉴定结果的准确性。串联质谱除了具有 PMF 的优势以外，它对质谱精确度和分辨率的要求比 PMF 技术低。影响结果的最重要指标是灵敏度，尤其是在液相色谱—质谱联用的仪器上。因此，通常会采用纳升喷雾来提高检测的灵敏度。目前串联质谱技术已能实现鉴定过程的自动化和高通量。

串联质谱图谱的质量除了灵敏度、精确度等指标外，图谱的峰型分布也很重要。因为理论上如果所有 b 离子和 y 离子都被检测到，并有同等离子强度时，检测的匹配最理想。但在实际的图谱中，某些离子可能被遗漏或强度很低，造成匹配程度的不理想。同样，实验操作不严谨以及蛋白质本身的性质都会影响结果的准确性。

### 4.5.3　肽序列标签鉴定技术

#### 4.5.3.1　常用的串联质谱数据检索工具

串联质谱技术获取的肽序列图谱比 PMF 图谱复杂，需要计算机软件辅助计算识别 b、y 等各系列离子。可用读出的部分氨基酸序列结合此段序列前后的离子质量和肽段母离子质量，在数据库中进行检索查寻，从而鉴定蛋白质。这一鉴定方法称为肽序列标签技术(peptide sequence tag，PST)。也可以直接用串联质谱数据进行数据库检索。常用的串联质谱数据检索工具及其网址见表 4-5。

表 4-5　串联质谱数据检索工具及其网址

| 名　称 | 网　址 | 服务提供商 |
|---|---|---|
| MS-Taq | http：//prospector. ucsf. edu/ucsfhtml3. 2/mstagfd. html<br>http：//prospector. ucsf. edu/ucsfhtml3. 2/mstag. html | UCSF Mass Spectrometry Facility |
| MS-Seq | http：//prospector. ucsf. edu/uesfhtm3. 2/msseq. html | |
| PepFrag | http：//prowll. rockefeller. edu/prowl/pepfragch. html | ProteoMetrics and Rockefeller University |
| MOWSE | http：//srs hgmp. mrc. ac. uk/cgi-bin/mowse | The UK Human Genome Mapping Project Resource Centre |
| Mascot | http：//www. matrixscience. com/cgi/index. pl? page =/search _ form_ select. html | Matrix Science Ltd，London |
| PeptideSearch | http：//www. mann. embl-heidelberg. de/GroupPages/PageLink/peptidesearchpage html | EMBL Protein&Peptide Group |

### 4.5.3.2　实例分析

以高抗和高感黑穗病(*Ustilago scitaminea* Syd)的甘蔗(*Saccharum complex*)品种 NCo376 和 Ya71-374 为供试材料。在接种甘蔗黑穗病菌后分离叶片全蛋白。挑取高抗和高感品种接种黑穗病菌后差异表达明显上调的蛋白质点各 1 个进行串联质谱分析。其肽指纹图谱和串联质谱图见图 4-16，对应编号见表 4-5。谱图用 myoglobin 酶解肽段进行外标校正。所得结果用 GPS(GPS Explorer- TMsoftware，AppliedBiosystems，USA)-MASCOT(Matrix Science，London，UK)进行数据库检索。搜索参数设置：数据库为 NCBI(nr)；检索种属为 all；数据检索的方式为 combined；最大允许漏切位点为 1；酶为胰蛋白酶；质量误差范围设置为 PMF 100 μg/g；MS / MS 为 0.6 Da；在数据库检索时胰酶自降解峰和污染物质的峰都手工剔除。鉴定结果表明，其中一个蛋白质点为 NBS 类型的抗性蛋白，即核苷酸结合位点抗性蛋白，另一个是铁硫前体蛋白(rieske Fe-S precursor protein)。

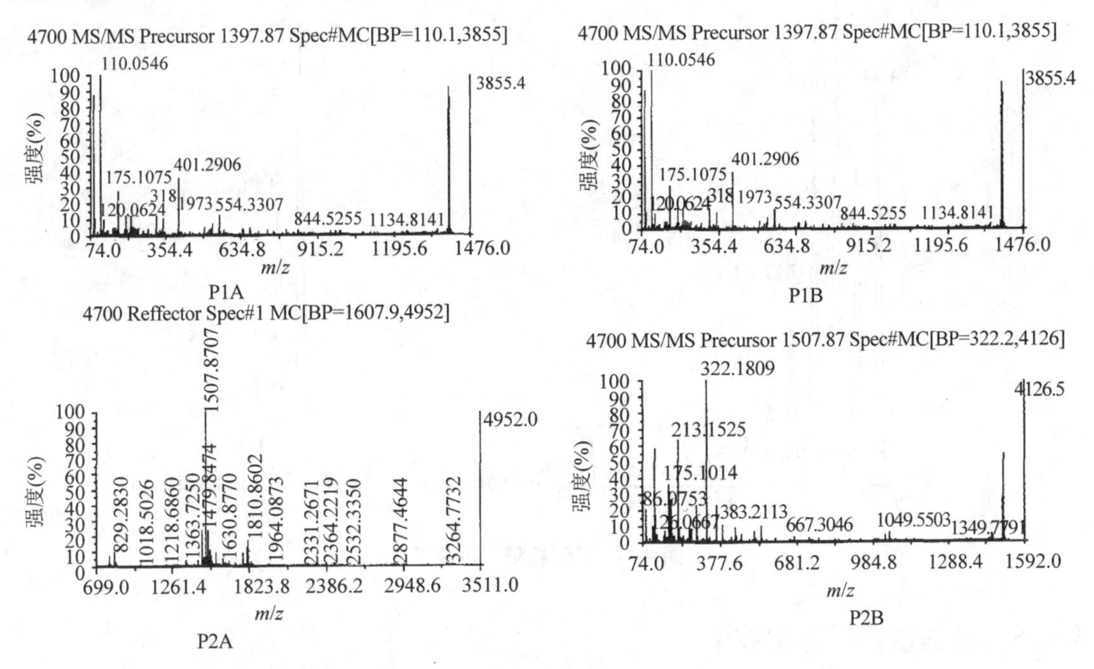


**图 4-16　肽指纹图谱(P1A，P1B)与串联质谱图(P2A，P2B)**(引自阙友雄等，2008)

**表 4-5　高抗和高感甘蔗品种接种甘蔗黑穗病菌后上调表达的蛋白质点**

| 蛋白编号 | 来源 | 登录号 | 鉴定的蛋白名称 | 物种 |
|---|---|---|---|---|
| P1 | NCo376 | gi \| 30408003 | NBS 型抗性蛋白 | *Manihot esculenta* |
| P2 | Ya71-374 | gi \| 50508582 | 铁硫前体蛋白 | *Oryza sativa* |

## 4.5.4　$^{18}O$ 标记从头测序技术

串联质谱图中谱峰的类型和数目较多，如果待测样品的纯度不高，样品容易受到盐的干扰，图谱的背景噪声就比较大，要从图谱中找出完整的 y 型或 b 型离子系列，读出完整的肽序列比较困难。为了弥补串联质谱测定多肽序列的这一缺陷，提高对串联质谱数据的解读能力，尤其是对 y 型或 b 型离子系列的鉴定能力，实现对肽段的从头测序，可以利用化学修饰的方法，使特定的离子系列带上某种特征，变得易于辨别。目前常用的方法是 $^{18}O$ 标记法。具体做法是在蛋白质酶解时，加入的酶解液中 $H_2{}^{18}O$ 和 $H_2{}^{16}O$ 各占 50%，这样酶解后肽段羧基端上羟基氧的 $^{18}O/^{16}O$ 同位素丰度比为 1∶1，使 y 型系列离子（均含肽链游离羧基端）的 M+2/M 的同位素峰丰度比高于正常未标记 $^{18}O$ 离子的同位素峰丰度比（图 4-17），根据这一特征可以很容易地分辨出 y 型系列离子，用这种方法可以较准确地读出 10 个以上的氨基酸序列。

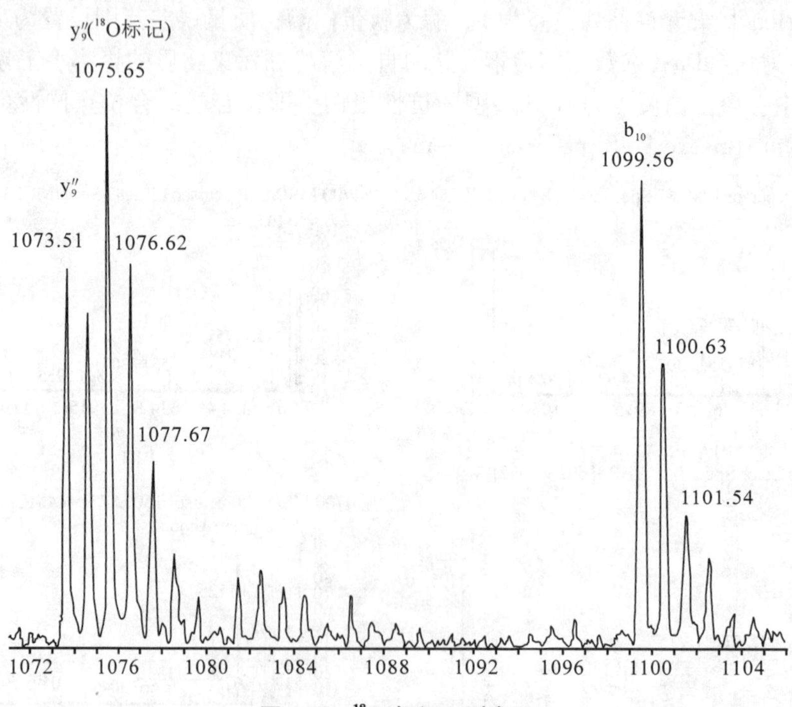


图 4-17 $^{18}O$ 标记 y 型离子

### 4.5.5 其他蛋白质鉴定技术

酶法阶梯式测序（ladder sequencing）技术是指用氨肽酶或羧肽酶依次切除肽链或蛋白质的 C 端氨基酸，测定酶解前后的肽相对分子质量，通过相对分子质量的差异确定是何种氨基酸被切割，依此类推末端序列。这一方法多用于 C 端序列测定。但由于酶解是一个动态过程，各个氨基酸酶解速度不同并且受相邻氨基酸的影响，因此这一方法有很大的局限性。目前，阶梯式测序一般可测定 3～10 个氨基酸序列。

蛋白质微测序是蛋白质分析鉴定中的一种经典而又普通的技术，可提供足够的信息。常用方法有 2 种。第一种方法是将蛋白质放入序列仪中直接进行 N 端氨基酸测序。但测序具有方向性，经常出现 N 端封闭，阻止测序的进程；当被测序蛋白质的量较少时，常在低含量的 Ser、Thr、Arg、His 或被修饰的残基处出现间断；测序的速度缓慢，消耗大；被测样品是一次性消耗，不能进行相同印迹蛋白的重复实验。第二种方法是膜上原位裂解策略。膜上蛋白质用特异蛋白酶(如 trypsin 或 Lys-C 等)消化，大多数亲水性肽会从膜上溶解进入消化液中，然后再进行反向 HPLC 分离，被纯化后的肽再进行单独测序。该法步骤繁多，不如直接 N 端测序敏感。而且当膜上蛋白质的量低于 10μg/cm，测序往往不能成功。但这种方法避免了蛋白质封闭的现象，而且酶解后待测蛋白质可形成多个肽片段，可选择其中不同序列的肽片段进行鉴定，从而提高了蛋白质鉴定的成功率。

生物质谱技术是主要的蛋白质鉴定技术，已被认为是大规模、高通量进行蛋白质结构鉴定的首选工具。MALDI-TOF-MS 的 PMF 方法具有通量化、灵敏度高和操作简便等优点，已得到了广泛的应用，但它不适合分析蛋白质的混合物。与之相比，联机 HPLC-ESI-MS/ MS 虽然只有相对较低的高通量分析，但能取得更好的分析结果，而且适合分析蛋白质混合物和蛋白质复合物。生物质谱技术目前仍处在发展阶段，研究方法也出现多种技术并存，各有优势和局限的特点，因此，除了发展新方法外，更强调各种方法间的整合和互补，以适应不同蛋白质的不同特征。随着基因序列的不断积累，随着更快更强检索软件的不断涌现，蛋白质组学将成为一个强大的技术研究平台，人们可以直接在蛋白质水平上大规模地研究基因的功能。大量应用质谱技术鉴定蛋白质复合物及其亚细胞定位，在不久的将来必将取得更有价值的成果。

## 本章小结

生物质谱技术是当前蛋白质组学研究的三大支撑技术之一，是大规模、高通量蛋白质结构分析的首选工具。本章首先介绍了生物质谱仪的基本组成及关键技术参数，系统分析了两大质谱技术——基质辅助激光解吸电离(MALDI)质谱与电喷雾离子化(ESI)质谱的工作原理。然后举例说明肽质量指纹图谱(PMF)、串联质谱数据鉴定蛋白质的方法与步骤，并分析了这两种鉴定技术的优势与缺陷。最后简要介绍了蛋白质的其他测序鉴定技术，如酶法阶梯式测序与蛋白质微测序技术。但是蛋白质组本身具有成分复杂且蛋白质量少的特点，这对生物质谱分析技术提出超微量、高通量和高特异性等性能的要求。如何实现蛋白质组成分的“分离—鉴定—数据库检索”全过程的超微量、高通量、高特异和全自动化，是蛋白质组学研究中一个极富挑战性的课题。

## 思考题

1. 试分析生物质谱仪的基本组成及其关键技术参数。
2. 激光解吸离子化过程中基质起到什么作用？常用的有哪几种基质？
3. 请简述 MALDI 与 ESI 的工作原理。
4. 阐述飞行时间检测器(TOF)的原理及不同类型 TOF 的特点。
5. 进行 ESI-MS 分析前的样品预处理要注意哪些问题？
6. LC-ESI-MS/MS 质谱仪是如何对已知蛋白和未知蛋白进行鉴定的？
7. 肽质量指纹图谱和串联质谱鉴定蛋白质方法各具有哪些特点？
8. 请简述串联质谱的优越性及其局限性。

9. 试用实例分析串联质谱鉴定蛋白质的方法。

10. 请结合文中介绍的蛋白质鉴定技术，查阅相关资料了解除此之外还有哪些其他方法，并比较这些鉴定方法的优缺点及其适用范围。

## 参考文献

1. ADKINS J N, VARNUM S M, Auberry K J, et al. 2002. Toward a human blood serum proteome：analysis by multidimensional separation coupled with mass spectrometry[J]. Mol Cell Proteomics, 1(12)：947-955.

2. BRUNAGEL G, SCHOEN R E, BAUER A J, et al. 2002. Nuclear matrix protein alterations associated with colon cancer metastasis to the liver[J]. Clin Cancer Res, 8(10)：3039-3045.

3. CHRISTOPHER G, HERBERT ROBERT A W, JOHN STONE. 2002. Mass Spectrometry Basics[M]. CRC Press, USA.

4. DEMIREV P A, Ramirez J, Fenselau C. 2001. Tandem mass spectrometry of intact proteins for characterization of biomarkers from bacillus cereus T spores[J]. Anal Chem, 73(23)：5725-5731.

5. GRIFFIN P R, MACCOSS M J, Eng J L, et al. 1995. Direct database searching with MALDI-PSD spectra of peptides[J]. Rapid Common Mass Spectrom, 9(15)：1546-1551.

6. HILLENKAMP F, KARAS M, BEAVIS R C, et al. 1991. Matrix-assisted laser desorption/ionization mass spectrometry of biopolymers[J]. Anal Chem, 63：1193-1203.

7. KARAS M, HILLENKAMP F. 1988. Laser desorption ionization of proteins with molecular masses exceeding 10, 000 daltons[J]. Anal Chem, 60：2299-2301.

8. KRAUSE E, WENSCHUH H, JUNGBLUT P R. 1999. The Dominance of Arginine-containing peptides in MALDI-Derived tryptic mass Fingerprint of proteins[J]. Anal Chem, 71(19)：4160-4165.

9. MACCOSS M J, WU C C, YATES J R. 2002. Probability-based validation of protein identifications using a modified SWQUEST algotithm[J]. Anal Chem, 74：5593-5599.

10. MANN M, WILM M. 1994. Error-tolerant identification of peptides in sequence databases by peptide sequence tag[J]. Anal Chem, 66(24)：4390-4399.

11. MUJER C V, WAGNER M A, ESCHENBRENNER M, et al. 2002. Global analysis of Brucella melitensis proteomics[J]. Ann N Y Acad Sci, 969：97 - 101.

12. ODA Y, HUANG K, CROSS F R., et al. 1999. Accurate quantization of protein expression and site specific phosphorylation[J]. Proc Natl Acad Sci USA, 96(12)：6591-6596.

13. ROECSTORFF P. 1997. Mass spectrometry in protein studies from genome to function[J]. Current Opinion in Biotechnology, 8：6-13.

14. SANDRA K, DEVREESE B, van BEEUMEN J, et al. 2004. The Q-Trap mass spectrometer, a novel tool in the study of protein glycosylation[J]. J Am Soc Mass Spectrum, 15(3)：413-423.

15. SHEVCHENKO A, CHERNUSHEVICH I, ENS W, et al. 1997. Rapid'de novo'peptide sequencing by a combination of nancelectrospray, isotopic labeling and a quadrupole/time-of flight mass spectrometer[J]. Rapid Commun Mass Spectrum, 11(9)：1015-1024.

16. TANAKA K, WAKI H, YUTAKA I, et al. 1988. Protein and polymer analyses up to m/z 100 000 by laser ionization time-of-flight mass spectrometry[J]. Rapid Commun Mass Spectrum, 2：151-153.

17. WILKINS M R, WILLIAMS K L, APPEL R D, et al. 1997. Proteome Research：New frontiers in funetional

genomics[M]. Berlin: Springer-Verlag.

18. WISE M J, LITTLEJOHN T G, HUMPHREY S I. 1997. Peptide mass fingerprinting and the ideal covering set for protein characterization[J]. Electrophoresis, 18: 1399 - 1409.

19. YATE J R. 1998. Database searching using mass spectrometry data[J]. Electrophoresis, 19: 893 - 900.

20. ZHOU G, LI H, DECAMP D, et al. 2002. 2D differential in-gel electrophoresis for the identification of esophageal scans cell cancer specific protein markers[J]. Mol. Cell Proteomics, 1(2): 18 - 25.

21. 陈主初，肖志强. 2006. 疾病蛋白质组学[M]. 北京：化学工业出版社.

22. 胡家，李燕英，孙丽翠，等. 2009. Hela 细胞蛋白质分离和肽质量指纹谱鉴定方法的建立[J]. 首都医科大学学报，30(3)：331 - 335.

23. 利布莱尔 D C，2005. 蛋白质组学导论——生物学的新工具[M]. 张继仁，译. 北京：科学出版社.

24. 李永民. 2002. 生物质谱[J]. 分析测试技术与仪器，8(3)：131 - 135.

25. 钱小红，贺福初. 2005. 蛋白质组学：理论与方法[M]. 北京：科学出版社.

26. 钱小红. 1998. 蛋白质组与生物质谱技术[J]. 质谱学报，19(4)：53 - 58.

27. 阙友雄，林剑伟，徐景升，等. 2008. 甘蔗与黑穗病菌互作的叶片差异蛋白分析[J]. 热带作物学报，29(2)：136 - 140.

28. 孙自勇，吴盛，王石泉，等. 2003. 液相色谱与串联质谱偶联在蛋白质序列分析中的应用[J]. 基础医学与临床，23(2)：126 - 131.

29. 王杰，杨松成，吴胜明，等. 2004. 应用基质辅助激光解析电离飞行时间质谱源后衰变技术鉴定蛋白质[J]. 药学学报，39(8)：627 - 630.

30. 吴韩志，陈晋安，黄慧英，等. 2007. 大型生物质谱仪 MALDI-TOF-MS 的维护与管理[J]. 现代仪器使用与维修(2)：59 - 60.

31. 杨松成. 2000. 蛋白质组学中的有机质谱[J]. 现代科学仪器(5)：9 - 15.

# 第5章　蛋白质翻译后修饰

蛋白质是基因功能的执行者，很多蛋白质在翻译中或翻译后都要经历一个共价加工的过程，即通过在1个或几个氨基酸残基上加上修饰基团或通过蛋白质水解剪切去基团而改变蛋白质的性质。这种过程称为蛋白质翻译后修饰(post-translation modification，PTM)。图5-1显示了几种发生翻译后修饰的氨基酸残基。

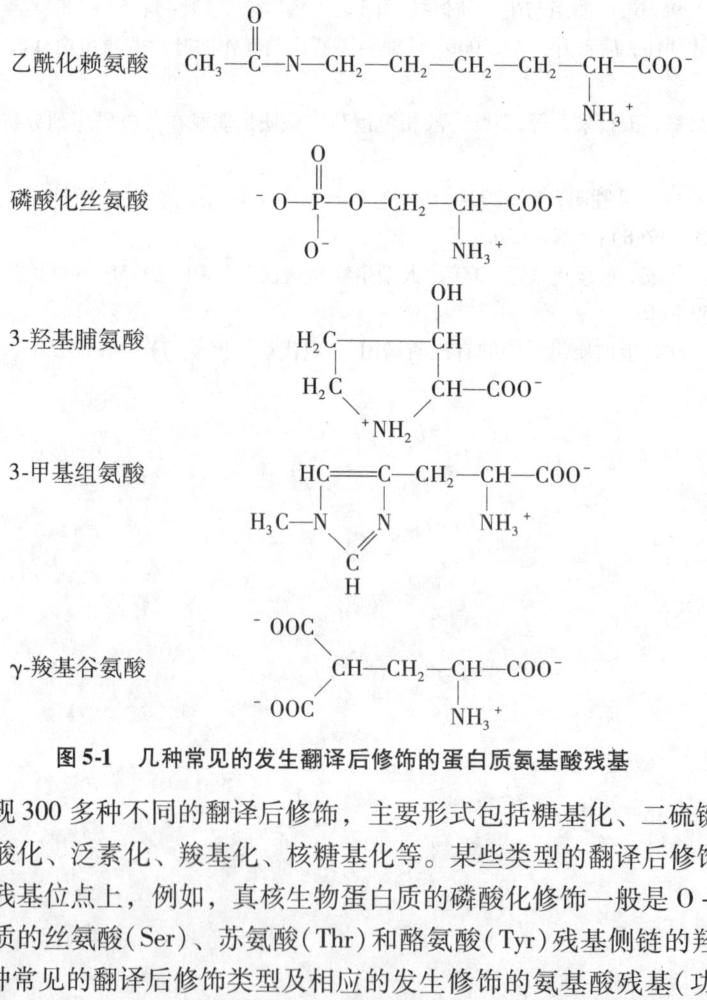

乙酰化赖氨酸　$CH_3-C(=O)-N-CH_2-CH_2-CH_2-CH_2-CH(NH_3^+)-COO^-$

磷酸化丝氨酸　$^-O-P(=O)(O^-)-O-CH_2-CH(NH_3^+)-COO^-$

3-羟基脯氨酸　（环：$H_2C$—CH(OH)—CH($COO^-$)—$^+NH_2$—$H_2C$）

3-甲基组氨酸　$HC{=}C-CH_2-CH(NH_3^+)-COO^-$（咪唑环：$H_3C-N$，N，C—H）

γ-羧基谷氨酸　$(^-OOC)_2CH-CH_2-CH(NH_3^+)-COO^-$

**图5-1　几种常见的发生翻译后修饰的蛋白质氨基酸残基**

目前，已发现300多种不同的翻译后修饰，主要形式包括糖基化、二硫键的配对、甲基化、乙酰化、磷酸化、泛素化、羧基化、核糖基化等。某些类型的翻译后修饰往往发生在某些特定的氨基酸残基位点上，例如，真核生物蛋白质的磷酸化修饰一般是O-磷酸化，即磷酸化位点在蛋白质的丝氨酸(Ser)、苏氨酸(Thr)和酪氨酸(Tyr)残基侧链的羟基(—OH)上。表5-1列出了多种常见的翻译后修饰类型及相应的发生修饰的氨基酸残基(功能反应基团)。蛋白质的翻译后修饰不仅仅是一个“装饰”，它调节着蛋白质的活性状态、定位、折叠以及蛋白质与蛋白质之间的交互作用等。例如，肿瘤抑制基因p53被发现有磷酸化、乙酰化、泛素化、糖基化和核糖基化等多种翻译后修饰，这些翻译后修饰对p53功能至关重要，更可能

**表 5-1 常见的翻译后修饰类型及相应的发生修饰的氨基酸残基**(功能反应基团)

| 序号 | 氨基酸残基(功能反应基团) | 翻译后修饰反应的类型 |
|---|---|---|
| 1 | Serine/threonine(—OH) | 磷酸化修饰 |
| 2 | Cysteine(—SH) | 硫醇化、甲基化或氧化修饰 |
| 3 | Lysine(—ε—$NH_2$) | 乙酰化、生物素化或羟基化修饰 |
| 4 | N - terminal of proteins(—α—$NH_2$) | 谷氨酰基化修饰 |
| 5 | Glutamine(—$CONH_2$) | 去氨基化修饰 |
| 6 | Tyrosine(—OH) | 硝化反应、硫酸盐化反应或磷酸化反应修饰 |
| 7 | Methionine(—$SCH_3$) | 通过氧化反应产生的亚氧硫基修饰 |
| 8 | Tryptophan(吲哚环) | 氧化修饰 |
| 9 | Proline | 羟基化修饰 |
| 10 | Asparagine | 糖基化修饰或羟基化修饰 |
| 11 | Peptide-Lys/Arg-Lys/Arg-peptide | 蛋白的水解或剪切作用 |
| 12 | Peptide-Gly | C 末端 α-氨基化修饰 |

与某些肿瘤的发生密切相关。因此，蛋白质翻译后修饰的分析和鉴定对揭示蛋白质的生理功能和深入了解各种生理现象具有重要意义。

蛋白质翻译后修饰的分析鉴定难度远高于蛋白质的鉴定，主要是因为发生翻译后修饰的蛋白质样本量相对较少；发生修饰时形成的共价键很不稳定，且处于动态变化中；修饰与未修饰蛋白质或多种修饰形式的蛋白质常混合存在。目前，翻译后修饰蛋白质的研究主要是利用现有的蛋白质组学技术体系，包括电泳、色谱、生物质谱以及生物信息学工具等。研究者主要依靠亲和富集技术从亚蛋白质组中先分离出某一种修饰类型的蛋白质，再进行后续的研究。因此，翻译后修饰蛋白的富集分离是研究中至关重要的技术问题。此外，二级质谱的裂解效率也是关键问题之一。

蛋白质的磷酸化修饰和糖基化修饰是在真核生物中广泛存在并且研究较多的 2 种修饰形式。其中蛋白质糖基化修饰的研究除了要研究蛋白质部分的特性外，还需要对聚糖链进行结构和组成分析，因此比蛋白质磷酸化修饰研究更为复杂。

## 5.1 磷酸化蛋白质的鉴定

### 5.1.1 概述

磷酸化(phosphorylation)是最常见的蛋白质翻译后修饰方式之一，也是生物最重要的调控修饰形式。在哺乳动物细胞生命周期中，估计至少有 1/3 的蛋白质发生磷酸化修饰。据此分析，人类的蛋白质组中存在超过 10 万个的磷酸化位点，但目前已经鉴定的只占其中的一小部分。

蛋白质的磷酸化是一种可逆的蛋白质翻译后修饰。蛋白激酶(protein kinase)将 ATP 的 γ 位磷酸基团转移到底物特定氨基酸侧链，使蛋白质被酯化，从而改变其构型、酶活性或者与其他分子作用的能力。蛋白磷酸酶(protein phosphatase)恰恰相反，它去除蛋白质中的磷酸基团。被激酶磷酸化的蛋白质，我们称之为磷蛋白，也就是说，磷蛋白可以在磷酸酶催化的水解反应中脱去磷酸基团。磷酸化和去磷酸化过程在生物体内普遍存在，人类基因组约2%的基因编码500种激酶和100种磷酸酶，而拟南芥基因组中则多达5%的基因，编码约1 100种蛋白质激酶和200多种蛋白质磷酸酶。磷酸化和去磷酸化几乎在每个细胞生活的各个方面都扮演着重要的角色。蛋白质的磷酸化与去磷酸化过程调控着许多信号转导途径和细胞代谢过程，诸如转录，基因表达，细胞周期过程，增殖、发育、细胞分化，细胞骨架排列和细胞运动，细胞凋亡，细胞间的沟通，神经活动、免疫、肿瘤发生等。

大多数磷蛋白含有不只1个磷酸化位点，而且磷酸化的形式各异。组氨酸、天冬氨酸和谷氨酸残基的磷酸化在原核生物中普遍存在；在真核生物中，磷酸化主要发生在丝氨酸、苏氨酸和酪氨酸残基上。这里不是绝对划分的，最近报道酪氨酸磷酸化是细菌生理调节的一种重要机制，说明有些位点在原核、真核生物中都能发生磷酸化。除了这些普遍存在的磷酸化修饰，在天然状态下存在的已知磷酸化位点还有精氨酸、赖氨酸和半胱氨酸残基。根据被磷酸化的氨基酸残基的不同，磷蛋白大致可分为4类，即：O-磷酸盐、N-磷酸盐、S-磷酸盐和酰基磷酸盐。O-磷酸盐是通过羟氨基酸的磷酸化形成的，如丝氨酸、苏氨酸或酪氨酸，羟脯氨酸或羟赖氨酸磷酸化仍不清楚；N-磷酸盐是通过精氨酸、赖氨酸或组氨酸的磷酸化形成的；S-磷酸盐通过半胱氨酸磷酸化形成；而酰基磷酸盐是通过天冬氨酸或谷氨酸的磷酸化形成。

磷酸化在细胞的生命活动中发挥着重大作用，目前许多已知的疾病往往由于蛋白质异常磷酸化引起，而有些疾病所导致的后果却是某种蛋白质被磷酸化修饰。探索不同生理状态甚至病理状态下哪些蛋白，哪种类型，以及在哪些位点的磷酸化规律，对于阐述生命本质和疾病发生机制都有显著的意义。磷酸化蛋白质组(phosphoproteome)应运而生，它被广泛应用于微生物、植物和动物等各方面。磷酸化蛋白质组的主要任务之一就是正确解析磷蛋白的结构及其磷酸化位点。

蛋白质磷酸化在机体内是动态变化的，对不同条件下磷酸化蛋白质的定量分析为更好地了解生物学功能调节网络奠定了坚实的基础，同时定量分析也是差异蛋白质组学研究的重要内容。一些蛋白质只有在特定的时期被修饰，所研究的靶蛋白的数量是有限的；即使是高丰度的靶蛋白，由于它是多种修饰形式的混合物，也需要先把某种类型修饰的蛋白质先分离出来，富集后再检测。下文就介绍磷蛋白的检测、分离与富集、分析的技术及其研究进展。

### 5.1.2 磷酸化蛋白质的检测方法

(1)放射性标记技术

放射性标记($^{32}$P-labeling)是一种检测磷酸化蛋白质的传统技术。先用$^{32}$P标记ATP，通过细胞代谢标记到磷酸化蛋白质上，经一维或二维凝胶电泳或色谱进行分离，再通过放射自显影来检测磷酸化蛋白质。该方法灵敏度高、检测结果直观。但它不能标记组织样本，同时需要大量的磷酸化蛋白质。由于丝氨酸、苏氨酸和酪氨酸的磷酸化与去磷酸化代谢速率不同，对某些磷酸转换速率较低的磷酸化蛋白质，可能检测不到；而且具有放射性污染等问题，不能进行高通量分析，已经逐渐被淘汰。

(2)免疫印迹技术

免疫印迹(immunoblotting)又称蛋白质印迹(western blotting)，是目前常用的一种检测磷酸化蛋白质的方法。它依据特异性抗体鉴定抗原的原理，用抗磷酸化氨基酸抗体与电泳分离的磷酸化蛋白质进行免疫印迹反应来检测。由于抗丝氨酸、苏氨酸磷酸化抗体的抗原决定簇较小，使得抗原抗体的结合位点存在空间障碍，特异性较差，因此很少被用来进行免疫印迹反应。抗酪氨酸磷酸盐抗体特异性最高、最为常用。免疫印迹通常和免疫沉淀结合，因为磷酸化蛋白质含量低，先用免疫沉淀将磷酸化蛋白质富集，降低非磷酸化蛋白质的干扰。Urs Lewandrowski 等利用抗酪氨酸磷酸化特异抗体进行免疫印迹、胶内酶解以及质谱分析技术鉴定得到了鼠脑组织线粒体酪氨酸磷蛋白。近来，Li-Cor 公司将近红外荧光染料应用于 Western blotting 检测中，推出了 Odyssey 红外荧光扫描成像系统。实验证明，用红外荧光进行膜上磷酸化蛋白检测，灵敏度比传统的化学发光法高，信号更稳定等。总体而言，免疫印迹法检测磷酸化蛋白质的方法操作简单、敏感性高，但抗体价格相对昂贵。

(3)荧光染料染色技术

Pro-Q Diamond 是 Molecular Probes 公司近年推出的一种磷酸化蛋白质的荧光染料。该染料能直接对聚丙烯酰胺凝胶中结合在酪氨酸、丝氨酸或者苏氨酸残基上的磷酸选择性染色，反映出磷酸化蛋白质组的整体变化，无须同位素或特异性抗体，通过荧光扫描仪检测就直接展示出一维或二维凝胶电泳胶上分离的磷酸化蛋白质。该方法方便、快捷，灵敏度可达到 312 ~ 625fg，且与质谱兼容，蛋白质点可以酶切进行质谱鉴定。

(4)质谱技术

质谱是带电原子、分子或分子碎片按质荷比(或质量)的大小顺序排列的图谱。目前，以质谱为基础的各项技术是对蛋白质或多肽进行鉴定的重要手段，也是研究蛋白质分子修饰、蛋白质分子间相互作用的关键技术。质谱技术具有高灵敏度、高精确度等特点，已广泛应用于生物化学等领域。后文将详细介绍几种研究蛋白质磷酸化的质谱技术。

### 5.1.3 磷酸化蛋白质或多肽的分离与富集

通常在检测和鉴定磷蛋白、定位磷酸化位点时，由于很多样品是磷酸化和非磷酸化蛋白质的混合物，磷酸化肽段丰度很低，它产生的信号常常会被非磷酸化蛋白质、肽段抑制，所以对磷酸化蛋白质、肽段的富集成为对其有效鉴定的前提。富集的策略应用在磷酸化蛋白质组研究中，包括富集磷酸化蛋白质和富集磷酸化肽段。

#### 5.1.3.1 磷酸化蛋白质的富集

富集磷酸化蛋白质的主要手段是通过磷酸化蛋白质的抗体免疫沉淀，也可采用化学修饰的方法。免疫沉淀用识别磷酸化氨基酸残基的特异抗体进行免疫共沉淀，从复杂混合物中免疫沉淀出目标蛋白质，是比较简单的富集手段。目前，已经有 300 多种商业化的磷酸化抗体，酪氨酸磷酸化蛋白质的单克隆抗体是已知较好的检测抗体。

磷酸化蛋白质或肽段上的磷酸基团用另一种亲和配基取代，再用亲和层析的方法从混合物中分离富集磷蛋白或磷酸肽，是近年来出现的一种新技术。主要有 2 种取代方式，一种是 β 消除法，另一种是碳二亚胺缩合法。

β消除法是在强碱性条件下磷酸基团发生β消除反应生成双键，再用巯基乙醇通过加成反应取代磷酸基团的位置，然后通过交联剂在巯基上连接生物素，通过链霉素包被的磁珠将磷酸化蛋白质或磷酸肽从复合体中分离出来。这种方法只适合于磷酸化丝氨酸和苏氨酸的取代。由于半胱氨酸和甲硫氨酸也能与生物素反应，因此，在β消除之前要先对肽段混合物用蚁酸处理将其氧化。这种方法的最大缺点是它不能与磷酸化的酪氨酸反应，因为它不能发生β消除反应；而且O-糖基化的丝氨酸和苏氨酸残基也会被这种方法衍生，所以需要进一步的实验来验证蛋白是否真的被磷酸化。

碳二亚胺缩合法是通过碳二酰乙胺浓缩反应，最终在磷酸基团上连接一个半胱胺基团，修饰的磷酸肽用固相化的碘乙酰凝胶亲和提取，最后使用三氟醋酸洗脱来富集磷酸化肽段。这种方法适合于各种磷酸氨基酸的取代。

上述2种磷酸基团的亲和取代方法都需要进行较多步骤的化学反应，为了避免副反应的影响，都需要对蛋白质中的一些活性基团进行保护，整个反应体系比较复杂，目前还处于方法优化阶段。

**5.1.3.2 磷酸化肽段的富集**

在磷酸化肽段的分离富集中，强阳离子交换色谱(strong cation exchange，SCX)和固相金属亲和色谱(immobilized metal affinity chromatography，IMAC)是最常用的2种方法。金属氧化物/氢氧化物亲和色谱(metal oxide/hydroxide affinity chromatography，MOAC)是近几年发展起来的磷酸肽富集技术。

在大规模的富集实验中，SCX显示了其有效性。SCX的原理是：胰蛋白酶切产生的多肽大多带2个正电荷，而1个磷酸基团带1个负电荷，所以酶切肽段所带电荷会随着所带磷酸基团的增加减至+1价、0价或者更低价。在强阳离子交换色谱柱中，单电荷肽段比多电荷肽段流出时间早，这样磷酸化肽段就与多电荷复杂的非磷酸化肽段分离开。但是在实际操作中，由于样品比较复杂，磷酸化肽段往往得不到有效的分离。隋少卉等(2008)探索了强阳离子交换色谱分离磷酸化肽段体系的最适缓冲溶液和梯度，并用酵母酶切肽段混合物考察了该路线在较复杂的样品中的应用。实验结果表明，优化后的体系有效减少进样时间、进样过程中的样品损失，大大提高了分离效率和分离的通量，证明SCX用于规模化磷酸化肽段富集的策略是可行的。

IMAC柱主要由填料、螯合剂和金属离子等三部分构成。色谱填料主要有琼脂糖、硅胶、纤维素和多孔玻璃等，它们与螯合剂，如次氮基三乙酸(NTA)、亚氨基二乙酸(IDA)、三羟甲基乙二胺(TED)交联成为固定相，常用的金属离子$Fe^{3+}$、$Ga^{3+}$或$Cu^{2+}$等被螯合到固定相上。这些带正电荷的金属离子与带负电荷的磷酸基团产生静电交互作用而结合，通过静电作用吸附，可选择性地亲和提取磷酸肽，在碱性环境下或有磷酸盐存在时，静电作用被破坏从而使磷酸肽被洗脱。最近，国内有人尝试用$Ti^{4+}$-IMAC法来富集磷酸肽(如图5-2)，并与$Fe^{3+}$-IMAC、$Zr^{4+}$-IMAC的富集效果比较，同样的肽段混合物富集后，经质谱检测，磷酸肽与非磷酸肽的数目分别是127、26、114和11、181、11，说明$Ti^{4+}$-IMAC法对磷酸肽富集效果最好。

IMAC技术具有快速直接的特点，只要可溶，不管磷酸化肽段或蛋白质肽的长度如何，都可被富集。经IMAC富集后的样品经过脱盐处理后可以直接用于质谱分析。IMAC的主要

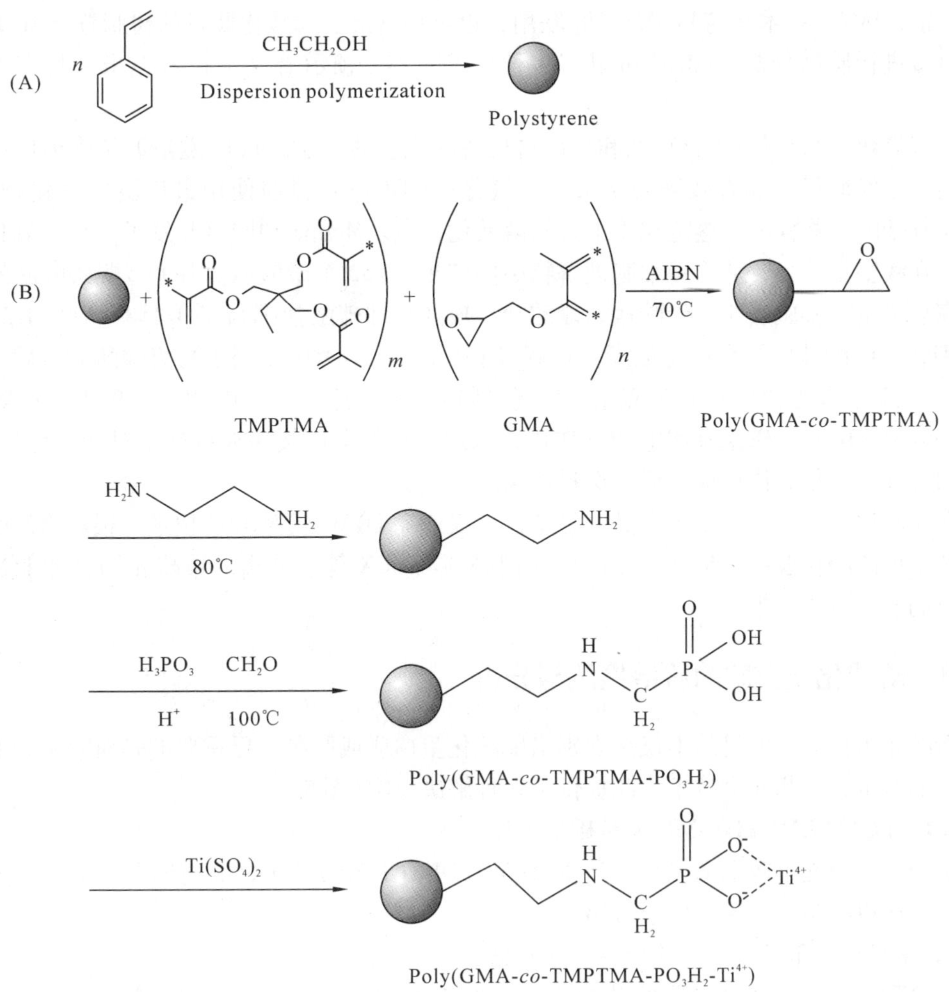

(A) n [styrene] —$CH_3CH_2OH$ / Dispersion polymerization→ Polystyrene

(B) + TMPTMA (m) + GMA (n) —AIBN / 70℃→ Poly(GMA-*co*-TMPTMA)

—$H_2N$–$CH_2CH_2$–$NH_2$ / 80℃→ [sphere]–$NH_2$

—$H_3PO_3$ $CH_2O$ / $H^+$ 100℃→ [sphere]–N(H)–$CH_2$–P(=O)(OH)(OH)

Poly(GMA-*co*-TMPTMA-$PO_3H_2$)

—$Ti(SO_4)_2$→ [sphere]–N(H)–$CH_2$–P(=O)($O^-$)($O^-$)···$Ti^{4+}$

Poly(GMA-*co*-TMPTMA-$PO_3H_2$-$Ti^{4+}$)

**图 5-2 $Ti^{4+}$-IMAC 的制备原理**

(A)分散型聚苯乙烯微球的合成：在三颈圆底烧瓶，聚乙烯吡咯烷酮(polyvinylpyrrolidone)和 Triton X－100 溶解在乙醇中，加入苯乙烯单体(styrene)和 2,2′-偶氮二异丁腈(AIBN)，室温混合 15min。70℃油浴 24h，同时充入氮气使搅拌转速维持 100r/min。所获得的聚苯乙烯微球用乙醇洗 3 次，并真空干燥。

(B)单分散 $Ti^{4+}$-IMAC 微球的合成：聚苯乙烯微球分散于含聚乙烯醇和 SDS 溶液的水溶液中，在机械搅拌下与甲基丙烯酸缩水甘油酯(GMA)、三羟甲基丙烷三甲基丙烯酸酯(TMPTMA)和 AIBN 的共乳化液混匀，70℃聚合 24h，形成 poly(GMA-*co*-TMPTMA)微球。然后，加入无水乙二胺在 80℃作用 3h，再于亚磷酸、浓盐酸和甲醛的辅助下，100℃催化 24h，经乙醇洗涤、水洗、真空干燥得到修饰过的 poly(GMA-*co*-TMPTMA)微球。最后，与 100mmol/L $Ti(SO_4)_2$溶液室温孵育过夜，从而螯合上 $Ti^{4+}$，成为 $Ti^{4+}$-IMAC 的固定相。

局限性在于与金属离子结合较弱的磷酸化肽段会部分丢失，具有多个磷酸化位点的磷酸化肽段难以洗脱，诸如谷氨酸、天冬氨酸等富含酸性残基的非磷酸化肽段可能会与金属离子非特异性结合而被富集，从而影响磷酸基团与金属离子的亲和性。有人对磷酸化肽段中的酸性残基进行了预先的甲基酯化，封闭了上述氨基酸的酸性侧链，从而大大提高了 IMAC 方法的特异性，但是酯化过程很可能造成其他蛋白质的修饰，因此，IMAC 方法有待改进。

目前，IMAC技术常与LC-MS/MS联用，也可将富集了磷酸化肽段的树脂置于MALDI靶板上直接进行质谱分析。IMAC可以与多种技术兼容，预示着这项技术在未来将有更好的发展。

金属氧化物/金属氢氧化物亲和色谱富集磷酸化肽的方法，可以说是近年来最广泛采用的战略，已经取得了令人鼓舞的结果。二氧化钛($TiO_2$)是目前使用最广泛的氧化物材料，允许在复杂的生物样品上鉴定成千上万的磷酸化位点。Molina和同事开发了一种二氧化钛为基础的在线富集战略，从果蝇细胞裂解物中鉴定出2 152个磷酸肽。$TiO_2$富集磷酸肽的原理并不完全清楚，实验表明，磷酸盐、硼酸盐、羧酸盐和硫酸盐都与$TiO_2$具有高度的亲和力，而且$TiO_2$与磷酸盐的结合能力最高，在调节pH值后，$TiO_2$可以用于富集磷酸肽。后来的研究表明，其他氧化物也有相同的作用，包括锆、铝、镓、铈、锡和铌。Wolschin等基于$Al_2O_3$或$Al(OH)_3$与磷酸基团的亲和作用，采用合适的上样缓冲液可达到对磷酸化蛋白质/肽段的特异性富集，该法成本低、选择性高。

在实际样品分析中，由于样品的复杂性，仅依靠IMAC或MOAC技术，很难将复杂样品中的低丰度磷酸化肽段富集出来，所以它们必须与SCX等预分离的策略相结合才能达到更加有效的分离富集效果。

### 5.1.4 磷酸化蛋白质的质谱检测与分析

磷酸化蛋白质组的目的不仅是识别出磷酸化蛋白质或肽段，更重要的是对其确切的磷酸化位点的鉴定，生物质谱技术为此提供了多种解决方案(图5-3)。

#### 5.1.4.1 以MALDI-TOF-MS为基础的方法

基质辅助激光解吸电离飞行时间质谱(MALDI-TOF-MS)技术，具有简单、灵敏、成本低等优点，所以在蛋白质鉴定中很常用。

(1)MALDI-TOF-MS与磷酸酯酶处理相结合

磷酸酯酶处理后，磷酸化的肽会失去一个$HPO_3$分子，相应肽段质量减少79.983 Da，MALDI-TOF-MS通过检测这种质量数的变化而确定磷酸化肽段及磷酸化位点的数目。假如该肽段仅有一个可能的磷酸化位点，并且含有某种激酶作用的靶点或者已鉴定了磷酸化残基的化学修饰，就可以准确地对磷酸化的位点进行定位。表5-2是根据此原理已经用激酶确定的磷酸化序列的基序。

(2)PSD-MALDI-MS

离子源内产生的离子在真空无场飞行管道飞行过程中会发生结构断裂，丢失中性分子产生的碎片离子，称为亚稳离子(Metastable Ion)。源后衰变(Post-Source Decay，PSD)指的是亚稳离子在飞行管中裂解的过程，在线性飞行质谱的模式下，亚稳离子和前体离子具有相同的速度，保持着相同的初始能量，同时到达检测器，在质谱图中显示相同的质荷比。但是，在反射式TOF模式下，由于离子反射能量聚集，亚稳离子的飞行时间缩短，质荷比降低，质谱峰较宽，分辨率很低，很容易与其他高分辨率的肽谱峰区分，从而达到鉴定磷酸肽的目的。

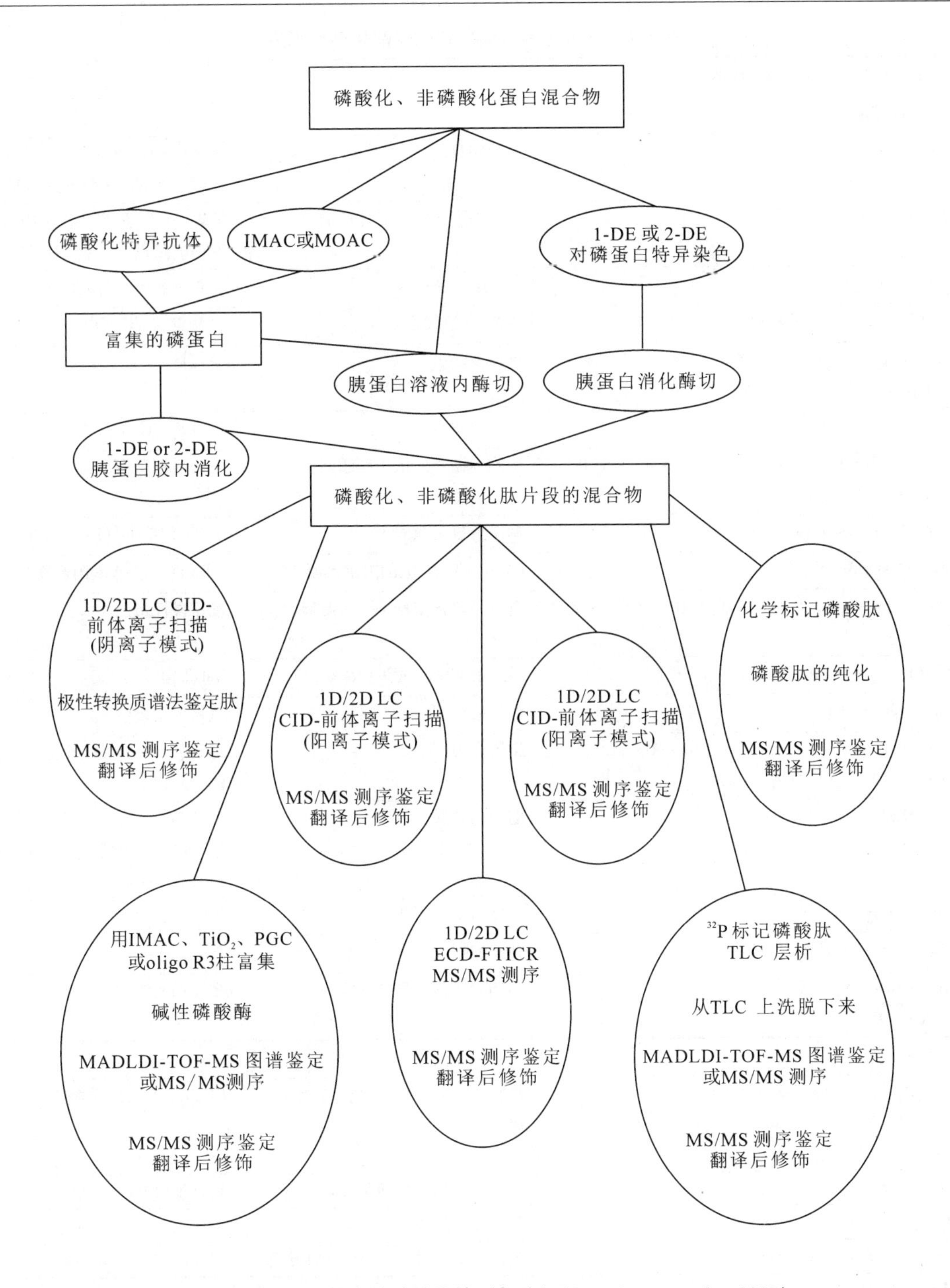


**图 5-3 基于 MS 技术的磷酸化检测与分析**(D'Ambrosio et al., 2007)

**表5-2 已被各种激酶确定的磷酸化序列基序**

| 序列基序 | 酶 | 蛋白质(底物) |
| --- | --- | --- |
| Ser/Thr磷酸化 | | |
| Arg－Xaa－Xaa－Ser(P) | 磷酸转移酶 | 血清反应因子，c－Fos，Nur77及40S核糖体蛋白S6 |
| Ser－Ser－Xaa－Ser(P) | 骨形态发生蛋白受体激酶 | TGF－β家族调节因子Smad1蛋白 |
| Glu－Val－Glu－Ser(P) | c－Myb激酶 | 脊椎动物c－Myb蛋白 |
| Ser(P)－Leu－Gln－Xaa－Ala | cGMP－依赖型激酶 | 慢病毒属Vif蛋白 |
| Arg－Xaa－Arg－Yaa－Zaa－Ser(P)/ Thr(P)－Hyd | 蛋白激酶B | 合成肽 |
| Ser(P)－Xaa－His | 蛋白激酶C | Na，K-ATP酶 |
| Ser(P)/ Thr(P)－Pro－Xaa，Pro－Xaa－Thr(P)－Pro－Xaa | 细胞周期蛋白依赖型激酶 | 细胞周期蛋白A或E |
| Ser－Xaa－Xaa－Xaa－Ser(P) | 糖原合成酶激酶3 | cAMP反应元件结合蛋白 |
| Arg－Xaa－Ser(P) | cAMP－依赖型蛋白的丝氨酸激酶 | PⅡ蛋白(*gln*B基因产物) |
| Arg－Xaa－(Xaa)－Ser(P)/ Thr(P)－Xaa－Ser/ Thr | 自身磷酸化依赖型蛋白激酶 | 髓鞘碱性蛋白 |
| Thr(P)－Leu－Pro | 神经酰胺活化的蛋白激酶 | Raf蛋白 |
| Lys－Ser(P)－Pro | 丝氨酸激酶 | 鼠神经丝蛋白 |
| Ser－Pro－Arg－Lys－Ser(P)－Pro－Arg－Lys，Ser(P)－Pro－Lys/ Arg－Lys/ Arg | 组蛋白H1激酶 | 海胆，精子特异性组蛋白H1和H2B |
| Ser－Xaa－Glu－Ser(P) | 酪蛋白钠激酶 | 牛骨桥蛋白，源于鱼、羊、牛、鼠和人的维生素K依赖型基质Gla蛋白 |
| Ser－Xaa－Xaa－Glu－Ser(P) | 酪蛋白钠激酶Ⅱ | 牛骨桥蛋白 |
| Xaa－Ser(P)/ Thr(P)－Pro－Xaa | 脯氨酸指导的蛋白激酶 | Tau蛋白 |
| Hyd－Xaa－Arg－Xaa－Xaa－Ser(P)/ Thr(P) Xaa－Xaa－Xaa－Hyd | 钙调素依赖型蛋白激酶1a | 多肽相似体 |
| Tyr磷酸化 | | |
| Tyr(P)－Met－Asn－Met，Tyr(P)－Xaa－Xaa－Met，Tyr(P)－Met－Xaa－Met | 磷脂酰肌醇－3－激酶，在细胞质尾部 | CD28 T细胞共刺激受体 |
| Asn－Pro－Xaa－Tyr(P) | 黏着斑激酶，在细胞质结构内 | 整合蛋白β3 |
| Glu－Asp－Ala－Ile－Tyr(P) | 蛋白酪氨酸激酶 | 合成肽 |
| Tyr(P)－Xaa－Xaa－Leu | 蛋白酪氨酸激酶，在细胞质尾部 | 肥大细胞功能相关抗原 |
| Thr与Tyr双磷酸化 | | |
| Thr(P)－Xaa－Tyr(P) | 细胞分裂素-激活的蛋白酶激酶 | P38细胞分裂素-激活的蛋白酶激酶 |
| Thr(P)－Glu－Tyr(P) | 细胞分裂素-激活的蛋白激酶 | 细胞分裂素-激活的蛋白激酶 |

引自姜铮等，2009。

(3)大气压基质辅助激光解析

大气压基质辅助激光解析(atmospheric pressure matrix-assisted laser desorption/ionization, AP/MALDI)离子化技术的样品电离过程是在大气压环境下进行而不是普通的真空环境，电离后的样本再于真空中进行质谱分析。因为是在大气压下进行电离，使得该技术适合潮湿或液态样本。同时，离子内能在大气压下能迅速终止，离子化过程变得更加温和，有利于保留一些不稳定的修饰，而且有利于对非共价复合体进行研究。AP/MALDI 可与多种质谱系统联用进行多级串联质谱研究，从而适合磷酸化位点的分析。

#### 5.1.4.2 以碰撞诱导解离为基础的方法

串联质谱仪的前体离子扫描、中性丢失扫描等分析方式可以通过分析磷酸肽产生的特征离子直接从肽混合物中找到磷酸化肽段，三级四极串联质谱仪是进行这类扫描分析最有效的质谱仪。磷酸化肽段经碰撞诱导解离(collision induced dissociation, CID)后会产生特异性片段离子，在阴离子扫描模式下，含有磷酸基团的片段离子可作为磷酸化肽的报告离子。然后采用阳离子扫描模式，对该磷酸肽进行序列分析或位点鉴定。

(1)前体离子扫描

前体离子扫描(precursor ion scan)的离子源都是电喷雾的，而质量分析器主要是串联质谱，如三级杆和 Qq-TOF 等。早期被用来作前离子扫描的是 $PO_3^-$ ($m/z=79$)，它是在低能量的碰撞诱导分裂时，从磷酸化肽段上脱落的小分子离子。由于多肽产生的各种碎片离子几乎没有质量数在 79Da 附近的，所以用这一质量数进行磷酸肽母离子扫描的特异性很高，但必须在负离子检测模式下分析，而磷酸肽需要在阳离子模式下进行测序。因此，该扫描模式不适用于逆相液相层析分析。最近发展的一种新技术，可以在阳离子模式下操作，用于检测酪氨酸磷酸肽产生的特征性 $m/z$ 为 216.043 的亚铵离子(immoniumion)。阳离子模式前体离子扫描的最大好处是可以直接对磷酸肽进行序列和磷酸化位点分析，甚至不必先知道蛋白质的序列。该方法可检测出亚皮摩尔级的蛋白质，具有高度特异性和灵敏度，被成功地应用于检测 EGF 信号转导通路中的磷酸肽。

(2)中性丢失扫描

中性丢失扫描(neutral loss scan)是通过串联质谱检测在 CID 作用后丢失的中性 $H_3PO_4$ 离子。在大多数情况下，磷酸化肽段的质量数变化是 98Da，以此质量变化为依据判断磷酸化是否存在。中性丢失扫描可以完全在正离子模式下操作，但每次只能检测一种电荷离子，有一定的假阳性率，灵敏度低，只能用于检测磷酸化丝氨酸、苏氨酸，因为只有磷酸化丝氨酸和磷酸化苏氨酸会发生 β 消除而产生 $H_3PO_4$ 的中性丢失。MacCoss 等通过鉴定多电荷肽片段的电荷状态，鉴定了组织来源的肽混合物中的磷酸肽。

#### 5.1.4.3 新型磷酸化质谱鉴定技术

电子捕获解离(electron capture dissociation, ECD)和傅立叶变换离子回旋加速共振(fourier transform ion cyclotron resonance, FTICR)质谱技术联用，是最新发展的鉴定磷酸化蛋白质的技术。与 CID 和 PSD 不同，ECD 不存在序列依赖性，优先断裂二硫键，优先产生 C、Z 离子，可产生广泛的主链裂解，可对酶切消化的肽骨架进行测序，保留磷酸化氨基酸的完整性，从而可以绘制出磷酸化蛋白质的真实谱图。最近有人用该技术分析聚磷酸酯及其水解产物。FTICR 的分子分辨率超过 140 万，是其他生物质谱的 10 倍左右，它甚至可以对小分子蛋白质不进行酶解而直接分析磷酸化状态，但 FTICR-MS 比较昂贵，这也限制了 ECD 技术的广泛应用。

电子转移解离技术(electron transfer dissociation，ETD)是一种新的基于离子或离子化学的裂解肽段的方法。它克服了 ECD 方法中热电子传递和转移时间长的缺点，又保留了 ECD 法不断裂微弱的翻译后修饰化学键、得到近乎完整的包含了翻译后各种修饰的肽段序列信息的优势。苏氨酸和丝氨酸上的磷酸化修饰在 CID 中通过 β 消除导致磷酸根的中性丢失，而 ETD 中的断裂发生在肽键上，不会发生相应的中性丢失(图 5-4)。

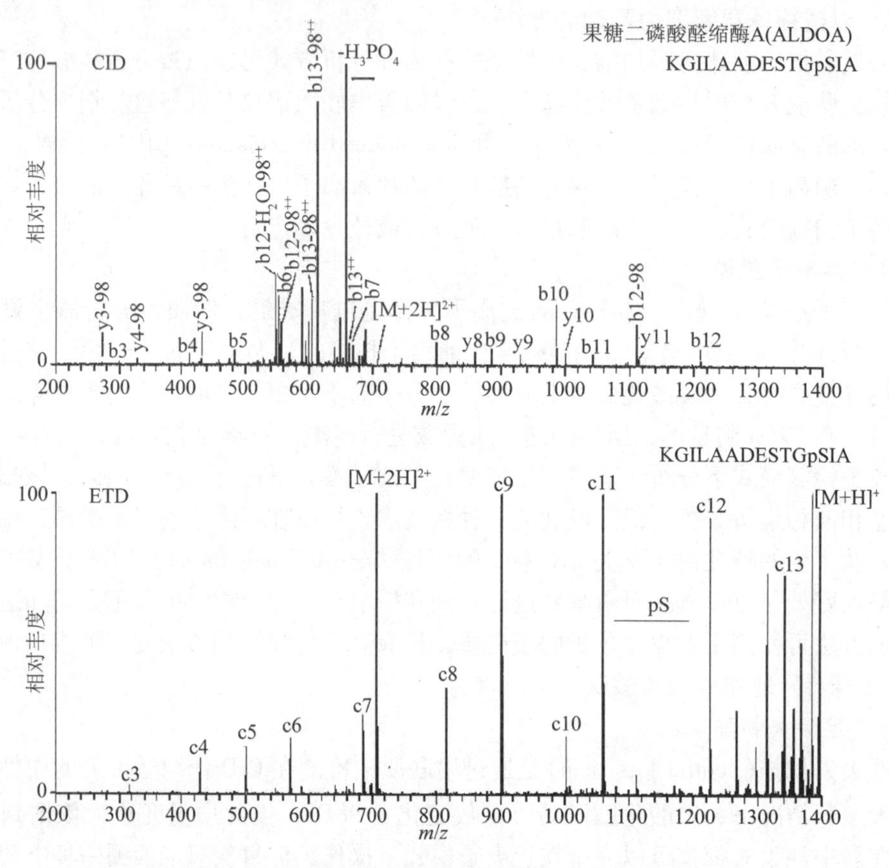


**图 5-4 基于 CID 和 ETD 的串联质谱比较**(Lemeer et al.，2009)

肽链内切酶 Lys-N 产生的多肽 KGILAADESTGpSIA，其丝氨酸残基的磷酸化在传统的 CID MS/MS 中磷酸根发生中性 $H_3PO_4$ 离子(98Da)丢失，而 ETD 不会发生相应的中性丢失，得到近乎完整的包含了翻译后各种修饰的肽段序列。

轨道离子阱质谱技术(orbitrap mass spectrometry)被认为是离子阱技术发明 20 年来，这一领域所取得的最重大的技术革新。赛默飞世尔科技最新发布新一代离子阱和轨道阱质谱仪，LTQ Orbitrap Velos 是轨道阱质量分析仪的质量准确性和超高分辨率与 LTQ Velos 改善的灵敏度和分析速度的完美结合。LTQ Orbitrap Velos 的高质量精确度通过降低假阳性结果，从而为复杂样品中的蛋白质鉴定增加了速度和可信度，使得其非常适合磷酸化位点的鉴定和比较研究。

## 5.2　糖基化蛋白质的鉴定

### 5.2.1　概述

糖基化是蛋白质的一种重要翻译后修饰，指在蛋白质生物合成时或者合成后在其特定糖基化位点上加入短链的碳水化合物残基(寡糖或聚糖)的过程。蛋白质糖基化在真核生物中非常普遍，有一半以上的蛋白质发生了这种修饰，原核生物中相对少些。

蛋白质糖基化一般发生在特定位点的氨基酸残基上。糖蛋白中糖与肽链以糖苷键共价连接，有3种主要的类型：N-连接糖基化、O-连接糖基化和糖基磷脂酰肌醇锚。N-型糖苷键对肽链中的氨基酸的排列顺序有特殊的要求，即只和Asn-X-Ser/Thr(其中X代表除Pro以外的任一氨基酸)序列中的天冬酰胺的氨基形成糖苷键；而O-型糖苷键则与Ser和Thr上的自由羟基连接，糖链多分枝，一般不含甘露糖。

糖基化后的蛋白质中，其糖链具有重要的生物功能。糖基化蛋白中糖链以共价键连接到特定的氨基酸残基上，通过糖链对蛋白质功能的修饰、糖链与蛋白质的识别来实现其各种生物功能。它可以影响蛋白质的折叠、定位、分拣、投送以及蛋白质的可溶性、生物活性、抗原性等。例如，某些蛋白的正确折叠需要聚糖；有些蛋白质在亚细胞器的定位需要糖基的引导，如定位于溶酶体中的蛋白质含有外露的6-磷酸甘露糖残基；某些蛋白质在加入聚糖链后，可以阻止蛋白酶接近其表面，从而保护该担保蛋白质的稳定性；此外，糖蛋白最重要的一个功能是控制蛋白质及其配体之间的相互作用。总之，糖蛋白在细胞识别、信号传导、免疫与应答、分化及反分化等生命现象中起重要作用。

糖基化是细胞中最复杂的翻译后修饰之一。首先，生物大分子中糖链的结构具有惊人的多样性、复杂性和微观不均一性。糖链的一级结构既包括各糖基的排列顺序，同时也包括各糖基的环化形式、相互之间的连接方式和分支特点以及各糖基本身异构体的构型等。例如，六种单糖形成的带分支的六糖就有1 012种异构体。不同物种之间，不同组织之间甚至不同发育阶段，生物合成的糖链都有其特异性。因此，糖链的复杂性使其携带了大量的生物信息，同时也增加了对其分析研究的困难。其次，蛋白质糖基化具有不均一性的特点。一种是蛋白质分子在同一糖基化位点上含有不同的聚糖链，称为微观不均一性；一种是在同一蛋白质上也可有不同的位点连接糖链，称为显著不均一性。糖基化的发生不同于多肽链的合成，不受DNA的直接控制，而是由糖基化相关的几种酶协调作用完成的，受各种生理生化条件影响，即使同一个位点也会有不同糖基化程度的蛋白产物。例如，人红细胞CD59在一个糖基化位点上有超过100种不同形式的糖链。虽然糖蛋白并非具备所有可能的“糖形”，也不是所有潜在的糖基化位点都会被修饰(例如，在符合N-糖基化位点的保守序列，只有大概1/3的位点发生了糖基化)，但其结构还是具有极其复杂的多样性。因此，筛选得到的每一个蛋白质并不是一个确定的分子，而是该蛋白质不同糖形的集合。

相对于磷酸化蛋白质，糖基化蛋白质的分析除了要对蛋白质部分进行分析外，还需要对聚糖链进行结构和组成分析，因而更为复杂。同时糖基化的不均一性特点，也给糖蛋白的分离分析带来很大困难。

对糖基化蛋白质的全面分析必须包括多肽和聚糖成分两部分的特性研究。多肽部分的研究应包括：蛋白质是否发生了糖基化；是哪种形式的糖基化；糖基化的位点在哪个氨基酸残基上等。聚糖成分的研究应包括：蛋白质含糖量；某一特定糖基化位点连接的几种糖链；糖链一级结构的特点等。传统分析糖蛋白的方法是通过化学方法，例如肼解法、氧化还原法或衍生法等先将糖链从多肽中释放出来，然后用层析法收集含糖组分进行普通的糖化学分析。同时运用 HPLC 及 SDS-PAGE 传统分析方法等粗略研究多肽的相对分子质量等性质。随着现代分析技术的发展，许多分析手段能够更详细更精确地分析糖蛋白的结构。在糖蛋白的选择性检测技术、分离及富集技术、糖基化位点鉴定技术等方面都有不断的改进和创新。例如，二维凝胶电泳、多维色谱、特殊染料等可对糖蛋白进行高分辨率的分离。多种凝集素的采用可以对糖蛋白进行富集。最显著的进步是生物质谱技术的迅速发展和利用。在糖蛋白的分析中，质谱法可以摆脱传统的分离分析方式，直接分析糖蛋白的相对分子质量、糖基化位点、氨基酸序列以及糖链结构等。

### 5.2.2 糖基化蛋白质的种类

糖蛋白中糖与肽链以糖苷键共价连接，主要有 N-型糖苷键和 O-型糖苷键 2 种类型，此外还有与糖磷脂锚(glycosylphosphatidylinositol anchor，GPI anchor)相连的糖蛋白。N-型糖苷键对肽链中氨基酸的排列顺序有特殊的要求，即只和 Asn-X-Ser/Thr(其中 X 代表除 Pro 以外的任一氨基酸)序列中的天冬酰胺的氨基形成糖苷键，因此 Asn-X-Ser/Thr 序列也称为天冬酰胺序列子，N-型糖苷键连接的糖链上通常具有一个富含甘露糖的五糖核心。O-型糖苷键则与 Ser 和 Thr 上的自由羟基连接，无核心结构，糖基化位点无保守的氨基酸序列，糖链多分枝，形成从单糖到大分子磺酸化多糖不等的分子结构，一般不含甘露糖。而与糖脂 GPI 锚相连的糖蛋白则是 GPI 锚通过酰胺键与蛋白质上的羟基相连。

糖链可由相同或不同的单糖聚合形成，由于单糖含有羟基和醛酮基，成环的糖分子存在构型上的差异，因此同一糖链可以有多种异构体。此外，单糖之间有多种连接方式，并且可以产生各种不同的支链。统计发现，由 3 种不同的单糖分子可以组成数千种结构的寡糖链，相比之下，3 种不同的氨基酸分子最多只能有 27 种排列方式。虽然理论上糖链有无数种结构形式，但由于受到生物体内各种因素的影响，实际存在的糖链类型却是有限的，即许多糖蛋白含有共同的核心结构。N-型糖链根据五糖核心结构，可分为 3 类，一是高甘露糖型，只含有甘露糖和 N-乙酰氨基葡糖(图 5-5)。二是复杂型，除含有甘露糖和 N-乙酰氨基葡糖外，还有半乳糖和唾液酸等。三是杂合型，既有高甘露糖链又有 N-乙酰氨基半乳糖链连在五糖核心上。

O-连接糖链结构的共同特点是由 1 种或少数几种单糖与某些含羟基的氨基酸连接，一般没有共有的核心结构。目前还未在果蝇中发现被唾液酸修饰的 O-型糖蛋白。多数 O-型糖蛋白的合成是在多肽 N-乙酰氨基半乳糖转移酶系催化下，将核糖 UDP-GalNAc 上的 N-乙酰半乳糖胺(GalNAc)连接到分泌蛋白或膜蛋白的丝氨酸或苏氨酸的羟基上，形成 Tn 抗原(Tn Ag)。图 5-6 显示了 O-型糖蛋白的核心 1(Tn Ag)、核心 2、核心 3 和核心 4 在酶催化下的形成过程。

与糖脂 GPI 锚相连的糖蛋白与脂筏相连，并且特定的磷脂酶可以移除与糖脂 GPI 锚相连

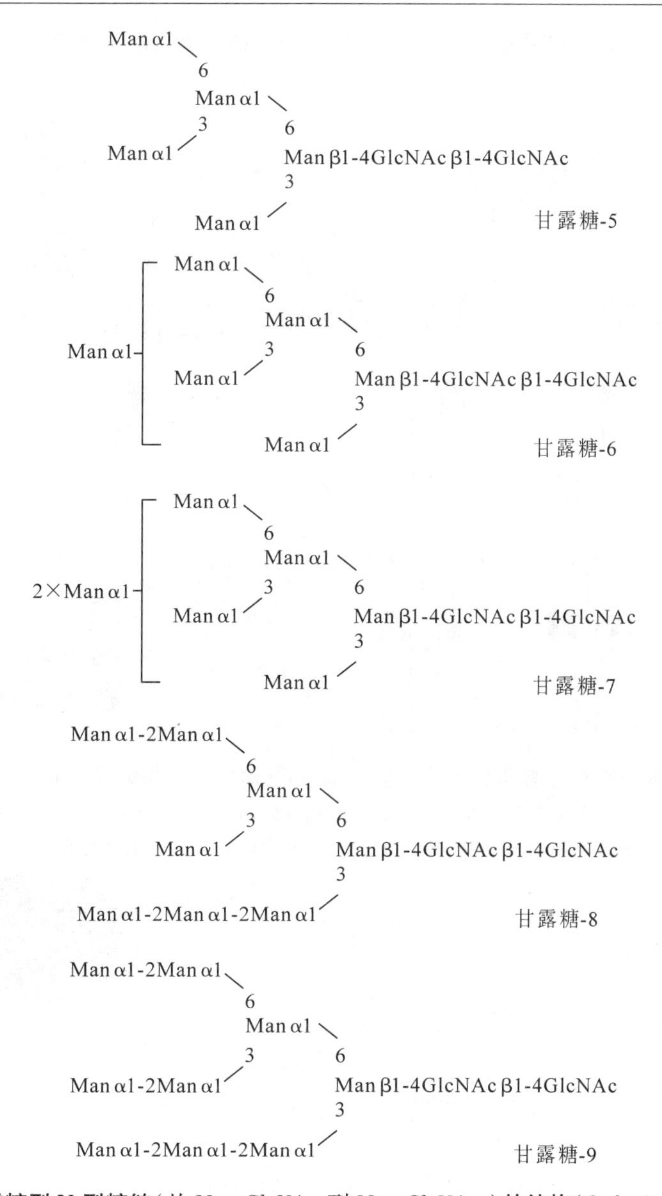


**图 5-5 高甘露糖型 N-型糖链**（从 $Man_5GlcNAc_2$ 到 $Man_9GlcNAc_2$）**的结构**（Catherine et al.，1999）

的糖蛋白上的 GPI 锚，该糖蛋白也称为可溶性蛋白。该糖蛋白具有保守特征：具有定位内质网的 N 端信号肽序列；由 9 到 24 个氨基酸残基组成的 C 端疏水结构域，糖蛋白通过该位点附着于内质网上；以及和 GPI 锚连接的 ω 位点，该位点位于 C 端的疏水结构域之前，二者相距 9～10 个氨基酸残基。GPI 锚也具有保守性，研究发现核心 GPI 锚由以下五部分组成：固定于膜上的脂类基团；1 个肌醇（myoinositol）基团；1 个 N -乙酰氨基葡萄糖（N-acetylglucosamine）基团；3 个甘露糖（mannose）基团；以及 1 个磷酸乙醇胺（phosphoethanolamine）基团，GPI anchor 经该基团上的氨基化合物与蛋白质相连（图 5-7）。

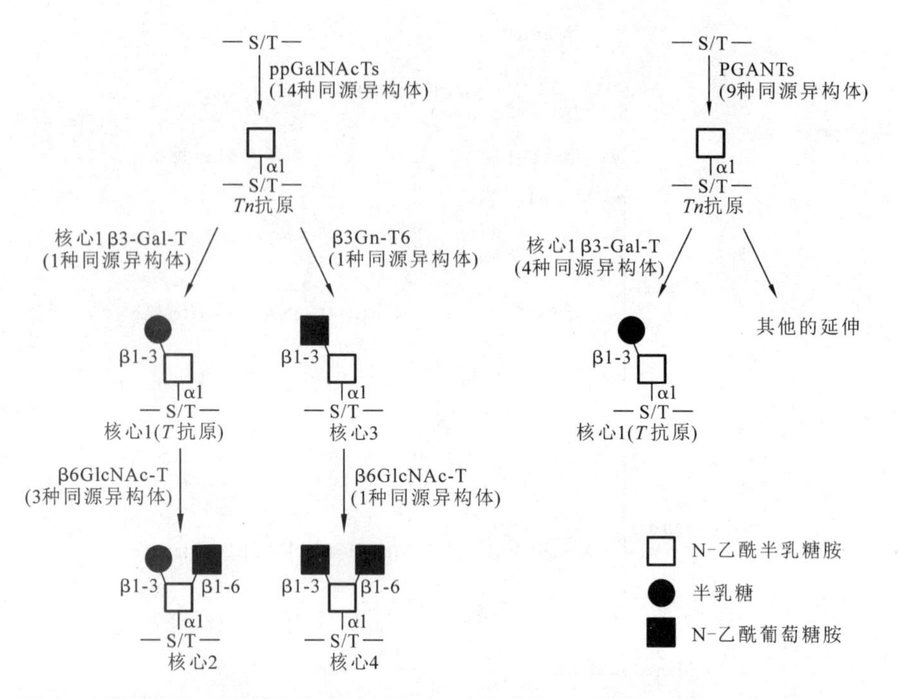


**图 5-6 黏液素 O-型糖蛋白合成示意图**(a. 哺乳动物; b. 果蝇)(Tian et al. , 2007)

注 ppGalNAcTs 或者 PGANTs：多肽 N-乙酰氨基半乳糖转移酶系；Core 1 β3-Gal-T：核心 1 β1-3-半乳糖转移酶；β3Gn-T6：β1-3 N-乙酰葡萄糖胺转移酶；β6GlcNAc-Ts：β1-6 N-乙酰葡萄糖胺转移酶。

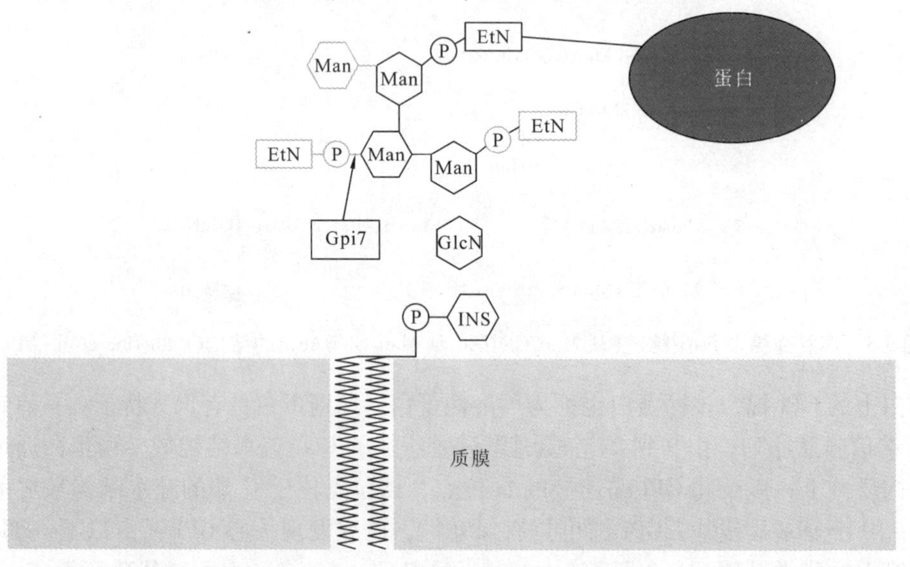


**图 5-7 与糖脂 GPI anchor 相连的糖蛋白**(Mathias et al. , 2007)

注 黑色部分为普遍存在于真核细胞中的核心结构，而灰色部分为酿酒酵母(*S. cerevisiae*)GPI anchor 上的侧链修饰部分(侧链具有物种特异性)。Ins：肌醇；GlcN：N -乙酰氨基葡萄糖；Man：甘露糖；Gpi7：糖基化磷脂酰肌醇；EtN：磷酸乙醇胺。

### 5.2.3 糖基化蛋白质的分离与富集技术

前面曾提过，全面的蛋白质糖基化分析首先要研究的问题是蛋白质是否发生了糖基化，也就是首先要检测或确定糖蛋白的存在，并对糖蛋白进行富集、分离、纯化。获得糖基化蛋白的方法主要是电泳法和色谱法(层析法)，这些方法已在第2章进行介绍。

一维、二维凝胶电泳都可以用于分离糖蛋白。双向电泳还可以用于糖蛋白的显色。但在实验中发现，普通的考马斯亮蓝染色法对糖蛋白的染色非常不理想，甚至根本染不上色。为了对二维凝胶上的糖蛋白进行理想的染色，最好的办法是针对其特殊的糖链部分进行染色。最早报道的相关技术手段是过碘酸希夫染色法，它通过糖的氧化作用进而检测凝胶或膜上的糖蛋白。如果聚糖链经过特定的修饰，甚至可以再结合其他更灵敏的显色方法对糖蛋白进行显色。目前市场上已经出现了很多基于糖的高碘酸盐氧化作用，及夹层抗体或生物素等发展起来的染色产品。也可以用荧光替代颜色，对氧化态糖的显色方法加以改善，从而使转到NC膜或PVDF膜上的糖蛋白显色更为灵敏。但是电泳法分离糖蛋白的一个问题是糖蛋白中聚糖的异质性会导致SDS-PAGE凝胶上呈现弥散的条带或2DE-PAGE凝胶上呈现一系列不同的点。在二维电泳图谱上，这一系列点有的表现为相对分子质量不同，有的表现为等电点不同，其中那些丰度较低的蛋白质点难以得到后续的鉴定。对同一糖蛋白的一系列点的质谱分析表明：每一个点中特定的糖形都不是完全相同的。

相对于电泳法，色谱法具有快速、准确、分辨率高并且稳定性好等特点，是分析糖蛋白的理想技术手段。目前，利用不同的凝集素或者抗体亲和色谱分离糖蛋白已成为分离纯化糖蛋白的最主要方法。此外，多维液相色谱、亲和色谱、离子交换色谱、反向高效液相色谱等1种或多种色谱的结合，也用于糖蛋白的分离。近年来，色谱法与电泳法联用也用于蛋白质翻译后修饰的研究。

直接对糖蛋白进行富集是一种更直接有效的分离纯化方式。目前，富集分离糖蛋白的技术主要有凝集素亲和技术、肼化学富集法等。凝集素是一种可以与碳水化合物结合的蛋白质，它能专一地识别某一特定结构的单糖或寡糖中特定的糖基序列而与之结合。例如：伴刀豆球蛋白(ConA)对高甘露糖型N-糖链有专一结合性；而麦胚凝集素(WGA)对N-乙酰葡萄糖胺和N-乙酰神经胺酸残基有专一亲和力等。也有一些凝集素能和多种糖基序列广泛结合，例如蓖麻凝集素等。因此，多种不同来源、具有不同糖型亲和性的凝集素已经被分离出来，并且成为商业化产品，应用于糖类的相关研究。含糖蛋白的蛋白质样品或者酶切后的聚糖肽样品都可以顺序通过多种凝集素亲和色谱柱，从而筛选出不同类型的聚糖蛋白或聚糖肽。这些富集后的样品再进一步进行后续分析。

肼化学富集法是一种传统的糖化学研究方法。它首先利用高氯酸盐将糖蛋白上糖环的邻二醇氧化成醛，然后醛基和固定在树脂上的肼可以共价结合，洗去非糖蛋白，糖蛋白就可以留在树脂上。肼化学富集法的特点是可以同时富集多种不同类型的糖蛋白或糖肽。最近报道一种选择性富集GPI锚修饰蛋白质的方法，通过用酶处理细胞膜蛋白质样品从而特异性切割GPI锚，使GPI锚修饰蛋白质脱落进入溶液中进行收集。

### 5.2.4 糖基化蛋白质的解析

解决了蛋白质是否发生了糖基化(也就是检测或确定了糖蛋白的存在),并对糖蛋白进行分离纯化后,接下来需要对糖蛋白进行解析。目前通常先通过酶切等方法将聚糖从纯化的糖蛋白中解离出来,然后对非糖基化的肽和释放出的聚糖进行平行分析。需要进一步解析的糖蛋白的重要表征包括:非糖基化肽的氨基酸顺序(即蛋白质部分的鉴定)、糖基化氨基酸位点的鉴定;糖链结构的特点及含糖量的测定等。其中非糖基化肽的氨基酸序列的测定和普通的蛋白质鉴定方法基本相同,即通常利用MALDI-TOF-MS或ESI串联质谱结合数据库检索来确定。

#### 5.2.4.1 糖基化氨基酸位点的鉴定

目前,糖基化氨基酸位点的鉴定主要利用生物质谱技术结合蛋白酶以及专一性糖苷内切酶的作用来开展。一般先对糖基化位点进行特异的质量标记,使之与未修饰的蛋白质质量之间有一个特定的差异,然后通过质谱分析检测到这些差异,进而通过串联质谱鉴定在哪个氨基酸残基上发生了糖基化。

N-聚糖蛋白的鉴定广泛使用肽N-糖苷酶F(PNGase F)酶解法。N-糖苷酶F可以作为脱氨基酶,它可以将连接有聚糖链的天冬酰胺脱氨基后转变为天冬氨酸,造成相对分子质量增加1。N-糖苷酶F几乎可以作用于所有的N-糖链,但其对含有α(1-3)-岩藻糖残基的聚糖却不起作用,后者必须使用PNGase A进行酶解。N-糖苷酶F对与N-糖链五糖核心中与天冬氨酸连接的GlcNAc也无法酶切,这时需要利用内切-β-N-乙酰葡糖胺酶H(Endo H)进行酶解。Endo H在去糖基化时可以将N-糖链五糖核心中与天冬氨酸连接的GlcNAc以外的部分切掉,只保留GlcNAc,使得发生糖基化位点处的氨基酸残基和未经修饰蛋白质的相应氨基酸残基相比,相对分子质量增加了203。因此,这种鉴定方法对质谱精度要求不高。

对于O-糖蛋白来说,还没有一种具有N-糖蛋白研究中广泛应用的PNGase F的类似功能的酶可供选用,但温和碱处理所导致的β-消除也是一种很有用且比较成功的研究手段。在碱性环境中Ser、Thr残基上的O-糖基团会发生β-消除形成1个不饱和的双键,这个双键可以被亲核试剂攻击发生加成反应,使Ser或Thr残基的质量相对其理论质量发生一个特定的变化,也就是使O-糖基化位点被质量标记,而且这种质量标记在PSD或CID的条件下是稳定的,从而可以通过串联质谱测序的方法得到糖基化位点的信息。该方法的不足在于非糖基化或磷酸化的Ser、Thr残基的侧链羟基在大于25℃或者较高的碱性条件下,也能发生β-消除,因此在研究时要特别注意。

此外,也有人利用三氟甲基磺酸(TFMS)来切除与肽链直接相连的单糖以外的所有糖基,从而残留的糖基可以起到标记糖基化位点的作用。

#### 5.2.4.2 糖链结构的特点及含糖量的测定

与普通蛋白质不同,糖蛋白分子结构更为复杂,具有不均一性的特点,在同一糖基化位点上还可含有不同的聚糖链,在同一蛋白质上也可有不同的位点连接聚糖链等,这些都为糖蛋白平均相对分子质量的鉴定和含糖量的测定带来困难。和SDS-PAGE或HPLC等传统的测定相对分子质量的方法不同,质谱法测定具有更加准确、灵敏和直观的优点。我们可以利用MALDI-TOF-MS直接测定出相对分子质量不太大、糖链不十分复杂的糖蛋白相对分子质量大且糖链复杂的分子难以直接测定。同时，我们可利用糖苷内切酶等切除糖链，并获得蛋白质部分的相对分子质量。利用这两部分的平均相对分子质量进而可以求得糖蛋白的平均糖含量(图5-8)。

需要解析的糖链结构包括特定位点是否连接多种不同的糖链；糖链的单糖组成和连接顺序；单糖的差向异构(α或β)、绝对构型(D或L)以及环型(呋喃糖或吡喃糖)；糖链上非糖取代基(磷酸基或磺酸基等)的连接位置等。可见，糖蛋白中糖链部分的分析工作量复杂艰

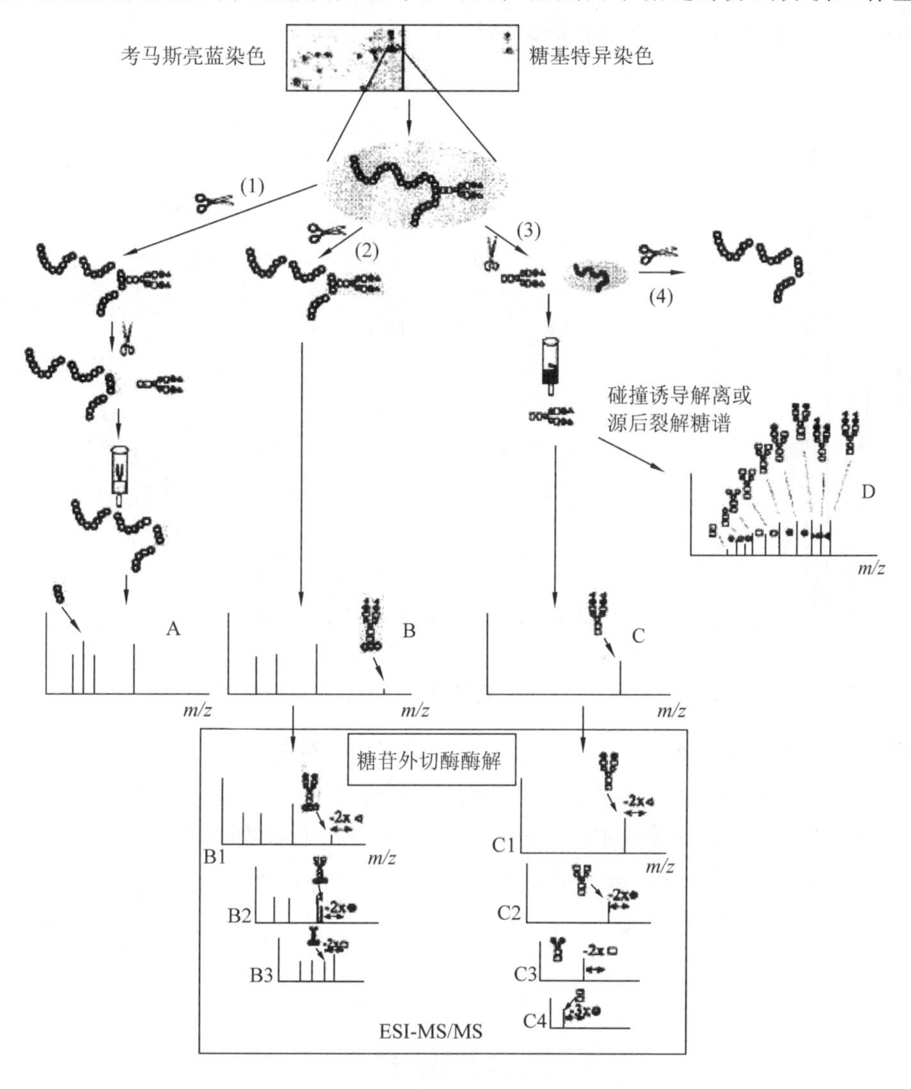


**图5-8　质谱分析糖基化蛋白流程图**

注　(1)切取糖基化蛋白点，经蛋白质酶消化后，N-糖苷酶F切除蛋白质上的糖基，然后进行质谱分析。(2)切取糖基化蛋白点，经蛋白酶消化后进行质谱分析(通过对质谱结果A和B的比较，可以估计糖基的大小和糖基化位置)。(3)切取糖基化蛋白点，经酶切或化学方法切下糖基，然后采用石墨化炭分离纯化糖基，来自方法(2)和(3)的样品可能要进一步用糖苷外切酶处理，以进一步获取糖基的连接位点和组成等相关信息。碰撞诱导解离(CID)和源后裂解(PSD)糖谱(即质谱分析结果D)可能提供纯化的糖基组成的相关信息。(4)切除糖基的蛋白骨架可用于MALDI-MS指纹分析。

巨，目前也没有任何一种分析技术能解决所有问题，也不具备规模化直接分析糖链组成结构的技术条件，这也是长期以来糖类研究滞后于核酸及蛋白质研究的主要原因之一。

分析糖链的结构需要综合使用多种不同的分析方法。传统方法是将其进行氧化还原反应，再逐个分析。聚糖经过多轮色谱分析后做出二维图或三维图，也可以获取糖链序列和结构的信息。目前最直接分析糖链结构的方法是串联质谱的母离子扫描技术(图5-9)和MALDI-TOF-MS的中性丢失方法。此外，核磁共振技术也被用来解析糖链结构，但因其对样品的纯度要求高，很难用来分析一些痕量的天然样品。

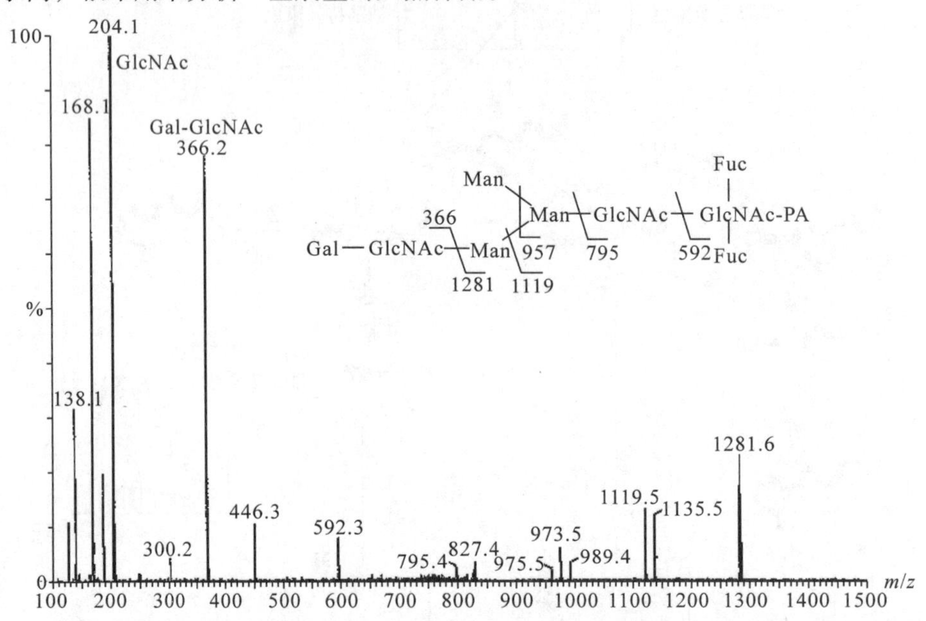


**图5-9 聚糖I的 $m/z$ 823.8[M+2H]$^{2+}$ 作为母离子峰进行电喷雾扫描后的质谱图**(王桓樑，等，2007)

最近，研究人员通过制备凝集素芯片来探测糖蛋白中的聚糖谱。这些芯片中包含有多种特异的凝集素，糖蛋白可通过其聚糖与芯片特异结合，经扫描后通过合适的算法分析获得所分析糖蛋白的指纹谱，再与数据库进行比较分析即可得到聚糖的序列等信息，从而建立一个聚糖谱(glycoprofiling with micro-arrays of glycoconjugates and lectins)。凝集素芯片技术对大规模的糖蛋白鉴定具有重要的意义。

## 本章小结

蛋白质的磷酸化修饰和糖基化修饰是在真核生物中广泛存在并且研究较多的两种修饰形式。本章主要介绍了磷酸化蛋白质与糖基化蛋白质的检测技术、分离及富集技术及翻译后修饰位点的鉴定技术。其中磷放射性标记、免疫印迹、荧光染料染色技术及质谱技术是目前常用的检测磷酸化蛋白质的技术，磷酸化蛋白质或多肽的分离与富集技术有免疫共沉淀技术和色谱技术，质谱是磷酸化蛋白质的检测与分析的重要技术。而糖蛋白中糖与肽链以糖苷键共价连接，主要有N-型糖苷键和O-型糖苷键两种类型，此外还有与糖磷脂锚相连的糖蛋白。获得糖基化蛋白的方法主要是电泳法和色谱法，富集分离糖蛋白的技术主要有凝集素亲和技术、肼化学富集法等，生物质谱技术也是糖基化氨基酸位点鉴定的主要技术手段。蛋白质翻译后修饰的分析和鉴定对揭示蛋白质的生理功能，对深入了解各种生理现象具有重要意义。

# 思考题

1. 磷酸化蛋白质的检测方法有哪些?

2. 举例说明磷酸化蛋白质分析技术在蛋白质组研究中的应用。

3. 糖基化蛋白质主要有哪几种类型? 为什么说糖基化蛋白质的分析更为复杂?

4. 列举几种常用的糖基化蛋白质的分离、富集技术? 阐述质谱鉴定 N-聚糖蛋白的糖基化氨基酸位点的方法。

# 参考文献

1. AILOR E, TAKAHASHI N, TSUKAMOTO Y, et al. 2000. N-glycan patterns of human transferrin produced in Trichoplusia ni insect cells: effects of mammalian galactosyltransferase[J]. Glycobiology, 10(8): 837 - 847.

2. CATHERINE RAYON, MARION CABANES-MACHETEAU, CORINNE LOUTELIER-BOURHIS, et al. 1999. Characterization of *N*-Glycans from Arabidopsis. Application to a Fucose-Deficient Mutant[J]. Plant Physiol, 119(2): 725 - 734.

3. D'AMBROSIO C, SALZANO A, ARENA S, et al. 2007. Analytical methodologies for the detection and structural characterization of phosphorylated proteins[J]. J Chromatogr B Analyt Technol Biomed Life Sci, 849: 163 - 180.

4. DE LA FUENTE VAN BENTEM S, HIRT H. 2007. Using phosphoproteomics to reveal signalling dynamics in plants[J]. Trends Plant Sci, 12: 404 - 411.

5. ESPEUT J, GAUSSEN A, BIELING P, et al. 2008. Phosphorylation relieves autoinhibition of the kinetochore motor Cenp-E[J]. Mol Cell, 29: 637 - 643.

6. GRANGEASSE C, COZZONE A, DEUTSCHER J, et al. 2007. Tyrosine phosphorylation: an emerging regulatory device of bacterial physiology[J]. Trends Biochem Sci, 32: 86 - 94.

7. LEITNER A, STURM M, SMATT J H, et al. 2009. Optimizing the performance of tin dioxide microspheres for phosphopeptide enrichment[J]. Anal Chim Acta, 638: 51 - 57.

8. LEITNER A. 2010. Phosphopeptide enrichment using metal-oxide-affinity chromatography[J]. Trends Analyt Chem, 29(2): 177 - 185.

9. LEMEER S, HECK A. 2009. The phosphoproteomics data explosion[J]. Curr Opin Chem Biol, 13: 414 - 420.

10. LEWANDROWSKI U, SICKMANN A, CESARO L, et al. 2008. Identification of new tyrosine phosphorylated proteins in rat brain mitochondria[J]. FEBS Lett, 582: 1104 - 1110.

11. MANN M, JENSEN O N, 2003. Proteomic analysis of post-translational modifications[J]. Nat. Biotechnol, 21: 255 - 261.

12. MATHIAS L, RICHARD, ARMÊL PLAINE. 2007. Comprehensive Analysis of Glycosylphosphatidylinositol-Anchored Proteins in *Candida albicans*[J]. Eukaryot Cell. 6(2): 119 - 133.

13. OLSEN J, BLAGOEV B, GNAD F, et al. 2006. Global, in vivo, and site-specific phosphorylation dynamics in signaling networks[J]. Cell, 127: 635 - 648.

14. ROUX M, RADEKE M, GOEL M, et al. 2008. 2DE identification of proteins exhibiting turnover and phosphorylation dynamics during sea urchin egg activation[J]. Dev Biol, 313: 630 - 647.

15. SALIVI M, SARNO S, CESARO L, et al. 2009. Extraordinary pleiotropy of protein kinase CK2 revealed by weblogo phosphoproteome analysis[J]. Biochim Biophys Acta, 1793: 847 - 859.

16. SOUFI B, JERS C, HANSEN M, et al. 2008. Insights from site-specific phosphoproteomics in bacteria[J]. Biochim Biophys Acta, 1784: 186 - 192.

17. SWANEY D, WENGER C, THOMSON J, et al. 2009. Human embryonic stem cell phosphoproteome revealed by electron transfer dissociation tandem mass spectrometry[J]. Proc Natl Acad Sci USA, 106: 995 - 1000.

18. TIAN E, TEN HAGEN K G. 2007. O-linked glycan expression during *Drosophila* development[J]. Glycobiol, 17: 820 - 827.

19. TUERK R, AUCHLI Y, THALI R, et al. 2009. Tracking and quantification of $^{32}$P-labeled phosphopeptides in liquid chromatography matrix-assisted laser desorption/ionization mass spectrometry[J]. Anal Biochem, 141 - 148.

20. VILLÉN J, BEAUSOLEIL S, GERBER S, et al. 2007. Large-scale phosphorylation analysis of mouse liver [J]. Proc Natl Acad Sci USA, 104: 1488 - 1493.

21. WU H Y, LIAO P C. 2008. Analysis of protein phosphorylation using mass spectrometry[J]. Chang Gung Med J, 31: 217 - 227.

22. YU Z, HAN G, SUN S, et al. 2009. Preparation of monodisperse immobilized $Ti^{4+}$ affinity chromatography microspheres for specific enrichment of phosphopeptides[J]. Anal Chim Acta, 636: 34 - 41.

23. SICKMANN A, MREYEN M, MEYER H E. 2002. Identification of modified Proteins by Mass Spectrometry [J]. IUBMB Lift, 54: 51 - 57.

24. 姜铮，王芳，何湘，等. 2009. 蛋白质磷酸化修饰的研究进展[J]. 生物技术通讯，20：233 - 237.

25. 刘靖华，唐靖，蓝兴国，等. 2006. 双色红外荧光技术在蛋白磷酸化检测中的应用[J]. 南方医科大学学报，26：150 - 153.

26. 隋少卉，王京兰，卢庄，等. 2008. 基于强阳离子交换色谱分离的磷酸化肽段富集策略[J]. 色谱，26：195 - 199.

27. 王恒樑，袁静，刘先凯. 2007. 蛋白质组学原理 [M]. 北京：化学工业出版社.

28. 张莉娟. 2007. 蛋白质组学中质谱分析前的预富集研究进展[J]. 分析化学，35：146 - 152.

# 第6章　蛋白质组学的定量研究技术

破解生命的奥秘，研究细胞内基因表达，研究基因表达的全部蛋白质及其活动的规律，是人们由来已久的愿望。随着多种生物基因组序列的破译，后基因组时代的到来，蛋白质组学和表观遗传学研究的深入，研究基因的表达不仅着眼于转录物组和蛋白质组，人们已不再满足对一个混合体系中的蛋白质进行简单的定性分析，而是要求更加准确的定量分析，于是有学者提出了"定量蛋白质组学(quantitative proteomics)"的概念。定量蛋白质组学，就是把一个基因组表达的全部蛋白质或一个复杂的混合体系中所有的蛋白质进行精确的定量与鉴定的一门学科。这一概念的提出，标志着蛋白质组学研究已从对蛋白质的简单定性向精确定量方向发展，并且成为当今蛋白质组学研究的一个重要分支。但定量蛋白质组研究技术现仅处于起步阶段，仍面临许多难点。首先，对低丰度蛋白质检测的困难显然阻碍了对这些蛋白质的定量。其次，当蛋白质表达量差异很小，如在50%以下时，精确定量成为瓶颈。另外，生物体系中蛋白质表达瞬时变化的捕捉是样品制备中需要关注的问题。总之，蛋白质组定量技术的研究和应用仍任重道远。

目前，定量蛋白质组学的研究技术依据其定量手段的不同可分为3类，一是荧光定量蛋白质分析技术，二是基于质谱的蛋白质组定量分析技术，三是蛋白质芯片技术。研究人员应用各种定量蛋白质组学研究技术探讨蛋白质的量变与生物体生长发育、疾病发生间的内在关系，为解密生命现象和寻找药物靶标奠定基础。

## 6.1　荧光定量蛋白质分析技术

### 6.1.1　荧光染料染色技术

迄今为止，应用于蛋白质组学研究的新技术层出不穷，如二维凝胶电泳技术、多维色谱技术、同位素标签技术、荧光染色技术、荧光标记技术、蛋白质芯片技术等。但二维凝胶电泳技术仍然是蛋白质组研究中的首选分离技术。在2-DE研究过程中，选择合适的显色技术是蛋白质定量分析的关键。目前应用于二维凝胶电泳分离的蛋白质显色方法有多种，如放射性标记方法、有机染料方法、荧光染料方法、金属离子还原法、基于对盐离子结合能力不同的负染法等。而且大多数实验室都是采用在SDS-聚丙烯酰胺电泳后对分离的蛋白质进行染色的技术方案，如考马斯亮蓝法及银染法。但由于考马斯亮蓝法存在灵敏度低的缺点，而银染法又易被核酸污染、不利于后续质谱分析。随着二维凝胶的荧光检测设备和荧光染料的研发，荧光染料染色技术逐渐被广泛采用。

常见的适用于检测蛋白质的荧光染料有2种。一种是能与蛋白质共价结合的荧光染料。

由于染料和蛋白质间的结合是多位点的，因此它降低了蛋白质的溶解度。另一种是非共价结合的荧光染料，也有2类：一是与蛋白质没有特定亲和力的荧光染料探针，在疏水性环境中和亲水性环境中性质不同，只在疏水性环境中才会产生荧光，如苯乙烯基染料(SYPRO Orange、SYPRO Red等)；二是荧光染料与蛋白质有特定的亲和力，如一种钌螯合剂RuBPS和SYPRO Ruby。其中RuBPS的结构如图6-1。

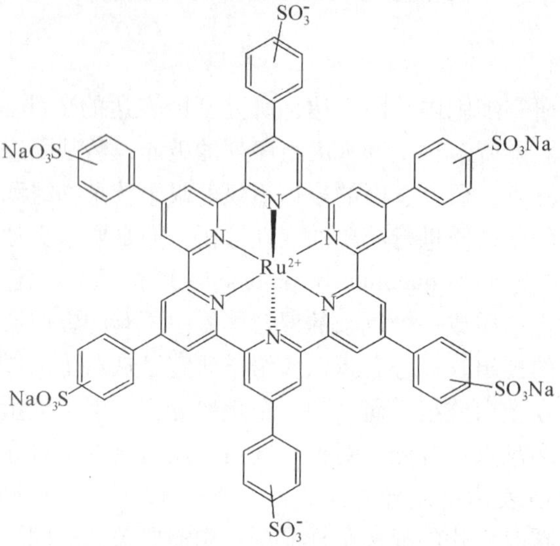

$SO_3^-$ $NaO_3S$ $SO_3Na$ N $Ru^{2+}$ N N N N N $NaO_3S$ $SO_3Na$ $SO_3^-$

**图6-1 RuBPS结构示意图**

目前有多种商品化荧光染料，如Amersham公司的SYPRO Orange、SYPRO Ruby，GE Healthcare的Deep Purple等。其中一步法染色，具有简单快捷、灵敏度高、无核酸污染等优点。以Amersham公司的SYPRO Ruby荧光染料为例，染色具体步骤如下：双向电泳完成后剥离凝胶；浸泡于含40%(v/v)乙醇和10%(v/v)乙酸的溶液中30min(提高胶上蛋白质的保持力)；然后用5倍至10倍SYPRO Ruby染色液染色12h以上；去离子水浸泡；10%(v/v)甲醇和7%(v/v)冰乙酸脱色30min；最后荧光成像仪成像，以数字化形式采集和保存信息，依靠分析软件进行图谱的点检测、胶间的匹配，用统计分析展现差异显著的蛋白质，进行蛋白质的定量分析。

2000年，Lopez等对鼠纤维原细胞裂解物先进行二维电泳分离，胶内酶切和质谱鉴定，比较了在二维凝胶电泳后分别用酸性硝酸银染色法与荧光染料SYPRO Ruby染色的差异。结果表明银染法灵敏度要比SYPRO Ruby荧光染色法高；SYPRO Ruby荧光染色蛋白质的肽质量指纹图要明显好于银染后的蛋白质的肽质量指纹图；SYPRO Ruby荧光染料的线性范围是酸性银染法的700倍；对于含量大的磷酸化酶蛋白，质谱图上肽段的回收率相同，而对于含量较少的磷酸化酶蛋白(75fmol)，银染后的蛋白质的肽质量指纹图上没有匹配的肽段，但SYPRO Ruby荧光染色的蛋白质的肽质量指纹图上有2个匹配的肽段。由此可见，荧光染料比银染法更适合于定量蛋白质组学研究。此外，Rabilfoud等比较了2种不同类型的非共价结合荧光染料SYPRO Ruby和RuBPS，对胶内蛋白质的染色和分析后，发现这2种染料在灵敏度、线性范围、在肽质量指纹图干扰方面没有大的差别。2005年Choi等利用2D电泳后

SYPRO Ruby 荧光染色、抗体染色与质谱结合研究了老年前期痴呆疾病与帕金森病患者脑中 Cu、Zn 超氧化物岐化酶的氧化作用。

荧光染料不仅用于 2-DE 胶染色，而且广泛用于聚丙烯酰胺凝胶(PAGE)的染色。如 SYPRO Orange 和 SYPRO Red 能够与变性胶中 SDS-蛋白复合体发生作用。荧光染料有较好的线性动力学范围、较好的通用性，灵敏度与银染大致相当，超过了考马斯亮蓝。一步快速染色，染色前无须固定，而且与银染不同，SYPRO 染料不能对核酸染色，对细菌脂多糖也只能微弱染色，染色后也不影响后续质谱分析。但荧光染料技术存在一些明显的弊端。如荧光与蛋白质的结合，改变了蛋白质的分子质量；或且对蛋白质进行电荷修饰，改变了蛋白质在凝胶中的迁移性质；又易与胺反应，造成不同蛋白质样品可以检测到的信号差别较大。而且荧光染料是电泳分离前对样品蛋白质进行标记，容易使蛋白质产生发夹结构，造成蛋白质在从凝胶向硝酸纤维素滤膜转移时出现障碍。

## 6.1.2 2D-DIGE 蛋白质组技术

双向差异凝胶电泳(two dimension difference gel electrophoresis, 2D-DIGE)是一种荧光标记定量蛋白质组学的新技术。最早由 Unlu 等人提出，Amersham Biosciences 公司拥有专利，并进一步优化后市场化。该方法引入荧光标记样品和内标，利用等电点与相对分子质量的不同使多个样品在一块胶上分离，解决常规双向电泳“一个样品一块胶”，繁琐耗时、重复性差、可比性差等问题。DIGE 的蛋白标记常采用 2 种方法，一种为最小标记法，一种为饱和标记法。

### 6.1.2.1 最小标记法

最小标记法，即基于 Lys 标签的 DIGE 定量分析技术。染料如来自 GE Healthcare 公司，由 N-羟基琥珀酰亚胺衍生的 3 种荧光染料“CyDye”，即 Cy2、Cy3 和 Cy5，其中 Cy3 和 Cy5 的结构式如图 6-2。3 种不同光谱特性的 Cy2、Cy3 和 Cy5 荧光染料均有 NHS ester 功能团，与蛋白质中赖氨酸侧链 $\varepsilon$-氨基基团共价结合，使每个被标记蛋白质的分子质量增加 450Da，但不影响蛋白质在 PAGE 中的迁移特性，保证迁移多通路；3 种最小标记荧光染料带有一个正电荷，与 Lys 结合后，替代了在中性与酸性条件下蛋白质中 Lys 携带的一个正电荷，保证了蛋白质的等电点 p*I* 值没有发生明显偏移，其反应示意图如图 6-3。

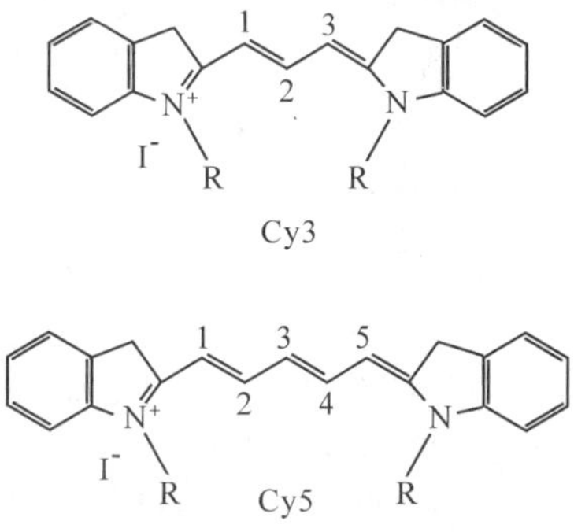

**图 6-2 Cy3 和 Cy5 的结构式**

注 R 未统一，在染料中为脂肪族链，在 1 个或 2 个链末端带有反应团

最小标记法可分析 50μg 的蛋白质样品，标记的灵敏度可达 25pg 含量，线性动力学范围可达 5 个数量级，具体的工作流程见图 6-4。Cy3 和 Cy5 分别标记不同的样品，同时将所有的生物学样品等量混合后用 Cy2 标记作为内标。混合完成标记的 3 个样品进行等电点聚焦(IEF)，然后平衡胶条，继续双向 SDS-PAGE 电泳。取出凝胶、激光扫描成像。如用 GE Healthcare 公司的 Typhoon 激光扫描成像系统，分别用 488nm、532nm 和 633nm 波长的激光对 Cy2、Cy3 和 Cy5 染料标记的蛋白质图谱成像，相应发射过滤器及通频带分别为 520nm

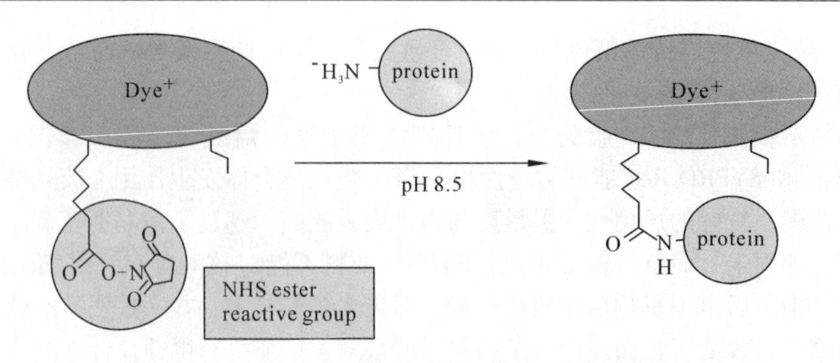


**图 6-3 Cy2、Cy3 和 Cy5 与蛋白质结合反应示意图**

注 NHS easter reactive group：N-羟基丁二酰亚胺酯反应基团。

(通频带 40)、580nm(通频带 30)、670nm(通频带 30)。成像获取 3 种荧光图谱，应用双向凝胶电泳分析软件，可以定量比较分析不同图谱中相应蛋白质点的表达量差异。

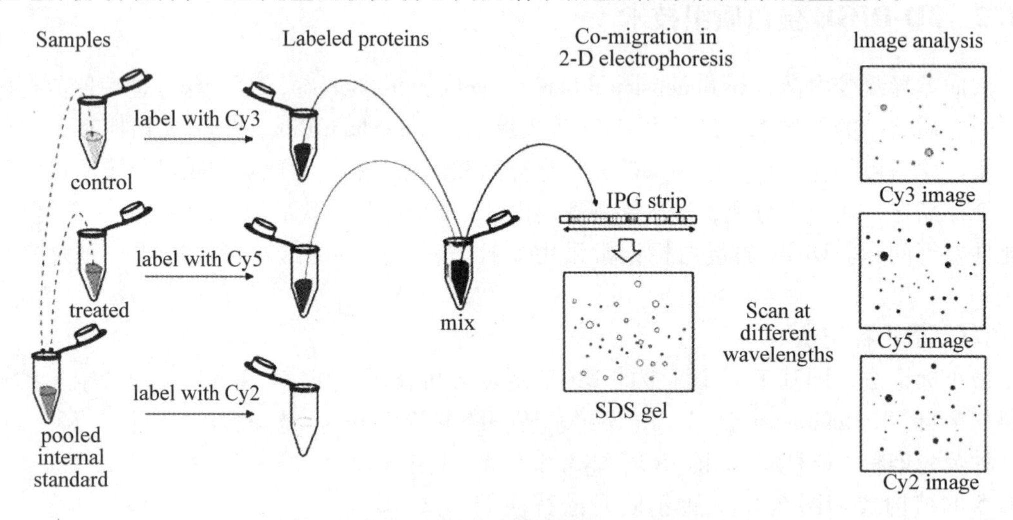


**图 6-4 荧光差异双向电泳最小标记法流程图**

注 samples：样品；labeled proteins：标记蛋白质；co-migration in 2-D electrophoresis：在 2-D 电泳中共迁移；Control：对照；treated：处理；pooled internal standard：混合内标；label with Cy3：用 Cy3 标记；IPG strip：等点聚焦条带；scan at different wavelengths：用不同波长扫描；image analysis：图像分析；Cy3 image：Cy3 标记蛋白的扫描图像。

Hajduch 等用无 Cy2 内标的最小标记 DIGE 方法比较了瘦果含油量不同的近等基因型向日葵，发现与糖酵解、蛋白质合成与储存有关的少量蛋白质表达差异显著。2007 年 Bohler 等利用 DIGE 最小标记法与 MALDI-TOF-TOF 分析臭氧对杨树的伤害，发现叶绿体中卡尔文循环和电子传递相关基因下调，糖代谢相关蛋白质表达量上升。2008 年，Foth 等用此方法研究 *P. falciparum* 繁殖体时期 4h 间隔的蛋白质表达丰度变化，发现表达谱中大约一半表达发生变化，其中 12% 的蛋白质在 12h 内展现表达峰；54 个蛋白质点质谱分析表明，其中 58% 蛋白质有多个蛋白质异形体，包括 actin-I、enolase、eIF4A、eIF5A 和热击蛋白。分析其原因，可能是由于转录后与翻译后的加工与修饰造成的。

最小标记法非常灵敏，可分析 pg 级蛋白质，比银染法灵敏度高、线性动力学范围宽。

用Cy2标记混合样品作为内标，起着重复胶之间的数据校正和归一化作用，使定量分析更为精确。但由于荧光染料的结合可能改变了蛋白质的等电点和相对分子质量，从而干扰等电聚焦与质谱分析，因此在等电聚焦允许范围内为克服荧光电荷共价修饰的缺点，限制Cy2、Cy3和Cy5的标定反应，控制总蛋白质中只有1%~2%的Lys被标定。由于双标记的蛋白质极少，即使有也在检测范围之外，所以此方法被称为“最小标记法”。因大量的蛋白质保持未标记状态，导致检测低丰度蛋白质灵敏度不足，丢失了许多蛋白质点，使之不能进入随后的质谱鉴定分析。另外，电泳过程标记与非标记蛋白质不能共迁移，也会干扰后续质谱分析。

### 6.1.2.2 饱和标记法

饱和标记法，即基于半胱氨酸(Cys)标签的DIGE定量分析技术，染料为一对类似Cy3/Cy5的新型荧光染料，如GE Healthcare公司的“CyDye DIGE Fluor saturation dyes”，饱和标记荧光染料带有马来酰亚胺(maleimide)反应团，与蛋白质中半胱氨酸的硫醇共价结合形成硫醚复合物，使每个被标记蛋白质的分子质量大约增加677Da。饱和标记荧光染料是中性分子，标记后不影响蛋白质等电点pI值，反应示意图如图6-5。标记前需用TCEP[Tris-(2-carboxyethyl)phosphine]将半胱氨酸(Cys)的二硫键还原为硫醇，然后再标记。

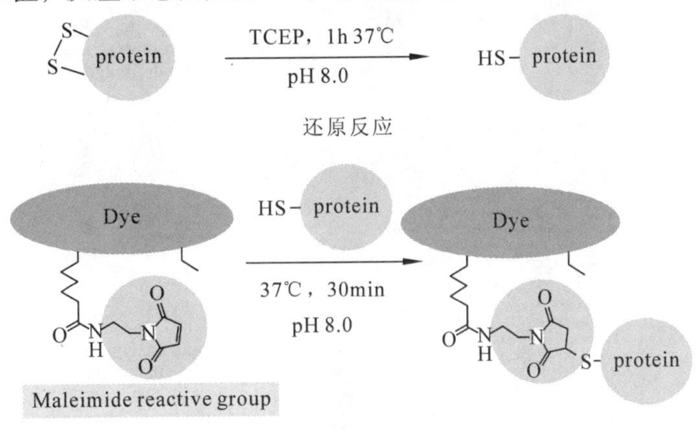


**图6-5 饱和荧光标记与半胱氨酸反应示意图**

注 maleimide reactive group：马来酰亚胺基。

饱和标记法每个反应标记5μg的样品，并尽量饱和标记所有半胱氨酸位点，灵敏度可分析少于25ng的蛋白质点，线性动力学范围高于5个数量级，其工作流程如图6-6。具体步骤为：用Cy3和Cy5中的一种标记作内标，另一种标记样品；混合完成标记的样品，上样进行等电聚焦电泳后，平衡胶条，然后进行双向SDS-PAGE电泳；凝胶经过激光扫描成像；电泳图谱的分析，通过比较实验组和对照组的荧光信号可以获得蛋白质表达框架。互换标记重复试验，以保证结果的准确性。

2007年Kondo和Hirohashi采用饱和标记荧光染料标记了激光微分离组织(面积$1mm^2$，厚8~12μm)中的蛋白质，DIGE的大二维凝胶上显示了5 000个蛋白质点，数据分析结果再与组织病理检测相结合，为癌症的生物学机理研究提供了新的线索，初步筛选到癌症检测分子标记与治疗靶标。2008年Fu等采用2种定量蛋白质组学方法(DIGE饱和标记法与ICAT)研究心肌组织中蛋白质硫醇的氧化修饰，发现2种方法很大程度上互补，DIGE饱和标记分析结果表明NF-kB抑制蛋白和环氧化物水解酶对$H_2O_2$的氧化作用敏感。

饱和标记法可分析稀有或小量样品，蛋白质取点方便，克服了最小标记法灵敏度低、蛋白质不共迁移、蛋白质取点需制备胶的缺点。但饱和标记法需标记蛋白质中所有的半胱氨酸，因而被称为“饱和”。而且为保证“饱和”标记，需先根据蛋白质中半胱氨酸的含量对蛋

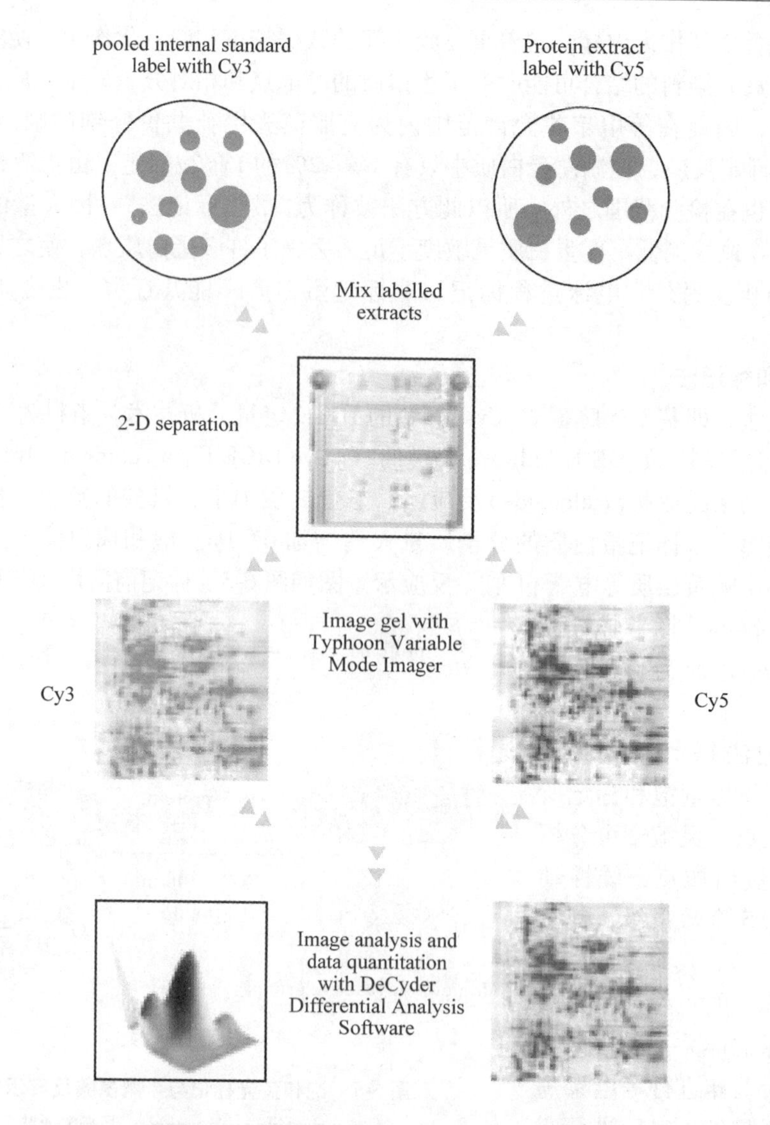


**图6-6 荧光差异双向电泳饱和标记法流程图**

注 Pooled internal standard label with Cy3：收集的内标用Cy3标记；Protein extract label with Cy5：提取的蛋白用Cy5标记；Mix labelled extracts：混合标记的提取物；2-D separation：双向电泳分离；image gel with Typhoon Variable Mode Imager：用Typhoon Variable Mode Imager成像仪凝胶成像；image analysis and data quantitation with DeCyder differential analysis software：用DeCyder differential analysis software软件分析图像和数据定量。

白质与染料的比例进行优化；虽为"饱和"标记，依然难以完全标记，通常标记的半胱氨酸只占总量的80 %左右，还可能产生副反应(Lys同时被标记)，并且大量的标记试剂会产生噪音干扰MS鉴定。另外，"饱和"技术是基于Cys而非Lys残基的标记，在电泳前要进行Cys巯基烷基化，避免了常规2-DE过程中烷基化模式所造成还原的巯基在IEF过程中形成不能弥补的人工点模式的缺点，同时阻断了半胱氨酸残基的进一步还原反应。此外，需注意"饱和"标记的2-DE图谱模式与"最小"标记(Cy3PLys)和银染的2-DE图谱相比会有较大的差异。

总之，DIGE 技术减少了实验过程各环节可能造成凝胶的差异，提高了凝胶之间的可比性与灵敏度。荧光染料的高质量渗入后，其可从 50μg 蛋白质样品中检测到 1 000 个以上蛋白质点，灵敏度达到皮摩尔至飞摩尔级。饱和标记法的建立，进一步提高了其灵敏度、线性范围、蛋白质点切取的方便性，减少了样品的需求量。然而，DIGE 显示次皮摩尔级蛋白质的切取与质谱分析都是非常困难的。另外，DIGE 也有其自身的缺陷，对极端等电点或相对分子质量的蛋白质的分离、低丰度蛋白质和疏水性蛋白质(膜蛋白)的鉴定存在缺陷。蛋白质共迁移现象干扰准确定量蛋白质。

目前，DIGE 技术结合质谱常用于生物的基因敲出、转基因、同基因种质、药理学、胁迫反应等领域的比较蛋白质组学分析、翻译后修饰分析以及定量蛋白质组学研究。未来随着染色技术、检测技术和自动化技术的发展，再结合其他分离技术，DIGE 技术无疑将会成为定量蛋白质组学、疾病诊断和药物治疗等领域最有用的研究工具之一。

## 6.2 基于质谱的蛋白质组定量分析技术

质谱是蛋白质组学研究中的重要工具，它不仅可高效测定肽的序列，而且结合内标可准确定量蛋白质。质谱根据质荷比(m/z)大小分离测定蛋白质和肽段。质谱的测定结果为肽质量图谱，肽的质量可用于蛋白质数据库检索，鉴定各种组分。质谱与质谱联用可测定蛋白质的氨基酸序列。通常情况下，双向电泳与 MALDI-TOF MS 联用适合简单样品中主要成分分析，多维 LC-MS/MS 可更有效、全面地分析高丰度与低丰度的蛋白质，二者整合是最好的全面的蛋白质组学分析方法。

常见的基于质谱的蛋白质组定量方法非常多，具体见表 6-1。根据有无引入同位素，基于质谱的定量蛋白质组学研究方法可分为 2 大类，一类为基于同位素和质谱的定量技术，如 ICAT、SILAC；另一类为没有同位素只需质谱的定量技术，如 Lable-free 技术。同位素标定方法根据标定的时期又可分为代谢标定和提取后标定，如$^{15}$N 代谢标记技术、SILAC 在细胞培养时引入同位素标记，ICAT 和$^{18}$O-trypsin 方法提取蛋白质后进行同位素标记。

**表 6-1 基于质谱的蛋白质组定量方法的比较**

| Label Method | In Vivo | In Vitro | MS Mode | MS/MS Mode | Used in Plants |
|---|---|---|---|---|---|
| $^{15}$N metabolic labeling | × | | × | | Ippel et al. (2004); Whitelegge(2004); Whitelegge et al. (2004); Engelsberger et al. (2006); Benschop et al. (2007); Huttlin et al. (2007) |
| SILAC | × | | × | | Gruhler et al. (2005) |
| $^{1a}$O-trypsin | | × | × | | Nelson et al. (2006) |
| ICAT | | × | × | | Islam et al. (2003); Dunldey et al. (2004); Majeran et al. (2005); Hartman et al. (2007) |

（续）

| Label Method | In Vivo | In Vitro | MS Mode | MS/MS Mode | Used in Plants |
|---|---|---|---|---|---|
| ITRAQ | | × | | × | Dunkjey et al.（2006）; Jones et al.（2006）; Rudella et al.（2006）; Nühse et al.（2007）; Patterson et al.（2007） |
| Label-free | | | × | × | Chen et al.（2005）（2007）; Majeran et al.（2005）; Niittyla et al.（2007） |
| AQUA | | × | × | | Glinski et al.（2003）; Glinski and Weckwerth（2005） |

注 label method：标记方法；*in vivo*：活体；MS mode：MS 模式；MS/MS Mode：MS/MS 模式；used in plants：用于植物的研究；$^{15}N$ metabolic labeling：$^{15}N$ 代谢标记；SILAC，stable isotopic labeling by amino acids in cell culture：细胞培养阶段用稳定同位素标记氨基酸标定样品；$^{18}O$-trypsin：$^{18}O$-胰岛素法；ICAT，isotope-coded affinity tags：同位素亲和标签法；iTRAQ，isobaric tags for relative and absolute quantitation：用于相对和绝对定量同位素标记；label-free：无标记法；AQUA：内标肽定量法。

## 6.2.1 代谢标记

### 6.2.1.1 $^{15}N$ 代谢标记

$^{15}N$ 代谢标记方法比较准确可靠，它是将一定量的相同种类但表达水平不同的 2 个细胞样品，分别置于正常培养介质（$^{14}N$，99.6%；$^{15}N$，0.4%）和富含某重质同位素（$^{15}N>96\%$）但其他组分相同的介质中培养。生长繁殖在富含$^{15}N$ 的培养介质中的细胞，其蛋白质含的氮原子为$^{15}N$，而在正常介质中生长繁殖的细胞，其蛋白质中多为正常的$^{14}N$ 原子。培养一定时期后，两者混合后破解细胞，提取蛋白质，或先提取蛋白质后再等量混合，然后通过凝胶分离、选择性亲和分离、色谱分离等过程，酶解消化，最后进行质谱分析，具体实验流程如图 6-7。在得到的质谱图中每一对分析肽段与内标肽段为一对峰，峰的间距等于肽段中所含的氮原子的个数，峰的强度比可精确定量原细胞体系中蛋白质表达水平的差异。同时此方法也可准确定量磷酸化位点。

Oda 研究组将酵母细胞分别置于正常的与富含$^{15}N$ 的介质中培养，然后将分开培养的细胞混合，通过反相液相色谱柱分离，SDS-PAGE 凝胶电泳、胶上酶解与质谱分析，结果表明啤酒酵母中 42 种高丰度蛋白质显示出表达水平的差异。2006 年，Engelsberger 等分别以 $K^{14}NO_3$和 $K^{15}NO_3$为氮源培养拟南芥细胞，然后分别提取蛋白质后再混合，经胰蛋白酶处理、LC-MS/MS 分析，发现已知比例的标记和非标记的蛋白质提取物的峰值比与混合比率一致，如图 6-8。以双倍带电肽段 ALGVDTVPVLVGPVSYLLLSK 为例，图 6-8 A 中定量结果显示标记的提取物没有相应的峰出现，图 6-8 B 的结果正好相反，图 6-8 C 中 1∶1 标记和非标记混合物实际测定比率为 1∶0.9。标记与非标记的蛋白质提取混合物中甘油醛 3-磷酸脱氢酶 C 亚基的各肽段质谱分析结果如图 6-9，箭头标出标记肽与非标记肽间的差异，证明了代谢标记在植物细胞培养的定量蛋白质组学研究中的可行性。2007 年 Benschop 等用此方法定量分析

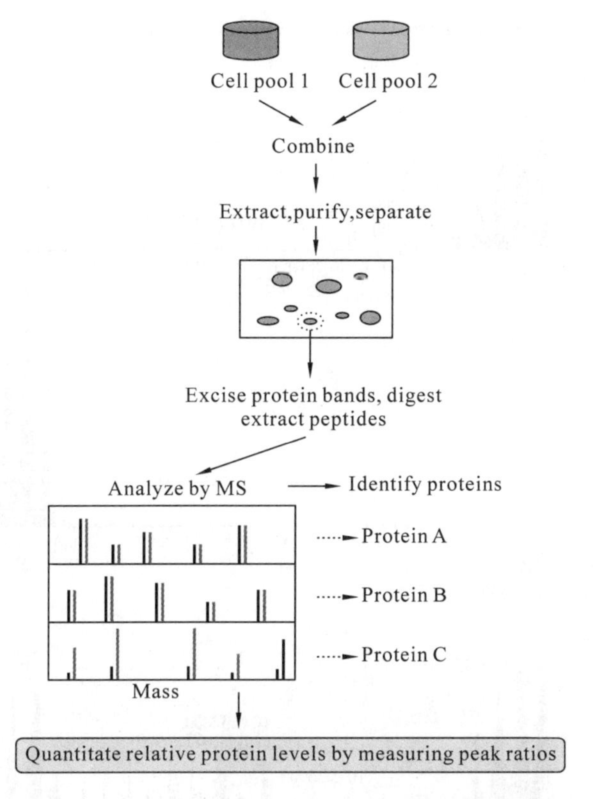


图 6-7 $^{15}N$ 代谢标记及质谱分析的流程图

注 cell pool 1：细胞生长于含$^{14}N$(99.6%)和$^{15}N$(0.4%)介质中；cell pool 2：细胞生长于含$^{15}N$(>96%)的介质中 cell pool：细胞池；combine：混合；extract：提取；purify：纯化；separate：分离；excise protein bands：取蛋白质点；digest extract peptides：消化提取物肽；analyze by MS：质谱分析；identify proteins：识别蛋白质；quantitate relative protein levels by measuring peak ratios：测定峰的比率定量蛋白质相对水平。

了拟南芥早期信号转导的磷酸化调节机制。

$^{15}N$ 代谢标记方法也存在一些缺陷，一是由于同位素标定在细胞培养阶段进行，它只适用于对微生物的分析，而不能对从组织中提取的细胞直接进行分析。二是同位素富集的基质环境可能会影响微生物的生长和蛋白质的生物合成。三是同位素标记增加了被标记蛋白质的相对分子质量，从而加大了数据库搜寻的难度。四是对峰的识别问题。由于对峰之间的距离与所含重质同位素原子的个数有关，因而被分析肽段越长，即质荷比越大，肽段中所含的氨基酸越多，相应所含的氮原子越多，对峰的间距就会越大，对于已知氨基酸序列的肽段非常容易识别对峰，而对于未知序列肽段，其中确切的氨基酸的数目和种类无法得知，因而难以确定其所含氮原子的确切数目，识别质谱图中的一对分析对峰也就比较困难。

**6.2.1.2 SILAC 方法**

SILAC(stable isotopic labeling by amino acids in cell culture)是一种在细胞培养阶段用带同位素的氨基酸标定样品的方法。其标定方法与$^{15}N$ 标定类似，都是在细胞培养阶段，但其分析比$^{15}N$ 标定简单，而且通常 1 个带同位素的氨基酸标定即可。如赖氨酸或精氨酸标定的样品，胰岛素酶解后产生的肽段，差异仅为标记的氨基酸，质谱结果易识别，分析简单易行。

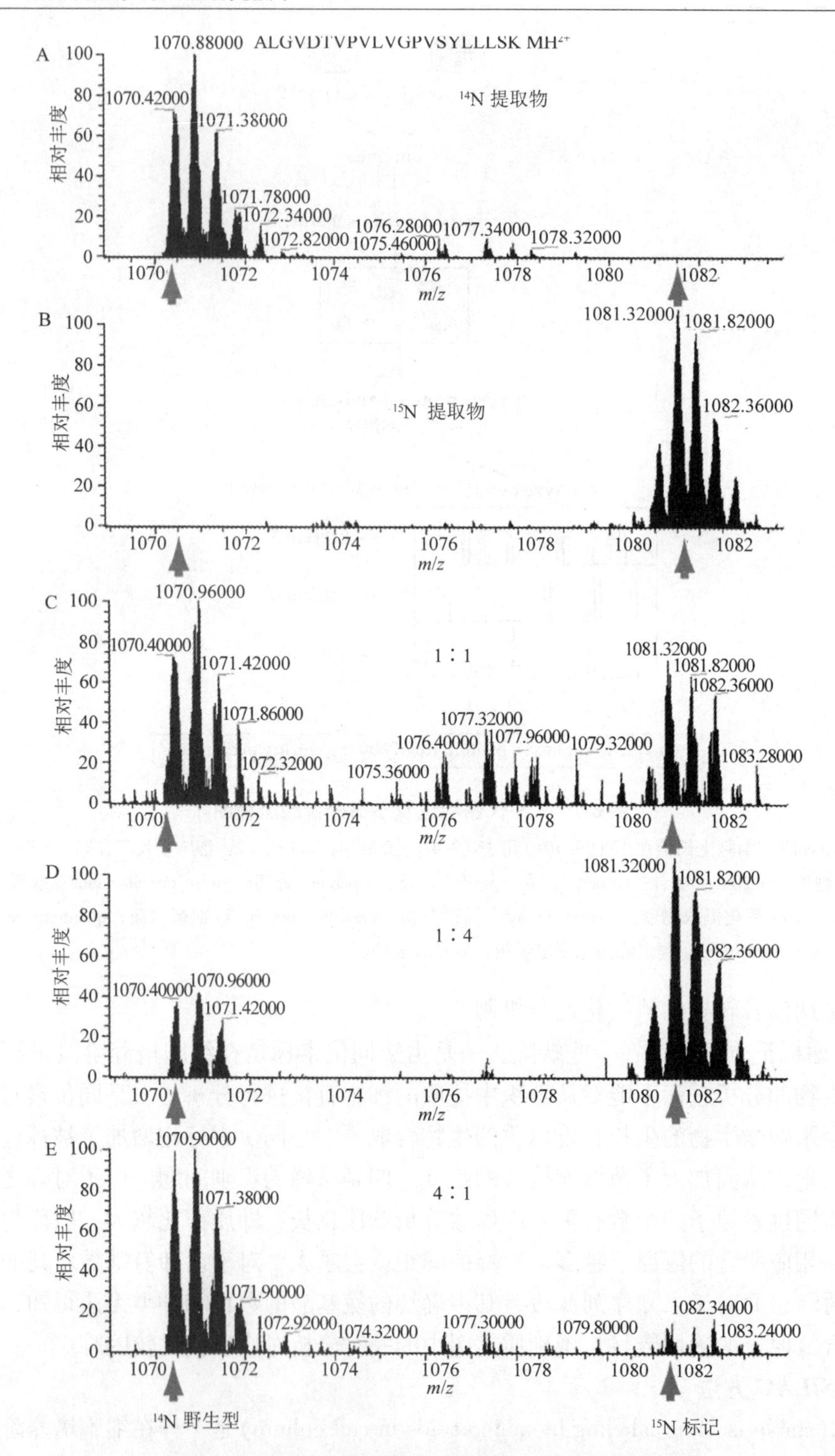


**图 6-8 肽 ALGVDTVPVLVGPVSYLLLSK 质谱图**

A. 无标记的蛋白提取物中；B. ¹⁵N 标记提取物中；C. 无标记与标记提取物 1∶1 混合；D. 无标记与标记提取物 1∶4 混合；E. 无标记与标记提取物 4∶1 混合。

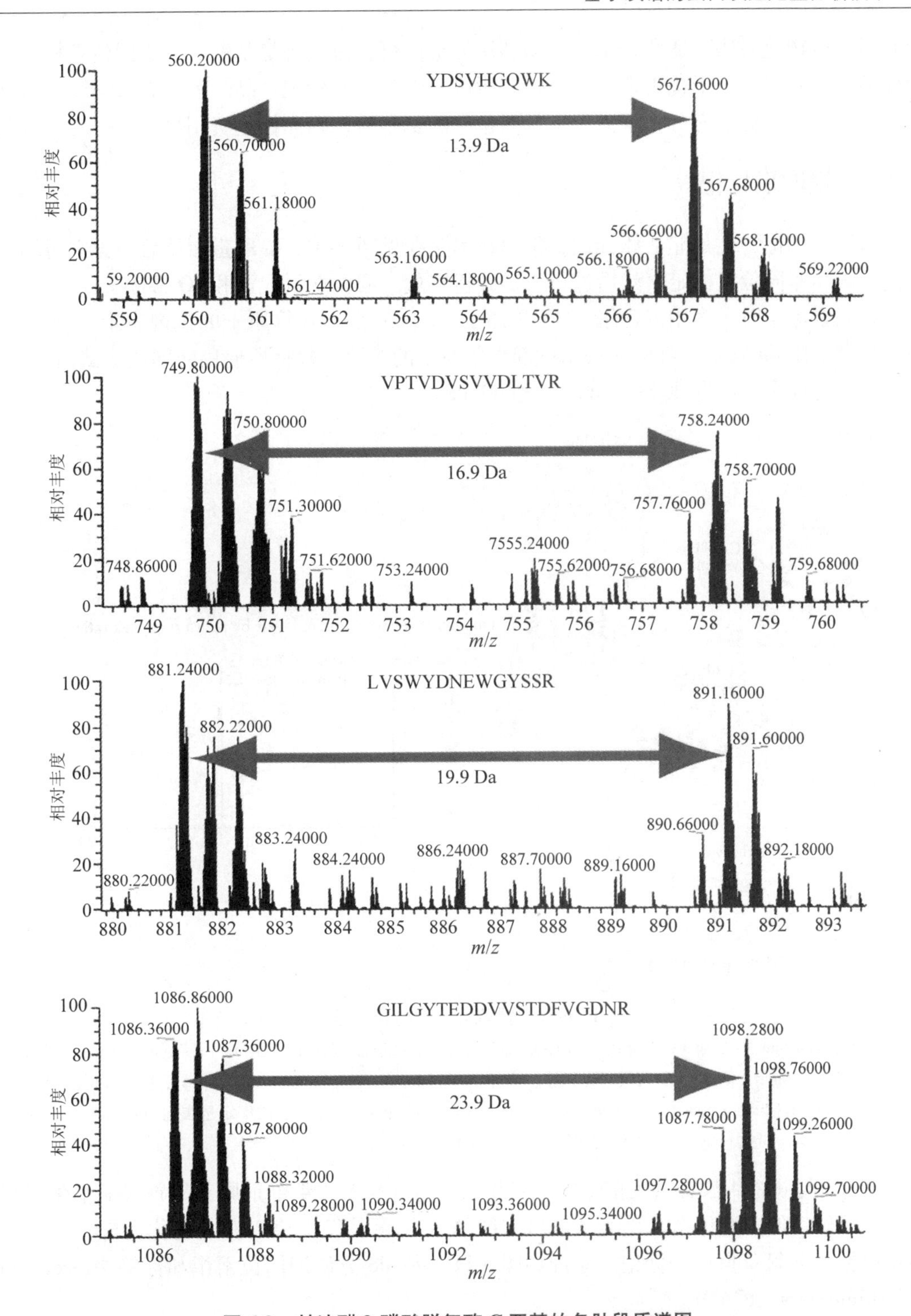


**图 6-9　甘油醛 3-磷酸脱氢酶 C 亚基的各肽段质谱图**

注　箭头指出在非标记与标记蛋白提取物 1∶1 的混合物中甘油醛 3-磷酸脱氢酶 C 亚基的每个标记与非标记肽的质量差异。

但是对于植物此方法不适合，由于植物利用无机氮可合成各种氨基酸，造成同位素标记的部分样品未带同位素，干扰正常样品分析，所以常常需交叉标记样品。另外，SILAC方法标定样品时为了保证标定充分，常需大量含同位素的氨基酸，因而标记费用昂贵。

## 6.2.2 提取后标记

提取后标记，就是非活体标记，常用技术路线见图6-10，提取蛋白质后，分别对不同样品同位素和非同位素标定，然后进行质谱分析定量。同位素氘元素和$^{18}O$常用于标定。

氘元素标定时，多用富含氘($^{2}H$)原子的试剂。通常不含氘原子的试剂表示为d0，含氘原子的试剂用d$n$表示，其中$n$表示试剂中氘原子的个数。根据所使用的同位素试剂的不同，目前常用的标定方法有d0/d3、d0/d4和d0/d8。

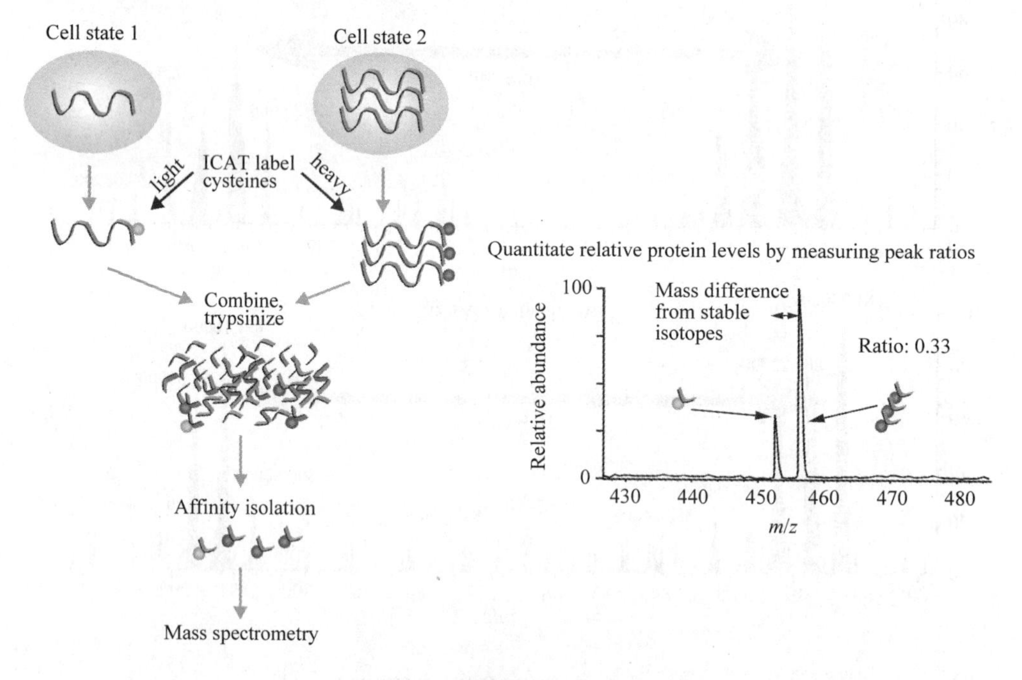


**图6-10 提取后标记分析流程图**

注 cell state 1：状态1条件下生长的细胞；lable cysteines：标记半胱氨酸；light："轻"试剂；heavy："重"试剂；combine：混合；trypsinize：胰蛋白酶酶解；affinity isolation：亲和分离；mass spectrometry：质谱分析；relative abundance：相对丰度；quantitate relative protein levels by peak ratios：通过峰的比率定量蛋白质相对水平；mass difference from stable isotopes：来自稳定同位素的质量差异；ratio：比率。

d0/d3与d0/d4法皆采用正常的酰基化试剂与含3个或4个氘原子的氘代酰基化试剂分别标记酶解后的多肽体系，该类试剂可与肽的N-端氨基发生稳定的酰基化反应，还可与肽中赖氨酸的ε-氨基反应，标记图原理如图6-11。d0/d8方法即同位素亲和标签法(isotope-coded affinity tags，ICAT)。

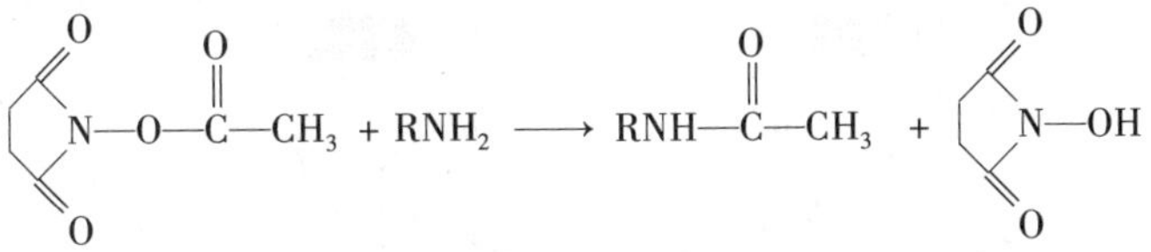

**图 6-11 d0/d3 标记原理**

#### 6.2.2.1 ICAT

ICAT 由 Gygi 等提出，它主要是使用了一种称为 ICAT 的化学试剂。其结构主要由三部分构成：一是亲和标签（生物素，biotin），用来分离 ICAT 标记的多肽；二是连接子（linker），用来整合稳定的同位素；三是活性集团，用来特异结合巯基（半胱氨酸）。试剂有 2 种形式，称之为“重”（连接子含有 8 个氘原子）和“轻”（连接子含有氢原子）。由 8 个氢原子或 8 个氘原子分别标记的 ICAT 相对分子质量正好相差 8。试剂的结构示意图如图 6-12。

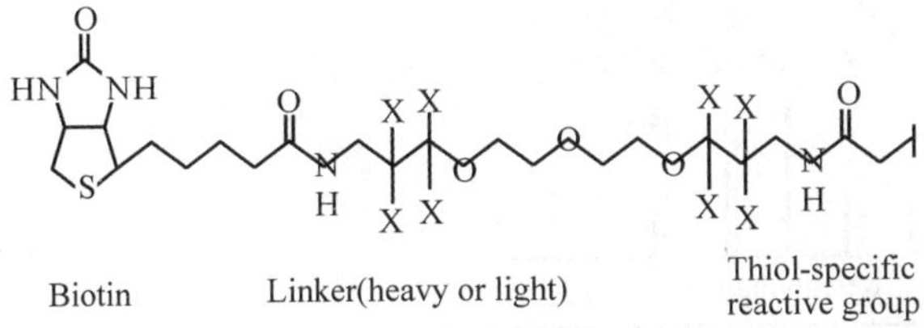

**图 6-12 ICAT 试剂结构示意图**

注 ICAT reagents：ICAT 反应试剂；heavy reagent：含重元素的反应试剂；light reagent：含轻元素的反应试剂；deuterium：氘；hydrogen：氢；biotin：生物素；linker（heavy or light）：连接子（重或轻）；thiol-specific reactive group：硫醇特异反应基团。

该技术的实验原理为：当不同状态的细胞被裂解后，分别与不同的 ICAT 试剂反应，ICAT 试剂的活性集团与半胱氨酸共价结合，待充分反应后，再将二者等量混合，选择性部分分离，胰蛋白酶酶解，亲和层析分离 ICAT 标记的肽段，质谱或质谱联用分析，在线分析 ICAT 标记的肽段。其具体实验流程如图 6-13。

Gygi 等人采用此方法对酵母乙醇脱氢酶 2 种同工酶进行了分析。酵母的 2 种乙醇脱氢酶分别为 ADH1 和 ADH2，ADH1 和 ADH2 的氨基酸同源性高达 93%，而且酶切后被分析的肽段只有 1 个氨基酸残基的差别（Val 到 Thr）。当酵母在有己糖的环境下生长时，ADH1 会将乙醛转化成乙醇。当无其他碳源存在时，乙醇会作为唯一的碳源被酵母所利用，这一步则依赖于 ADH2 将乙醇转化成乙醛，乙醛再经过其他反应进入 TCA 循环和乙醛酸循环，以产生必需的碳源和能量供酵母的生长。图 6-14 显示，当半乳糖作为碳源时 ADH1 的表达量几乎是以乙醇为碳源的 2 倍。相反，ADH2 在乙醇诱导下的表达量比在半乳糖存在下高出 200 多倍。

随后此方法被商品化，又不断引入关键的技术产生了 Cleavable ICAT（cICAT）试剂。它包括生物素（biotin）、可剪切连接子（cleavable linker）、同位素标签（isotope-coded tag）和硫醇反应基团（thiol-reactive group）四部分，如图 6-15。cICAT 试剂中 $^{13}C$ 替代氘元素，提高了 ICAT 试剂标记双样品的共洗脱速率，重试剂与轻试剂相对分子质量差变为 9Da（从 8Da 到 9Da），避免了氧化甲硫氨酸与双标记半胱氨酸之间在 LC-ESI-MS 流程中的混淆；融入酸可

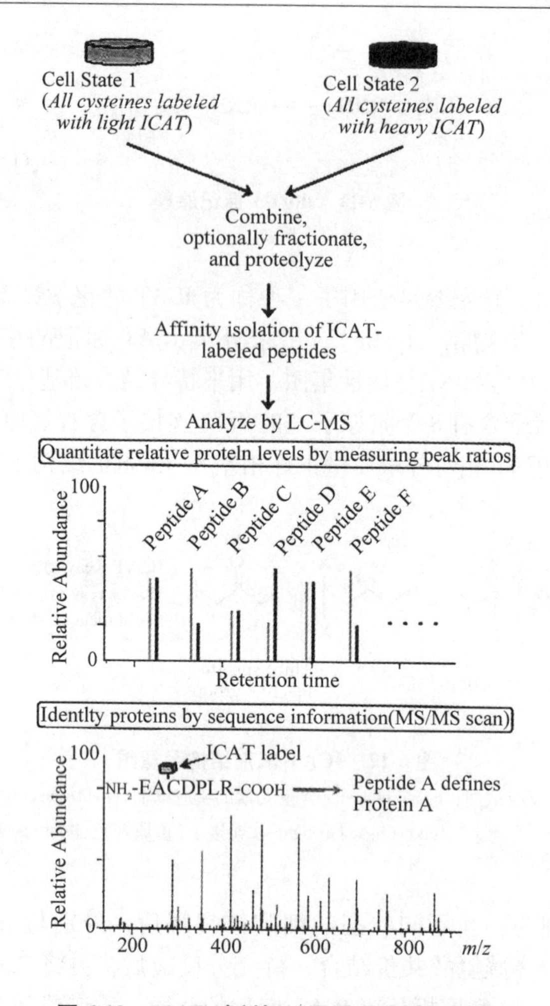


**图 6-13 ICAT 试剂标记及质谱检测流程图**

注 cell state 1：状态 1 条件下生长的细胞；all cysteines labeled with light ICAT：所有半胱氨酸被轻 ICAT 标记；all cysteines labeled with heavy ICAT：所有半胱氨酸被重 ICAT 标记；combine：混合；optionally fractionate and proteolyze：部分的分离和蛋白酶解；affinity isolation of ICAT-labeled peptides：亲和分离 ICAT 标记的肽；analyze by LC-MS：高效液相色谱质谱分析；quantitate relative protein levels by peak ratios：通过峰的比率定量蛋白质相对水平；relative abundance：相对丰度；retention time：保留时间；identify peptide by sequence information(MS/MS scan)：通过序列信息识别肽(MS/MS 扫描)；peptide A defines protein A：肽 A 定义蛋白质 A；mass/charge：质量/电荷。

剪切位点，可在 MS 或 MS/MS 分析前去除 ICAT 生物素部分(试剂相对分子质量从 442Da 减小为 227Da)，减小标签相对分子质量，方便高相对分子质量肽段的分析，增加了识别蛋白质数量，保证了 MS 数据质量，提高了试验结果的可信度和定量测定的准确率。

2003 年，Li 等采用此技术结合 SDS-PAGE 研究盐胁迫条件下酵母细胞的蛋白质表达谱，识别与定量了 560 个蛋白质，51 个蛋白质表达量提高 2 倍，发现高盐诱导 RNA 结合蛋白质表达，高盐胁迫与氨基酸饥饿条件下细胞的反应类似，它们可能存在生理联系。Sethuraman 等采用此试剂开创了一条研究蛋白质半胱氨酸硫醇的氧化还原状态的方法，其实验流程如图 6-16。

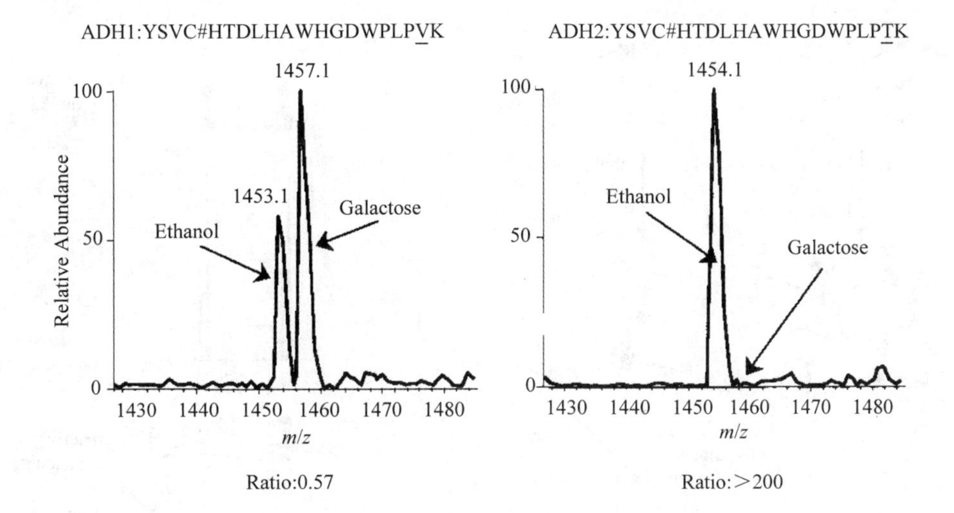


**图 6-14 分别以乙醇和半乳糖作为唯一碳源时酵母细胞内 ADH1 和 ADH2 的表达差异**

注 relative abundance：相对丰度；*m/z*：质量和电荷之比；ratio：比率；ethanol：乙醇；galactose：半乳糖。

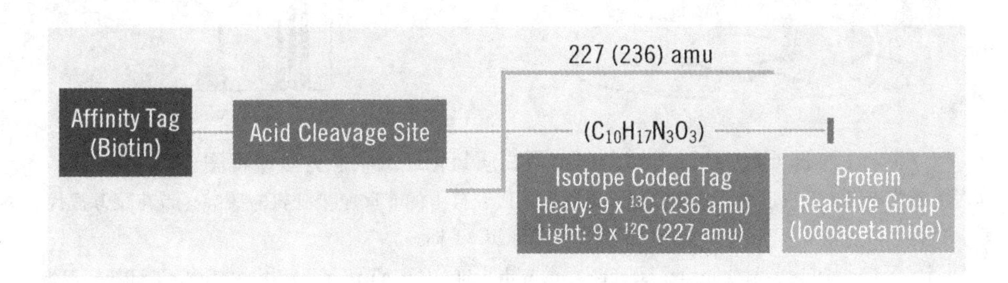


**图 6-15 cICAT 试剂结构示意图**

注 affinity tag：亲和素标签；biotin：生物素；acid cleavage site：酸裂解位点；isotope coded tag：同位素编码标签；amu：原子质量单位；protein reactive group：蛋白质反应基；iodoacetamide：碘乙酰胺。

另外，ICAT 试剂也可用于膜蛋白质的研究。2007 年 Hartman 等提出一种新的定量蛋白组学技术 ProCoDeS（proteomic complex detection using sedimentation），分离与研究了拟南芥线粒体膜的蛋白质复合体，其具体实验流程如图 6-17。先提取拟南芥线粒体膜蛋白，然后梯度离心分离蛋白质，每一梯度蛋白质分别用 ICAT Heavy 标记，ICAT Light 标记梯度混合物作内标，混合、蛋白酶切、亲和柱纯化、切去 biotin 尾巴、LC-MS/MS 质谱分析。如图 6-18 质谱分析结果，可以看出 3 个梯度中每一个样品蛋白的相对丰度。

同位素亲和标签技术的缺点是通过亲和层析纯化含半胱氨酸的蛋白质，减少了样品的复杂性，提高了数据库搜索的特异性和效率，同时提供了一条同位素定量和鉴定蛋白质的方法。具有广泛兼容性，主要表现在能够兼容分析任何条件下体液、细胞、组织中绝大部分蛋白质；烷化反应即使在盐、去垢剂、稳定剂（如 SDS、尿素、盐酸肌等）存在下都可进行；只需分析含 Cys 残基的肽段，从而降低了蛋白质混合物分析的复杂性；ICAT 方法允许任何类型的生化、免疫、物理的分离方法。但 ICAT 标记方法也存在一些缺陷。一是 ICAT 的分

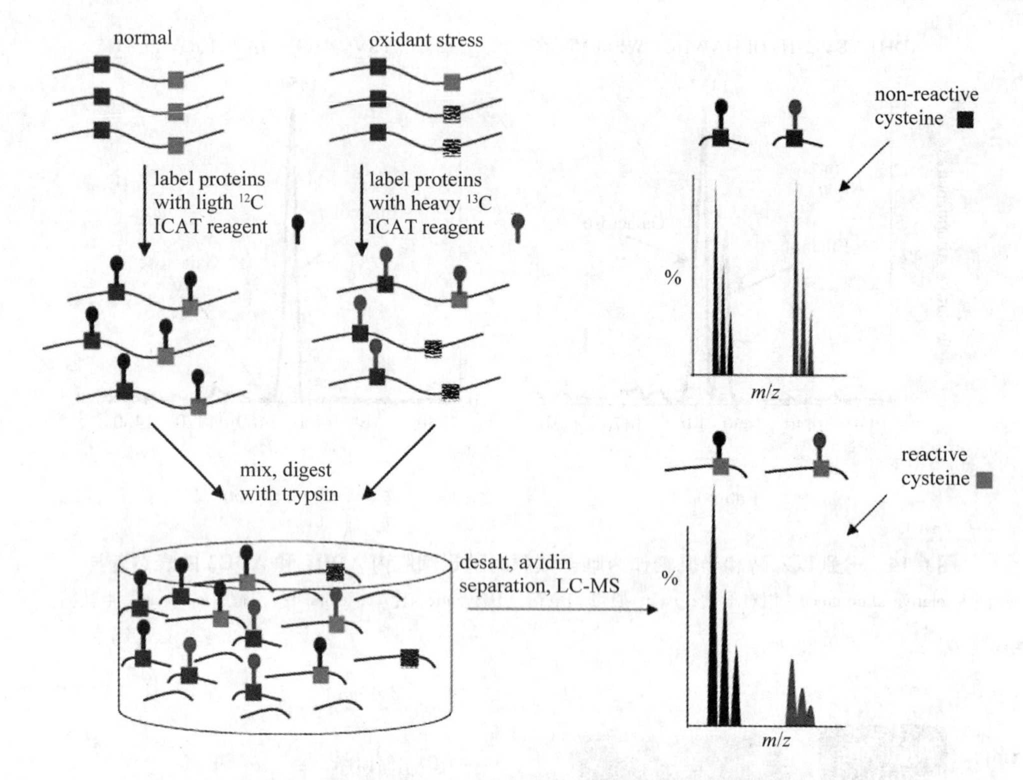


**图 6-16 ICAT 试剂研究蛋白质氧化还原状态方法流程图**

注 灰色方框代表自由的反应半胱氨酸硫醇；黑色方框代表自由的非反应半胱氨酸硫醇；带花纹方框代表被氧化的硫醇；黑色靶型符号代表轻 ICAT 标签；灰色靶型符号代表重 ICAT 标签。

normal：正常；oxidant stress：氧化胁迫；label proteins with light $^{12}$C ICAT reagent：用轻$^{12}$C ICAT 试剂标记蛋白质；label proteins with heavy $^{13}$C ICAT reagent：用重$^{12}$C ICAT 试剂标记蛋白质；mix：混合；digest by trypsin：胰蛋白酶酶解；desalt：脱盐；avidin separation：亲和分离；LC-MS：高效液相色谱质谱；non-reactive cysteine：没有反应的半胱氨酸；reactive cysteine：反应的半胱氨酸。

子质量约为 227Da 或 500Da，是一个大的修饰物，标定后会增加数据库搜索算法的复杂性，对一些小的肽段(小于7个氨基酸)更是如此；二是此方法无法分析不含 Cys 的蛋白质，对于不含有 Cys 残基的蛋白质，只能通过合成对其他蛋白质基团专一的 ICAT 试剂解决。

#### 6.2.2.2 $^{18}$O 标记($^{18}$O-labeling during trypsin digest)

在高浓度的$^{18}$O( >95% )水中，被胰蛋白酶酶解得到的肽段会被 2 个$^{18}$O 原子标记上(传统认为是一个$^{18}$O)，不会发生可逆反应。也就是蛋白质样品在发生胰蛋白酶酶解反应时，水中的$^{18}$O 原子会与肽段 C 末端的两个氧原子发生交换反应，标记原理如图 6-19。后又证明除胰蛋白酶外，Glu-C、Lys-N、胰凝乳蛋白酶也适合于$^{18}$O 标记法，并且可明显提高标记效率。

$^{18}$O 标记法的基本操作过程是：将对照组和实验组的蛋白质样品分别在$^{16}$O 水中和$^{18}$O 水中酶解；然后将酶解得到的肽段等体积混合上样；用液相色谱-串联质谱仪(LC-MS/MS)进行肽段的定性检测和相对定量；从而得到相应蛋白质的信息。2006 年 Nelson 等采用此方法定量分析拟南芥的质膜蛋白，图 6-20 为其用$^{18}$O 标记双相分离的质膜与外膜的示意图。

$^{18}$O 标记法有许多优点，一是$^{18}$O 标记法属于一种酶标记法，相对于 ICAT 等化学标记来说，标记效率高。二是在普通水或者$^{18}$O 水中酶解是很普遍的，可以标记所有酶解的肽段，可

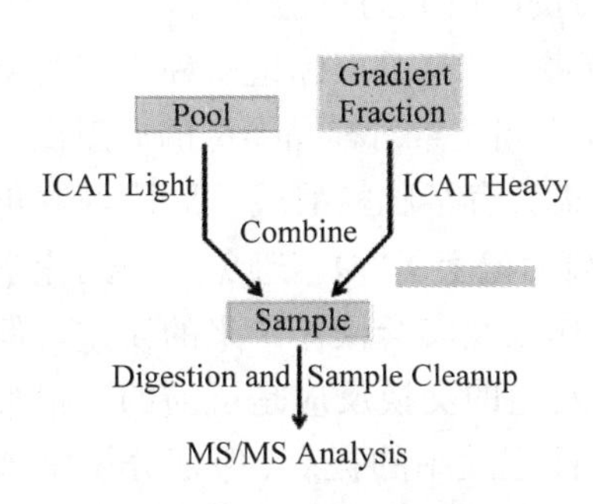


**图 6-17 ICAT 标记及分析的实验流程**

注 ICAT 重标记被分析的每一部分，ICAT 轻标记的混合部分(pool)做内标。

pool：混合部分；gradient fraction：梯度部分；combine：混合；sample：样品；digestion and sample cleanup：酶解和样品洗脱；MS/MS analysis：质谱质谱联用分析。

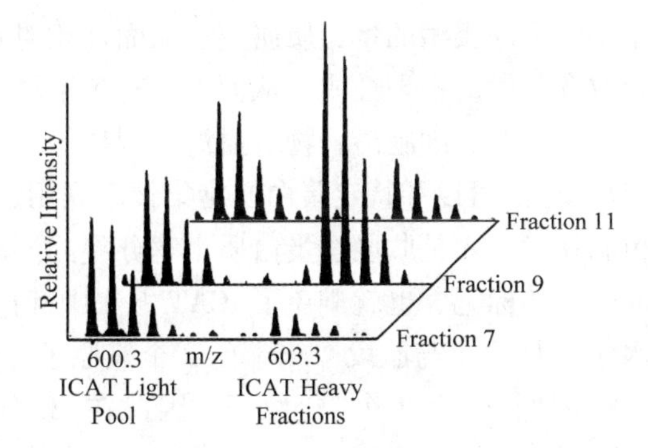


**图 6-18 3 个梯度离心部分中轻重 ICAT 标记肽的相对丰度**

注 3 个梯度离心部分中内标的峰度一致，ICAT 重标记的峰显示目的蛋白的分布；relative intensity：相对强度；ICAT light pool：轻 ICAT 标记的混合部分；ICAT heavy fractions：重 ICAT 标记的部分；fraction：部分。

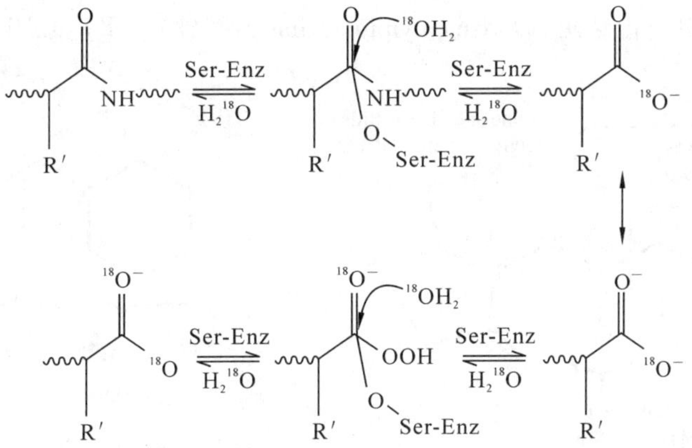

**图 6-19 在 Ser-Enz 催化下蛋白质水解反应中 $^{18}O$ 标记原理**

注 Ser-Enz 即丝氨酸蛋白水解酶，包括胰蛋白酶、Glu-C、Lys-C、胰凝乳蛋白酶等。蛋白质在丝氨酸蛋白水解酶的作用下发生水解反应时，$H_2{}^{18}O$ 水中的 $^{18}O$ 原子与肽段 C 末端的 2 个氧原子发生交换反应。该反应为可逆反应。但是在高纯度的 $^{18}O$ 水中、优化的 pH 值下或在特定的酶(如 Lys-N)作用等情况下，该可逆反应朝结合 2 个 $^{18}O$ 原子方向进行。

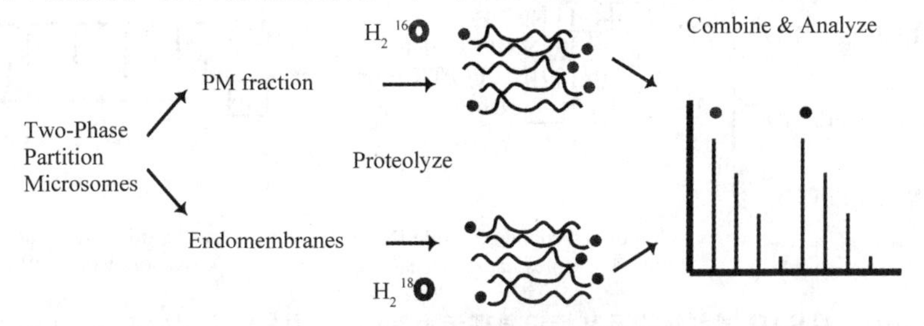


**图 6-20 同位素 $^{18}O$ 标记的实验流程**

注 $^{16}O$ 标记双向分离的上层，$^{18}O$ 标记下层；然后混合样品，层析分离，LC-MS/MS 检测；互换标记重复实验。

two-phase partition microsomes：双向分离微粒体；PM fraction：质膜部分；endomembranes：内膜；proteolyze：蛋白酶酶解；combine & analyze：混合和分析。

用于很多不同类型的蛋白质研究，从而使相对定量所有的蛋白质成为可能。三是$^{18}O$标记法不会改变肽段的物理性质，从而不会有色谱峰的漂移等问题。四是可以标记多种不同类型的样品，如组织、细胞溶解物、血清、尿样等，没有体内稳定同位素对样品类型的局限性。五是$^{18}O$标记法可以和特定蛋白质富集技术联用，如用于富集含有半胱氨酸残基肽段的共价连接树脂技术。六是肽段在蛋白质水解分裂的同时，在C端标记上了$^{18}O$，避免人为的化学稳定同位素的标记，也就避免了ICAT方法中标记的繁琐工作以及实验操作带来的误差。但由于水中的O原子与肽段C末端的2个氧原子中的羟基O发生的交换反应是可逆的，很难保证100%地标记上2个$^{18}O$原子，因此在$^{18}O$标记法中，标记效率的提高（保证分子量差异4 Da）与标记效率的量化是亟待解决的问题。$^{18}O$标记法在定量蛋白质组学的应用中，最大的问题还在于标记后的蛋白质样品过于复杂，后续质谱分析非常困难，因而常与其他方法，如1-DE、2-DE等方法联用。

#### 6.2.2.3 同位素标记的相对和绝对定量研究法（Isobaric Tags for Relative and Absolute Quantitation，iTRAQ标记）

2004年Ross等合成了iTRAQ试剂，并同时将其应用到蛋白质组学的相对定量和绝对定量研究中。该试剂由报告基团（以N-methylpiperazine为基础）、平衡基团（carbonyl）和氨基专

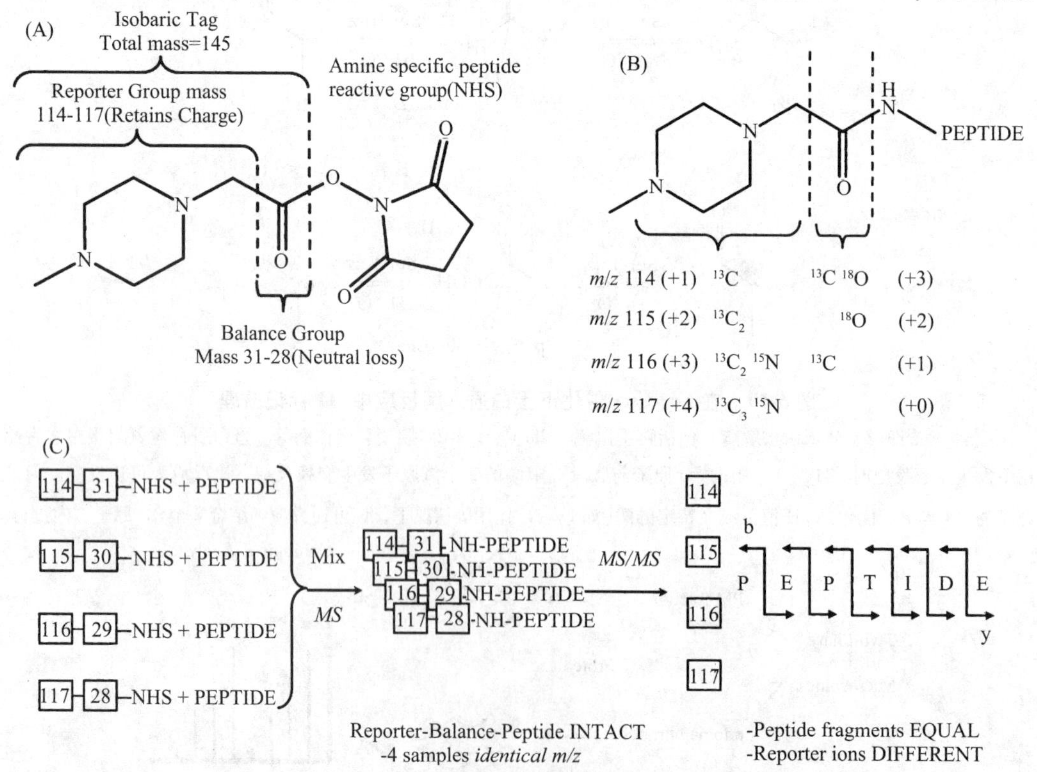


**图6-21 iTRAQ试剂结构及其标记原理示意图**（括号中数字为同位素标记数量）

注 isobaric tag total mass：同位素标签总质量；reporter group mass：报告基团质量；retains charge：带电荷；amine specific peptide reactive group（NHS）：氨基酸特异肽反应基团；balance group mass：平衡基团质量；neutral loss：中性物丢失；peptide：肽；reporter balance peptide INTACT：报告基团-平衡基团-肽完整；4 samples identical $m/z$：在4个样品具有相同$m/z$值；peptide fragments EQUAL：肽片段相等；reporter ions DIFFERENT：报告离子不同。

一反应基团(NHS ester)三部分组成，如图6-21中A和B。报告基团由不同数量的$^{13}C$和$^{15}N$标记产生相对分子质量分别为114、115、116、117的基团，为了保证在一级质谱上能产生相同的相对分子质量，保证色谱分离时共洗涤，平衡基团中用不同个数的$^{13}C$和$^{18}O$来平衡报告基团的相对分子质量差异，使得报告基团和平衡基团的总相对分子质量保持145不变。iTRAQ试剂的氨基专一反应基团与肽段的N末端氨基和赖氨酸的$\varepsilon$-氨基反应，如图6-21中C。在一级质谱上被不同报告基团的iTRAQ试剂标记的相同肽段，由于总相对分子质量不存在差异而出现在同一质荷比位置；而在二级质谱上，由于中性离子(CO)丢失，酰胺键断裂，电荷被报告分子携带，分别形成m/z为114.1、115.1、116.1、117.1的报告分子。根据报告基团的质谱峰强度或峰面积可相对定量不同状态的样品。如果合成一个内标肽段，同时用iTRAQ试剂标记，即可通过加入的内标肽段和待测肽段报告基团的峰强度比值测定出相应肽段或蛋白质的绝对量。

iTRAQ对蛋白质组相对和绝对定量研究时，实验设计类似ICAT，首先提取样品蛋白质、酶解、同步同位素标签化学修饰各样品氨基酸，然后混合样品、层析法分离、MS和MS/MS分析。

Ross等合成了iTRAQ试剂后，研究了野生型酵母与*upf1Δ*和*xrn1Δ*突变体中蛋白质的表达。2007年Nühse等结合层析技术研究了细菌侵入时拟南芥悬浮培养细胞的磷酸化反应，它用4个iTRAQ标签标记4个样品，对照和细菌诱导样品分别处理3min、7min、15min，分析细菌鞭毛蛋白侵入的拟南芥细胞。结果发现细菌侵入时质膜蛋白质发生磷酸化与去磷酸化反应，证明磷酸化蛋白质组学在细胞分子水平调节机制及细胞先天免疫反应研究中的应用前景。其具体分析流程如图6-22。

iTRAQ试剂可标记各种类型的肽，而不是只含有Cys的残基。其次iTRAQ一次实验可同时分析至少4个不同时空样品或生物学重复，也可用于磷酸化分析。另外，MS/MS联用分析得到iTRAQ定量结果，iTRAQ质谱图中峰的高度反映了每个样品中肽段的相对量，由于质谱联用的分析结果中每一个被分析的肽段都被测序，所以相对定量比较准确。

### 6.2.3 非同位素标记定量分析

非同位素标记定量分析(lable-free quantitation)方法没有引入同位素，主要通过比较多维液相层析与质谱联用测定的数据定量分析肽段的丰度。目前此法仍处于起步阶段，但随着层析分离肽段技术重复性的提高和新一代质谱仪的推出，此方法不断有新的发展。2005年，Old等对佛波醇酯处理的哺乳动物细胞系的蛋白质组变异进行了研究，比较了基于质谱峰强度的方法和基于鉴定蛋白质肽段数的定量法，发现基于质谱峰强度的方法准确度较高，基于鉴定蛋白质肽段数的方法灵敏度较高，但二者蛋白质组分析结果与转录物组芯片分析结果一致。2007年Niittyla等采用非同位素标记定量分析方法分析了蔗糖诱导的拟南芥质膜蛋白磷酸化的实时变化，发现了40多个新的磷酸化位点。

### 6.2.4 用AQUA肽绝对定量

上述的蛋白质组学定量方法都是相对定量，相对定量可以研究蛋白质组的表达变异与修

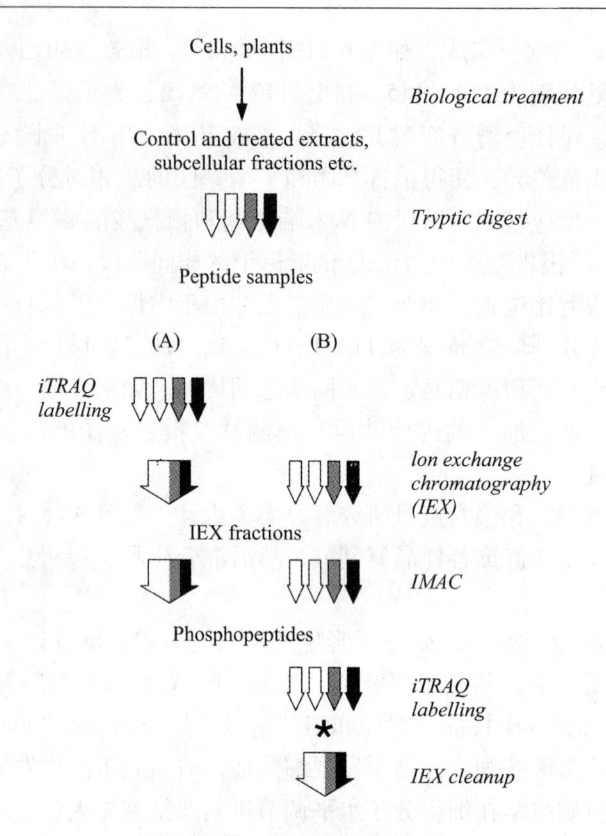


图 6-22 定量磷酸化流程图

注 对照与处理分别用白灰黑箭头表示；混合后用多色箭头表示；星号表示 iTRAQ 标记；其中离子交换分离(IEX)是必需的；金属离子亲和层析(IMAC)前和样品标记后需脱盐。Cells，细胞；plants，植物；biological treatment，生物处理；control and treated extracts，对照和处理提取物；subcellar fractions etc.，亚细胞部分等；tryptic digest，胰蛋白酶酶解；peptide samples，肽样品；iTRAQ labeling，iTRAQ 标记；ion exchange chromatography(IEX)，离子交换色谱法；IEX fractions，离子交换部分；IMAC，金属离子亲和层析；phosphopeptides，磷酸化肽；IEX cleanup，离子交换洗脱；LC-MS/MS analysis & quantification，LC-MS/MS 分析和定量。

饰。要想绝对定量蛋白质，必须把相对定量数值转换为绝对定量数值，这就需要一个已知浓度的内标。内标肽(命名为 AQUA)常由含同位素的氨基酸合成，以便与自然肽区分开来，然后采用类似 iTRAQ 方法获得内标肽与自然肽的质谱测定比率，准确定量自然肽。AQUA 肽可以是各种感兴趣肽的合成，所以常用于这些肽的定量和翻译后的修饰研究。

## 6.3 蛋白质芯片技术

蛋白质芯片(protein chips)又称蛋白质阵列或蛋白质微阵列，是由基因芯片延伸而来的蛋白质分析技术。蛋白质芯片可检测蛋白质分子、蛋白质与核酸、蛋白质与其他分子的相互作用，可通过其上的微孔道分离蛋白质。它是将大量的蛋白质、蛋白质检测试剂或检测探针作为配基以预先设计的方式固定在玻璃片、硅片或纤维膜等固定载体上组成密集的阵列，通过从待测生物样品中捕获配体，利用激光共聚焦显微镜（laser scanning confocal microscope, LSCM）、表面增强激光解吸电离飞行时间质谱（SELDI-TOF-MS）、表面等离子体共振（surface plasmon resonance, SPR）、原子力显微镜（atomic force microscope, AFM）等检测技术进行分析，高通量地测定蛋白质的生物活性、蛋白质与大分子或小分子间的相互作用，能够准确、快速、微型化、自动化、高通量地定性和定量检测蛋白质。

## 6.3.1 蛋白质芯片的分类

蛋白质芯片根据其应用领域的不同，可分为分析蛋白质芯片与功能蛋白质芯片。前者主要用于识别蛋白质；后者主要研究目的蛋白质与其他分子的相互作用。根据蛋白质芯片表面化学成分的不同，也可分为生物表面芯片和化学表面芯片，如图6-23。生物表面芯片分为受体与配体、DNA与蛋白质、酶等芯片，可选择性地捕获靶蛋白质。最常用的探针蛋白是抗体，因为抗原-抗体的反应特异性高。化学表面芯片包含疏水（hydrophobic surface, H4），亲水（normal phase, NP），弱阳离子交换（weak cation exchange, WCX），强阴离子交换（strong anion exchange, SAX），金属离子螯合（immobilized metal affinity capture, IMAC），特异结合（preactivated surface, PS）等芯片。例如，H4-疏水表面（$C_{16}$形成的疏水表面），通过疏水作用结合富含Ala（丙氨酸）、Val（缬氨酸）、Leu（亮氨酸）、Ile（异亮氨酸）、Phe（苯丙氨酸）、Trp（色氨酸）和Tyr（酪氨酸）的蛋白质。IMAC3-固定金属亲和结合芯片，螯合金属离子的蛋白质通过His（组氨酸）、Trp（色氨酸）、Lys（赖氨酸）和磷酸化的氨基酸与金属离子（+2价：Zn、Co、Ni、Cu、Ca、Mg，+3价：Al、Fe、Ga）结合，主要用于蛋白质的分离，蛋白质的表达分析和比较，如疾病相关蛋白的筛选。

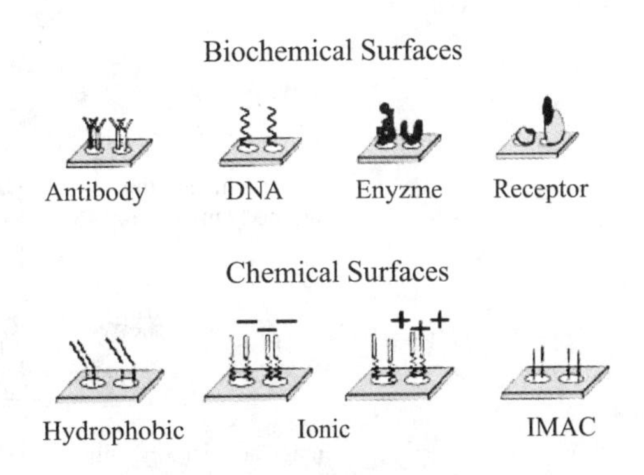


**图6-23 蛋白质芯片图谱**

注 biochemical surfaces，生物化学表面；antibody，抗体；enyzme，酶；receptor，受体；chemical surfaces，化学表面；hydrophobic，疏水的；ionic，离子的；IMAC，螯合金属离子。

## 6.3.2 蛋白质芯片的应用

蛋白质芯片应用非常多，渗透于多个研究领域，主要包括样品中疾病标记物的识别，蛋白质与蛋白质、核酸、药物等的互作，提取物中特异蛋白质定量和特异抗体的分离等。其中抗体芯片是蛋白质芯片中发展最快的芯片，可用于研究在不同生理状态或病理状态下蛋白质水平的量变。蛋白质抗体芯片是通过机械点涂的方法，将多种不同的单克隆抗体点样固定在固相介质表面（如PVDF膜）上制成的。它与不同颜色的荧光分子标记的样本杂交，扫描、分析结果，根据杂交信号的有无、多少进行定性或定量研究，其原理如图6-24。第一张商品化的抗体芯片是由美国BD Clontech公司推出的，芯片上排列了378种已知蛋白质的单克隆抗体（Ab Microarray 380，目录号：631785），这些单克隆抗体对应的蛋白质都是细胞结构和功能上十分重要的蛋白质，涉及信号传导、肿瘤、细胞周期调控、细胞结构、细胞凋亡和神

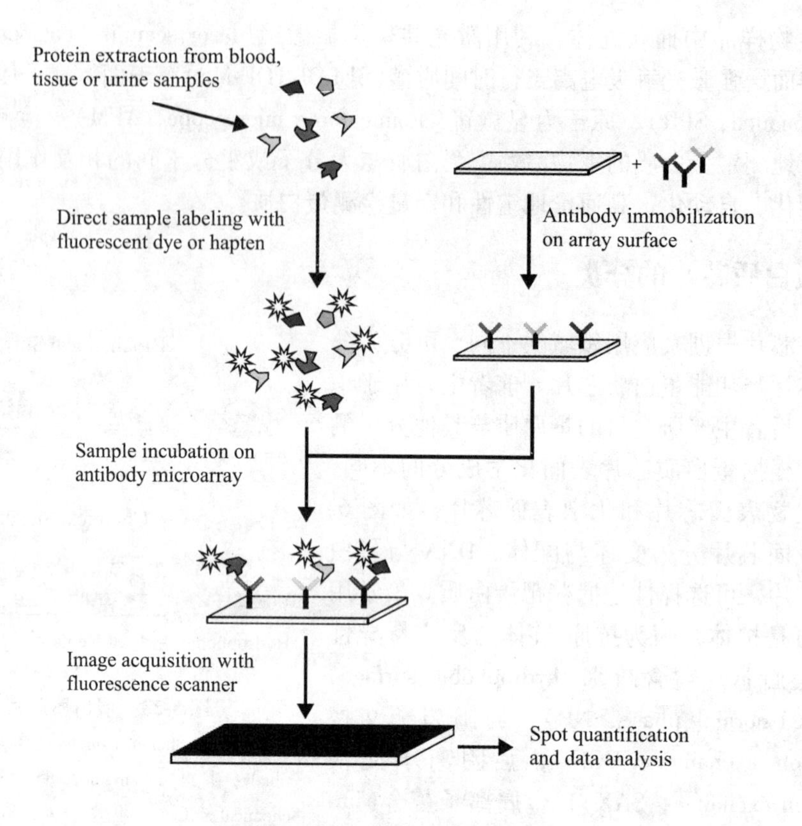


**图 6-24 抗体芯片原理示意图**

注 protein extraction from blood，tissue or urine samples：从血液、组织和尿中提取蛋白质；direct sample labeling with fluorescent dye or hapten：荧光染料或半抗原直接标记样品；antibody immobilization on array surface：抗体固定于芯片表面；sample incubation on antibody microarray：样品与抗体芯片杂交；image acquisition with fluorescence scanner：荧光扫描仪采集图像；spot quantification and data analysis：杂交点定量数据分析。

经生物学等广泛领域，通过这张芯片，在一次实验中就能够比较几百种蛋白质的表达变化。X Cynthia Song 等将传统的免疫染色技术与抗体芯片结合，研究了3个正常乳细胞系和7个乳癌细胞系中312个蛋白质的表达规律，发现了10个差异表达蛋白质，其中蛋白质RAIDD、Rb p107、Rb p130、SRF和Tyk2经Western杂交与统计分析，证明在乳癌细胞中表达高于正常细胞，可发展为乳癌诊断标记。2009年，Aguilar-Mahecha 等采用反向蛋白质芯片（reverse phase protein microarrays，RPPMs）技术，将血清和血浆样品点于RPPMs，与成簇蛋白抗体反应，可重复检测到成簇蛋白，灵敏度可达780 ng/mL。

蛋白质结合芯片（protein binding microarray，PBM）技术是一种快速高通量的研究转录因子结合位点的技术，其实验流程如图6-25，用一块芯片可同时检测多个蛋白质，一天可检测12个甚至更多蛋白质。

蛋白质芯片表面加强激光解吸电离-飞行时间-质谱（surface enhanced laser desorption/ionization time of flight mass spectrometry，SELDI-TOF-MS）技术，或称表面增强激光解吸电离质谱（SELDI）技术，是蛋白质组学研究中一种全新的蛋白质鉴定核心技术，为蛋白质组学的研究提供了良好的技术平台。该技术是由2002年诺贝尔化学奖得主田中耕一（Tanaka）发明，由

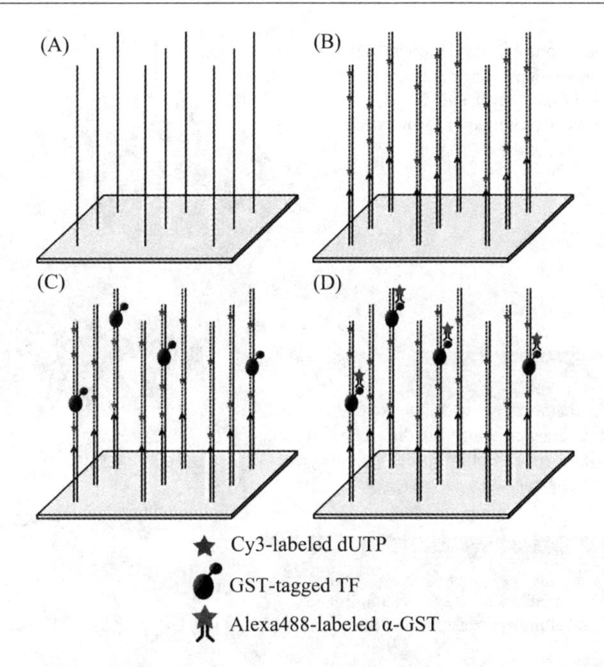


**图 6-25 PBM 技术流程图**

注 (A)商业合成单链 DNA 芯片；(B)单链 DNA 通过固相引物延伸法合成双链，同时渗入少量荧光标记的 dUTP；(C)带有抗原尾的 TF 与芯片 DNA 结合；(D)荧光标记抗体检测芯片结合蛋白。

Cy3-labeled dUTP：Cy3 标记脱氧尿苷三磷酸；GST-tagged TF：谷胱甘肽转移酶标记转录因子；alexa488-labeled α-GST：alexa488 标记谷胱甘肽转移酶。

美国赛弗吉(Ciphergen)公司研制。该系统由蛋白质芯片、激光吸收离子化质谱设备(Reader)和人工智能数据分析处理软件三部分组成。表面增强激光解吸电离光谱技术的基本原理是蛋白质芯片根据蛋白质物理化学性质等的不同，选择性地从待测生物样品中捕获配体，将其结合在经过特殊处理的蛋白质芯片上，然后激光脉冲辐射使蛋白质芯片表面结合的待分析物电离，形成质荷比不同的离子。不同质荷比的离子在真空电场中飞行的时间长短不同，据此绘制出质谱图。检测结果通过 SELDI 软件处理，将正常人与某种疾病患者的图谱、甚至基因库中的图谱进行比较，就能发现和捕获该疾病的特异性相关蛋白质，其技术流程如图 6-26。如 2008 年 Guo X 等用阳离子结合蛋白质芯片与 SELDI-TOF MS 技术研究了大骨节病(kashin-beck disease，KBD)的血清蛋白质组变化与生物标记的筛选，发现了 KBD 病人血清中显著变化的蛋白质，筛选到 KBD 的候选生物标记。

蛋白质芯片技术为蛋白质组学研究提供了一个具有广阔应用前景的平台，它就像放大化的电泳、酵母双杂交、ELASA 等技术，具有快速、自动化、高通量等优点。虽然蛋白质芯片的发展正处于起步阶段，受到制作工艺复杂、检验设备昂贵、实验条件要求严格等的限制，但随着微电子技术、生物物理学等学科技术的发展，制作技术和检测设备的改进，相信不远的将来蛋白质芯片技术将成为蛋白质组表达、蛋白质互作、药物筛选、疾病诊断等研究的有力工具。

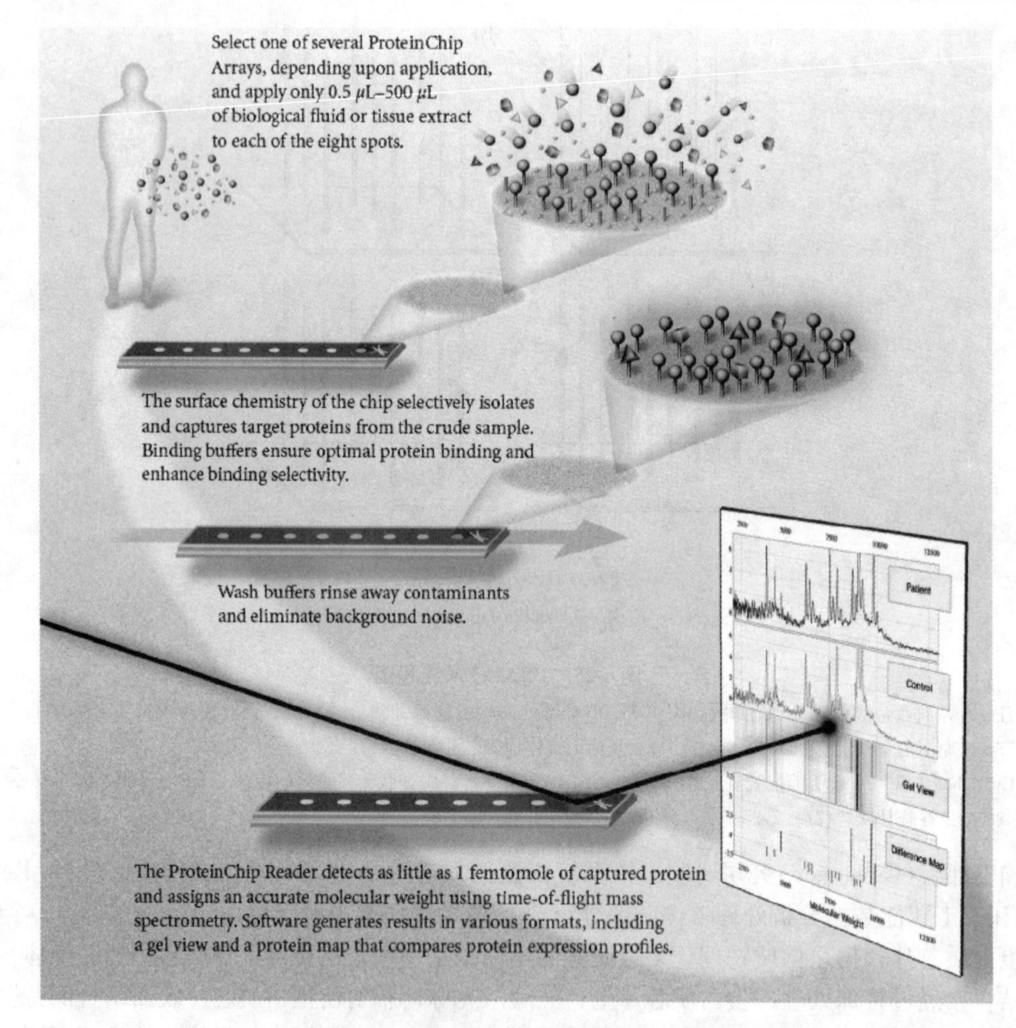


**图 6-26 SELDI-TOF-MS 技术流程图**

注 Select one of several Proteinchip Arrays, depending upon application, and apply only 0. 5 μL-500 μL of biological fluid or tissue extract to each of the eight spots：依据实际需要选择一种蛋白质芯片，8 个点的每一个仅需要 0. 5 μL-500 μL 的生物流体或组织提取物；The surface chemistry of the chip selectively isolates and capture target proteins from the crude sample：芯片表面化学物质选择性地从粗提物中分离捕获目的蛋白质；Binding buffers ensure optimal protein binding and enhance binding selectivity：结合缓冲液保证最优蛋白质结合，提高结合选择性；Wash buffers rinse away contaminations and eliminate background noise：洗脱缓冲液洗脱污染降低杂交背景；The ProteinChip Reader detects as 1 femtomole of captured protein and assigns an accurate molecular weight using time-of-flight mass spectrometry：蛋白质芯片检测仪捕获飞摩尔级蛋白质，飞行质谱准确测定其分子量；Software generates results in various formats, including a gel view and a protein map that compares protein expression profiles：软件以胶、蛋白质图谱等形式显示蛋白表达结果。

# 本章小结

定量蛋白质组学是把一个基因组表达的全部蛋白质或一个复杂混合体系中所有的蛋白质进行精确定量与鉴定的一门学科。本章重点介绍了定量蛋白质组学的三大研究技术：基于荧光的定量蛋白质分析技术、基于质谱的定量蛋白质技术和蛋白质芯片技术。详细阐述了每一种定量研究技术的具体原理、技术路线及其应用领域，并用实例指导读者充分理解各种技术的原理与应用。同时本章也分析了各种研究技术的优缺点，希望能引发读者更多的思考，以促进定量蛋白质组学研究的发展。

# 思考题

1. 什么是定量蛋白质组学？“定量蛋白质组学”概念的提出有何重要意义？
2. 哪些研究技术可用于定量蛋白质组学研究？
3. 双向差异凝胶电泳的原理是什么，如何解决“常规双向电泳”重复性差、可比性差的问题？如何标记样品与内标？
4. 常见的基于质谱的蛋白质定量技术有哪些？
5. 提取后标记采用哪些标定试剂？
6. 在蛋白质组学研究中$^{15}$N 代谢标记有何优缺点？
7. $^{18}$O 标记样品的原理是什么？请简单说明其实验流程。
8. ICAT 化学试剂的结构由哪三部分组成？如何参与定量蛋白质组学研究？
9. 蛋白质芯片的原理是什么？有哪些种类的蛋白质芯片？
10. 用抗体芯片如何进行定量蛋白质组学研究？

# 参考文献

1. AGUILAR-MAHECHA A, CANTIN C, O'CONNOR-MCCOURT M, et al. 2009. Development of reverse phase protein microarrays for the validation of clusterin, a mid-abundant blood biomarker[J]. Proteome Science, (7): 15.

2. ALHAMDANI M SS, SCHRÖER C, HOHEISEL J D. 2009. Oncoproteomic profiling with antibody microarrays[J]. Genome Medicine, 1: 68.

3. AMME S, MATROS A, SCHLESIER B, MOCK H P. 2006. Proteome analysis of cold stress response in Arabidopsis thaliana using DIGE technology[J]. J Exp Bot, 57: 1537 – 1546.

4. BENSCHOP J J, MOHAMMED S, O'FLAHERTY M, et al. 2007. Quantitative phospho-proteomics of early elicitor signalling in arabidopsis[J]. Mol Cell Proteomics, 6: 1198 – 1214.

5. BERGER M F, BULYK M L. 2008. Universal protein-binding microarrays for the comprehensive characterization of the DNA-bindingspecificities of transcription factors[J]. Nature Protocols, 4: 393 – 411.

6. BLACKSTOCK W P, WEIR M P. 1999. Proteomics: quantitative and physical mapping of cellular proteins

[J]. Trends Biotechnol, 17: 121－127.

7. BOHLER S, BAGARD M, OUFIR M, PLANCHON S, et al. 2007. A DIGE analysis of developing poplar leaves subjected to ozone reveals major changes in carbon metabolism[J]. Proteomics, 7: 1584－1599.

8. CASATI P, ZHANG X, BURLINGAME A L, et al. 2005. Analysis of leaf proteome after UV-B irradiation in maize lines differing in sensitivity[J]. Mol. Cell. Proteomics, 4: 1673－1685.

9. CHOI J, REES H D, WEINTRAUB S T, et al. 2005. Oxidative Modifications and Aggregation of Cu, Zn-Superoxide Dismutase Associated with Alzheimer and Parkinson Diseases[J]. J Biol Chem, 280: 11648－11655.

10. ENGELSBERGER W R, ERBAN A, KOPKA J, et al. 2006. Metabolic labeling of plant cell cultures with $K^{15}NO_3$ as a tool for quantitative analysis of proteins and metabolites[J]. Plant Methods, 2: 14.

11. FOTH B J, ZHANG N, MOK S, et al. 2008. Quantitative protein expression profiling reveals extensive post-transcriptional regulation and post-translational modifications in schizont-stage malaria parasites[J]. Genome Biology, 9: 1－18.

12. FU C X , HU J, LIU T, AGO T, et al. 2008. Quantitative Analysis of Redox-Sensitive Proteome with DIGE and ICAT[J]. J Proteome Res, 7: 3789－3802.

13. GADE D, THIERMANN J, MARKOWSKY D, et al. 2003. E-valuation of two-dimensional difference gel electrophoresis for protein profiling[J]. J. Mol. Microbiol. Biotechnol, 5(4): 240－251.

14. GERBER S A, RUSH J, STEMMAN O, et al. 2003. Absolute quantification of proteins and phosphoproteins from cell lysates by tandem MS[J]. Proc. Natl Acad Sci USA, 100: 6940－6945.

15. GLINSKI M, ROMEIS T, WITTE C P, et al. 2003. Stable isotopic labeling of phosphopeptides for multiparallel kinase target analysis and identification of phosphorylation sites[J]. Rapid Commun. Mass Spectrom, 17: 1579－1584.

16. GLINSKI M, WECKWERTH W. 2005. Differential multisite phosphorylation of the trahalose-6-phosphate synthase gene family in Arabidopsis thaliana[J]. Mol Cell Proteomics, 4: 1614－1625.

17. GUO X, TAN W H, GENG D, et al. 2008. Detection of serum proteomic changes and discovery of serum biomarkers for Kashin-Beck disease using surface-enhanced laser desorption ionization mass spectrometry(SELDI-TOF MS)[J]. J Bone Miner Metab, 26: 385－393.

18. GYGI S P, RIST B, AEBERSOLD R. 2000. Measuring gene expression by quantitative proteome analysis [J]. Current opinion in biotechnology, 11: 396－401.

19. GYGI S P, RIST B, AEBERSOLD R. 2000. Measuring gene expression by quantitative proteome analysis [J]. Curr Opin Biotech, 11: 396－401.

20. GYGI S P, RIST B, GERBER S A, et al. 1999. Quantitative analysis of complex protein mixtures using isotope-coded affinity tags[J]. Nat Biotechnol, 17: 994－999.

21. HAJDUCH M, CASTEEL J E, HURRELMEYER K E, et al. 2006. Proteomic analysis of seed filling in Brassica napus: Developmental characterization of metabolic isozymes using high-resolution two-dimensional gel electrophoresis[J]. Plant Physiol, 141: 32－46.

22. HAMES B D. RICKWOOD D. 1990. In: Gel Electrophoresis of Proteim. A practical Approach, 2nd ed. New York: IRL Press, 52－81.

23. HARTMAN N T, SICILIA F, LILLEY K S, et al. 2007. Proteomic complex detection using sedimentation [J]. Anal Chem, 79: 2078－2083.

24. HJERNO K, ALM R, CANBACK B, et al. 2006. Downregulation of the strawberry Bet v 1-homologous allergen in concert with the flavonoid biosynthesis pathway in colorless strawberry mutant[J]. Proteomics, 6: 1574－1587.

25. ISSAQ H J, VEENSTRA T D, CONRADS T P, et al. 2002. The SELDI-TOF MS approach to proteomics: Protein profiling and biomarker identification[J]. Bio-chem Biophy Res Commu-nications, 292: 587 -592.

26. KEELER M, LETARTE J, HATTRUP E, et al. 2007. Two-dimensional differential in-gel electrophoresis (DIGE) of leaf and roots of Lycopersicon esculentum[J]. Methods Mol Biol, 355: 157 -174.

27. KONDO T, HIROHASHI S. 2007. Application of highly sensitive fluorescent dyes(CyDye DIGE Fluor saturation dyes) to laser microdissection and two-dimensional difference gel electrophoresis (2D-DIGE) for cancer proteomics[J]. Nature Protocols, 1: 2940 -2956.

28. KONDO T, SEIKE M, MORI Y, et al. 2003. Application of sensitive fluorescent dyes in linkage of laser microdissection and two-dimensional gel electrophoresis as a cancer proteomic study tool[J]. Proteomics, 3: 1758 -1766.

29. LI J X, STEEN H, GYGI S P. 2003. Protein Profiling with Cleavable Isotope-codedAffinity Tag(cICAT) Reagents[J]. Molecular & Cellular Proteomics, 2: 1198 -1204.

30. LILLEY K S, DUPREE P. 2006. Methods of quantitative proteomics and their application to plant organelle characterization[J]. J Exp Bot, 57: 1493 -1499.

31. LINK A J, ENG J, SCHIELTZ D M, et al. 1999. Direct analysis of protein complexes using mass spectrometry[J]. Nat Biotechnol, 17: 676 -682.

32. LOPEZ M F, BERGGREN K, CHERNOKALSKAYA E, et al. 2000. A comparison of silver stain and SYPRO Ruby protein gel stain with respect to protein detection in two-dimensional gels and identification by peptide mass profiling[J]. Electrophoresis, 21: 3673 -3683.

33. MANN M. 1999. Quantitative proteomics[J]. Nat biotechnol, 17: 954 -955.

34. MAROUGA R, DAVID S, HAWKINS E. 2005. The development of the DIGE system: 2D fluorescence difference gel analysis technology[J]. Anal Bioanal Chem, 382: 669 -678.

35. MOONEY B P, MIERNYK J A, GREENLIEF C M, et al. 2006. Using quantitative proteomics of Arabidopsis roots and leaves to predict metabolic activity[J]. Physiol Plant, 128: 237 -250.

36. NELSON C J, HEGEMAN A D, HARMS A C, et al. 2006. A quantitative analysis of Arabidopsis plasma membrane using trypsin-catalyzed $^{18}O$ labeling[J]. Mol Cell Proteomics, 5: 1382 -1395.

37. NEWO A N S, LÜTZELBERGER M, BOTTNER C A, et al. 2007. Proteomic analysis of the U1 snRNP of Schizosaccharomyces pombe reveals three essential organism-specific proteins[J]. Nucleic Acids Research, 35: 1391 -1401.

38. NIITTYLA T, FUGLSANG A T, PALMGREN M G, et al. 2007. Temporal analysis of sucrose-induced phosphorylation changes in plasma membrane proteins of Arabidopsis[J]. Mol Cell Proteomics, 6: 1711 -1726.

39. NING T, TORNATORE P, and WEINBERGER S R. 2004. Current developments in SELDI affinity technology[J]. Mass Spectrometry Reviews, 23, 34 -44.

40. NÜHSE T S, BOTTRILL A R, JONES A M E, et al. 2007. Quantitative phosphoproteomic analysis of plasma membrane proteins reveals regulatory mechanisms of plant innate immune responses[J]. Plant J, 51: 931 -940.

41. O'Farrell P H. 1975. High resolution two-dimensional electrophoresis of proteins[J]. J Biol Chem, 250: 4007 -4021.

42. ODA Y, HUANG K, CROSS F R, et al. 1999. Accurate quantitation of protein expression and site-specific phosphorylation[J]. Proc Natl Acad Sci USA, 96: 6591 -6596.

43. OLD W M, MEYER-AREND K, AVELINE-WHITE L, et al. 2005. Comparison of label-free methods for quantifying human proteins by shotgun proteomics[J]. Mol Cell Proteomics, 4: 1487 -1502.

44. OPITECK G J, LEWIS K C, JORGENSON J W. 1997. Comprehensive on line LC/LC/MS of proteins[J]. Anal Chem, 69: 1518 -1524.

45. PELTIER J B, YANG C, Qi S, ZABROUSKO V, et al. 2006. The Oligomeric Stromal Proteome of *Arabidopsis thaliana* Chloroplasts[J]. Molecular & Cellular Proteomics, 5: 114 – 133.

46. JAY J, SCOTT C. 2007. Quantitative Proteomics in Plants: Choices in Abundance[J]. The Plant Cell, 19: 3339 – 3346.

47. RABILLOUD T, STRUB JM, LUCHE S, et al. 2001. A comparison between Sypro Ruby and ruthenium II tris(bathophanthroline disulfonate) as fluorescent stains for protein detection in gels[J]. Proteomics, 1: 699 – 704.

48. RABILLOUD T. 2000. Detecting proteins separated by 2-D gel electrophoresis[J]. Anal Chem, 72: 48A – 55A.

49. REDDY G, DALMASSO E A. 2003. SELDI Protein Chip array technology: protein-based predictive medicine and drug discovery applications[J]. Journal of Biomedicine and Biotechnology, 4: 237 – 241.

50. ROSS P L, HUANG Y N, MARCHESE J N, et al. 2004. Multiplexed protein quantitation in *Saccharomyces cerevisiae* using Amine-reactive isobaric tagging reagents[J]. Molecular & Cellular Proteomics, 3: 1154 – 1169.

51. RUDELLA A, FRISO G, ALONSO J M, et al. 2006. Downregulation of ClpR2 leads to reduced accumulation of the ClpPRS protease complex and defects in chloroplast biogenesis in Arabidopsis[J]. Plant Cell, 18: 1704 – 1721.

52. SETHURAMAN M, MCCOMB M E, HEIBECK T, et al. 2004. Isotope-coded affinity tag approach to identify and quantify oxidant-sensitive protein thiols[J]. Molecular & Cellular Proteomics, 3: 273 – 278.

53. SHAW J, ROWLINSON R, NICKSON J, et al. 2003. Evaluation of saturation labelling two-dimensional difference gel electrophoresis fluorescent dyes[J]. Proteomics, 3: 1181 – 1195.

54. SMEJKAL G B. 2004. The Coomassie chronicles: past, present and future perspectives in polyacrylamide gel staining[J]. Expert Review of Proteomics, 1: 381 – 387.

55. SONG X C, FU G, YANG X, et al. 2008. Protein Expression Profiling of Breast Cancer Cells by Dissociable Antibody Microarray(DAMA) Staining[J]. Mol Cell Proteomics, 7: 163 – 169.

56. THOMAS H S. LAURIE J J, RICHARD P H, et al. 1996. SYPRO orange and SYPRO red protein gel stains: one step fluorescent staining of denaturing gels for detection of nanogram levels of protein[J]. Analytical Biochemistry, 239: 223 – 237.

57. UNLU M., MORGAN M. E., MINDEN J. S. 1997. Difference gel electrophoresis: a single gel method for detecting changes in protein extracts[J]. Electrophoresis, 18(11): 2071 – 2077.

58. WANG S, REGNIER F E. 2001. Proteomics based on selecting and quantifying cysteine containing peptides by covalent chromatography[J]. J Chromatogr A, 924: 345 – 357.

59. WESTERMEIER R, SCHEIBE B. 2008. Difference gel electrophoresis based on lys/cys tagging[J]. Methods Mol Biol, 424: 73 – 85.

60. YAO X, FREAS A, RAMIREZ J, et al. 2001. Proteolytic $^{18}O$ labeling for comparative proteomics: Model studies with two serotypes of adenovirus[J]. Anal Chem, 73: 2836 – 2842.

61. 曹冬，张养军，钱小红. 2008. 基于生物质谱的蛋白质组学绝对定量方法研究进展[J]. 质谱学报，29: 185 – 191.

62. 常胜合，舒海燕，秦广雍，等. 2006. 凝胶电泳蛋白质染色方法研究进展[J]. 河南农业科学，(5): 8 – 12.

63. 龙晓辉，莫志宏，张耀洲. 2006. 基于二维凝胶电泳的蛋白质定量分析技术[J]. 化学进展，18: 474 – 481.

64. 谭颖，王玉霞，李晶，等. 2006. $^{18}O$ 标记法在定量蛋白质组学中的应用[J]. 细胞生物学杂志，28: 783 – 786.

65. 杨何义，钱小红. 2002. 定量蛋白质组学研究技术[J]. 生命的化学，22: 382 – 385.

66. 甄艳，许淑萍，赵振洲，等. 2008. 2D-DIGE 蛋白质组技术体系及其在植物研究中的应用[J]. 分子植物育种，6: 405 – 412.

# 第7章　蛋白质结构分析技术

蛋白质通过其特定的三维结构行使其生物学功能。当前蛋白质组学的研究迫切需要从蛋白质高级结构出发来研究蛋白质的生物学功能。蛋白质空间结构可以通过实验测定获得，主要方法有两种：X射线衍射法和核磁共振(NMR)技术。目前国际蛋白质结构数据库PDB中已收录超过6万条蛋白质结构记录。与通过蛋白质组学和基因组学技术获得的海量蛋白质序列数据相比，实验测定的蛋白质结构数据还远远不能满足人们对蛋白质功能研究的需要。蛋白质结构还可通过生物信息学的手段进行理论预测。迄今为止，蛋白质理论预测研究已经有近四十年的历史，虽然还远未完善，但一些预测方法已日趋成熟，通过合理使用这些预测方法获得的蛋白质结构信息，可大大加快蛋白质生物学功能的研究。本章在简要介绍蛋白质结构组织层次、蛋白质结构测定的实验方法以及蛋白质结构与功能间关系的基础上，重点介绍一些常用的蛋白质生物信息学方法，包括蛋白质结构比对、蛋白质二级结构预测和蛋白质三级结构预测。

## 7.1　蛋白质的结构

蛋白质的结构层次可以分为一级、二级、三级和四级结构。

### 7.1.1　蛋白质结构的组织层次

#### 7.1.1.1　蛋白质的一级结构

蛋白质的一级结构(primary structure)一般是指构成蛋白质肽链的氨基酸残基的排列次序，有时也称为氨基酸序列。构成蛋白质肽链的常见氨基酸有20种，每一种氨基酸在结构上都是由中心碳原子 $C_\alpha$ 以及与之相连的1个氢原子、1个氨基($—NH_2$)和1个羧基(—COOH)以及区分不同氨基酸并决定氨基酸理化性质的侧链基团(—R)构成。侧链决定了氨基酸的物理和化学性质。氨基酸侧链的理化性质包括所带电荷、疏水性和极性等，这些性质是蛋白质的结构与功能的基础。根据侧链基团的理化性质，氨基酸大致可以分为非极性侧链氨基酸、不带电荷的极性侧链氨基酸以及带电荷的极性侧链氨基酸三大类。

#### 7.1.1.2　蛋白质的二级结构

蛋白质的二级结构是指肽链局部的空间结构，是构成蛋白质高级结构的基本要素。各类二级结构是靠肽链骨架中羰基上的氧原子和亚胺基上的氢原子之间的氢键来维系。其他的作用力，如范德华力和静电力等，也对蛋白质二级结构的形成有一定的贡献。在球状蛋白中，二级结构的3个基本单元是α螺旋、β折叠和环区。

(1)α螺旋

α螺旋是最常见的一种二级结构单元(图7-1)。在α螺旋中，平均每个螺旋周期包含3.6个氨基酸残基，每一个残基与前一个残基之间的偏移为0.15nm，所以α螺旋的螺距为0.54nm。残基侧链伸向外侧，同一肽链上的第$i$个残基的酰胺氢原子和位于它后面的第$i+4$个残基上的羰基氧原子之间形成氢键，这种氢键大致与螺旋轴平行。少数情况下，会形成另外两种螺旋：π螺旋(第$i$个残基与第$i+5$个残基之间形成氢键)和$3_{10}$螺旋(第$i$个残基与第$i+3$个残基之间形成氢键)。总的来说，π螺旋和$3_{10}$螺旋在能量上是不利的，因为在$3_{10}$螺旋中骨架的原子安排得太过于紧密，而在π螺旋中则过于疏松，其中间有一个孔。例如，脯氨酸往往不利于α螺旋的形成，大多数情况下仅出现在螺旋的第一圈中；甘氨酸没有侧链的取代基团，所以它参与的肽链的活动性更大，也影响了α螺旋的稳定性。利用不同氨基酸形成螺旋的倾向性来预测一个蛋白序列能否形成螺旋是早期二级结构预测的常用策略。

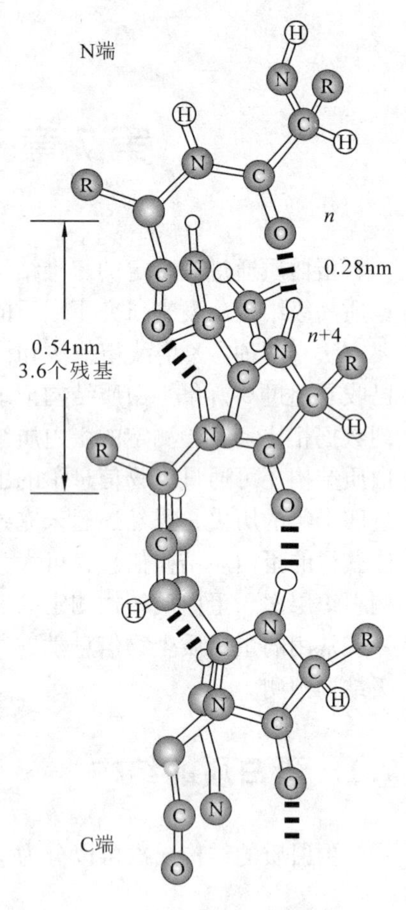


图7-1 α螺旋示意图

(2)β折叠

β折叠(也称为β片层)是另外一种十分重要的二级结构单元(图7-2)。与α螺旋相比较，β折叠具有伸展的构象，是由多肽链的几个不连续的区域构成，通常每个片层由5~10个残基组成。β折叠分为平行的和反平行的2种类型。平行的和反平行的β片层中，氢键的网络是不同的。在反平行的β折叠片中，间距较窄的一些氢键和间距较宽的一些氢键是交替出现的；而在平行的β折叠片中，则具有间距均匀的一些氢键，它们以一定的角度连接一组β片层。

(3)环区

大多数蛋白质的结构是由α螺旋和β片层这两种二级结构以不同的方式组合而构成的，它们由不同长度和不规则形状的环区(loop regions)相连。环区通常位于蛋白质结构的表面，暴露在溶剂中，环区中带正电或带极性的亲水氨基酸可与水分子形成氢键。不同物种的同源序列比对发现，残基的插入和缺失更容易发生在环区内；研究还发现，环区还经常参与蛋白功能位点(如酶催化位点)的形成。由此可见，环区结构对维持蛋白质的功能有时是至关重要的。环区也具有一些频繁出现的优先结构，如转角结构。通常有2种最常见的转角：γ转角和β转角。γ转角含有3个残基，通常连接在反向平行β片层相邻的链上。γ转角的突出特点是：转角的中间的残基不参与氢键的形成，而第一个和第三个残基可以形成反向平行β折叠链中最后和最初的氢键。β转角含有4个残基，是蛋白质结构中更为普遍的转角。在β转角中第一个残基的C═O与第四个残基的N—H通过氢键键合形成一个紧密的环，使β转角成为比较稳定的结构，多处在蛋白质分子的表面，在这里改变多肽链方向的阻力比较

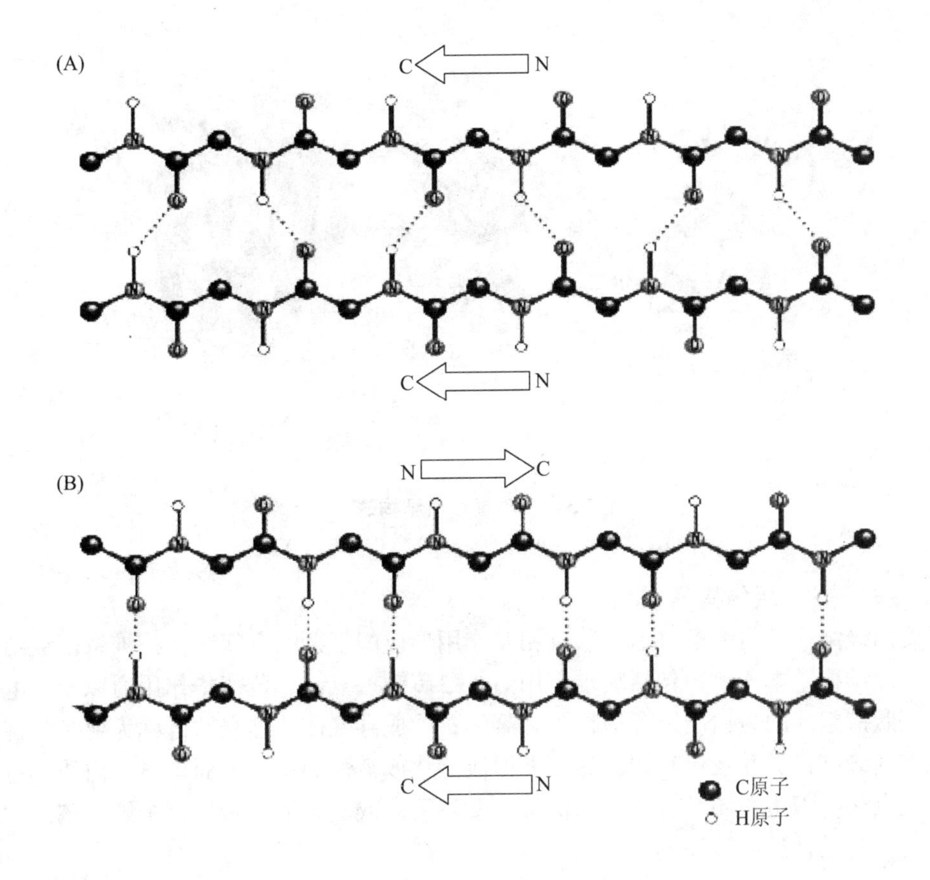


图 7-2 β片层示意图

(A)平行的β片层 (B)反平行的β片层

小。β转角的特定构象在一定程度上取决于它的组成氨基酸，某些氨基酸如脯氨酸和甘氨酸经常存在其中，由于甘氨酸缺少侧链(只有1个氢原子)，在β转角中能很好地调整其他残基的空间阻碍，因此它是立体化学上最合适的氨基酸；而脯氨酸特有的肽平面夹角在一定程度上迫使β转角形成，促使多肽链的自身回转，且这些回转有助于反平行β折叠片的形成。

#### 7.1.1.3 蛋白质的三级结构

2个或几个二级结构单元可以组装成具体有特异几何排列的局部空间结构，这些局部空间结构称为超二级结构。接着，几个超二级结构可以进一步组合形成紧密的球状结构，称为结构域。三级结构的基本单元是结构域，通常一条大的多肽链可折叠成几个结构域，结构域之间存在相互作用，但是这些相互作用比起每个结构域内的二级结构元件之间的相互作用要少。稳定蛋白质三级结构主要是依靠蛋白质氨基酸之间的各种非共价键和疏水作用。同时，蛋白质中的二硫键对于蛋白质的稳定和三级结构的形成有着重要的作用。蛋白质结构域可分为3种主要类型：α结构域、β结构域和混合结构域(图7-3)。α结构域的核心区主要由α螺旋构成，β结构域的核心区主要由β片层构成，混合结构域的核心区既含有α螺旋也含有β片层。根据平行与反平行的β片层比例，混合结构域还可再分为α/β型(以平行β片层为主)和α+β型(以反平行β片层为主)。

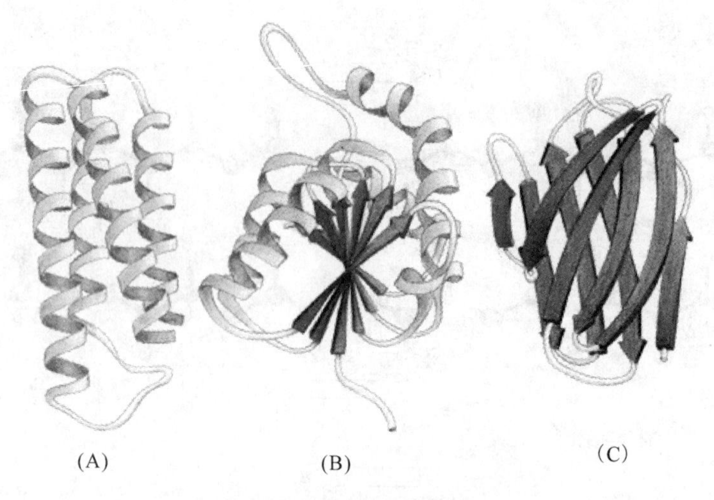


**图7-3 三类蛋白质结构域**

(A)α结构域 (B)混合结构域 (C)β结构域

#### 7.1.1.4 蛋白质的四级结构

蛋白质四级结构是由1条以上多肽链相互作用形成的复杂的空间结构。维系四级结构的作用力与三级结构基本一致，包括疏水作用力、二硫键、氢键、范德华作用力以及静电作用力。由多条肽链组成的蛋白质组合体称为寡聚体；构成寡聚体的独立肽链称为亚基。许多蛋白质都具有四级结构，并在亚基间的界面上形成催化或活性的位点，而单体蛋白质不可能存在这样的位点。寡聚蛋白还具有明显的优势，就是配体或底物的结合使整个组装体的构象发生变化，为生物活性的调节提供了可能。

### 7.1.2 蛋白质结构的实验测定及结构基因组学

#### 7.1.2.1 蛋白质结构的实验测定

蛋白质的三维结构对于研究蛋白质的功能具有重要的作用，因此很多科学家致力于蛋白质的实验测定研究，应运而生的结构生物学已成为生命科学中的重要分支。到目前为止，蛋白质空间结构的实验测定方法主要有2种：X射线衍射法和核磁共振(NMR)技术。X射线衍射技术是测定蛋白质结构最精确的方法之一，目前已知蛋白质结构中的80%是通过这种技术获得的。应用X射线衍射技术测定蛋白质结构，蛋白质溶液样品必须具有足够高的浓度并在合适的条件下形成晶体。晶体将X光衍射到探测装置从而获得衍射图像，通过对衍射图像类型的推导进而获得蛋白质结构。X射线的波长(0.05～0.15nm)适合用于测量原子间距，因而可以用来对蛋白质侧链进行细致的研究。核磁共振技术是另一种重要的测定蛋白质结构的方法。将蛋白质溶液置于磁场中，观察特征性的化学位移，从化学位移中推测蛋白质的结构。由核磁共振技术测定的蛋白质最大约含有350个残基，这比由X射线衍射测得的结构的蛋白质要小得多。但是核磁共振技术不需要复杂的结晶过程，这是它的一个明显的优点。此外，电子显微镜技术是近些年来出现的解析蛋白质结构的新方法，但目前的应用还相对较少，并且应用场合比较窄，只有少数的蛋白质结构是由这种技术获得的。

#### 7.1.2.2 蛋白质结构数据库

蛋白质结构数据库(protein data bank，PDB)是美国纽约 Brookhaven 国家实验室于 1971 年创建的。为适应结构基因组和生物信息学研究的需要，1998 年 10 月由美国国家科学基金委员会、能源部和卫生研究院资助，成立了结构生物学合作研究协会(Research Collaboratory for Structural Bioinformatics，RCSB)。目前 PDB 数据库由 RCSB 管理，主要成员为拉特格斯大学(Rutgers University)、圣地亚哥超级计算中心(San Diego Supercomputer Center，SDSC)和美国国家标准化研究所(National Institutes of Standards and Technology，NIST)。

PDB 是目前最主要的收集生物大分子(蛋白质、核酸和糖)三维结构的数据库，是通过 X 射线单晶衍射、核磁共振、电子衍射等实验手段确定的蛋白质、多糖、核酸、病毒等生物大分子的三维结构数据库。随着实验技术的不断发展，结构测定的速度逐步提高，PDB 数据库中的结构数据量也迅速增加。20 世纪 90 年代以来，随着多维核磁共振溶液构象测定方法的成熟，那些难以结晶的蛋白质分子的结构测定成为可能。蛋白质分子结构数据库的数据量迅速上升。截至 2010 年 5 月 11 日，PDB 数据库共收录了 65 260 条蛋白质结构记录。

PDB 数据库以文本文件的方式存放数据，每个分子采用一个独立的文件(称为 PDB 文件)。除了原子坐标外，PDB 文件还包括物种来源、化合物名称、结构提交时间以及有关文献等基本注释信息。此外，PDB 文件还给出分辨率、结构因子、温度系数、配基分子式、金属离子、二级结构信息、二硫键位置等与结构有关的数据。

PDB 数据库中的蛋白质结构的记录信息，是以文本的形式存放，为了更加直观地观察蛋白质的三维结构，已开发出许多的分子结构显示程序，其中的典型代表是 PyMol 程序(图 7-4)。

PyMol 是一个开放源代码，由使用者赞助的分子三维结构显示软件。PyMol 的一个很大的优点在于它可以快速产生高清晰度的分子图像和动画以及多功能性。其功能十分强大，可以支持多种数据格式的输入，同时可以采用卡通、飘带和表面等多种显示形式对读入的蛋白质结构数据进行显示，并且可以实现对读入的蛋白质结构的拆分、合并和叠加等多种的分子操作。PyMol 还可以进行一些简单的计算，例如可获得选定原子之间的距离、角度和二面角的信息。PyMol 的另外一个优点是其操作的方便性。PyMol 的操作可以分为鼠标和命令行 2 种形式。鼠标操作对于初学者尤其方便。命令行形式可以对蛋白质结构的操作更加精确。有兴趣的读者可以访问 PyMol 的主页(http://www.pymol.org/)获得更多的关于该软件介绍和使用的信息。

其他的分子结构可视化软件，如 VMD、RasMol、Molscript、SPDBviewer、Chime 和 Cn3D 等，同样也可以实现对蛋白质三维结构的显示，这些软件各有其优点。总的来说，蛋白质结构显示软件正朝着操作简单化、功能多样化、结构显示精美化的方向发展，这为我们观察蛋白质的三维结构提供了极大的便利。

#### 7.1.2.3 结构基因组学

随着基因组测序计划的不断深入以及蛋白质结构解析技术的不断发展，结构生物学也进入了新的发展时代——结构基因组学时代。结构基因组学是一门用结构生物学方法研究整个生物体、整个细胞或整个基因组中所有的蛋白质和相关蛋白质复合物的三维结构的学科。结构基因组学通常可以分为 3 个步骤：首先，将蛋白质序列聚类成不同的家族，每一个家族的

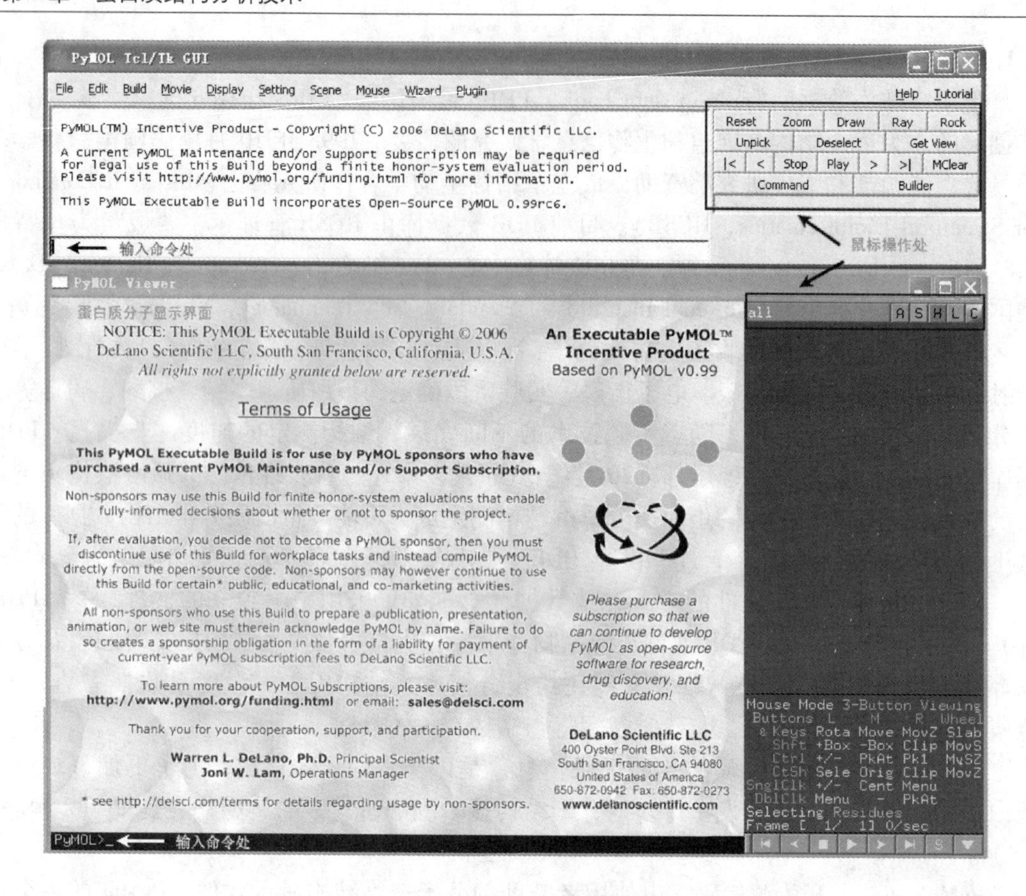


图7-4 PyMol程序的界面

蛋白质具有较高的序列相似性；其次，每个家族选取代表性的蛋白质进行结构测定；最后，对同一家族内的其他蛋白质，可以通过同源建模的方式建立蛋白质结构模型。通过这样的方式，可以尽快测定蛋白质结构空间内的所有蛋白质结构，从而有利于发现新的蛋白质折叠类型。结构基因组学强调快速、高通量的蛋白质结构测定。毫无疑问，结构基因组学的实施将大大加快我们对蛋白质结构与功能关系的理解。

目前世界上许多国家已经启动了相关的结构基因组研究计划。其中主要包括：①1999年美国国家卫生研究院发起的蛋白质结构启动计划(Protein Structure Initiative，PSI)；②2002年启动的欧洲结构蛋白质组计划(Structural Proteomics in Europe，SPINE)；③2002年由中国科学院启动的中国结构基因组计划，第一轮是作为“人类肝脏蛋白质组计划”的重要组成部分的“造血干细胞及血液系统疾病相关蛋白质的结构基因组学研究”；第二轮计划于2005年启动，由我国多个科研机构和大学共同参与开展研究。

## 7.1.3 蛋白质结构的分类

不同的蛋白质可以具有相似的空间结构，因此有必要开展系统的蛋白质结构分类研究。迄今为止，蛋白质结构分类的主要方案是采用分层次的分类方法。首先按照蛋白质包含的不同二级结构的比例，将蛋白质结构分为几个大“类”(class)；然后再根据这些二级结构是如何排列的情况，将蛋白质结构继续细分为不同的专门的“组”及“亚组”(group 和 sub-group)。依据这样的分类方案，许多结构分类数据库已建成。由于蛋白质结构繁多，大小不一，有的多肽链只有1个结构域，有的则由多结构域组成，构建结构分类数据库是一项十分复杂的工作。目前，代表性的结构分类数据库有 SCOP 和 CATH，它们已经成为结构生物学研究的重要资源。下面我们将主要介绍 SCOP 数据库。

蛋白质结构分类数据库(structural classification of proteins，SCOP)是由英国医学研究委员会(Medical Research Council，MRC)的分子生物学实验室和蛋白质工程研究中心开发和维护。该数据库对已知三维结构的蛋白质进行分类，并描述了它们之间的结构和进化关系。SCOP 首先用自动程序进行结构比较，然后用人工检查来建立分类。在 SCOP 数据库中，蛋白质结构被分为类型、折叠、超家族和家族4个层次。通常，2个蛋白相同的分类层次越高，越能清晰地反映它们结构之间的相似性。这4个分类层次的具体定义如下。

①类型(class)　除了常见的4种球蛋白类型(主α类，主β类，α/β类和α+β类)，SCOP 还包括其他的结构类型：多结构域蛋白、膜和细胞表面蛋白以及小蛋白等。

②折叠子(fold)　蛋白质折叠子是蛋白质分类中最重要的一个层次。原则上，如果蛋白质具有相同的二级结构，并且它们的拓扑连接和空间排布也相同，就可以归为一个折叠子。但是不同的蛋白质即使属于相同的折叠子在进化上也并不一定有联系。

③超家族(superfamily)　如果蛋白质序列相似性较低，但它们结构相似，具有同样的折叠子，往往执行相似的功能或功能在进化上有联系，这类蛋白质可以视作隶属于同一超家族。通常，一个折叠子可以分为若干个超家族。

④家族(family)　SCOP 数据库的第四个分类层次为家族，其依据为序列相似性程度。通常将相似性程度在30%以上的蛋白质可以归为同一家族，即它们之间有比较明确的功能相似性。

在最新的 SCOP 版本中(1.75版，2009年2月23日发布)，收集了38 221条 PDB 记录，共有110 800个结构域。表7-1列出了 SCOP1.75中，各种分类数据的统计。

**表7-1　SCOP1.75版中蛋白折叠子、超家族和家族数目的统计**

| 类　型 | 折叠子 | 超家族 | 家　族 |
|---|---|---|---|
| 全α蛋白 | 284 | 507 | 871 |
| 全β蛋白 | 174 | 354 | 742 |
| α/β蛋白 | 147 | 244 | 803 |
| α+β蛋白 | 376 | 552 | 1055 |
| 多结构域蛋白 | 66 | 66 | 89 |
| 膜和细胞表面蛋白 | 58 | 110 | 123 |
| 小蛋白 | 90 | 129 | 219 |
| 合计 | 1 195 | 1 962 | 3 902 |

普遍认为，自然界中蛋白折叠子的数目是有限的。虽然有大量的蛋白质结构被解析出来，但是，人们发现结构新测定的蛋白几乎都可以归类到某个已知折叠的类型中。换句话说，尽管解析出来的蛋白质结构数目猛增，但是折叠子类型的数目并没有随之激增。严格而

标准的蛋白质结构分类系统为基于蛋白质结构的功能注释提高了很大的方便。同时蛋白质结构分类也提出了许多新的问题需要我们去解释。例如，蛋白质采用了有限数目的折叠类型，相同生物学功能的蛋白采用不同的折叠类型，以及一种折叠类型可以被多个蛋白所采用，以执行完全不同的生物学功能。这些问题，需要我们进一步地研究蛋白质的结构和功能的关系。

### 7.1.4　蛋白质结构与功能的关系

蛋白质通过其特定的三维结构行使其生物学功能，蛋白质结构决定其功能。毫无疑问，蛋白质空间结构的信息对深入了解该蛋白的生物学功能都是非常有帮助的。例如，蛋白质催化功能域的结构可以用来研究酶催化机理；蛋白质四级结构可以用来分析蛋白质不同亚基之间的互作机理，可以从分子机器的角度来研究蛋白质实现其功能的分子机制。然而，蛋白质结构与功能的关系远非想像的那么简单。这一点从目前PDB数据库中已经收集不少结构测定但功能未知的蛋白可窥一斑。总体上，在蛋白质结构与功能的关系中，存在以下2种进化关系。

第一种是趋同进化，指的是这样的一些蛋白质，它们的祖先本来没有什么关系(序列和结构均不同)，但是通过进化，产生了相似的功能位点结构，从而具有了相似的功能。以丝氨酸蛋白酶为例，这类酶含有1个组氨酸，1个带负电的氨基酸(天冬氨酸或1个谷氨酸)和1个丝氨酸构成的催化三联体。丝氨酸蛋白酶由多个结构超家族构成，但超家族之间无论在序列还是结构上都没有明显的相似性。同时，催化三联体在每个超家族序列中出现的顺序和位置也是不同的。尽管如此，在三级结构中它们以一种相似的构型聚集在一起。相似活性位点的存在一致被认为是趋同进化的结果(图7-5)。

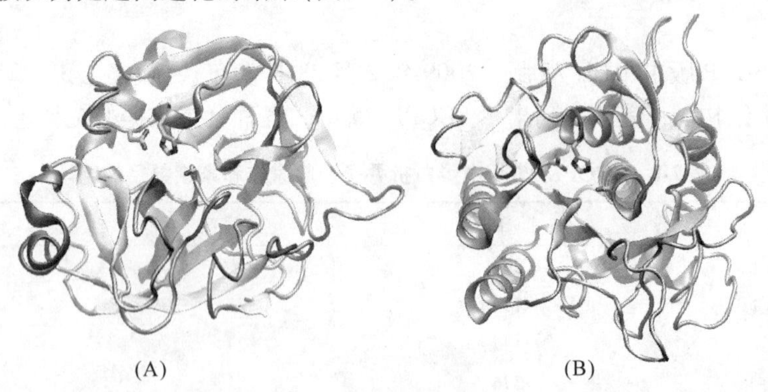


**图7-5　趋同进化**

注　不同丝氨酸蛋白酶超家族中两个成员胰凝乳蛋白酶(A)和枯草杆菌蛋白酶(B)虽然具有完全不同的空间结构，但它们具有相似的活性位点结构。

第二种是趋异进化。存在这样一些蛋白质，它们具有不同的生物化学功能，却具有非常相似的三维结构及足以暗示同源性的序列一致性，这就是趋异进化。例如，类固醇异构酶、核转运因子-2和小柱孢酮脱水酶在总体结构上有许多相似之处，并认为它们是同源性的(图7-6)。但是其中两种酶，即异构酶和小柱孢酮脱水酶使用了不同的活性位点残基，具有

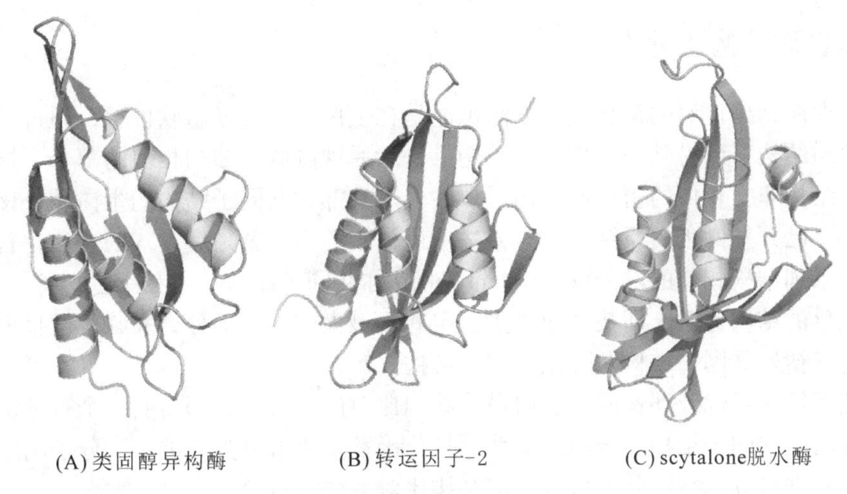


**图 7-6 趋异进化**

注 类固醇异构酶(A)、核转运因子-2 (B)和小柱孢酮脱水酶(C)在空间结构上有许多的相同之处。但是，这 3 个蛋白的生化功能却完全不同。

催化不同化学反应的能力。另外，这组同源物第三种蛋白——核转运因子 - 2 根本就不具备酶的催化功能，趋异进化告诉我们，具有相似结构的蛋白质可能具有完全不同的功能，即使它们进化上具有相关性。因此，我们必须对根据序列和结构推断其生物学功能的生物信息学方法保留一定警惕性。

## 7.2 蛋白质结构比对

蛋白质结构比对(也称为蛋白质三维空间结构的相似性比较)是蛋白质结构分析的重要手段。与蛋白质序列比对相比，蛋白质结构比对要复杂得多。一个标准的蛋白质结构比对的结果不仅要产生一个参数来衡量 2 个蛋白质结构间的相似性，还要产生 2 个蛋白的序列比对结果，同一比对位置上的氨基酸意味着它们在空间结构上具有相似性。此外，蛋白质结构比对结果还要产生结构叠加后的结构文件(PDB 文件)，可以根据叠加后的结构文件通过合适的蛋白质结构图形显示软件，具体观测蛋白质结构的相似性。蛋白质结构比对通常可应用于以下几个方面：①探索蛋白进化及同源关系，特别是分析那些在结构上相似而序列不相似的蛋白弱同源蛋白，结构比对是分析这些弱同源蛋白间进化关系的重要手段之一。②结构比对能够改进序列比对。结构比对往往被当作是序列比对的金标准(gold standard)。人们通过对大量结构比对的结果进行分析，有助于开发序列比对的新算法。③结构比对为蛋白质结构分类提供依据。目前一些蛋白质结构分类数据库有些是依靠人工方式进行分类，例如 SCOP；还有一些是依靠结构比对的方法进行分类的，例如 CATH 蛋白质结构分类数据是用一种半自动化的方式对蛋白质结构进行分类，分类过程中就是用到了结构比对算法。④蛋白质结构的比对为一些以结构为基础的功能注释方法提供帮助，其基本原理是蛋白质的结构与其功能息息相关，有相似结构的蛋白质往往具有相似的功能。

### 7.2.1 蛋白质结构比对的原理

进行蛋白质结构比对的最直接的方法可能是在蛋白质图形显示软件上，通过手动的办法将一个蛋白质结构移到另外一个蛋白质结构上，然后观测两个结构相似的部分。这种方法仅局限于两个结构非常相似的蛋白质，而对那些仅享有部分共同子结构的蛋白质，该方法很难奏效。目前，已开发的蛋白质结构比对方法中最常用的策略就是启发式的方法，首先对两个结构定义一系列结构相似的部分(equivalent set 或称共同子结构)，然后通过多次迭代策略，从中找出优化的结构比对，即找到两个蛋白空间上最大的重叠部分。文献中已报道多种数学方法用于定义初始共同子结构及优化共同子结构。

对共同子结构寻优及评价两个蛋白最终结构比对的相似性，都需要一个打分函数来定量衡量两个蛋白的共同子结构部分的相似性。打分函数主要可分为2类：①分子间距离；②分子内距离。根据打分函数实际上可将目前结构比对方法进行分类。

分子间距离常用的有分子间均方根距离，它表示的是两个优化叠加的子结构的均方根距离，公式如下：

$$cRMS = \sqrt{\frac{\sum_{i=1}^{N}(|x(i) - y(i)|^2)}{N}}$$

式中 $N$——蛋白质A和B共同子结构中的原子数目；

$x(i)$——蛋白质A中原子$i$经刚体转化后的坐标；

$y(i)$——蛋白质B中第$i$个原子的坐标。

所谓刚体转化，就是将蛋白质A(即待比对蛋白质)经过平移(translation)和旋转(rotation)操作，叠加到蛋白质B(即目标蛋白质)上，使得$cRMS$最小(即优化叠加)。必须指出的是，比对那些序列相似性很低的蛋白质结构的时候，通常不考虑侧链，因为这些侧链的相似性往往很低。有时为了简便及高效率，一些结构比对算法中只考虑$C_\alpha$原子。

常用的分子内距离打分函数有分子内均方根距离，它衡量的是2个子结构中对应的距离矩阵的相似性，公式如下：

$$dRMS = \sqrt{\frac{\sum_{i=1}^{N-1}\sum_{j=i+1}^{N}(d_{ij}^{A} - d_{ij}^{B})^2}{N(N-1)}}$$

式中 $d_{ij}^{A}$，$d_{ij}^{B}$——分别表示蛋白质$A$和$B$中原子$i$和原子$j$的距离。

此外，文献中开发的算法还采用了其他打分函数。但不外乎以上2种类型，目前还无法判断哪一种方法更具优势。相比较而言，分子内距离打分函数在对共同子结构过程中可绕过分子叠加的过程，但为直观显示最终结构比对的结果，仍然需要用到分子叠加。作为最终衡量2个蛋白结构相似性的指标，以上2个打分函数的缺陷是统计意义不够明确。例如，$cRMS$通常与要比较的蛋白的大小有关，较大的蛋白倾向于会有更大的$cRMS$。所以许多开发的结构比对算法中一些统计意义显著的参数还被用来描述2个蛋白的结构相似性。

为更直观地了解结构比对，以CE算法为例，图7-7中给出一个具体比对的实例，包括比对前两个蛋白的构象(图7-7(A)和(B))，结构比对后两个蛋白的叠加构象(图7-7(C))，

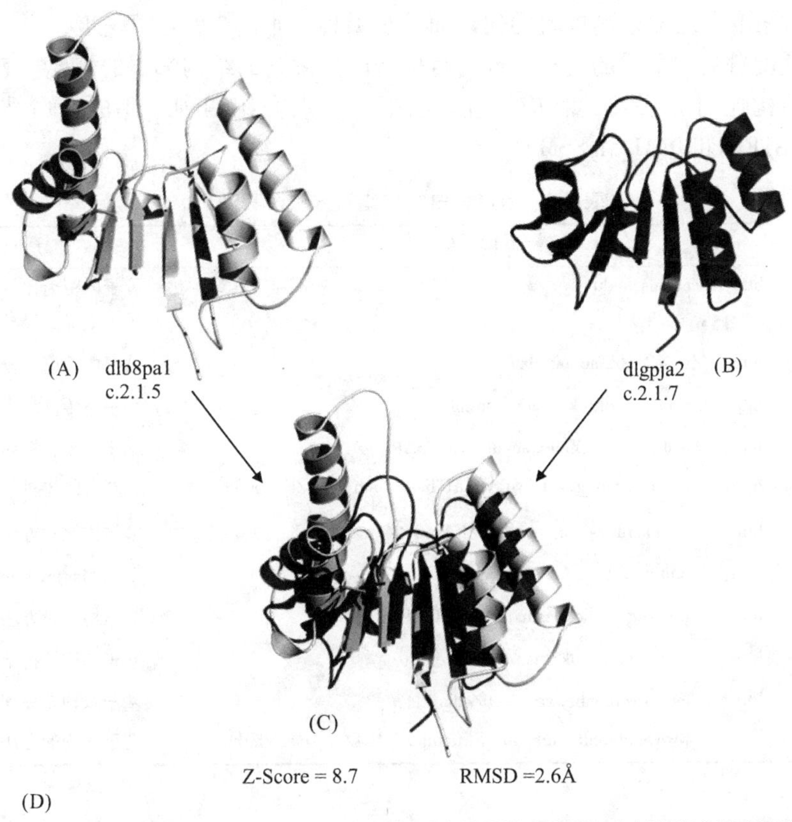


(D)

```
dlb8pa1  -kTPMRVAVTGaAGAGQICYSLLFRIANGdmlgkdQPVILQLLEIpnekAQKALQGVMMEID  59
dlgpja2  slHDKTVLVVG-AGEMGKTVAKSLVDR------GVRAVLVANR----TYERAVELARDLG      49

dlb8pa1  dcafpllagMTAHA--DPMTAFKDADVALLVGARPrgpgmerkdlleanaqIFTVqgKAI   117
dlgpja2  ---------GEAVRfdELVDHLARSDVVVSATAAP--------------hpVIHV--DDV    84

dlb8pa1  DAV-----asRNIKVLVVGNPAntNAYIAMKsaPSLPakNFTAM  156
dlgpja2  REAlrkrdrrSPILIIDIANPR-dVEEGVEN--IEDV--EVRTI  123
```

**图 7-7　结构比对示意图**

注　进行结构比对的 2 个结构域分别来自苹果酸脱氢酶(malate dehydrogenase)和谷氨酰 tRNA 还原酶(glutamyl-tRNA reductase)。在 SCOP 结构分类数据库中，它们属于同一家族，其折叠类型均为 Rossman fold。

与结构比对对应的序列比对(图 7-7(D))，及衡量结构比对的参数。

除了双结构比对方法以外，一些多结构比对方法也相继被开发。多结构比对大多采取渐进式的策略，这与 Clustalw 多序列比对的策略相似。首先，对一组蛋白中的两两蛋白进行结构比对；然后，根据两两结构比对的分数构造这一组蛋白的系统发育树；接着，最相似的两个蛋白首先被比对上。依据建立的系统发育树，其他蛋白逐渐被添加到已建立的比对上，直到所有的结构都被添加，进而获得一个多结构比对。

## 7.2.2　常用的蛋白质结构比对方法

迄今为止，已有超过几十种的结构比对方法被相继开发。一个好的结构比对方法，除了具有高的比对精度，还必须高度自动化，而且必须具有非常快的运算速度，只有这样才能满足我们对大量蛋白结构聚类的要求，或对目标蛋白搜索它的结构邻居的需要。表7-2中列出一些蛋白质结构比对方法及其相应网址。以下将重点介绍四种常用的蛋白结构比对方法(DALI，CE，STRUCTURAL和SSM)。

表7-2 常用蛋白结构比对方法及其网址

| 方法 | 网址 | 方法要点 |
| --- | --- | --- |
| CE | http：//cl. sdsc. edu | 分子内距离比较方法<br>采用最优路径扩张的策略 |
| DALI | http：//www2. ebi. ac. uk/dali | 分子内距离比较方法 |
| K2 | http：//zlab. bu. edu/k2/index. shtml | 采用遗传算法 |
| SAP | http：//mathbio. nimr. mrc. ac. uk/wiki/SAP | 基于双动态规划 |
| SHEBA | http：//rex. nci. nih. gov/RESEARCH/basic/lmb/mms/sheba. htm | 分层次的比对 |
| MultiProt | http：//bioinfo3d. cs. tau. ac. il/MultiProt/ | 多结构比对方法 |
| MATRAS | http：//biunit. aist-nara. ac. jp/matras/ | 采用 Markov transition 模型 |
| COMPARER | http：//www-cryst. bioc. cam. ac. uk/COMPARER/ | 多结构比对方法 |
| SSM | http：//www. ebi. ac. uk/msd-srv/ssm/ | 基于二级结构单元匹配 |
| STRUCTURAL | http：//molmovdb. mbb. yale. edu/align/ | 基于双动态规划 |
| VAST | http：//www. ncbi. nlm. nih. gov/Structure/VAST/va stsearch. html | 基于图论的方法 |

(1)DALI 方法

DALI方法是采用分子内距离的方法。DALI主要策略是通过将结构比对上的氨基酸片段拼接成一个完整的结构比对。在计算相似性分数时，DALI采用分子内距离矩阵来计算两个共同子结构的相似性。该方法采用蒙特卡罗模拟来决定如何将结构比对上的氨基酸片段拼接成一个完整的结构比对。最终比对上的2个蛋白质的共同子结构的*dRMS*作为DALI比对的原始分数。为尽可能获得最优的结构比对，DALI使用许多初始比对来搜索分数最高的比对。为直观表征两个蛋白结构相似性，DALI还提供具有统计意义的Z-score分数。算法在两个蛋白之间寻找相似的接触模式，并进行优化后返回最佳的结构比对方案。这种方法允许任意长度的空隙，并允许比对片段间互相交替连接，这样就实现了在整体上不相似的不同蛋白质之间寻找相似的特定结构域。DALI的Web界面能对PDB中已有的两组坐标进行分析，也可由用户提交一组PDB格式的坐标进行比对。DALI同时也提供了可供用户本地使用的结构比对软件包。

(2)CE 方法

CE算法也属于分子内距离比较的方法。与DALI相似，CE也是通过结构比对上的氨基酸片段连续地拼接成整个结构比对。与DALI不同的是，CE中考虑8个残基的氨基酸片段，如果2个氨基酸片段的*dRMS*值小，则认为这2个氨基酸片段结构相似。在拼接过程中，CE允许相邻的比对上的氨基酸片段插入不超过30的空位。通常CE通过选取一个初始的片段进行延长。虽然这种启发式的方法本质上是贪婪的，但它也考虑那些不是最佳匹配的氨基酸片段，从而扩大搜索的范围来改进搜索结果。最后CE通过采用动态规划算法及蒙特卡罗算法来优化比对，尽可能使比对上的氨基酸数目长度增加，并保持比对上的2个子结构具有较小的 *dRMS* 值。CE 采用 Z-score 来描述结构比对的统计显著性。通常，当 Z-score >4.5 时，意味着两蛋白具有同一家族层次的相似性；当 Z-score 在4.0～4.5之间，表示两蛋白属于同一超家族层次的相似性，或功能相关的相似性；当 Z-score <3.7 时，两个蛋白的结构相似性是非常低的。

(3)STRUCTURAL 方法

STRUCRURAL 采用分子间距离的方法实现两个蛋白的结构比对。首先对两蛋白结构设置一个初始的共同子结构(即初始比对)，根据刚体转化，对这两个子结构进行叠加，然后找到优化的比对。接着，根据新找到的优化比对上对应的两个子结构再进行分子叠加，如此反复，直到最后获得的比对收敛。必须指出，不同初始子结构获得的最优比对结果是不一样的，因此，为尽可能获得全局最优，采用不同的初始比对。当给定共同子结构，需要刚体转化时，采用最小化 *cRMS* 值来寻找最优的分子叠加。STRUCRURAL 采用双动态规划的方法从分子叠加结果中找出优化的比对，并构造 STRUCRURAL 分数来体现两个结构的相似性。

(4)SSM 方法

SSM(secondary structure matching)方法是采用分子间距离的方法来实现两个蛋白的结构比对。它通过迭代地搜索一个刚体转化来叠加两个蛋白质的结构，从而找到最优比对。首先，被比对的蛋白质结构按照各自的二级结构单元被分解成若干子结构。根据这些二级结构单元的位置及空间取向，SSM 建立起初始转换来匹配这些子结构。在已有子结构的基础上，SSM 将其临近的氨基酸也考虑为共同子结构，并通过优化叠加，来进一步优化共同子结构。通过迭代的方法，SSM 试图找到最优的共同子结构，最终共同子结构还会通过进一步的精修，去除一些不合理的比对上的氨基酸对。它首先考虑匹配上的二级结构单元，并不断地将其临近的氨基酸考虑来扩大共同子结构。为衡量结构比对的相似性，SSM 引入几何参数 $Q$，可综合考虑 *cRMS*、比对氨基酸长度及两个蛋白的氨基酸链长度。同时，SSM 还提供具有统计意义的 P-value 和 Z-score 来衡量两个蛋白的结构相似性。

## 7.3 蛋白质二级结构预测

蛋白质二级结构指的是蛋白质主链的折叠产生由氢键维系的有规则的构象，包括3种最主要的二级结构元件(secondary structure element)：α螺旋(H)、β折叠子(E)和无规卷曲(C)。二级结构预测主要就是要预测一个蛋白序列中每个氨基酸所处的二级结构元件(即 H、E 或 C)，虽然一些二级结构预测方法也对不经常出现的其他二级结构元件进行预测。对大量实验测定的蛋白质序列与结构的统计分析表明，不同氨基酸及其所处的局域氨基酸片段(sequence context)，其形成特定二级结构的倾向性是不同的。二级结构预测的基本原理就是通过对结构已经测定的蛋白质序列和其二级结构对应关系的统计分析，归纳出一些预测规则，用于待测蛋白质的二级结构预测。在统计结构已知蛋白质序列与其二级结构的对应关系时，涉及如何从实验测定的蛋白空间结构中定义出二级结构，即蛋白质二级结构自动指认方法；目前最常用的程序有 DSSP 方法，该方法通过计算结构中的氢键模式来定义出不同的二级结构。蛋白质二级结构预测开始于20世纪60年代中期，迄今为止，文献上已报道超过几十种不同的预测方法。在预测精度方面也取得较为满意的结果，目前一些主流的蛋白质二级结构预测方法其预测精度可接近80%。

为方便读者理解，可以将已开发的二级结构预测方法大致分为3代。第一代方法指的是1980年以前开发的方法，主要特点是采用简单的统计方法，基于对单个残基形成不同二级结构的统计，代表性的方法有Chou-Fasman方法，总体上预测准确性不超过60%。第二代方法，指的是1980年到1992年之间开发的方法，主要特点是采用更为复杂的统计方法（如信息论的考虑）和预测中对残基周围所处的氨基酸片段的考虑，代表性的方法有GORIII，第二代方法的总体精度不超过65%。第三代方法，指的是1992年以后开发的预测方法，显著特点是采取更为先进的机器学习方法（例如神经元网络），将多序列比对作为预测的输入，代表性的方法有PHD和PSIPRED方法，总体上这代方法预测精度得以大大提高，普遍可超过70%。对任意一个蛋白质，α螺旋、β折叠和无规卷曲的平均含量为30%、20%和50%。因此，对二级结构进行随机预测，预测精度可接近40%。总体上看，第一代方法和第二代方法总体精度还不够好，比随机预测好的很有限；只有到了第三代方法，二级结构预测的精度才令人满意，换言之，第三代方法的二级结构预测结果才有实际的应用价值。

目前，随着二级结构预测的日趋成熟，蛋白质二级结构预测进入实用阶段，应用场合进一步扩大，二级结构的预测意义和应用价值在于：①根据二级结构预测的结果，可迅速对预测蛋白的可能的空间结构有大致了解，能用于对预测蛋白的结构初步分类，可用于预测蛋白中不同结构域或功能域的界定；②二级结构预测结果还频繁地用于蛋白质序列和结构分析中的其他生物信息学问题，例如，好的二级结构预测结果有助于提高蛋白质序列比对的精度，好的预测结果还可用来预测蛋白的功能位点。③二级结构是联系一级结构和三级结构的桥梁，所以二级结构预测可为三级结构预测提供一个很好的起始条件。

## 7.3.1 常用的二级结构预测方法

### 7.3.1.1 Chou-Fasman 方法

Chou-Fasman方法是一种基于单残基统计的经验预测方法。根据统计获得的单残基构象的倾向性因子，定义一些预测规则进行二级结构预测。20种氨基酸形成不同二级结构倾向性因子可以定义为：

$$P_{i,j} = \frac{A_{i,j}}{T_i} \qquad (i = H, E, C, Turn;\ j = 1, 2, \cdots, 20)$$

式中 $i$——不同二级结构元件；

$j$——20种不同残基；

$T_i$——所有被统计残基处于第$i$种二级结构元件的比例；

$A_{i,j}$——第$j$种残基对应的比例；

$P_{i,j}$——大于1.0表示该残基倾向于形成第$i$种构象，小于1.0则表示该残基更有利于形成其他二级结构元件。

Chou-Fasman方法中对倾向性因子的计算，最初是建立在少数已知蛋白质结构统计的基础上，随后基于更大规模结构数据量的统计并没有显著改变统计的结果。表7-3列出Chou-Fasman基于29个蛋白质数据结构统计得到的二级结构倾向性因子。

表 7-3 Chou-Fasman 统计的 20 种残基二级结构倾向性因子

| 氨基酸 | α螺旋 | β折叠 | 无规卷曲 | β转角 |
|---|---|---|---|---|
| Alanine(A) | 1.42 | 0.83 | 0.70 | 0.66 |
| Cysteine(C) | 0.70 | 1.19 | 1.18 | 1.19 |
| Aspartic acid(D) | 1.01 | 0.54 | 1.20 | 1.46 |
| Glutamic acid(E) | 1.51 | 0.37 | 0.84 | 0.74 |
| Phenylalanine(F) | 1.13 | 1.38 | 0.71 | 0.60 |
| Glycine(G) | 0.57 | 0.75 | 1.50 | 1.56 |
| Histidine(H) | 1.00 | 0.87 | 1.06 | 0.95 |
| Isoleucine(I) | 1.08 | 1.60 | 0.66 | 0.47 |
| Lysine(K) | 1.16 | 0.74 | 0.98 | 1.01 |
| Leucine(L) | 1.21 | 1.30 | 0.68 | 0.59 |
| Methionine(M) | 1.45 | 1.05 | 0.58 | 0.60 |
| Asparagine(N) | 0.67 | 0.89 | 1.35 | 1.56 |
| Proline(P) | 0.57 | 0.55 | 1.59 | 1.52 |
| Glutamine(Q) | 1.11 | 1.10 | 0.86 | 0.98 |
| Arginine(R) | 0.98 | 0.93 | 1.04 | 0.95 |
| Serine(S) | 0.77 | 0.75 | 1.32 | 1.43 |
| Threonine(T) | 0.83 | 1.19 | 1.07 | 0.96 |
| Valine(V) | 1.06 | 1.70 | 0.62 | 0.50 |
| Tryptophan(W) | 1.08 | 1.37 | 0.75 | 0.96 |
| Tyrosine(Y) | 0.69 | 1.47 | 1.06 | 1.14 |

(转引自来鲁华，1993)

从表 7-3 可以看出，不同氨基酸形成不同二级结构的能力是不一样的。以α螺旋为例，某些残基如 Glu、Met、Ala 和 Leu 倾向于在α螺旋中出现，而 Gly 和 Pro 在α螺旋中出现的频率很低。基于表 7-3，Chou-Fasman 建立了一系列经验的预测规则，如α螺旋规则、β折叠规则、转角规则和重叠规则。根据这些预测规则，可借助计算机，也可通过手工计算对蛋白序列进行二级结构预测。Chou-Fasman 方法是最早开发的二级结构预测方法，原理简单，但总体上 Chou-Fasman 方法的精度不高(约 60%)。由于在一些经典的生物化学教科书中已对该方法有详细的介绍，本书中对具体的预测规则不再赘述。

#### 7.3.1.2 GOR 方法

GOR 方法指的是 Garnier、Osguthorpe 和 Robson 开发的一系列二级结构预测方法。在 GOR 方法中，氨基酸形成不同二级结构的倾向性因子仍然被采用。不同的是，在 GOR 方法中对一个残基的预测，其周围残基形成二级结构的倾向性也被一起考虑。例如，对序列中的每一个残基，GOR 方法通常将与其 N 端紧邻的 8 个残基和 C 端紧邻的 8 个残基一起考虑(即考虑以它为中心开窗为 17 的氨基酸片段)，借用信息论的方法，计算出这 17 个残基处于 4 种不同二级结构构象下的总分数，得分最高的二级结构状态被预测为中心残基的二级结构状态。在开发的一系列GOR方法中(包括GOR I, GOR II和GORIII), 总体上具有比Chou-Fasman方法更高的精度。特别是GORIII摈弃将开窗片段中的残基当作独立事件处理，考虑中心残基的影响，使得预测精度可接近65%，是第二代预测方法中的代表性方法。

#### 7.3.1.3 PHD方法

PHD是Rost和Sander在1993年开发的，它的成功开发标志着蛋白质二级结构预测进入第三代。第三代方法主要采取的策略有：机器学习方法的使用，序列进化信息的考虑。作为最频繁采用的机器学习方法，近年来神经元网络在生物信息学中应用越来越广，在本书中将有专门章节介绍。目前应用于二级结构预测的神经元网络模型多为信息前传-误差回传网络(即BP网络模型)。这类网络由相类同的神经元构成层状网络，通常包括输入层，输出层和隐含层。输入层是序列片段，为中心残基上下游各 $m$ 个共 $2m+1$ 个残基；输出层有3个神经元，表示中心残基形成3种不同二级结构状态的概率。神经元网络在预测前必须用结构已知的蛋白数据进行训练(也称学习)，在训练或学习过程中，将序列片段编码(即参数化)由输入层输入，优化网络权重函数，使得实际输出与期望值差别最小。一旦训练完成，网络模型就可利用训练得到的规则对待测蛋白质的二级结构进行预测。当多序列比对和神经元网络相结合时，预测精度得到进一步的提升。与基于单序列预测不同，通常多序列比对是将多序列比对得到的Profile信息作为预测的输入，这样序列进化的信息得到考虑(即形成特定二级结构共同序列特征可以被学习到)，使得预测精度大幅提高，成为二级结构预测最重大的突破。

PHD方法的工作流程如图7-8所示，首先通过BLAST比对方法从一些非冗余的序列数据库中(例如NCBI-NR数据库)搜索待测序列的同源序列，然后采用MAXHOM程序实现对待测序列及其同源序列的多序列比对。进一步将多序列比对(也称profile)的信息作为神经元网络系统的输入，进行二级结构预测。经测试，预测精度可达到72%，与单序列预测相比，预测精度得到10%的提高，与其他采用多序列比对但采取统计理论的方法相比，预测精度也有6%的提高。2000年，Rost对PHD进一步改进开发出PROFsec，使得预测精度得到进一步的提高(可达78%)。

#### 7.3.1.4 PSIPRED方法

PSIPRED方法是联合序列进化信息和神经元网络方法来实现二级结构的预测，是英国Jones在1999年开发的。该方法中多序列比对是通过PSIBLAST比对方法自动搜索NCBI-NR数据库迭代3次来获得的，为了获得较高的预测精度，对PSIBLAST中产生的不相关的序列还进行一些处理。然后，获得的多序列比对(即Profile)，作为神经元网络输入预测二级结构。需要指出的是，PSIPRED中用到的神经元网络要比PHD简单得多。经测试，PSIPRED具有很好的预测精度，是目前公认的二级结构预测的最好方法之一。其成功之处还在于提供了免费下载的版本，使得该方法得到了广泛应用。

#### 7.3.1.5 "陪审团"方法

在已开发的众多预测方法中，选用数学模型不同，因此预测存在一定的互补性。因此，一个很自然的想法是将已开发的方法整合起来，最大程度上体现不同算法的优点，进而开发出更为有效的方法，这也是目前许多生物信息学算法开发中一个常见的策略。在许多情况下，这种策略虽然在数学模型上没有更多的新意，但确实能获得比任何一个单一方法更好的

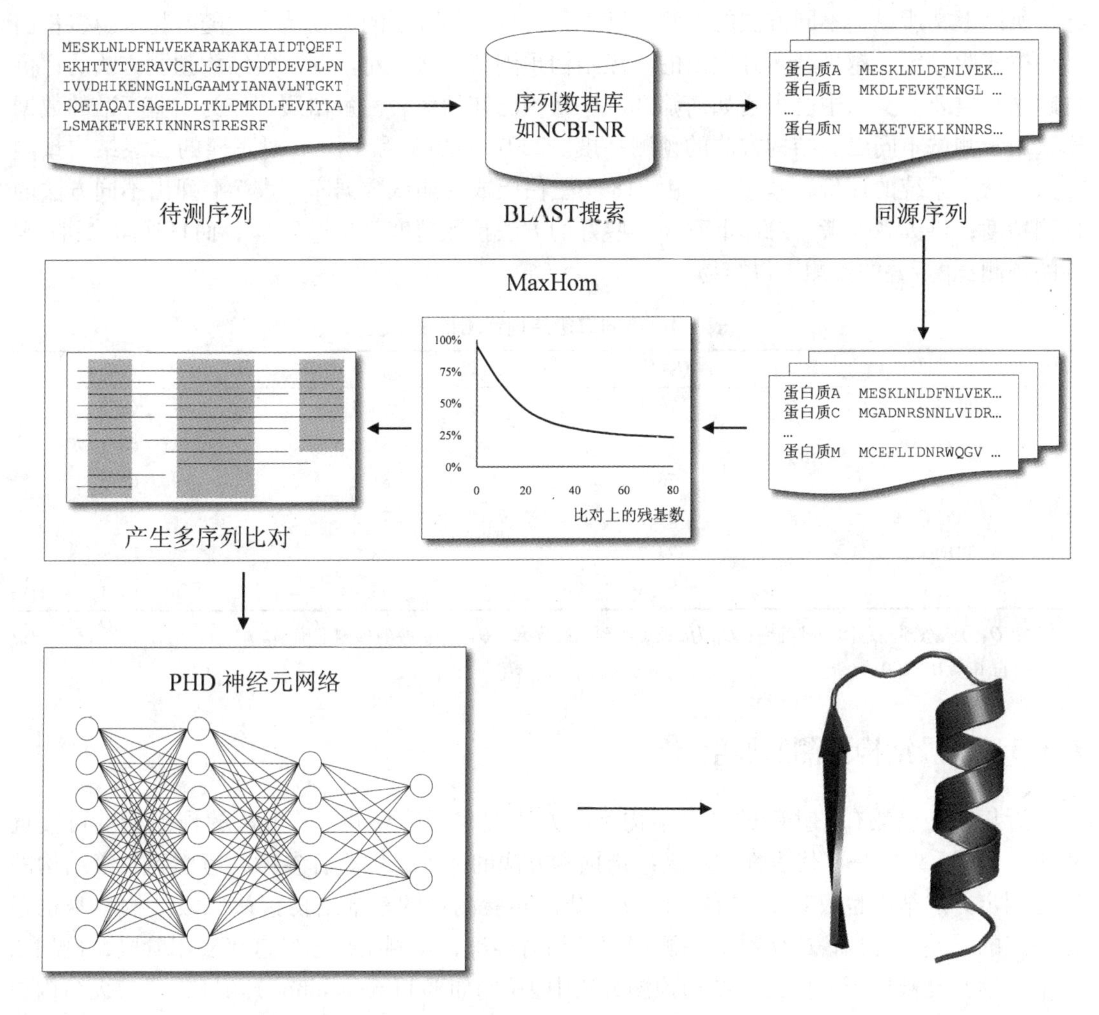


**图 7-8 PHD 方法的流程图**

预测结果。Jpred 就是一种基于一致性预测的方法，它组合了 6 种不同预测方法(PHD，PREDATOR，DSC，NNSSP，Jnet 和 ZPred)的预测结果。首先，它采用 PSIBLAST 方法搜索待测蛋白质的同源序列，然后将搜到的同源序列去冗余后，构造多序列比对，提取 profile 信息，送到 6 种不同方法的服务器进行预测。最终的预测结果采取少数服从多数的原则(即所谓的"陪审团"方法)。例如，序列中的某一残基，如果多数方法预测该氨基酸为α螺旋结构，那么该位置就预测为α螺旋。

## 7.3.2 不同二级结构预测方法的评价

对于二级结构预测的精度评价，文献中提到最多就是三态预测准确率($Q_3$)，它直观反映一个蛋白质中多少百分比的残基的二级结构能被正确预测。通常，对于一个预测方法的评价，要构建一个严格的测试数据集，然后统计出该方法在这个测试数据集中的总体表现(即平均预测精度)。需要强调的是，同一种方法采用不同的测试数据库来评价，结果并不一样，所以上文所提到不同方法的预测精度，只反映一种方法的大致精度。随着越来越多蛋白结构被实验测定，越来越多开发出的二级结构预测新方法，对不同二级结构预测方法的评价也越来越重要。文献中已报道如何筛选一些结构已知的代表性蛋白质，作为一些标准的数据库，用于测试不同二级结构方法的预测精度。2001 年 Rost 和 Eyrich 对不同的二级结构预测方法进行了系统的评价，基于一个由 218 个蛋白组成的测试数据库，表 7-4 列出不同方法的预测精度，供读者参考。总体上看，一些好的方法预测精度已超过 75%，而且通常来讲α螺旋的预测比β折叠的预测来得容易。

表 7-4　不同二级结构预测精度比较

| 方　法 | $Q_3$(%) | $Q_H$(%) | $Q_E$(%) |
|---|---|---|---|
| PROFsec | 76.8 | 80.5 | 68.8 |
| PSIPRED | 76.4 | 81.9 | 68.5 |
| SSpro | 76.1 | 81.2 | 63.2 |
| JPred2 | 74.8 | 72.2 | 58.0 |
| PHDpsi | 74.7 | 78.7 | 63.8 |
| PHD | 71.4 | 75.9 | 61.1 |

注：$Q_3$为三态预测总体的准确率；$Q_H$为α螺旋的预测准确率；$Q_E$为β折叠的预测准确率。
（引自 Rost B，2001）

### 7.3.3　二级结构预测的展望

近年来，仍然有一些新的二级结构预测方法发表，一些最新的方法的预测精度可接近 80%。表 7-5 列出一些代表性的二级结构预测方法的网址，供读者参考。考虑到二级结构的实验测定方法精度也仅 80% 左右，以及从结构实验测定的三维结构指认二级结构本身也存在一定的误差，可以说二级结构预测精度已相对准确，预测结果已经进入实用阶段，例如二级结构预测已被用于一些三级结构预测方法中去(例如 Fold recognition)。目前，二级结构预测呈现出以下几个特点：①新的统计理论和机器学习方法还是不断被用来开发新算法，例如支持向量机和贝叶斯动态网络学习方法。②除了预测三种常见二级结构构象外，新的算法还致力于预测更为细化的二级结构状态，无疑这种细化的结构信息对增强蛋白结构的认识以及改进三级结构预测是有帮助的。

表 7-5　一些常见二级结构预测方法的网址

| 方　法 | 方法网址或相应服务器网址 |
|---|---|
| Chou-Fasman | http：//bioinfo. hku. hk/FASTA/chofas. htm |
| GOR | http：//npsa-pbil. ibcp. fr/cgi-bin/npsa_ automat. pl? page = npsa_ gor4. html |
| SSpro | http：//scratch. proteomics. ics. uci. edu/ |
| PHDsec，PROFsec | http：//www. predictprotein. org/ |
| SOPMA | http：//npsa-pbil. ibcp. fr/cgi-bin/npsa_ automat. pl? page = /NPSA/npsa_ sopma. html |
| NNPREDICT | http：//www. cmpharm. ucsf. edu/ ~ nomi/nnpredict. html |
| PSIPRED | http：//bioinf. cs. ucl. ac. uk/psipred/ |
| APSSP2 | http：//www. imtech. res. in/raghava/apssp2/ |

（续）

| 方 法 | 方法网址或相应服务器网址 |
| --- | --- |
| Jpred | http：//www. compbio. dundee. ac. uk/www-jpred/ |
| PREDATOR | http：//npsa-pbil. ibcp. fr/cgi-bin/npsa_ automat. pl？ page =/NPSA/npsa_ preda. html |
| DSC | http：//npsa-pbil. ibcp. fr/cgi-bin/npsa_ automat. pl？ page =/NPSA/npsa_ dsc. html |

严格地说，二级结构预测得到还仅仅属于蛋白质结构性质的预测，蛋白质二级结构预测离三级结构预测的目标尚远。目前，属于这一范畴的其他预测问题还有蛋白的表面可及性预测，膜蛋白的跨膜区预测，蛋白的结构类型预测，蛋白的二级结构组成预测，蛋白质序列中氨基酸在空间结构中是否存在接触的预测和蛋白质二硫键的预测，等等。研究发现，许多蛋白质中部分序列片段在生理条件下不能形成固定的二级结构，即不能折叠成稳定的三维构象。这种区域通常称为蛋白质混乱区(disordered regions)，它对蛋白的功能具有重要的作用，例如蛋白质混乱区域经常被用来调控蛋白-蛋白相互作用。蛋白质 disordered 区域的预测也属于蛋白质结构性质的预测，是近几年来蛋白质生物信息学中的一个热点课题。总体上看，这些蛋白质结构性质的预测的总体思路也是利用统计理论或机器学习算法从结构已知的蛋白质数据中学习和归纳一些预测规则，用于待测蛋白的结构性质预测。最近方兴未艾的蛋白质功能相关的预测研究，例如，亚细胞定位预测和酶功能分类等，在许多情况下也借鉴相同的策略。由此可见，蛋白质二级结构预测对蛋白质生物信息学的一个不容忽视的贡献是在方法学上，它率先采用基于统计原理的预测方法。

## 7.4 蛋白质三级结构预测

迄今为止，蛋白质三级结构预测已走过四十多年的历程，取得了长足的进步，许多预测方法已经被开发，并被频繁地应用在生命科学研究中的诸多领域。蛋白质三级结构预测方法，主要可分为 3 类：同源模拟、折叠识别和从头计算方法。

### 7.4.1 同源模拟

蛋白质结构同源模拟(homology modeling)，又称比较模拟(comparative modeling)，其理论基础是蛋白质的三级结构比蛋白质的一级结构更为保守。随着实验测定的蛋白质结构数目的增加，人们发现如果两个蛋白质享有足够的序列相似性，它们的三维结构也很有可能相似。因此，如果其中一个蛋白质的空间结构已被实验测定，则可以以该结构为模板来预测另一蛋白质的空间结构。经过近 20 年的努力，不同的同源模拟方法相继被开发，而且随着计算机技术的发展，同源模拟已实现高度自动化。总体上，同源模拟一般可分为以下几个步骤：①模板的选择；②待测序列与模板的序列比对；③同源模型的建立；④同源模型的评估。图 7-9 给出同源模拟预测的流程图。

#### 7.4.1.1 模板的选择

模板的选择是同源模拟的第一个关键步骤，只有找到合适的模板，才能进行下一步的模拟。通常，模板的选择是通过 BLAST 比对方法对蛋白质结构数据库(如 PDB 数据库和 SCOP

数据库)的同源性搜索来实现，当然更为敏感的序列搜索(例如PSIBLAST比对方法)也可用来搜索模板。一般情况下，当序列和候选模板蛋白具有30%以上的序列全同率(sequence identity)时，候选模板是较为合理的；一些情况下，更低全同率的模板也可用来做同源模拟。除了序列全同率作为合适的参数来评判序列与模板的相似性外，一些统计参数(例如BLAST中的E-value)也可用来判断序列与模板的相似性。模板选择中，通常会遇到2个问题：①如搜索到许多可用的模板，需要挑选一个最佳模板。选取原则是，模板尽可能与待测序列享有最高的相似性，模板的结构实验测定的质量要好，例如X射线衍射法测定的结构分辨率越高越好。另外，还要根据获得模型后的应用来选择模板，例如，如果我们要研究待测序列和其他小分子的结合情况，含有配基结构信息的模板更为合适，这样可以迅速找到待研究蛋白的结合位点。②找不到合适的模板，这就意味着没有办法进行同源模拟。一个可替代的方法是采取折叠识别算法，探测到序列和模板远源同源关系，进而找到模板，我们将在下面详细介绍。

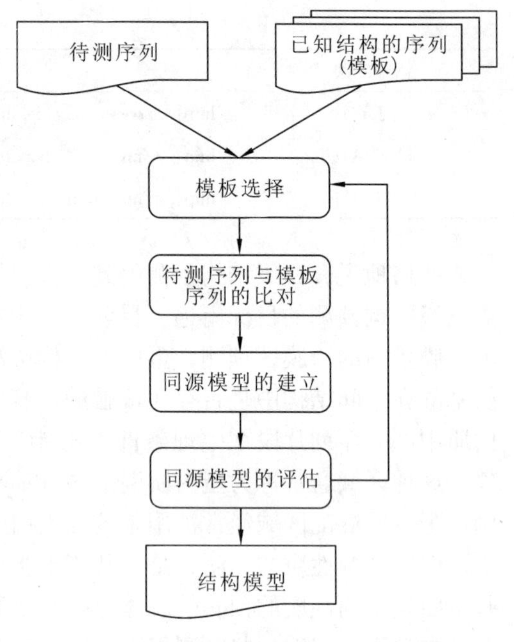


图7-9 蛋白质结构同源模拟流程图

#### 7.4.1.2 序列与待测模板的比对

一旦模板确定后，就可以对待测蛋白及结构模板的全长序列进行序列比对。这一步是至关重要的，因为不正确的比对将直接影响模型的质量，而且这种模型的错误很难在以后的步骤中予以矫正。通常，当待测蛋白与模板享有较高的序列相似性时，不同的序列比对方法总能产生相同的比对；然而，当待测蛋白与模板享有的序列相似性不够高时，不同的序列比对方法产生的比对会有很大差异，这种情况下往往需要挑一些好的比对方法(例如T-Coffee方法)，以便获得正确的比对。在某些情况下，我们还需要根据一些对蛋白质已有的认识对比对进行手动调整，以使获得的比对更为合理。

#### 7.4.1.3 同源模型的建立

同源模型的建立是同源建模的核心部分，它包括以下几个子步骤：①待测蛋白质的主链建模；②Loop区的模拟；③侧链建模。一旦拥有待测蛋白与模板蛋白的比对，主链的建模非常容易，待测蛋白中比对上的氨基酸的主链可以从模板中相应位置氨基酸的主链拷贝得到。通常，待测蛋白与模板的比对经常伴随着插入/删除造成的空位，这使得序列中的某些区域在模板中没有与之比对上，通常有2种情况：①空位发生在待测蛋白质，这就意味着主链结构不连续；②空位发生在模板蛋白质上，这就造成一些氨基酸的主链无法模拟。无论是哪一种情况，都要进行调整和修补，即Loop区模拟。Loop区模拟是同源模拟中的一个难题，特别是对于较长氨基酸片段的Loop，很难保证模拟的结果是可靠的。常用的方法有数据库搜索方法和系统构象搜索方法。

数据库搜索方法是通过搜索蛋白质结构数据库中与 Loop 区等长的氨基酸片段的结构，找到最合适的氨基酸片段结构作为 Loop 区的结构。合适的 Loop 区结构不仅要求氨基酸片段与 Loop 区的序列相似性好，而且引入的结构不与已模拟的主链结构造成结构冲突。目前，一些商业化的蛋白质分子模拟软件如 DS Studio 和 Sybyl 中的相关模块均用到数据库搜索方法来实现 Loop 区的模拟。

系统构象搜索方法就是根据需进行 Loop 区模拟的氨基酸片段，产生许多随机的候选 Loop 结构，从中再找到合适的 Loop 结构，即与已建立的模型应空间立体障碍、能量合理，且二面角在拉氏构象图中应处于可允许的区域。系统搜索方法通常要求较多的计算量，它主要还是作为数据库搜索方法的补充，虽然可以进行简化，对片段较长的 Loop 区模拟仍受限制。鉴于 Loop 区模拟的重要性，一些课题组已开发程序专门针对用于 Loop 的模拟，例如英国剑桥大学开发的一系列 Loop 区模拟程序(FREAD，PETRA 和 CODA)。

侧链建模中，如果序列比对一些位置具有相同残基，首先可以将模板相同残基的坐标直接作为待测蛋白质的残基坐标，但是对于不完全匹配的残基，其侧链构象是不同的，需要进一步预测。侧链的预测就像 Loop 区的预测原理一样，主要原则是借鉴结构已经测定蛋白质的侧链构象，或从能量角度和空间位阻角度出发预测目标蛋白中残基的侧链构象。理论上，通过搜索每一种可能的侧链扭转角中所有可能侧链构象，找到与周围紧邻的原子具有最低相互作用能的构象。但这种方法计算量太大，实际上目前的侧链构象预测方法主要利用构象库(rotamers)的概念。大量实验已测定的蛋白质结构表明，氨基酸往往倾向于某几种的侧链扭转角。对这些侧链构象进行收集，并根据出现频率加以排列，这就是所谓的构象库。绝大多数的蛋白质同源模拟软件含有侧链预测的模块，当然也有一些专门用于侧链安装的程序，例如比较流行的 SCWRL 程序(www.fccc.edu/research/labs/dunbrack/scwrl/)，它主要采用蛋白质骨架相关的侧链构象库，最新的 SCWRL 版本利用图论的方法解决了侧链组合问题，使得预测具有较高的精度和较快的速度。

虽然 Loop 区模拟和侧链安装中均采用到一些能量函数使获得的模型合理可靠，总体上看，结构建模中获得的初始模型仍不可能避免地含有结构不合理的地方，例如不合适的键角和键长，过近的原子接触等。对模型进行精修，即采用合适的势能函数，对模型进行能量最小化，能够消除结构中的不合理的地方。能量最小化的目的是调整结构，使得总体构象趋向于全局能量最小。通常能量最小化既要做到消除不合理的地方，又要防止能量最小化过度改变总体结构，使得最终得到的模型反而偏离正确模型。一般采取限制型优化方法，即先约束体系中的所有重原子，优化氢原子；接下来可以约束主链原子，优化侧链原子；最后放开约束，优化整个体系。

#### 7.4.1.4 同源模型的评估

对于同源模拟获得的模型必须进行必要的评估。评估的手段包括做出蛋白质主链二面角的 Ramachandran 图，判断氨基酸是否都处于 Ramachandran 图中许可的区域；检查分子中的键长、键角和过近接触等。通过判断这些立体化学性质参数的异常来判断所建的模型的好坏。另外一种策略，就是通过一些打分函数，将所有的立体化学性质进行打分，进而实现对模型的评估。通常的做法是先对实验测定的蛋白结构进行统计，得到一些打分函数；然后比较同源模型中的打分，可实现对模型的评估。迄今为止，已开发出来一系列方法专门用来做模型评估，例如 Procheck、Whatif、ANOLEA 和 Profile-3D 等。

Procheck 是一个基于 Unix 系统的软件包，它可以检查模型中的主要物理化学参数，包括主链二面角、手性、键长与键角等。计算的参数与高分辨率的实验结构相比，可检测出模型中不合理的理化特征及其所在区域，以供进一步精修模型参考。

#### 7.4.1.5 同源模拟现存问题及展望

总体上看，同源模拟技术已经相当成熟，但它仍存在着3个主要瓶颈：①找不到合适的模板；②待测序列与模板的序列比对不准确；③Loop 区的模拟。随着越来越多的蛋白质空间结构被实验测定，可以为同源模拟提供更多的结构模板，目前对一个基因组的超过30%的蛋白质的结构可以通过同源模拟预测来实现，相信该比例还会增加。因此，完全有理由相信蛋白质同源模拟将会发挥更大的用处。

已报道超过十几种的同源模拟方法，一些方法已经成为商品化的软件，一些方法开发者提供了可免费下载的版本或界面友好的服务器，极大方便了用户的使用。对于同源模拟的应用来说，如何根据同源模拟获得的结构模型来指导实验研究可能是更具挑战性的工作。为方便读者，表7-6列出一些常用的同源模拟方法的网站。应该指出的是，不同方法进行同源模拟，得到的三维模型的精度是不一样。一般说来，当待测序列与模板享有较高的序列全同率(例如序列全同率>40%)，不同方法都可以得到满意的模型（例如模型与实验测定的结构的 RMSD<3Å)；当待测序列与模板享有较低的序列全同率(例如序列全同率<30%)，不同方法得到的模型可能大相径庭，采用合适的方法仍有可能得到好的预测结构。如果方法选用不当，则可能预测精度很差（例如模型与实验测定的结构的 RMSD>5Å)。根据获得模型的优劣，模型的用途是不同的。例如，高精度的模型往往可以用来进行基于受体结构的药物设计，进行先导化合物的虚拟筛选；稍微粗略的模型，可以用来帮助功能位点的识别以及定点突变实验的设计等；过于粗略的模型，则只能依据模型相应的折叠类型来大致判断该蛋白可能具有的功能类别。

表7-6 一些常用的同源模拟方法的网址

| 方法 | 网址 |
|---|---|
| Modeller | http://salilab.org/modeller/ |
| Swiss-Model | http://swissmodel.expasy.org//SWISS-MODEL.html |
| 3D-JIGSAW | http://www.bmm.icnet.uk/~3djigsaw/ |
| EsyPred | http://www.fundp.ac.be/sciences/biologie/urbm/bioinfo/esypred/ |
| CPHmodels | http://www.cbs.dtu.dk/services/CPHmodels/ |
| SDSC1 | http://cl.sdsc.edu/hm.html |

### 7.4.2 折叠识别

蛋白质折叠识别(fold recognition)方法，又称穿针引线法(threading)，是从蛋白质结构数据库中识别与查询序列具有相似折叠类型，进而实现对查询序列的蛋白质空间预测。蛋白质空间结构比序列更为保守，自然界中蛋白质折叠类型的总体数目是有限的，许多蛋白质享有很低的序列相似性，仍可能具有相同的折叠类型，这就是折叠识别的理论依据。普遍认为，折叠类型的总体数目会在几千以内，近年来虽然许多新蛋白质的结构不断被解析，但折叠类型数目的增长趋于平缓。

例如，2004 年(1.69 版本)包含的折叠类型为 945 种，到 2006 年(1.71 版本)包含的折叠类型为 971 种，2009 年(1.75 版本)中的折叠类型为 1 195 种。对于一个待测序列，如果它所对应的折叠类型已被实验测定，如何通过合适的计算方法找出它所对应的折叠类型，这就是折叠识别要解决的核心问题。

折叠识别一般可以分为 4 个步骤进行(如图 7-10 所示)。第一步，建立蛋白质结构模板数据库。蛋白质结构模板数据库通常可以从 SCOP 数据库，或者 PDB 数据库中的蛋白质结构数据作为基础，选取具有代表性的一些蛋白质结构，同时清理掉一些冗余结构和不完整的

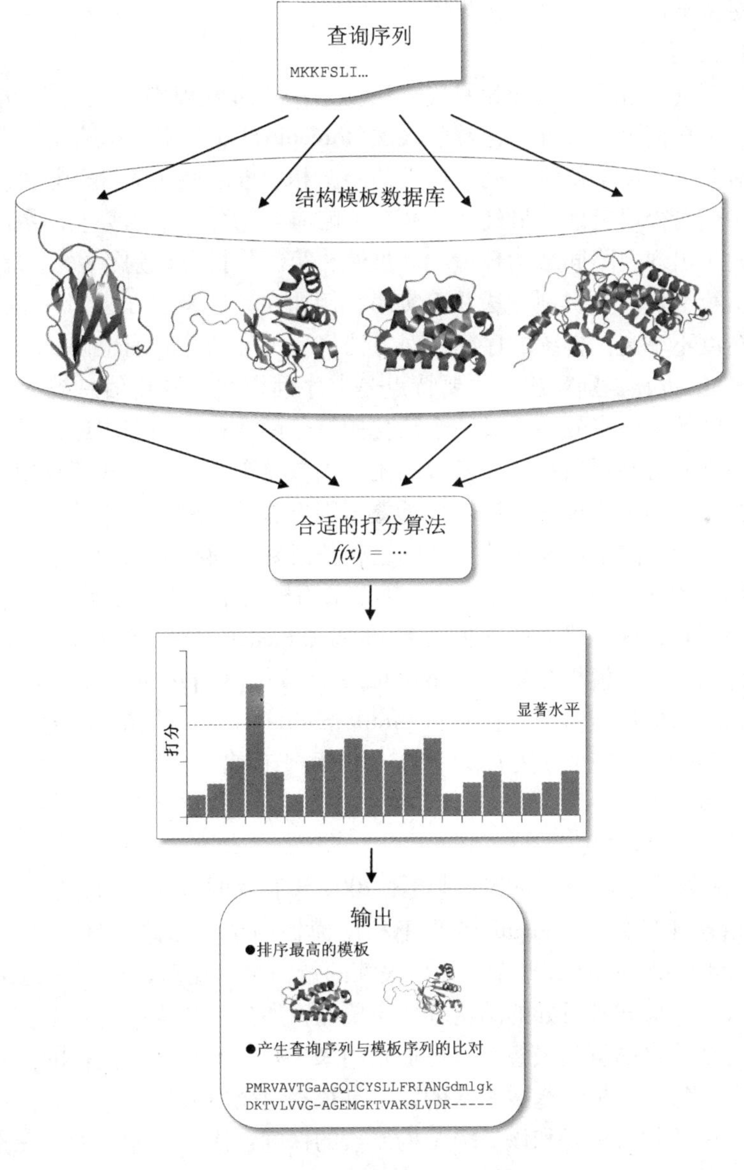


**图 7-10 蛋白质折叠识别流程图**

结构，尽量让模板数据库中的结构覆盖目前已测定的大部分折叠类型。第二步，设计合适的打分函数来衡量查询序列与模板数据库中结构的相似性。这一步是折叠识别非常关键步骤，往往不同的打分函数得到的结果差异较大。因此，设计打分函数的时候必须对打分函数的合理性进行严格的分析及验证。第三步，对打分函数得到的结果进行统计显著性分析。序列与结构之间的相似性有时候是带有一定的随机性的，因此必须对得到的结果进行统计显著性分析，分析统计意义。这一步一般可以通过计算 Z-Score 或者 E-Value 等参数对统计显著性进行估计。第四步，对结构模板数据库中计算得到具有统计显著性的蛋白质结构排序，折叠识别方法一般给出多个具有结构可能相似性的蛋白结构模板。一个理想的折叠识别方法，还需给出待测序列与模板蛋白的序列比对。一旦模板及比对确定下来，同样采用同源模拟的结构模拟步骤实现对待测蛋白的三维结构建模。

#### 7.4.2.1 折叠识别主要方法介绍

折叠识别按其发展过程可以分为两代方法。第一代折叠识别方法通常指的是 2000 年以前开发的方法，更多情况下被称为穿针引线法(threading)。其主要思路是，在计算待测序列与模板序列比对时，考虑了待测序列与模板的结构相容性。换句话说，与传统的序列比对相比，模板的结构信息得以考虑。最经典的两个策略有：①分子平均势能函数的使用；②考虑不同氨基酸倾向于出现在不同结构环境中。虽然，第一代折叠识别算法在方法学上具有很大突破，但总体上第一代折叠识别方法并不实用，例如在其代表性方法 Threader 中，双动态规划获得的比对精度不一定比传统的序列比对方法好，另外计算时间也偏长。第二代方法指的是 2000 年后开发的折叠识别算法，主要特点是：序列之间的进化信息被充分考虑；不同信息通过复杂的数学算法被有效整合成一个杂化的打分函数；许多方法还提供在线服务器；蛋白质折叠数据库不断得到更新；打分函数的统计参数意义明显。这些特点使得第二代折叠识别方法越来越实用。为便于理解，第二代折叠识别方法可大致分为 3 类。第一类方法在构建序列和模板的比对时，除了考虑待测序列的进化信息外，模板的结构信息也得以考虑，代表性的方法有 3D-PSSM 和 FUGUE。第二类方法是采用机器学习的方法将序列信息和结构信息整合成一个折叠识别系统，代表性的方法有 mGenThreader。第三类方法是基于 profile-profile 比对原理，对待测序列和模板分别构建 profile，然后再进行 profile-profile 比对，原则上能更大程度考虑序列之间的进化信息。在进行 profile-profile 时，一些结构信息(例如二级结构信息)也可以得以考虑，代表性方法有 FFAS03。为便于读者了解，以下介绍第二代折叠识别算法中的一些代表性方法。

(1)Fugue 折叠识别方法

Fugue 是英国剑桥大学 Blundell 课题组于 2001 年开发的折叠识别算法。在构建待测蛋白与模板比对或相容性打分时，Fugue 侧重于利用模板的结构信息，具体体现在以下 3 个方面。①通过统计 HOMSTRAD 数据库中的代表性的蛋白结构比对，他们构造了结构环境相关的氨基酸替换表。考虑残基所处的结构环境主要有：所处的二级结构状态，表面可及性及形成氢键状态。这个改进的氨基酸替换表更适合用来进行待测序列与模板的比对。②依据特定结构的空位罚分。每个模板氨基酸残基的罚分是根据这个氨基酸残基的表面可及性、该残基在二级结构元素中的相对位置和该二级结构元素的保守性决定。考虑到了在不容易插入空位的残基加大对空位的罚分。③Fugue 整合了多序列比对和多结构比对的信息。基于以上特点，Fugue 总体上获得很好的预测精度，既体现在更强的折叠识别能力，也体现在更高的比对精度，它属于目前折叠识别的主流方法之一。Fugue 不但提供在线预测服务器，还提供可供下载的版本。对于一个待测蛋白，Fugue 首先进行 PSIBLAST 搜索，然后扫描模板多结构比对数据库(即 HOMSTRAD 数据库)，根据待测序列与模板的相容性打分，计算 Z-score 并根据 Z-score 大小列出待测蛋白可能具有的折叠类型(即结构模板)及相应的比对。

(2)GenThreader 折叠识别方法

GenThreader 是英国 Jones 课题组开发的折叠识别算法，其主要策略是将一系列可用来衡量序列与模板相似性的参数，通过神经元网络的方法得到一个单一的表示序列与模板相似性的指标，来表示查询序列与模板的相似性。在其最新的版本 mGenThreader 中，考虑的主要参数有双方向的 PSIBLAST 比对分值，待测序列长度，模板序列长度，序列与模板平均分子势能，溶剂化能量项，二级结构元素比对分值。mGenThreader 也是目前最好的折叠识别方法之一，它给我们的启发是不同的参数可以通过合适的数学方法(例如机器学习方法)整合成一个有效的方法，这也是目前折叠识别方法中的一个重要策略。

(3)FFAS03 折叠识别方法

从 PSIBLAST(Profile-序列比对)的成功，可以看出进化信息能有效增加序列间弱同源性的识别，一个很自然的想法但在方法学上又具有明显新意的思路就是 Profile-Profile 比对，它可以更大程度上考虑两个序列的进化信息。与普通的序列比对相比，Profile-Profile 比对过程中基于传统打分矩阵的两个氨基酸的相似性打分转化为两个氨基酸所在的位置特异的矩阵(PSSM)中的两个向量之间的相似性打分。目前，一系列 Profile-Profile 比对已相继被开发，算法的核心是如何构造相似性打分。FFAS03 是美国 Godzik 课题组开发的折叠识别算法，其主要策略是基于 Profile-Profile 比对，算法实现包括以下 3 个步骤：①Profile 的准备，通常对待测序列及模板序列的 profile 都是通过 PSI-BLAST 搜索来自动产生的。②待测序列与模板序列之间的 Profile-Profile 比对。③根据获得的比对分数进行统计显著性评估。通常，Profile 的准备需要较多的计算时间，因此在实际折叠识别时，折叠数据库中的每个模板蛋白的 profile 可以事先准备好，这样在待测序列对折叠库中的所有模板序列进行 Profile-Profile 比对时，才能保证合理的计算时间。作为目前最重要的折叠识别方法，Profile-Profile 比对通常能保证强的折叠识别能力，也能获得高的比对精度。

#### 7.4.2.2 折叠识别存在问题及展望

蛋白质折叠识别已经成为蛋白质结构预测的主要方法之一，特别是第二代折叠识别算法已经相对成熟。在近年来的国际蛋白质结构预测竞赛(Critical Assessment of Protein Structure Prediction, CASP)中扮演着越来越重要的角色，不仅表现在许多蛋白质之间弱同源性能被识别出来，弱同源蛋白质之间序列比对的精度也高于传统的序列比对方法。同源模拟与折叠识别在预测蛋白质结构上比较类似，都需提供与查询序列结构类似的模板及序列比对，不同之处在于寻找模板的方法上的不同。同源建模是从序列相似性的角度寻找模板，其原理是两个蛋白质如果具有足够的序列相似性，它们具有相似的空间结构。当两个蛋白质序列相似性较低的情况下(一般为 identity $<30\%$)，同源建模的方法找到的模板并不理想，而此时折叠识别方法仍可能找到合适的模板。过去十几年来，蛋白折叠识别方法一直是蛋白质结构预测中最为活跃的研究课题，一些新算法相继被开发，蛋白质折叠识别方法的逐渐成熟，极大地扩

大了同源模拟的应用场合，极大地拓展了蛋白质结构预测的实际应用范围。表7-7列出一些常用的折叠识别方法及其相应网址。

表7-7　一些常用的折叠识别方法的网址

| 方　法 | 网　址 |
|---|---|
| 3D-PSSM | http：//www. sbg. bio. ic. ac. uk/ ~ 3dpssm/index2. html |
| Fort | http：//www. cbrc. jp/htbin/forte-cgi/forte_ form. pl |
| Fugue | http：//tardis. nibio. go. jp/fugue/prfsearch. html |
| mGenThreader | http：//bioinf. cs. ucl. ac. uk/psipred/ |
| FFAS03 | http：//ffas. ljcrf. edu/ffas-cgi/cgi/ffas. pl |
| Inub | http：//inub. cse. buffalo. edu/ |
| $SP^5$ | http：//sparks. informatics. iupui. edu/$SP^5$/ |
| Phyre | http：//www. sbg. bio. ic. ac. uk/ ~ phyre/ |

通常一个好的折叠识别方法，既要有高的折叠识别能力，也要有高比对精度，这样才能确保后续的结构建模的可靠性。除此之外，好的折叠识别方法还应具备以下几个特征：①不断更新的折叠数据库；②对折叠识别结果的统计显著性评估，给出不同结果的置信度；③合理的运算时间。另外，需要指出的是，虽然不同折叠识别方法的原理相似，但实际上的表现还是有较大差别，不同方法往往体现一定的互补性，因此将不同的方法整合到一个预测系统（通常称为 meta server），将有可能最大程度地实现对待测蛋白质的折叠识别。例如波兰生物信息研究所开发并维护的 meta server（http：//meta. bioinfo. pl/submit_ wizard. pl）。

### 7.4.3　从头计算法

从头计算法（abinitio method）的原理是蛋白质的天然构象对应的是其能量最低的构象，通过构造合适的能量函数及优化方法，可以实现从蛋白质序列直接预测其三维结构。由于很难找到精准的能量函数，及多能量优化过程中存在的大量的局部最小，目前从头计算法还远未实用，从头计算方法一直是蛋白质结构预测中最具挑战性的课题。从头计算法的物理化学意义明晰，不依赖于模板，有可能预测到全新的蛋白结构，所以一直受到许多研究人员的青睐。最近，从头计算法已取得很大的突破，对一些分子量较小的蛋白，有可能预测得到高精度的三维结构。所以，当采用同源模拟和折叠识别无法实现对待测蛋白质的空间结构预测时，可以考虑采用从头计算方法来获得结构模型的方法。虽然远未完善，但取得了可喜的进展。单纯从头计算法得到的模型还不能可靠地用于分子对接和药物分子设计，但一些预测得到的一些低分辨率的结构模型结果可用来做蛋白质功能注释，新的算法也增强了我们对蛋白质折叠机理的认识。鉴于从头计算法涉及较多的物理化学原理和数学方法，为便于理解，以下先介绍蛋白质结构表示模型、能量函数和能量最小化方法，然后再介绍目前流行的两种从头计算方法。

#### 7.4.3.1　蛋白质结构表示模型

在已开发的从头计算预测方法中，不同的蛋白质结构表示模型被采用，包括全原子模型和粗粒化模型。虽然全原子模型是对蛋白三维结构的最精确的描述，但涉及太多的原子，造成实际预测中的计算量太大。将全原子模型中的氢原子不予考虑，有可能较大程度地减少原子数目。进一步的简化就是采用粗粒化表示。常见的粗粒化方法有侧链单点模型，例如在基于残基的5点模型中，每个残基由5个点表示，包括主链上4个重原子和1个侧链质心原子。另外一种粗粒化方法就是忽略侧链，仅考虑蛋白骨架的原子，这种粗略化的最简单的方式就是将每个残基仅用其$C_\alpha$原子来表示。这种简单的表示，无疑大大减少了计算量。更为粗略的简化，就是不考虑具体的氨基酸类型，仅将氨基酸分为亲水和疏水氨基酸，通常这种简化仅可作为折叠模型的理论研究，不适合真实蛋白质的结构预测。需要特别指出的是，粗粒化显示不仅仅是为了减少计算量，合适的粗粒化模型能为蛋白质结构的形成提供不同层次的信息。

#### 7.4.3.2 能量函数

蛋白质天然构象通常是其自由能最低的构象，因此一个准确的能量函数对于从头计算法来说是至关重要的。从基本原理上看，能量函数可以分为两类：基于物理的能量函数和基于统计的能量函数。必须指出的是，构造的能量函数的形式必须和所选用的蛋白质结构模型表示形式相匹配。一个好的能量函数必须符合以下两个标准：①能从大量的非天然构象中有效地区分出目标构象；②对于构象空间中所有的能量图景(landscape)尽可能地平滑，这将利于目标构象的寻找。基于物理的能量函数，通常也称作分子力场，考虑蛋白分子中原子间的各种相互作用，如范德华相互作用、氢键作用以及静电作用等。通常，一个分子力场含有一些物理意义明确的函数项，如键长项、键角项、二面角项、范德华项、静电项以及氢键项等，甚至还可以考虑溶剂模型、离子效应和二硫键作用等。虽然基于分子力场的能量函数可实现对多肽分子的全原子水平的从头预测，但涉及的计算量巨大，在实际应用中并不可行。基于统计的能量打分函数是从已知的蛋白质结构的统计观测，构造合适的能量打分函数形式，并通过训练得到能量打分函数中具体的参数。简单的能量打分函数仅考虑蛋白质折叠中最基本的一些作用力，如疏水相互作用和氢键等；更为复杂的能量函数还应考虑更多的物理化学和统计信息，如静电势，二级结构倾向性等。必须指出的是，无论是基于物理的能量函数，还是基于统计的能量函数，都只是近似估计，相比较而言，基于统计的能量函数更为粗略。

#### 7.4.3.3 能量最小化方法

在从头预测方法中，对目标序列首先产生一个起始的全长多肽构象，然后搜索算法实现对构象空间的采样。构象空间的搜索算法可以根据采样方式分为确定性和随机性两类。上述方法其实都是构象空间中的局部和全部寻优办法，它们一般会导致路径依赖性的结果并陷入局部最小解，很难真正地找到全局的最优结果，比较而言，小蛋白的预测相对容易，随着蛋白氨基酸数目的增加，构象的空间呈指数增长，极大增加了预测的难度。为解决这一问题，一些构象采样的策略也应运而生。最重要的一个策略就是将目标蛋白分成许多残基片段，然后再装备起来。残基片段的结构可以通过二级结构预测或搜索结构已知的残基片段数据库来实现。该策略相当流行，而且相对成功。其主要原因是片段组装方法可以提供一个很好的起始构象，甚至可以帮助优化过程中跳过局部最小点，从而加快全局能量最优的搜索。

研究还发现，在优化接近天然构象时，非天然构象的能量越低并不意味着它与天然构象一定越相似。换句话说，能量图景更像火山口，而不像漏斗。因此，构象采样将产生大量具有相似能量值的结构，但明显不同的构象，必须采用过滤和聚类等技术针对预测最后阶段得到的构象采样。通常过滤的方法就是考虑β折叠形成、物理相互作用和接触序(contact order)等来剔除不合理的构象采样；聚类则可以将预测得到的构象简化为几个代表性的结构。

#### 7.4.3.4 从头计算方法介绍

(1)Rosetta 方法

该方法是美国华盛顿大学 Baker 课题组开发的一种从头计算结构预测方法。其主要原理是蛋白质中氨基酸片段的结构可以从已知结构蛋白的相似氨基酸片段的结构拷贝得到。首先，目标蛋白质的氨基酸片段通过预测其二级结构及序列相似性比较，从蛋白质氨基酸片段模板结构库中找到其应该采取的构象。然后这些氨基酸片段的构象(一般长度为 3 ~ 9 个残基)通过蒙特卡罗(Monte Carlo，MC)模拟退火方法被装备起来，得到一系列非天然构象(decoy conformation)，进一步采用基于统计的能量打分函数，对这些构象进行评价，通常能量越低，越应该接近天然构象。另外，一些启发式的过滤方法，例如考虑所产生的构象的接触序及β折叠的拓扑结构，来进一步寻找最接近天然构象的 decoy 构象。在 Rosetta 软件包中，蛋白质构象是粗粒化表示(每个残基考虑骨架重原子、$C_\beta$ 原子以及侧链原子的质心)，在模型精修阶段，蛋白质构象采用全原子模型表示，采用基于物理的更为精确的能量函数。通常模拟过程中将产生 1 000 ~ 1 000 000个 decoy 构象，然后通过聚类找到具有相似构象的最大分布，它们对应的就是最宽阔的能量最小值。聚类后，每个构象的全原子模型被重新建立。

(2)I-TASSER 方法

该方法是美国 Kansas 大学张阳课题组开发的一种从头预测方法。它主要可分为 3 步：首先采用 LOMETS 折叠识别方法对目标序列在 PDB 数据库中搜索相似的模板；然后根据折叠识别的比对的结果，目标序列可分为被比对的区域和无法比对的区域。对被比对的区域的结构可以从模板中获得，目标序列中无法比对区域的结构则采用基于立体网格模型的从头计算法预测，然后序列的总结构模型通过复制 - 交换蒙特卡罗模拟(REMC)装备得到。如果 LOMETS 找不到合适的模板，则整个结构采用从头计算法模拟。模拟得到一系列构象后，采用 SPICKER 方法进行聚类，挑选低能量的构象簇。第三步，对 SPICKER 方法进行聚类得到低能量的簇中心的构象重新进行片段装备模拟，主要是为了消除立体碰撞，使簇中心的构象更优化。对第二次模拟中产生的构象，再进行聚类，选择能量低的构象，经氢键网络优化后作为 I-TASSER 获得的蛋白结构的最终全原子模型。

#### 7.4.3.5 蛋白质结构预测的总体流程及不同预测方法的评价

(1)蛋白质预测总体流程

本节中介绍的 3 种蛋白质三级结构预测方法以及前文介绍的蛋白质二级结构预测方法，基本上反映了目前蛋白质结构预测的总体情况。虽然，蛋白质结构预测还远未完善，方法学上仍然需要新的突破，但蛋白质结构预测的应用正日益扩大，例如，基因编码蛋白的结构预测可加快功能基因组的研究，药物靶标蛋白的结构预测可加快新药的开发。总体上看，蛋白质结构或结构性质预测有两种策略。第一种策略是基于进化的思想，两个蛋白序列进化上有联系，它们结构上也有关系，例如二级结构预测，同源模拟和折叠识别均属于这种策略。第二种策略是基于能量的思路，例如，从头计算法。从开发出的方法的实用性，基于进化思想的蛋白质结构预测方法更具可靠性。将这两种策略合理的考虑有可能开发出一些更好的预测方法。目前，基于残基片段组装的从头计算法在一定程度上将进化策略和能量策略都加以考虑。

从实际应用角度出发，图 7-11 给出蛋白质结构预测的总体流程。首先，对待测序列进行预处理，包括文献调查及必要的生物信息学分析，以便对待测序列的功能及结构域有个初步了解，这对下一步的建模是有帮助的。接着，可以优先选择同源模拟进行待测蛋白的结构预测。如果同源模拟没有办法找到合适的模板，可以接着选用折叠识别方法进行三维结构预测。原则上，由于目前有越来越多的模板，超过 60% 的待测蛋白能用同源模拟或折叠识别进行预测。如果折叠识别仍然找不到合适的模板，则可以尝试采用从头计算法，但这需要大量的计算资源而且结构可靠性不高。同时，还可以尝试二级结构预测或蛋白其他结构性质预测，这有助于对蛋白结构的认识，但无法获得空间结构模型。如果在上述步骤中能够获得模型，则需要进一步的模型优化，然后将模型应用到具体的生物学问题中去。一般来讲，蛋白质结构预测可以通过一些在线预测服务器或商业化的蛋白质结构预测软件来实现，对使用者的要求是必须对蛋白质序列及结构比对，以及蛋白质数据库有一定的了解。

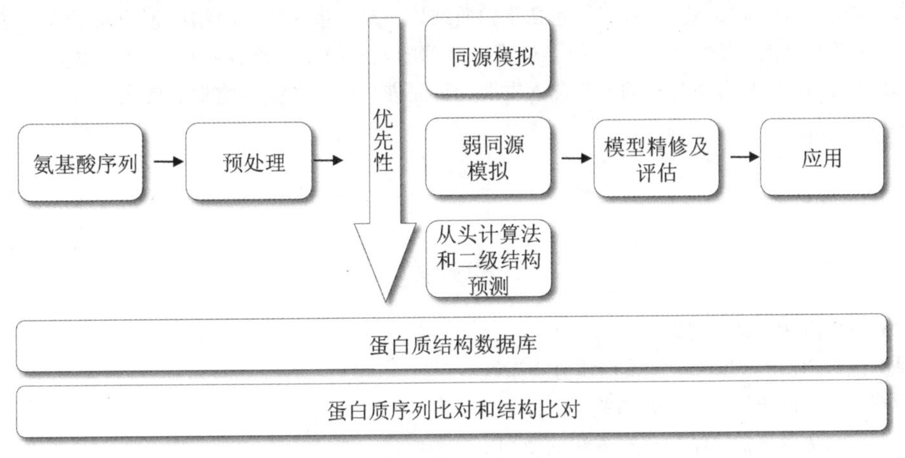


**图 7-11　蛋白结构预测的总体流程**

(2) 不同预测方法评价

随着不同的预测方法相继开发，非常有必要对不同的方法进行公正的评价。近年来，有一些工作专门针对不同的预测方法进行评价，这样的工作增强了对预测精度一个总体的认识，有利于用户如何选择合适的方法。以下介绍两种最主要的评价的方法。

①蛋白质结构预测 CASP 竞赛　CASP 竞赛是通过与结构生物学家合作来实现的。首先，结构生物学家提供结构已测定但未公开的蛋白质给 CASP 竞赛参加者，CASP 竞赛参加者通过他们各自的方法对蛋白质结构进行预测，然后将结果提交给 CASP 组委会。运用结构比对的方法，这些预测的结构与实验测定的蛋白质结构进行比较，然后进行评价。CASP 竞赛起源于 1994 年，然后每两年举行一次。该竞赛极大地促进了蛋白质结构预测的发展，提升了公众对蛋白质结构预测的了解和兴趣，堪称蛋白质结构预测的奥林匹克竞赛。根据不同的结构预测内容，CASP 竞赛分为不同组别，包括残基接触预测，蛋白质 disordered 区域预测、二级结构预测、同源模拟、折叠识别及从头预测算法。特别值得一提的是，CASP 竞赛也涉

及功能预测，例如CASP8中包括蛋白质结合位点的预测。

②实时的评价方法 研究人员发现对不同预测方法的评价不能仅仅依赖于某一测试集，所以实时的评价方法也就应运而生。其主要思路是，将PDB中新近公开的蛋白质结构提交给不同预测服务器，然后搜集具体的预测结果，每隔一段时间对不同的方法进行评价。这种实时评价的方法可以全自动地实现对不同预测方法的连续评价，要求被评价的预测方法需要有全自动的预测服务器。最著名的两种实时评价网站是LiveBench(http://meta.bioinfo.pl/livebench.pl)和EVA(http://cubic.bioc.columbia.edu/eva/)。其中LiveBench主要是对不同折叠识别方法进行评价，而EVA则对二级结构预测、同源模拟、折叠识别等预测方法均进行评价。

## 本章小结

随着蛋白质组学研究的进一步开展，毫无疑问，蛋白质结构分析技术的应用前景日益广阔。本章重点介绍了一些常用的蛋白质结构分析技术，包括蛋白质结构比对、蛋白质二级结构预测和蛋白质三级结构预测。这些分析技术已被频繁用于蛋白质组学研究。合理的预测模型可增强我们对蛋白质生物学功能的理解。相信随着蛋白质结构分析技术的不断深入发展，将促进我们从系统生物学的层次全面了解蛋白质的生物学功能。

## 思考题

1. 试分析蛋白质的结构层次及其特点。
2. 举例说明SCOP数据库中的蛋白质分类系统。
3. 举例说明蛋白质结构与功能的关系。
4. 上网熟悉常用蛋白质结构比对方法的使用。
5. 简要分析蛋白质二级结构预测的基本原理，并熟悉其常用方法。
6. 蛋白质三级结构预测可分为哪几种？分析各自的预测原理。
7. 假设你在试验中获得了一个新蛋白质序列，如何预测其结构？

## 参考文献

1. CARL BRANDEN，等.2007. 蛋白质结构导论[M]. 王克夷，等，译. 上海：上海科学技术出版社.

2. XIONG，J. 2006. Essential Bioinformatics. New York：USA. Cambridge University Press.

3. KRANE，D E，RAYMER，M L. 2004. 生物信息学概论[M]. 孙啸，陆祖宏，谢建明，等，译. 北京：清华大学出版社.

4. D惠特福德，等. 2008. 蛋白质结构与功能[M]. 魏群，等，译. 北京：科学出版社.

5. G A佩特斯科，等.2009. 蛋白质结构与功能入门[M]. 葛晓春，等，译. 北京：科学出版社.

6. R M特怀曼，等.2007. 蛋白质组学原理[M]. 王恒樑，等，译. 北京：化学工业出版社.

7. 刘次全，白春礼，等. 1997. 蛋白质分子生物学[M]. 北京：高等教育出版社.

8. 来鲁华，等. 1993. 蛋白质的结构预测与分子设计[M]. 北京：北京大学出版社.

9. 乔纳森·佩夫斯纳，等. 2006. 生物信息学与功能基因组学[M]. 孙之荣，等，译. 北京：化学工业出版社.

10. 王镜岩，朱圣庚，徐长法. 2002. 生物化学[M]. 上册. 3 版. 北京：高等教育出版社.

11. 徐筱杰，侯廷军，乔学斌，等. 2004. 计算机辅助药物分子设计[M]. 北京：化学工业出版社.

12. 阎隆飞，孙之荣. 1999. 蛋白质分子结构[M]. 北京：清华大学出版社.

13. 张阳德，等. 2005. 生物信息学[M]. 北京：科学出版社.

14. HARDIN C, POGORELOV T V, Luthey-Schulten Z. 2002. *Ab initio* protein structure prediction[J]. Current Opinion in Structural Biology, 12: 176 – 181.

15. KOEHL P. 2001. Protein structure similarities[J]. Current Opinion in Structural Biology, 11: 348 – 353.

16. ROST B, EYRICH V A. 2001. EVA: Large-Scale Analysis of Secondary Structure Predicton[J]. Proteins, Suppl 5: 192 – 199.

# 第8章　互作蛋白质组研究技术

随着生命科学研究的不断深入，人们已经意识到生命活动过程与蛋白质相互作用是密不可分的，生命的基本过程就是不同功能蛋白质在时空上有序和协同作用的结果。越来越多的研究表明，细胞中绝大多数酶和调控过程是以蛋白质复合体或多蛋白质网络协同作用的形式来实现的。在这些复杂网络中，包括遗传信息的复制与表达、各类物质代谢、细胞信号转导，以及蛋白质自身的合成、修饰、转运与降解、蛋白质复合体的形成等，都与蛋白质—蛋白质相互作用有关。只有充分揭示蛋白质—蛋白质的相互作用，才能更准确地认识蛋白质的确切功能以及它们发挥这些功能的机制，才能进一步认识生物体内各个生命过程的调节方式及其机制。因此，蛋白质相互作用的研究已成为功能蛋白质组学的重要内容。

生物体内的蛋白质—蛋白质相互作用主要以3种形式存在。一是形成多亚基蛋白质的四级结构，如血红蛋白4个亚基的装配。二是形成蛋白质复合体，如病毒外壳、核孔复合体等的组装。以上两种形式的相互作用较为稳定。三是瞬时的蛋白质—蛋白质相互作用，蛋白质的转录后修饰、磷酸化和降解等属于这一类。这种瞬时的蛋白质相互作用几乎参与细胞基本生命活动的全部过程。

蛋白质—蛋白质相互作用的方式也是多样的。根据相互作用的蛋白质结构特征，可以将蛋白质相互作用的方式分为三类：一是结构域-结构域相互作用。在现有的蛋白质数据库中的蛋白质—蛋白质复合体大多属于这种类型。如常见的抗原—抗体相互作用，信号转导复合体的G蛋白与其效应分子蛋白的相互作用，均属于这种类型。二是结构域—肽相互作用。如某些病毒衣壳组装的相互作用，主要组织相容性复合体(major histocompatibility complex, MHC)—抗原复合体相互作用。三是分子内蛋白质—蛋白质相作用，即多结构域蛋白质分子内部头尾端不同结构域之间的相互作用，如FERM蛋白质家族以及酪氨酸激酶Src等即受这种首尾作用调控。

细胞生物学、分子生物学、生物化学、生物物理学等学科的发展，特别是蛋白质化学的发展，为蛋白质—蛋白质相互作用的研究积累了基本技术与方法。总体而言，蛋白质—蛋白质互作的研究方法可以分为离体和在体两大类。离体的实验方法是将待研究的蛋白质分离后，在细胞外进行相互作用分析的方法，主要有蛋白质亲和层析、核磁共振谱分析、亲和印迹、蛋白质芯片等。

在体的研究方法依照所使用的细胞与蛋白质的来源细胞是否相同，又可分为异种系统的检测方法和基于活细胞的检测方法。异种系统的检测方法是将待研究的蛋白质在异种细胞中表达后加以分析的方法，主要有细菌双杂交、酵母双杂交和哺乳动物细胞双杂交等。基于活细胞的蛋白质—蛋白质相互作用研究方法主要有基于荧光共振能量转移显微技术、共聚焦显微技术以及流式细胞分析等分析方法。

此外，随着蛋白质组学研究方法的发展，质谱技术以及生物信息学技术也被应用到蛋白质—蛋白质相互作用的研究中。研究分析蛋白质—蛋白质相互作用要根据不同的实验目的及条件选择不同的实施策略，应选择操作性强、可信度高、接近生理条件的技术方法，尽量减少实验本身带来的假阴性或假阳性。

## 8.1　蛋白质－蛋白质相互作用的离体研究技术

### 8.1.1　蛋白质亲和层析

亲和层析(affinity chromatography)是利用待分离物质与其特异性配体间具有特异性的亲和力，从而达到分离目的的一类特殊层析技术。即发生相互作用的蛋白质分子之间存在这种特异性的亲和力。因此，可以将待研究的目标蛋白质(称为诱饵蛋白质，bait)通过共价键连接到琼脂糖(sepharose)等基质上，制成固相吸附剂放置在层析柱中。当被检测分析的蛋白质混合液通过层析柱时，那些与诱饵蛋白质能发生相互作用，即具有亲和力的蛋白质(称为猎物蛋白质，prey)就会被吸附而滞留在层析柱中。而那些与诱饵蛋白质不发生相互作用，没有亲和力的蛋白质由于不被吸附，可以被低盐溶液洗脱而流出。然后再用高盐或含 SDS 的洗脱液，改变结合条件将被结合的蛋白质洗脱下来，用于进一步分析鉴定。

蛋白质亲和层析用于蛋白质相互作用的检测有以下几个优点：一是细胞裂解物中所有蛋白质都有机会与固定相上的诱饵蛋白质结合，因此可以同时检测裂解物中的所有蛋白质。二是固定相中的诱饵蛋白质浓度可以比正常细胞内的浓度高几个数量级，从而可以检测到微弱的相互作用。三是可以检测多亚基蛋白质之间的相互作用。四是可以分析蛋白质相互作用的方式。通过构建一系列突变体，以检测与目标蛋白质发生作用的特定结构域或氨基酸序列。

将蛋白质亲和层析用于蛋白质相互作用分析也常常出现一些假阳性结果，假阳性的结果可能来自 3 个方面：一是两种不同荷电性质的蛋白质，一个带正电荷，另一个带负电荷，它们可能通过电荷间的相互作用而结合。这种假阳性结果可以用带相同离子电荷的对照层析柱消除。二是间接的蛋白质相互作用，如果蛋白质 A 可以结合到固定相的蛋白质上，那么与蛋白质 A 发生相互作用的其他蛋白质有可能通过蛋白质 A 的桥梁作用间接结合到固定相上。三是一些蛋白质在活细胞中由于真核细胞的区隔化不可能发生相互作用，但在离体条件下，这种胞内区隔化消失，因此原本不会相互接触的蛋白质就有可能发生非天然的结合。例如，肌动蛋白(actin)和 DNase I 在细胞内分别位于细胞质和细胞核，二者之间不会发生相互作用。但在离体条件下，肌动蛋白可以高效地与 DNase 结合，从而抑制后者的活性。

### 8.1.2　表面等离子共振技术

表面等离子共振(surface plasmon resonance，SPR)是 20 世纪 90 年代发展起来的一种生物分子检测技术，可以定量地分析蛋白质—蛋白质相互作用的特异性、动力学特性以及作用力的大小。

SPR 传感系统一般由光学系统、传感系统和检测系统 3 个部分组成。其中，光学系统包括光源和光路，用于提供符合要求的入射光。传感系统将待测信息转换为敏感膜的折射率的变化，并通过光学耦合转换为共振角或共振波长的变化。检测系统检测反射光的光强度，记录共振吸收峰的位置。当入射波以某一角度或某一波长入射到两种不同折射率的介质界面(比如玻璃表面的金镀膜)时，可引起金属自由电子的共振，由于电子吸收了光能量，从而使反射光在一定角度内大大减弱，光强度出现一个凹陷。此时的入射光角称为 SPR 角。SPR 角随金属表面折射率的变化而变化，而折射率的变化又与金属表面结合的分子质量成正比。

在蛋白质—蛋白质相互作用研究中，一种蛋白质被固定于 SPR 芯片的表面上，待研究的蛋白质通过一种微流系统在流动相中传输。通过蛋白质相互作用，固定相中的蛋白质不断从流动相中捕捉蛋白质，随着捕捉到的蛋白质量的增加，其表面的光学特性也随之改变，反射的光信号被感受器接受、转换为电信号并由计算机进行同步分析。由于实时地检测到这种变化，可以同时得到蛋白质—蛋白质相互作用的动力学特性和平衡解离性质(图 8-1)。

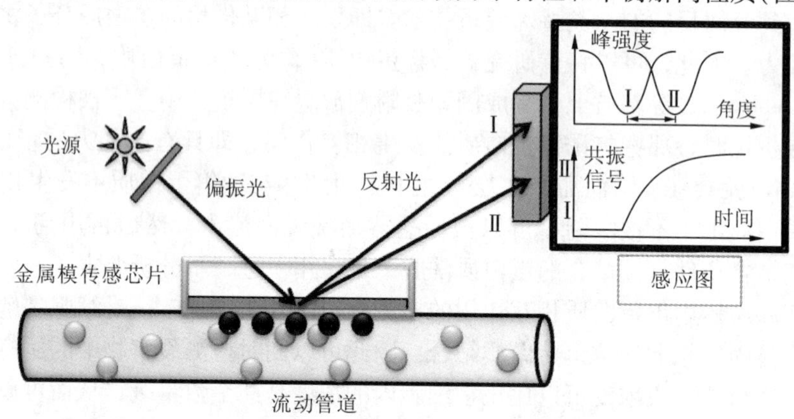


**图 8-1 SPR 技术原理示意图**

## 8.2 酵母双杂交技术

在众多的蛋白质-蛋白质相互作用研究方法中，酵母双杂交技术(yeast two-hybrid)是一种简单而有效的方法，也是一种应用最广、最受重视的方法。这种方法是由 Fields 和 Song 于 1989 年在研究真核生物的基因转录调控时最早提出的。

### 8.2.1 酵母双杂交技术的原理

真核生物基因转录的启动需要有反式转录激活因子的参与。例如，酵母转录因子 GAL4 在结构上是组件式的(modular)，往往由 2 个或 2 个以上结构上可以分开、功能上相互独立的结构域(domain)构成，其中包括 DNA 结合功能域(DNA binding domain，DBD 或 BD)和转录激活结构域(activation domain，AD)。如果将这 2 个结构域分开，它们仍具有各自的功能，但不能有效地激活转录。只有当被分开的 2 个结构域通过适当的途径在空间上互相接近时，才可能重新表现出完整的 GAL4 转录因子活性，并激活上游激活序列(upstream activating sequence，UAS)的下游启动子，使启动子下游的基因得到转录。根据这个特性，可以将该转录因子 DBD 和 AD 两个结构域的基因序列分别与目标蛋白质 X 及可能与目标蛋白质相互作用的蛋白质Y(分别称为“诱饵”和“猎物”)的基因序列相连，并共同转入酵母细胞，表达后产生DBD-X以及AD-Y的融合蛋白质(图8-2)。如果蛋白质X与Y能够发生相互作用，就能使转录因子原来分开的DBD和AD两部分互相靠近而结合，从而形成完整的有活性的转录激活因子，激活下游基因(作为报告基因)的表达。目前应用较多的报告基因是大肠杆菌的*LacZ*基因，它表达后能在含X-Gal的培养基上产生蓝色菌落，容易用肉眼识别判断。营养缺陷型的酵母细胞及其相应的报告基因也常被用于酵母双杂交分析。例如，可以通过观察酵母能否在缺乏组氨酸或亮氨酸的选择性培养基上生长来判断*His*3、*Leu*2等报告基因是否表达。现在一般同时采用2个甚至3个报告基因来提高实验的准确性。

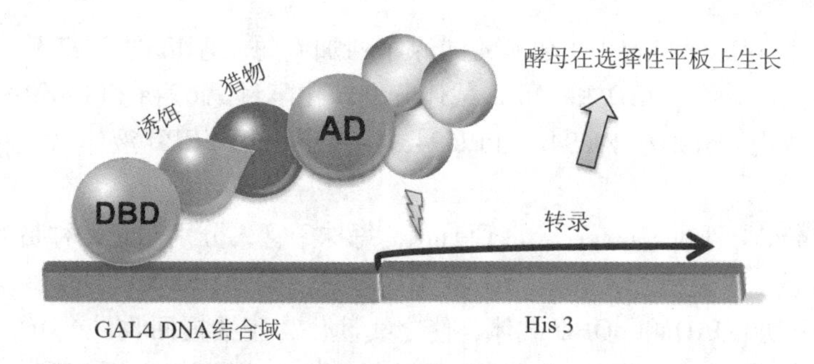


**图8-2 酵母双杂交技术原理示意图**

如上所述，在双杂交分析中要给酵母细胞导入2种不同的基因，需要进行2次转化工作。由于酵母细胞的转化效率比细菌低约4个数量级，转化步骤往往成为酵母双杂交技术中的一个瓶颈。酵母具有无性生殖和有性生殖2种生殖方式。在酵母的有性生殖过程中涉及2种接合类型的单倍体细胞：a接合型和α接合型。这两种单倍体细胞之间能接合形成二倍体，而a接合型细胞与a接合型细胞或α接合型细胞与α接合型细胞不能接合形成二倍体。Bendixen等人根据酵母有性生殖的这一特点，用“猎物”基因的表达载体转化α接合型酵母细胞，用“诱饵”表达载体转化a接合型细胞。然后分别铺于选择性平板培养基使细胞长成菌苔，再将2种菌苔复印到同一个三重选择性平板上，只有诱饵和靶蛋白发生了相互作用的二倍体细胞才能在此平板上生长。单倍体细胞或虽然是二倍体细胞，但DBD融合蛋白质和AD融合蛋白质不发生相互作用的都被淘汰。长出来的克隆进一步通过β-半乳糖苷酶活力进行鉴定。这项改进不仅简化了实验操作，也提高了酵母双杂交的筛选效率。

## 8.2.2 酵母双杂交技术的试验流程

目前有许多AD和DBD载体可供选择，其中最为常见的是以GAL4为基础的载体，现在已经有许多商品化试剂盒可供选择。此外，常见的还有以细菌LexA蛋白为DBD，VP16为AD的LexA系统等。用同源重组的方法构建载体，可以简化许多分子生物学操作，更适合于大规模构建重组质粒。这种方法以与载体同源的序列为引物扩增目的基因，给基因的两端带上这种载体同源序列，在与线性化的质粒共转化到酵母细胞后，可以通过同源重组产生重组质粒。下面以同源重组和接合转化的例子简介酵母双杂交的实验方法及步骤。

**8.2.2.1 试验材料**

①2 种待研究的目的基因 cDNA。

②酵母菌株 PJ694a 和 PJ694α。

③载体 pOAD 和 pOBD。pOAD 是带有 LEU2 标记的 GAL4 转录激活结构域融合载体，pOBD 则是带有 TRP1 标记的 GAL4 DNA 结合结构域融合载体。

④酵母培养基 YEPD 以及营养缺陷培养基。

⑤其他微生物学及分子生物学实验所需的试剂及器材。

**8.2.2.2 试验方法**

(1)构建双杂交质粒

①通过 PCR 将 pOAD 和 pOBD 载体的同源序列加到每个基因的 5′和 3′端，以提供在酵母内同源重组的位点。将 pOAD 和 pOBD 载体分别转化酵母 PJ694a 和 PJ694α 菌株。

②宿主酵母活化：分别将 PJ694a 和 PJ694α 接种于 5mL YEPD 液体培养基，30℃振荡培养过夜。

③将培养液分装于 Eppendof 管，每管 1mL，每株 3 管，分别用于 2 种目的基因的转化以及空白对照。离心后取上清液，加入 3μL 煮沸处理过的鲑鱼精 DNA(5mg/mL)，振荡混合。

④用 Nco I 酶切 pOAD 和 pOBD 载体，使之线性化，胶抽提回收。

⑤将线性化处理过的 pOAD 加入 PJ694a 培养液中，pOBD 加入到 PJ694α 培养液中。分别混匀。向每个酵母菌株的 3 管培养液中分别加入 2 种目的基因 PCR 产物，并混合。其余 1 管留作空白对照(仅有载体而无 PCR 产物)。

⑥向菌液中加入 500μL 新制备的 LiOAC/PEG 溶液，并用移液器反复吸打混匀。加入 50μL DMSO，混匀，30℃温育 15min。然后于 42℃温育 42min。

⑦稍离心，弃上清液。收集酵母沉淀，加入 500μL 重悬，重复 1 次。

⑧将 PJ694a(含 pOAD)接种于缺乏亮氨酸的营养缺陷培养基，而将 PJ694α(含 pOBD)接种于缺乏色氨酸的营养缺陷培养基。30℃培养 3d。

⑨抽提质粒，测序鉴定载体的基因插入情况，读码框内融合有 AD 或 DBD 基因的用于双杂交分析。

(2)通过酵母菌的接合生殖表达杂交体

①表达 AD 融合的单倍体菌株(PJ694α 和 PJ694a)克隆用少量水重悬，各取 2μL 点于 YEPD 平板培养基上。

②再取相应的 DBD 融合酵母菌(PJ694a 和 PJ694α)悬液，加到对应的 AD 点上，于 30℃培养 24h。

③用高压灭菌后的影印丝绒将 YEPD 培养基上的菌落影印到双倍体选择性培养基(缺乏色氨酸和亮氨酸)上，30℃培养 3d。只有同时带有 Leu2 的 pOAD 和 TRP-1 的 pOBD 载体，且两种目的蛋白存在相互作用的双倍体酵母菌才能在这个培养基上生长。

④用其他选择性培养基检测报告基因是否激活。仍然通过影印法将接合后的酵母菌菌落影印到组氨酸缺陷培养基以及含有 3-氨基-1,2,4 三唑(3-AT)的组氨酸缺陷培养基上培养。由于 PJ694a/α 菌株能低剂量自发表达 *HIS3* 报告基因，而 3-AT 可以抑制 *HIS3* 基因的产物，加入适量的 3-AT 可以消除 *HIS3* 基因低剂量自发表达造成的背景。

## 8.2.3 酵母双杂交技术的优缺点

由于酵母细胞接近于目标蛋白质原先的体内环境，可以在一定程度上代表细胞内的真实情况。检测的结果可以是基因表达产物的积累效应，不稳定的、瞬时的蛋白质-蛋白质相互作用也可以被检测到，并且目标蛋白质与酵母内源蛋白质极少发生结合。大量的研究文献表明，酵母双杂交技术既可以用来研究哺乳动物基因组编码的蛋白质之间的互作，也可以用来研究高等植物基因组编码的蛋白质之间的互作，因此得到了广泛的应用，迅速发展成为一种常规的蛋白质-蛋白质相互作用研究技术。在大规模蛋白质相互作用的研究中，双杂交系统也有很大的应用价值，它可以用于钓出 cDNA 文库中编码与诱饵蛋白质(已知蛋白质)相互作用的成分，不但可以揭示许多已知蛋白质间的相互作用，而且可以发现与已知蛋白质相互作用的新基因。

但酵母双杂交系统也存在一些局限性。一是将目标蛋白质与 DBD 和 AD 相融合，可能改变目标蛋白质的构象，从而改变它们的功能，导致产生假阳性或假阴性。二是由于某些蛋白质本身具有激活转录功能或在酵母中表达时能够发挥转录激活作用，使 DNA 结合结构域杂交蛋白质在无特异激活结构域的情况下可激活转录，也产生假阳性。三是一些翻译后修饰在酵母细胞中不发生，相应的翻译后修饰的蛋白质就不能在酵母细胞中得到正确表达，因此它们间的相互作用也就无法在酵母细胞中检测到。四是某些蛋白质表面含有对多种蛋白质的低亲和力区域，能与其他蛋白质形成稳定的复合物。但在双杂交系统中没有复合体中其他蛋白质的存在时，其多肽链上本来为其他蛋白质所覆盖的位点将暴露出来，也可能影响其蛋白质相互作用行为。因此，近年来酵母双杂交的技术不断得到修正，出现了“改进型”的双杂交技术。

## 8.2.4 双杂交技术的新进展

前面主要描述了酵母双杂交系统，下面简要介绍此方法相关的一些最新发展。包括“反向双杂交系统”、“三杂交系统”，还有对寄主细胞选择的改进等技术。

### 8.2.4.1 反向双杂交系统

反向双杂交系统(reverse two-hybrid)的原理在于构建一种反向筛选报告基因，即蛋白质间相互作用所激活的报告基因能阻碍细胞在选择性培养基上生长。而两个相互作用的蛋白质由于某种原因不再相互作用时，细胞就可以存活下来。酵母 *URA3* 是一种常用的反向筛选报告基因。它的表达产物是尿嘧啶的合成所必需的，但同时又能将 5-氟乳清酸(5-OA)转化为一种有毒的物质。因此，在添加了 5-FOA 的培养基上，存在相互作用的菌株将因毒素的生成而死亡，而发生了蛋白质间解离或部分解离的菌株才会存活。另一种反向筛选系统为分离杂交系统，在这一系统中存在着两种报告基因，一个包含有大肠杆菌 tet 抑制子(*TetR*)序列；另一个是 *His3*，其启动子区插入了 tet 操纵子序列，如图 8-3。分别与 DBD 和 AD 融合的两种蛋白质如果存在相互作用，将激活 *TetR* 表达 Tet 阻遏蛋白，Tet 阻遏蛋白与 *His3* 的操纵子结合，从而抑制 *His3* 的表达。因此，存在相互作用的菌株表现为组氨酸营养缺陷形，而相互作用的蛋白质间发生解离或部分解离的菌株则可以在组氨酸缺乏的培养基上继续生长。

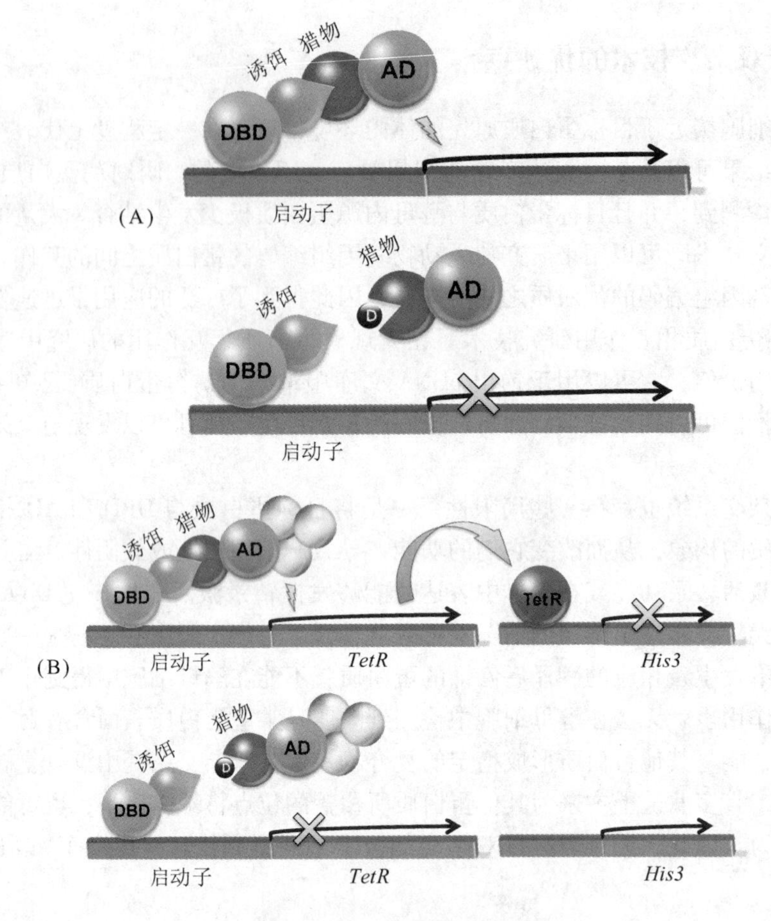


**图8-3 反向双杂交系统原理**

(A)酵母双杂交系统 (B)反向双杂交系统

反向双杂交系统可更有效地检测蛋白质间相互作用的关键位点或起决定作用的个别氨基酸，分析蛋白质结构和功能的关系。也可以用于筛选能阻止某些蛋白质间相互作用的肽或小分子物质，以用作临床治疗制剂。

### 8.2.4.2 三杂交系统

(1)激酶三杂交系统(tri-brid)

激酶三杂交系统也称 tri-brid 系统，可以探测依赖翻译后修饰的蛋白质-蛋白质相互作用。

由于酵母中不发生蛋白质修饰，传统的酵母双杂交系统无法检测一些重要的蛋白质翻译后修饰(如酪氨酸磷酸化)的互作。而高等真核细胞在响应细胞外刺激时，酪氨酸的磷酸化修饰是其信号传导途径的一种主要方式。为了检测蛋白质翻译后修饰的互作，激酶三杂交系统引入第三者——细胞内酪氨酸激酶，可以使酵母细胞中的蛋白质底物发生磷酸化修饰。激酶先与 DB 上融合的蛋白质 X(黄色)结合，使其发生磷酸化修饰(图 8-4A)；再根据报告基因表达与否，检测磷酸化修饰后的 DB 融合蛋白质 X 是否与 AC 上的融合蛋白质 Y(暗红色)互作(图 8-4B)。从理论上讲，任何翻译后的调控都可以使用激酶三杂交系统来检测。

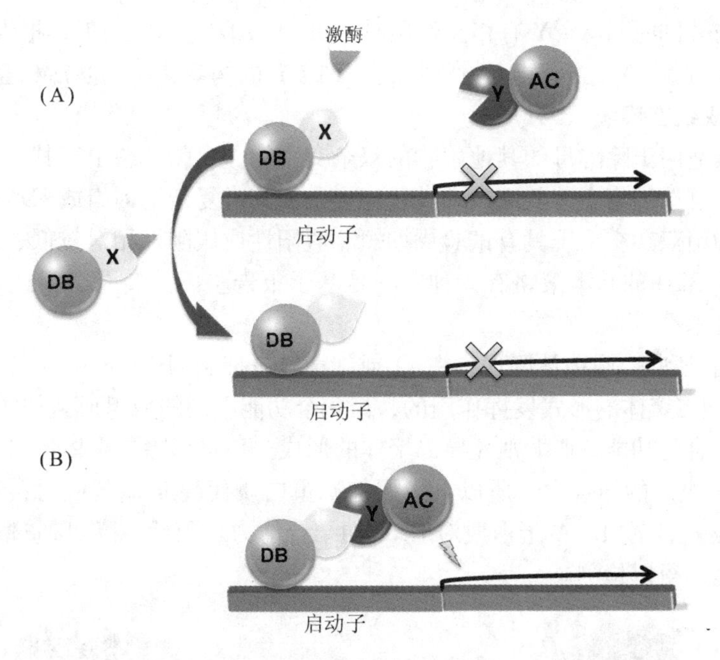


**图 8-4 激酶三杂交系统原理**

注 在相互作用发生之前，蛋白质需要在共表达激酶的作用下磷酸化

(A)DB 融合的蛋白质 X 先在激酶作用下发生磷酸化，但不与 AC 融合的蛋白质 Y 互作。

(B)DB 融合的蛋白质 X 先在激酶作用下发生磷酸化，又与 AC 融合的蛋白质 Y 互作。

(2)蛋白质三杂交系统

蛋白质三杂交系统是双杂交系统的自然延伸，蛋白质 X 和 Y 的相互作用依赖于第三个蛋白质 Z 的存在。如图 8-5 所示，Z 为一个蛋白质，与融合蛋白质 X-BD、Y-AD 在酵母细胞

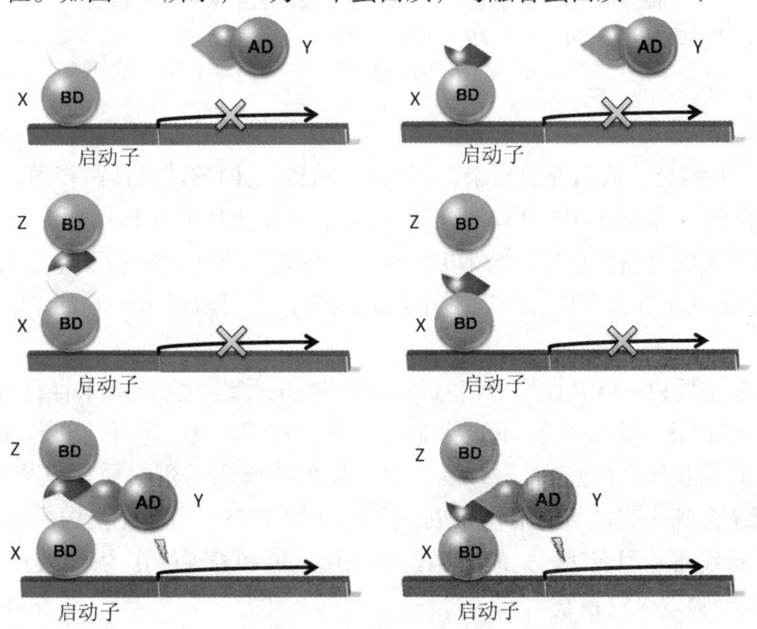


**图 8-5 三杂交系统的原理**

核中共表达。当Z同时与X、Y有相互作用时，BD与AD空间上靠近，报告基因被激活。Z也可以是不直接与X、Y结合，而是通过改变X或Y的构象，从而激活相互作用的酶。

**8.2.4.3　细菌双杂交系统(B2H)**

人们已发展适用于除酵母的其他生物的双杂交系统。大肠杆菌由于其生长快、分子生物技术成熟而成为首选的寄主，其高效的转化能力也使其对复杂基因组或cDNA文库筛选效果更好。因此，细菌双杂交系统具有试验周期短、假阳性或假阴性相对较低、能够产生较大文库的优点。目前B2H的基本策略有2种：一是基于报告基因的转录激活或抑制技术，二是基于酶的重组技术。

第一种策略是利用λ噬菌体阻遏蛋白cI或细菌转录抑制因子LexA的二聚化性质。cI和LexA都是以同型二聚体的形式发挥作用的，由2个功能不同的域组成。如图8-6所示，N端具有与操纵区结合的功能，C端则介导二聚体的形成。一旦移除二聚体形成区就会明显降低DNA结合区与操纵区的结合力。所以，当用外源蛋白质代替C端区域时，只有当其发生相互作用，才能恢复cI或LexA蛋白质对DNA的结合能力。阳性克隆可通过对噬菌体感染的免疫力或报告基因得以检测。

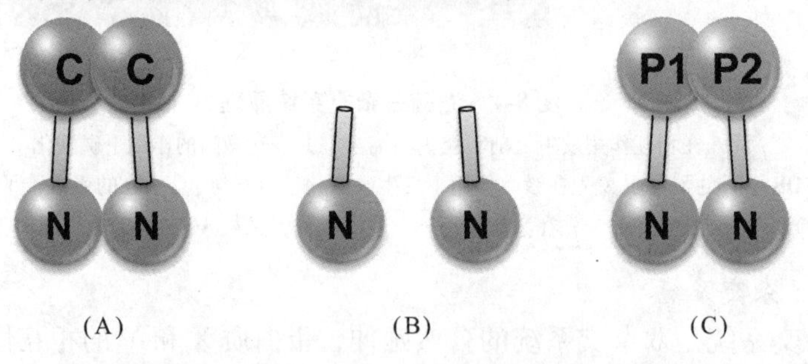


**图8-6　基于报告基因的转录激活技术的细菌双杂交系统**

注　(A)野生型阻遏物，C端相互作用形成二聚体，有活性；(B)C端缺失阻遏物，N端为单体，无活性；(C)重组阻遏物，取代C端的蛋白质P1和P2相互作用形成二聚体，有活性。

当操纵子区域与启动子区域有重叠时，阻遏蛋白的结合能影响大肠杆菌RNA聚合酶RNAP与启动子的结合，从而抑制转录。利用这种报告基因的转录抑制技术，将两个对DNA结合结构域DB有不同亲和力的DNA位点串联起来，并使其中对DB亲和力较低的序列与报告基因的启动子区域重叠，这样当与DB融合表达的蛋白质之间有相互作用发生，高亲和力DB就可借此稳定低亲和力DB与其识别序列的结合，从而阻碍RNAP的结合，抑制报告基因的表达。

第二种策略主要以cAMP介导的信号传导通路酶的重组为基础。来自百日咳杆菌的腺苷酸环化酶(CyaA)催化区由2个互补的功能片段T18和T25组成，它们分立时酶没有活性。当两片段融合到相互作用的蛋白质X和Y时，如果待检测的蛋白质能发生相互作用，T18和T25片段就结合到一起，从而催化合成cAMP。cAMP与代谢活化蛋白质CAP结合，使涉及乳糖和麦芽糖代谢基因表达，这时细菌能够利用乳糖和麦芽糖作为碳源。

**8.2.4.4　哺乳动物双杂交系统**

有些哺乳动物的基因不能在酵母中表达，或者虽能表达但构象会发生很大的变化。检测这一类基因所表达的蛋白质间互作时，只能借助哺乳动物细胞，如 CHO、PH12 等细胞株，由此发展了哺乳动物细胞双杂交系统(Mammalian 2-hybridization，M2H)。哺乳类双杂交系统也是一种基因水平上以重建转录因子功能为基础的体内分析方法。与酵母双杂交系统相比较而言，哺乳动物双杂交系统更为快速，能在转染 48h 内得到结果。并且哺乳动物细胞能更好模仿体内的蛋白质—蛋白质相互作用。其技术原理如下。

先制备含有编码嵌合蛋白 GAL4 的 1 ~ 147 残基的质粒，含有能融合到编码 SV40 大 T 抗原细胞核定位信号 DNA 以及单纯疱疹病毒蛋白 V16 的转录活化域的融合基因，转染中国仓鼠卵细胞(CHO)细胞系。

GAL4 的 1 ~ 147 残基能够专一结合 17bp DNA，但不能激活转录。单纯疱疹病毒蛋白 V16 不能与 DNA 结合，但却是转录活化子，功能位点一般为 411 ~ 455 残基。如图 8-7 所示，含有 GAL4 的 1 ~ 147 残基和 V16 转录活化域的嵌合蛋白能激活下游基因的转录。由于融合到 GAL4 和 VP16 上的蛋白质间相互作用，且 GAL4 和 VP16 以合适的构象出现在同一个复合物中时，报告基因被表达。相反，如果融合到 GAL4 和 VP16 上的蛋白质不发生相互作用进而形成复合物，报告基因将不被表达。

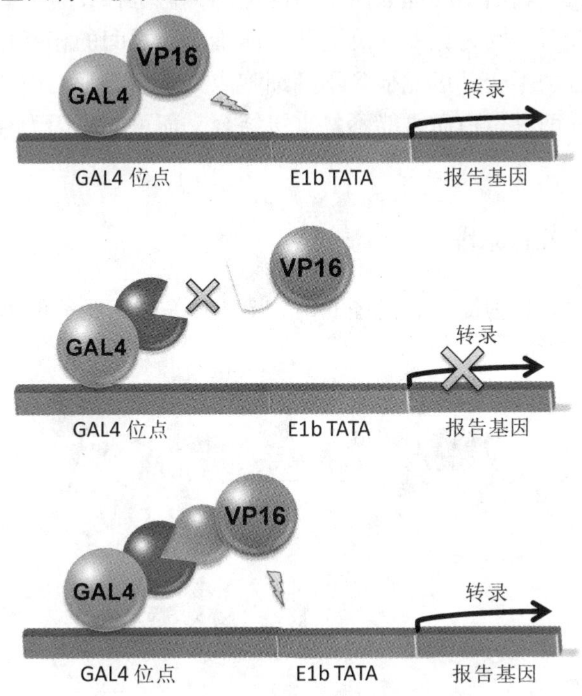


**图 8-7　哺乳动物细胞双杂交系统原理**

注　由 GAL4 DNA 结合域(GAL4 的 1 ~ 147 残基)和来自单纯疱疹病毒蛋白 V16 (411 ~ 900 或 411 ~ 455 残基)组成的嵌合蛋白能专一激活位于 GAL4 DNA 结合位点和 E1B 启动子下游的报告基因的转录(第一行)。同样，编码与 GAL4 蛋白和 V16 蛋白嵌合的两蛋白质如果能以适当的构象与 GAL4 蛋白和 V16 蛋白融合也能激活转录(第三行)。但是，如果融合到 GAL4 蛋白和 V16 蛋白上的功能域不能专一作用形成恢复 GAL4 功能的复合物，报告基因不能被激活(第二行)。

## 8.3 免疫共沉淀技术

免疫共沉淀(co-immunoprecipitation)是另一种经典的检测蛋白质-蛋白质相互作用的研究方法。是以抗体和抗原间的免疫反应为基础的，常用来检测两个蛋白质间是否在体内存在相互作用。可以检测已知蛋白质间的互作，也可用于寻找与一个已知蛋白质相互作用的新蛋白质。

免疫共沉淀技术具有以下优点：一是实验过程相对较简单，方便开展研究，且灵敏度高，特异性较好，可以检测到低至 100 pg 的蛋白质。二是蛋白质互作的检测是处于哺乳动物细胞内进行，较原核表达系统能更好地模拟体内的生理环境。三是蛋白质的相互作用是在生理浓度的条件下被检测，可以避免因蛋白质过量表达而产生的假阳性结果。四是蛋白质复合体是先在细胞中形成之后再被检测，可以分离得到只能在细胞内形成相互作用的蛋白质复合物。五是蛋白质在细胞内可以被天然修饰，那些依赖于修饰的蛋白质相互作用可以被检测。

虽然免疫共沉淀法因其诸多的优点而被广泛应用，但也存在着一些缺点：一是与其他方法相比，灵敏度相对较低。因为免疫共沉淀法检测蛋白质之间的相互作用要在一系列的清洗过程中保持蛋白质复合物不变，可能检测不到细胞内处于动态平衡中的低亲和及瞬间的相互作用。二是被共沉淀的两种蛋白质可能不是直接结合，而可能是因为存在第三种蛋白质在其中起桥梁作用。

### 8.3.1 免疫共沉淀法的原理

免疫共沉淀法的原理较为简单，见图 8-8。当细胞在非变性条件下被裂解时，完整细胞

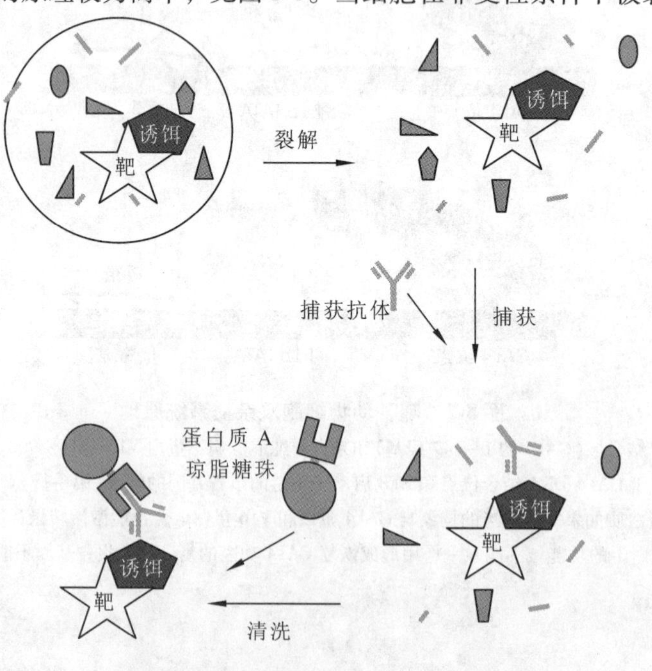


图 8-8 免疫共沉淀技术原理示意图

内存在的许多蛋白质-蛋白质间的相互作用可以被保留。如果加入某一蛋白质 A(诱饵蛋白)的专一性抗体，这种蛋白质可以通过抗原-抗体反应而被沉淀，因此，在细胞内与这种蛋白质结合的其他蛋白质(靶蛋白)也就会被一起沉淀，这就是所谓的共沉淀。在一些实验中，还引入另一种蛋白质 B 的抗体(或更多其他蛋白质的抗体)做免疫印迹，以检测它们是否与蛋白质 A 共沉淀。

在进行免疫共沉淀实验时，首先需要制备细胞裂解混合物。通常，为了维持蛋白质的活性，免疫共沉淀分析要求细胞在非变性条件下裂解，因而细胞裂解液应使用非离子型表面活性剂，如 0.1%~0.2% Triton X-100、NP-40 或 Igepal CA-630 等；并使用合适的缓冲液(如 10mmol/L HEPES 或 50mmol/L Tris-HCl，pH7.5)，适当水平的盐浓度(如 150mmol/L NaCl)，这对于溶解度较低的强疏水性蛋白质如膜蛋白等的提取来说尤为重要。

## 8.3.2 免疫共沉淀法的实验流程

为了保护蛋白质免受蛋白酶的降解，许多蛋白酶抑制剂也被加到裂解液中，如 1mmol/L 苯甲基磺酰氟(PMSF)、10mg/L 亮肽素和抑肽素等，另外还有许多商品化的多种蛋白酶抑制剂混合物可供选择。金属离子螯合剂，如 EGTA 与 EDTA 等，可以通过结合去除金属蛋白酶所必需的金属离子而抑制其活性，但同时也会抑制需要金属离子的其他酶的活性，因此应该慎用。

此外，一些蛋白质的磷酸化状态对于它们的相互作用是必需的，因此裂解液中还需要加入磷酸酯酶抑制剂，如氟化钠、正钒酸钠、焦磷酸钠、甘油磷酸等。通常，裂解液还会含有一些稳定剂(如 10% 甘油)和还原剂(如 1mmol/L DTT)。在实验中将细胞及其裂解液一直保持在 4℃也有助抑制这些蛋白酶及磷酸酯酶的活性。

细胞裂解物常常需要测定其总蛋白质浓度，通常可以使用 Bradford 定量方法，或使用 Bio-Rad 等公司的测定试剂盒进行。但总蛋白质浓度并不能完全代表目标蛋白质的含量，因此，可能还需要通过 Western-blot 测定目标蛋白质。

诱饵蛋白和靶蛋白通常需要结合上两种不同的亲和标签，以便检测它们的存在。在目标蛋白的 C 端或 N 端加上一个短肽或抗原决定簇。常用的亲和标签主要有 FLAG、HA、Myc、12CA5 和 EGFP 等。有时为了提高灵敏度，可以插入串联重复的亲和标签。这些抗体应用范围较广，同一个抗体可以用于多种实验，有利于降低实验成本。

### 8.3.2.1 实验材料

①转染有诱饵蛋白和靶蛋白的细胞克隆。

②细胞裂解液：150mmol/L NaCl，10mmol/L HEPES，pH7.5，0.2% NP-40，5mmol/L 氟化钠，5mmol/L 焦磷酸钠，2mmol/L 正钒酸钠，10mg/L 抑肽酶，10mg/L 亮肽素，1mmol/L PMSF。

③捕获抗体。

④Protein A 琼脂糖珠。

⑤洗脱液，150mmol/L NaCl，10mmol/L HEPES，pH7.5，0.2% NP-40。

⑥PBS 液，SDS-PAGE 试剂及设备，免疫沉淀试剂及设备，以及其他细胞培养相关试剂设备等。

#### 8.3.2.2 实验方法

①用预冷的 PBS 洗涤转染细胞 2 次，低速离心 5min 收集细胞，弃上清液。

②加入 600μL 4℃的细胞裂解液，振荡混合，冰上放置 30min 充分裂解细胞。

③4℃，12 000r/min 离心 15min，将上清液转移到新的离心管中。

④对细胞裂解物进行免疫沉淀，检测目的蛋白。

⑤准备蛋白质 A 琼脂糖珠，用细胞裂解液洗 2 遍小珠，稍离心收集小珠。然后用细胞裂解液配制成 50% 浓度。剪去移液器尖端部分，避免在涉及琼脂糖珠的操作中破坏琼脂糖珠。

⑥约 $8\times10^5$ 个细胞的裂解物稀释到 300μL，加入 50μL 蛋白质 A 琼脂糖珠(50%)，4℃温和振荡混合 30min，使小珠保持悬浮，但应避免产生气泡。

⑦4℃，12 000r/min 离心 1min，将上清液转移到一个新的离心管中，去除蛋白质 A 珠子，得到预清除(preclearing)的细胞裂解物。

⑧加入 3μL 捕获抗体，4℃温和混合 1.5h，使捕获抗体与诱饵蛋白充分结合。

⑨加入 50μL 蛋白质 A 琼脂糖珠(50%)，4℃温和振荡混合 1.5h。

⑩稍离心，收集沉淀，蛋白质复合物与抗体共存于沉淀中。

⑪加入 500μL 洗脱液重悬小珠，稍离心(6 800r/min，5～10s)，弃上清液，共重复洗脱 3 次。4℃下进行。

⑫用 500μL 50mmol/L HEPES，pH7.5 溶液将琼脂糖珠-抗原抗体复合物重悬，稍离心，收集沉淀。

⑬用 25μL 2×SDS 上样缓冲液重悬琼脂糖珠-抗原抗体复合物。

⑭100℃温育 5min，以解离抗原、抗体和琼脂糖珠，12 000r/min 室温离心 5min，上清液用于电泳或 -20℃保存(下次电泳前应再次 100℃加热)。

⑮SDS-PAGE 分离样品，并转移到膜上。

⑯进行免疫沉淀分析。

### 8.3.3 免疫共沉淀技术的应用

免疫共沉淀法由于其操作方便、特异性高的特点，已被广泛应用于蛋白质互作的研究。如 McMahon 等运用免疫共沉淀技术发现转化/转录结构域的相关蛋白质(TRRAP)能与转录因子 E2F1 和 c-myc 发生相互作用。

免疫共沉淀法分析蛋白质互作时要注意确保抗体的特异性。设立阴性对照对于保证蛋白质-蛋白质相互作用的特异性来说非常重要。诱饵蛋白和靶蛋白分别用不同的亲和标签标记也有助于对照的设立。例如，分别用 Myc 和 HA 标签标记 A 蛋白和 B 蛋白时，细胞中仍有少量未标记的 A 蛋白和 B 蛋白。用 Myc 抗体结合带上 Myc 的 A 蛋白(Myc-A)，再用含有蛋白 B 的琼脂糖与 Myc 抗体结合，然后通过离心分离。如果 A 蛋白和 B 蛋白存在相互作用，那么 Myc-A 可以同时与标记 B 蛋白(HA-B)及游离的 B 蛋白结合而共同沉淀，此时再以 HA 抗体对沉淀物进行免疫沉淀检测，HA-B 可以被检测，而游离的 B 蛋白则不被检测到。即分别标记 Myc 和 HA 的两种蛋白质相互成为对方的阴性对照。

## 8.4 蓝色非变性胶技术

蓝色非变性胶(Blue Native PAGE，BN-PAGE)电泳技术是1991年Hermann Schfigger等人为了研究线粒体中多亚基蛋白质复合物而建立的一种非变性电泳技术。该技术是在保持蛋白质生物学活性的条件下进行蛋白质复合物的分离。主要用于膜蛋白复合物分离、胶内活性检测和蛋白质相互作用等领域的研究，它能够分离10～10 000kDa范围内的蛋白质以及蛋白质复合物。

BN-PAGE技术已经在蛋白质-蛋白质相互作用研究中得到成功的应用，特别是它能够有效地同时比较不同环境胁迫下或生理时期的多种蛋白质复合物。但需要注意的是，BN-PAGE存在一些缺点，例如分辨率低、难以选择更好的表面活性剂、存在假象以及相对分子质量小于100kDa的复合物无法很好地分离等。因此，在研究蛋白质相互作用时为了能避免这些问题，往往需要同其他的蛋白质互作技术如免疫共沉淀、酵母双杂交、免疫沉淀等互补检测。

从理论上讲，BN-PAGE能够适用于几乎所有生物特别是植物全蛋白的蛋白质相互作用的研究，但是到目前为止，对这一方面的研究还少有文献报道。

### 8.4.1 BN-PAGE技术的原理

该技术的基本原理见图8-9A，它是利用温和的非离子型表面活性剂(如dodecyl maltoside(DM)，Triton X-100和毛地黄皂苷(digitonin))等将蛋白质复合物与脂、糖等一些物质分离，从而使复合物以近似天然的状态分离，而且为了继续保持复合物的天然状态，在制备样品时都要在冰上操作，保持低温环境，尽量确保蛋白质不变性。

该原理最主要的特点就是用考马斯亮蓝G-250代替SDS使蛋白质复合物带有较多的负电荷，使其能够在电泳中有效地从阴极向阳极泳动，并利用其疏水的特性同蛋白质复合物结合，使复合物表面区域丧失疏水特性而呈现水溶性。另外，表面的负电荷使得膜蛋白之间发生聚集的能力也被显著减弱，降低了被表面活性剂变性的风险，使蛋白质根据各个复合物相对分子质量的不同在凝胶中得到分离。蛋白质复合物在凝胶中是以蓝色条带形式呈现，每一条带可能代表某一种或几种蛋白复合体，因此称为蓝色非变性技术。

BN-PAGE电泳之后，若想进一步分析复合物各个亚基的组成成分，可以将所需的泳道切下来，转到第二向SDS-PAGE上进行分离(图8-9B)。在第二向上处于同一竖直直线的蛋白质可能就是相互作用并行使功能的蛋白质；也可以将感兴趣的目的条带切下来，电洗脱回收所需的复合物进行IEF/SDS-PAGE双向电泳(图8-10)；除此之外还可以进行其他的实验方式，如BN/BN-PAGE(图8-11)、BN/BN/SDS-PAGE、BN/免疫沉淀等。

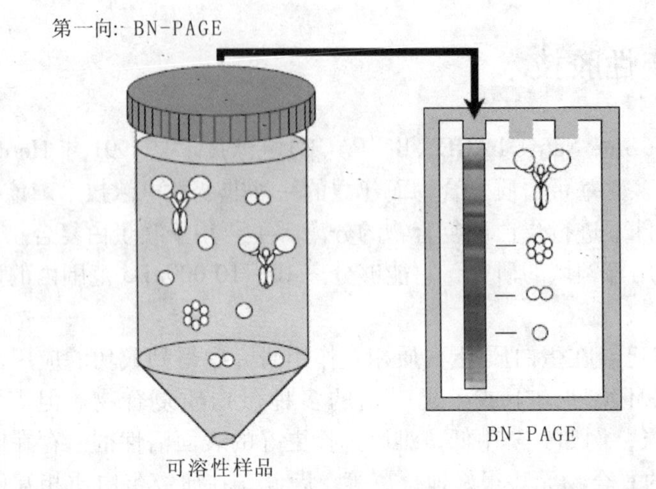


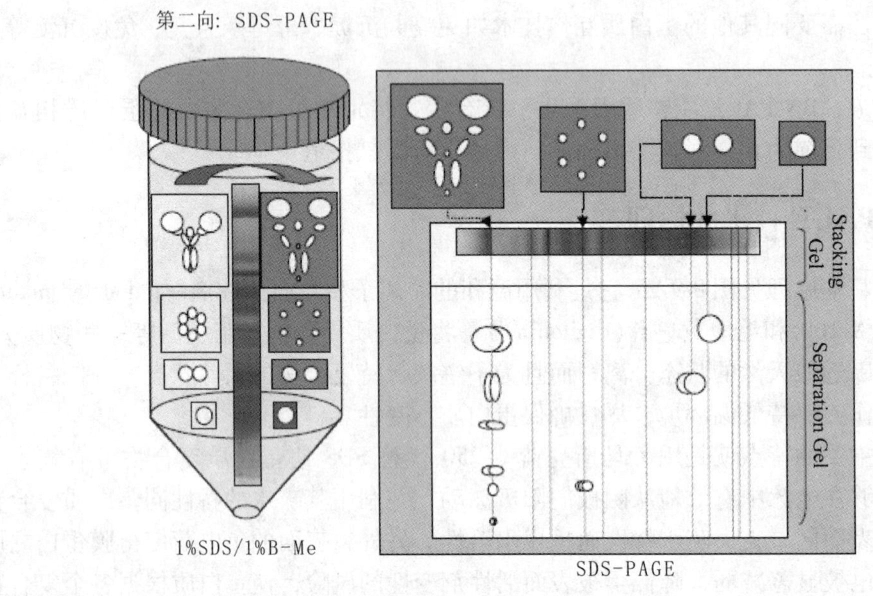


**图8-9 BN-PAGE电泳原理示意图**

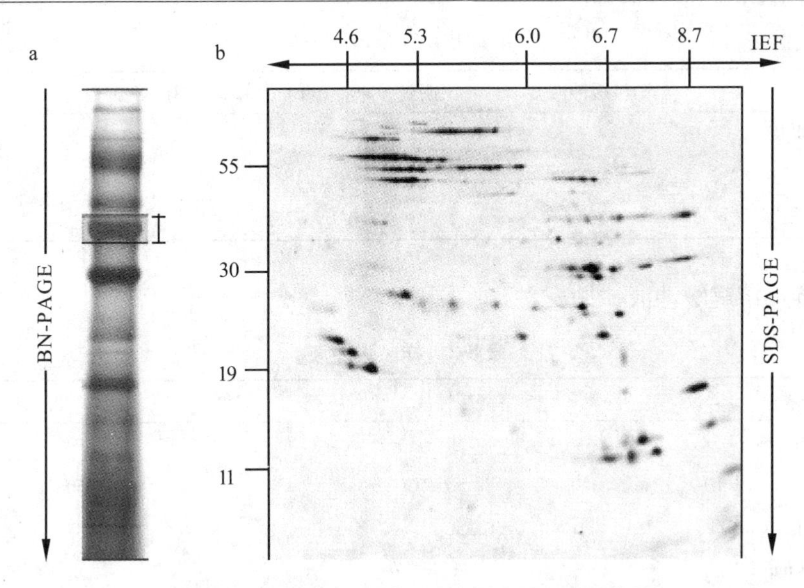


图 8-10 BN-PAGE 结合 IEF/SDS-PAGE 示意图

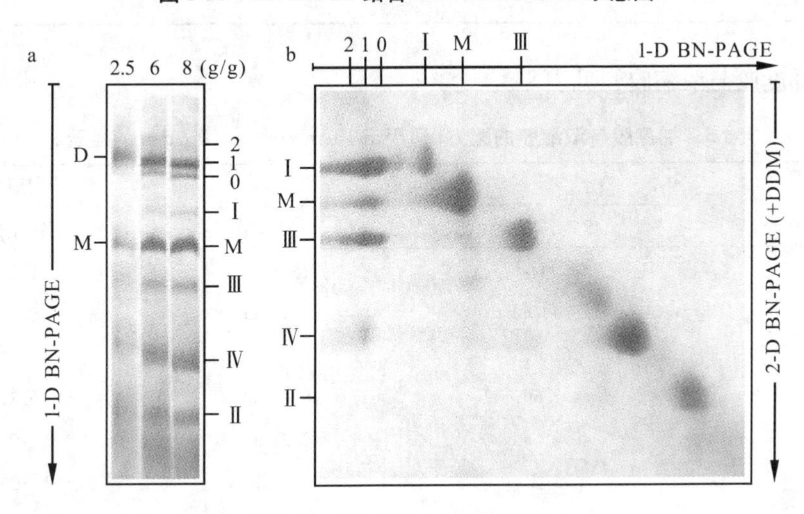


图 8-11 BN/BN-PAGE 示意图

## 8.4.2 BN-PAGE 技术的实验流程

### 8.4.2.1 实验材料与试剂

以植物叶绿体为例。

①配制电极缓冲液与凝胶缓冲液，见表 8-1。

表 8-1 电极缓冲液与凝胶缓冲液配方

| | 阴极缓冲液 B | 阴极缓冲液 B/10 | 阳极缓冲液 | 凝胶缓冲液 |
|---|---|---|---|---|
| 三羧基甘氨酸(mmol/L) | 50 | 50 | | |
| 6-氨基己酸(mmol/L) | | | | 500 |

（续）

| | 阴极缓冲液 B | 阴极缓冲液 B/10 | 阳极缓冲液 | 凝胶缓冲液 |
|---|---|---|---|---|
| 咪唑（mmol/L） | 7.5 | 7.5 | 25 | 25 |
| 考马斯亮蓝 G-250（%） | 0.02 | 0.002 | | |
| pH 值 | 7.0 | 7.0 | 7.0 | 7.0 |

②配制样品溶解缓冲液，见表 8-2。

**表 8-2 样品缓冲液**

| | 溶解缓冲液 A | 溶解缓冲液 B |
|---|---|---|
| 氯化钠（mmol/L） | 50 | |
| 咪唑/HCl（mmol/L） | 50 | 50 |
| 6-氨基己酸（mmol/L） | 2 | 500 |
| EDTA（mmol/L） | 1 | 1 |
| pH | 7.0 | 7.0 |

③配制梯度胶与浓缩胶，见表 8-3。

**表 8-3 梯度胶与浓缩胶的配方**（适用于 18cm × 20cm × 0.1mm 的凝胶）

| | 梯度胶 | | 浓缩胶 |
|---|---|---|---|
| | 12% 分离胶 | 6% 分离胶 | 4% 浓缩胶 |
| 30% ACR/Bis | 16.11mL | 8 mL | 1.35 mL |
| 凝胶缓冲液 | 13.44 mL | 13.44 mL | 3.34 mL |
| 甘油 | 6 mL | | |
| dd water | 4.7 mL | 18.81 mL | 5.31 mL |
| Total | 40.25 mL | 40.25 mL | 10 mL |
| 10% AP | 75μL | 75μL | 100μL |
| TEMED | 18μL | 18μL | 10μL |

④20% Tritonx-100（V/V）：2mL Tritonx-100 溶于 10mL dd water 中，分装成 1mL/管，－20℃保存。

⑤5% G-250 溶液：0.5g 考马斯亮蓝 G-250，0.6559g 6-氨基乙酸，溶于 10mL 水中。

⑥50% 丽春红 S/甘油储存液：0.1% 丽春红 S（w/v），50% 甘油。

#### 8.4.2.2 实验方法

（1）灌胶

使用梯度混合仪灌制梯度胶，一般灌 6%～12% 的梯度胶，待梯度胶聚合后，在其上方于室温下灌制 4% 的浓缩胶，插入梳子，聚合后拔掉梳子，用凝胶缓冲液覆盖凝胶。

（2）样品制备

①提取叶绿体，并取其中一部分组分（约 500μg 蛋白，其余液氮速冻 －80℃ 保存）。

20 000 r/min 离心 15min。

②弃上清液，向沉淀加入 50μL 样品溶解缓冲液 A，充分匀浆混合后，放至冰上 10min。

③加入 2.5μL 的 20% TritonX-100 至最终浓度为 1%，小心混合后(不能产生气泡)，冰上放置 5 ~ 10min。

④加入 5μL 的 50% 丽春红 S/甘油储存液，小心混合均匀。

⑤加入 5% G-250 溶液使样品中 G-250 终浓度与负极缓冲液 B 的 G-250 浓度一致。

⑥每个上样孔上样 25μL。

(3) BN-PAGE 电泳

将处理好的样品用微量进样器点在上样孔中以后，倒入 1 × 负极液和正极液，插好电源，以恒流 15mA 开始电泳，待样品越过浓缩胶后，电流改为 25 ~ 30mA，只要电压保持在 500V 以内即可，直到样品电泳全部进入分离胶。当样品到达分离胶的 1/3 处更换负极液 B，将原来负极液 B 换成负极液 B/10，以降低凝胶背景。负极液的配方见表 8-1，电泳过程如图 8-10 所示。

(4) 平衡

将 Blue Native 胶根据条带的位置切成长条，置于含有 1% SDS、1% 巯基乙醇溶液中平衡 2h，水洗 20min。

(5) 转 SDS-PAGE

先熔化琼脂糖(0.05g 琼脂糖，10mL 电极缓冲液，30μL 溴酚蓝)，然后将平衡好的胶条摆在双向 SDS 胶的浓缩胶胶面上，用压胶片把胶条压紧，使二者紧密结合，并保证两个胶面之间没有气泡，再向胶面上封一层琼脂糖。

(6) SDS-PAGE 电泳

按照 SDS-PAGE 的方法进行电泳。

(7) 固定与染色

固定液(100mL 乙醇，25mL 乙酸，125mL 双蒸水)固定 2h 或过夜，水洗 3 次，每次 10min 后就可以进行染色，可根据上样量选用考马斯亮蓝染色或银染。

### 8.4.3 BN-PAGE 的应用

十多年来，BN-PAGE 结合 SDS-PAGE 技术被广泛用于分析复杂蛋白质组中的蛋白质复合体及蛋白质间的互作。如 Katz 等运用双向电泳 BN- PAGE / SDS-PAGE 分析海藻质膜蛋白质的互作。Eubel 等指出，BN-PAGE 是分析植物可溶性蛋白质互作的关键技术。Wang Zhijun 等人运用 BN-PAGE 技术分离链霉菌细胞质蛋白质复合物，发现硫代硫酸硫转移酶(SCO4164)与肽脯氨酰顺反异构酶是互作蛋白质。BN-PAGE 克服传统蛋白质互作分析的生化方法缺点，更加适合用于相对分子质量差别较大的蛋白质复合体分析。Margarita 等应用 BN-PAGE 技术与目标蛋白质的抗体迁移率变动实验(antibody shift assay)，分析蛋白质复合物内蛋白质-蛋白质间的互作。

BN-PAGE 在分离蛋白质复合物与分析蛋白质互作上有显著的优点。一是利用温和的非离子型表面活性剂将蛋白质复合物与脂、糖等一些物质分离，从而使复合物以近似天然的状态分离。二是考马斯亮蓝 G-250 利用其疏水的特性同蛋白质复合物结合，使复合物表面区域丧失疏水特性而呈现水溶性，因此对分离膜蛋白复合物有很好的效果，同时复合物表面足够多的负电荷使其能够在电泳中向阳极泳动。三是表面的负电荷使得膜蛋白之间发生聚集的能力被显著减弱并降低了被表面活性剂变性的风险。四是能够分离 10kDa-10MkDa 范围内的蛋白质以及蛋白质复合物。当然，如前所述，BN-PAGE 技术也存在分辨率低、存在互作假象和分子量小的蛋白质无法分离等缺点。

## 本章小结

生命的基本过程是不同功能蛋白质在时空上有序和协同作用的结果，蛋白质的互作研究已成为功能蛋白质组学的一个重要内容。生物体内的蛋白质-蛋白质相互作用主要有多亚基形成的蛋白质四级结构、蛋白质复合体和瞬时的蛋白质-蛋白质相互作用 3 种形式。蛋白质-蛋白质互作的分析方法分为离体和在体技术两大类型。本章首先介绍了酵母双杂交技术的工作原理及其试验流程，也分析酵母双杂交技术的优缺点，并一一介绍在酵母双杂交基础上发展起来的一些新技术。最后本章介绍了蛋白质互作检测的另外两个关键技术，包括免疫共沉淀技术和蓝色非变性胶技术的工作原理与试验流程，并总结分析了这两种技术的优缺点。

## 思考题

1. 蛋白质间相互作用的形式有哪些？针对不同的互作形式，如何设计一个合理的检测试验？
2. 蛋白质相互作用的检测技术主要有哪些？各自的优缺点表现在哪里？
3. 比较免疫共沉淀技术与蓝色非变性技术的差异。
4. 你认为不同的蛋白质互作检测技术间如何互补？
5. 设计一个试验，利用互补的蛋白质互作检测技术来降低假阴性和假阳性。

## 参考文献

1. AUSUBEL F M, BRENT R, KINGSTON R E, et al. 1993. Current Protocols in Molecular Biology[M]. 2nd ed. New York: Greene Publishing Associations and John Wiley & Sons.

2. EUBEL H, BRAUN H P, MILLAR A H. 2005. Blue-native PAGE in plants: a tool in analysis of protein-protein interactions[J]. Plant Methods(1): 11 - 16.

3. HAIAN F. 2004. Protein-Protein Interactions, Methods and Applications[M]. New Jessey: Humana Pr Inc.

4. HUANG J, SCHREIBER S L. 1997. A yeast genetic system for selecting small molecule inhibitors of protein-protein interactions in nanodroplets[J]. Proc. Natl. Acad. Sci., 94(25): 13396 - 13401.

5. FIELDS S, SONG O. 1989. A novel genetic system to detect protein-protein interactions[J]. Nature, 340 (6230): 245 - 246.

6. HUDSON J R J, DAWSON E P, RUSHING K L, et al. 1997. The complete set of predicted gene from Saccharomyces cerevisiae in a Readily Usable Form[J]. Genome Res. 7: 1169 - 1173.

7. ISHIDA Y, ABE Y, YANAI M, HARABUCHI Y. 2003. Epitope analysis of the P6 outer membrane protein of non-typeable Haemophilus influenzae[J]. International Congress Series, 2157: 177 – 179.

8. KARIMOVA G , PIDOUX J , ULLMANN A, et al. 1998. A bacterial two-hybrid system based on a reconstituted signal transduction pathway[J]. Proc Natl Acad Sci U S A , 95 : 5752 – 5756.

9. MARGARITA M C-C, BERND W, RUEDI A, et al. 2004. Two-dimensional Blue Native/SDS Gel Electrophoresis of Multi-Protein Complexes from Whole Cellular Lysates[J]. Molecular & Cellular Proteomics, 3: 176 – 182.

10. McMAHON SB, VAN BUSKIRK HA, DUGAN KA, et al. 1998. The novel ATM-related protein TRRAP is an essential cofactor for the c-Myc and E2F oncoproteins[J]. Cell, 94: 363 – 374.

11. REISINGER V, ANDREAS E L. 1991. Practical Proteomics. Education & Training. DOI 10.1002/pmic.200600553 Schagger H J. Blue Native Electrophoresis for Isolation of Membrane Protein Complexes in Enzyme atically Active Form[J]. Annal Biochem, 199: 223 – 231.

12. VIDAL M, BRACHMANN R K, FATTAEY A, Harlow E, et al. 1996. Reverse two-hybrid and one-hybrid systems to detect dissociation of protein-protein and DNA-protein interactions[J]. Proc. Natl. Acad. Sci., 93: 10315 – 10320.

13. 闫健斌，蔡伟康，江雪源．大肠杆菌双杂交系统[OL]．中国科技论文在线．

14. 周献锋，曹建平，彭佶松，等．2004. 免疫共沉淀探讨 septin 蛋白家族间的相互作用[J]．第四军医大学学报，25(10)：898 – 900.

# 第 9 章　蛋白质组信息学

前面几章介绍了蛋白质组学的基本内容，比如通过分离、纯化得到了大量的蛋白质，获得了包括蛋白质组的种属、结构、功能及其遗传等信息。接下来的工作就是要对这些数据进行归纳、整理，分析比对以发现其内在的规律；然后综合起来，从已知的蛋白质序列、结构和功能信息，从种属和组织特异性出发，对生命现象进行全面的诠释。这些都属于蛋白质组信息学的研究内容。

蛋白质组信息学的重要功能体现在其信息的共享性、存取的灵活性及更新的动态性等方面。由于物种的多样性，不同种属物种所表达的蛋白质组会有差异，甚至同一种属不同的组织或细胞所表达的蛋白质组亦有差异。建立蛋白质组学信息库，实现信息资源的共享，避免资源浪费和不必要的重复研究。蛋白质组信息学具有类似档案的存储功能，具有分门别类存贮大量数据的强大数据库功能，以及由此衍生出的注释功能，等等。同时，它存取灵活，使用者可以通过数据库的检索分析，以发现生命本身内在的规律。

## 9.1　蛋白质组信息学简介

### 9.1.1　蛋白质组信息学的产生与发展

蛋白质组信息学是伴随着基因组测序完成后，关于蛋白质大量的遗传信息、结构信息、相互作用的网络信息、功能信息以及蛋白质的种属特异性、组织特异性等信息的不断涌现而产生与发展起来的。关联蛋白质的信息大量涌现，人们希望能对这些信息进行归纳整理、分析比对，以寻找蕴藏在数据里面的生物学规律。在计算机技术快速发展的促动下，产生了蛋白质组信息学。蛋白质组信息学是生物信息学的核心和重要的研究分支。

蛋白质组信息学的产生和发展得益于蛋白质组学研究技术的不断完善与研究理论的不断成熟。一方面，蛋白质组学研究技术的发展，使得大规模的蛋白质分离与鉴定成为可能。尤其是双向电泳技术、液相色谱技术及串联质谱技术等的发展与广泛应用，人们获得了大量的蛋白质序列与结构信息，为蛋白质组信息学的发展奠定了基础。此外，免疫检测技术以及分子生物学相关技术、DNA 自动测序技术的发展也促进蛋白质组信息学的发展。

另一方面，蛋白质组学研究理论的不断成熟，促进了蛋白质组信息学的发展。越来越多的研究成果已经重复展示了蛋白质组在生命活动中的重要作用。基因组学研究的不断深入，模式生物基因组测试工作的实施，为从蛋白质水平上解释生命现象的本质奠定了基础。

### 9.1.2 蛋白质组信息学的研究内容

蛋白质组信息学的主要研究内容可以分为蛋白质序列与结构信息学、蛋白质相互作用信息学、功能蛋白质组信息学、蛋白质组遗传信息学等4大领域。

当然，我们也可以从不同的视角对蛋白质组信息学的研究内容进行划分，如从生物信息学的角度，可将蛋白质组信息学的研究内容分为蛋白质的序列比对与结构预测、基于结构的药物设计、分子进化与比较蛋白质组学、蛋白质组信息学的技术与方法等方面内容。

#### 9.1.2.1 蛋白质序列与结构信息学

蛋白质序列与结构信息学是蛋白质组信息学的基础，也是蛋白质组信息学研究的出发点。其基本策略是通过对生物体内蛋白质组大规模的分离与鉴定，获得蛋白质的序列信息，利用蛋白质组信息学数据库，通过序列比对，可以获得相应的结构信息，进而推测其功能或者鉴定其是否为蛋白质家族的新成员等。蛋白质序列与结构信息学的研究首先要对已有的蛋白质序列及结构信息进行收集、分类归纳与整理，建立不同物种的蛋白质组序列与结构数据库。同时，要能根据最新的研究成果，不断补充、更新蛋白质的序列与结构信息。在此基础上，才能对不同种属、不同组织或不同细胞的蛋白质组的序列、结构进行分析比对，快速确定新蛋白质的结构与功能信息。借助计算机技术通过分子模拟和同源模建的方法对蛋白质的序列进行分析、比对，并预测其结构和功能，是蛋白质序列与结构信息学的核心内容。

#### 9.1.2.2 蛋白质相互作用信息学

生物体内蛋白质-蛋白质的相互作用是生物体正常生命活动的基础。蛋白质组学与单纯研究单个蛋白质成员的蛋白质化学及生物化学的根本差别在于，蛋白质组学更强调整体的概念。在生命体的基本架构——单元细胞中，蛋白质与蛋白质成员间的相互作用以及蛋白质与DNA，蛋白质与RNA及蛋白质与小分子化合物甚至蛋白质与金属离子间的相互作用，是信息传递、代谢发生等正常生命活动所不可或缺的。因此，蛋白质组相互作用信息学是蛋白质组信息学的重要研究内容。

蛋白质组相互作用信息学的内容主要包括蛋白质相互作用网络的研究、蛋白质相互作用方法学的研究、蛋白质相互作用模拟模型的研究等。通过蛋白质相互作用网络数据库，可以预测蛋白质相互作用伙伴，发现蛋白质相互作用新成员，揭示与生命活动密切相关的蛋白质信号转导途径及其相互间的关联，尤其是与代谢途径及其正常生理功能的联系。

#### 9.1.2.3 功能蛋白质组信息学

与蛋白质组结构信息学内容密切相关的是功能蛋白质组信息学，这是蛋白质组信息学的最终体现。根据蛋白质功能的区划可以把蛋白质组分为受体蛋白质类、酶蛋白质类、信号导通路蛋白质类、结构蛋白质类以及其他调控蛋白质类等。针对序列同源性较高的蛋白质成员间可能具有相似的功能，而将其归属于一类功能蛋白质组。有时甚至序列信息相差较大的蛋白质成员间却具有相同的功能，从序列信息上可能不能划归为同类蛋白质，但从结构域水平上它们又具有同源性，也可归纳为一类蛋白质。如激酶有各种来源，序列也各不相同，但皆能与ATP结合，分析各激酶的空间结构，发现有较大的相似性，如在N端可能皆具有相同的ATP结合位点。基于结构基础上的功能蛋白质组信息学，为药物设计和蛋白质分子靶点的研究提供了重要的信息资源。

#### 9.1.2.4 蛋白质组遗传信息学

通过对蛋白质组学的研究，同一类蛋白质组的遗传信息特征及其与蛋白质组表达的关系，是揭示生命现象和生命规律的重要内容。蛋白质组遗传信息学在分子进化和分子遗传学中也具有重要的作用。

## 9.2 蛋白质组信息学资源

蛋白质组学的发展，使得蛋白质组信息学资源不断增长。蛋白质的结构层次可分为一级结构(氨基酸序列)、二级结构、三级结构和四级结构。蛋白质信息学资源也可按对应方式，分为蛋白质序列数据库、蛋白质模式模体数据库、蛋白质结构数据库及蛋白质结构分类数据库，见表9-1。蛋白质一级结构(序列)数据库，常用的有SWISS-PROT、PIR等；蛋白质二级(模体模序)数据库，如PRINT、PROSITE等；蛋白质结构数据库，如PDB；蛋白质结构分类数据库，如SCOP、CATH等。

**表9-1 蛋白质分子结构层次及其对应数据库信息**

| 结构层次 | 数据类型 | 数据模型 | 数据库实例 |
|---|---|---|---|
| 一级结构 | 序列 | AVILDRYFH | SWISS-PROT |
| 二级结构 | 序列模体 | [AS]-{ILZ}-X[DE]-R-[FYW]Z-H | PROSITE |
| 高级结构 | 结构域或结构模块 | a, b, c或 @, *, # | PDB |
| 结构分类 | 结构层次 | | SCOP、CATH |

当然，还有许许多多具有特色功能的蛋白质组学工具及数据库。如蛋白质结构预测工具、蛋白质互作数据库DIP、蛋白质功能分析数据库等。利用这些蛋白质组学软件工具与数据库，可进行相应的蛋白质组信息学研究。如对蛋白质的理化性质分析，可使用EXPASY(http://cn.expasy.org)下的工具包分析蛋白质的相对分子质量、等电点等信息；蛋白质信号肽、穿膜区、DNA结合序列等的分析，可用SignaIP(http://www.cbs.dtu.dk/sevices/SignaIP)或PSORT(http://psort.nibbac.jp/form.html)进行分析；同源分析与检索，可采用NCBI下的BLAST工具和nr数据库或Swiss-PROT数据库等；蛋白质功能区分析，可使用Emotif、Identify等工具；蛋白质空间结构的预测，可使用Homology分析软件。

### 9.2.1 蛋白质序列数据库

#### 9.2.1.1 SWISS-PROT数据库

SWISS-PROT数据库是目前国际上比较权威的蛋白质序列数据库，其中的蛋白质序列是经详细注释的。该数据库由瑞士日内瓦大学医学生物化学系和欧洲生物信息学研究所(EBI)合作维护(1986年)。在EMBL和GenBank数据库上均建立了镜像站点，数据库包括了从EMBL翻译而来的蛋白质序列。2010年2月9日SWISS-PROT的15.14版，收录来自12 037个物种的514 789条记录。其中已从蛋白质水平试验证明的数据有68 292条，占13.3%；经转录水平证明的数据有66 408条，占12.9%；由同源蛋白推测的有364 228，占70.8%；预测的有 14 329 条，占 2.8%；未经确认的有 1 532 条，占 0.3%。SWISS-PROT 的网址为 http：//cn. expasy. org/sprot。其主界面如下：

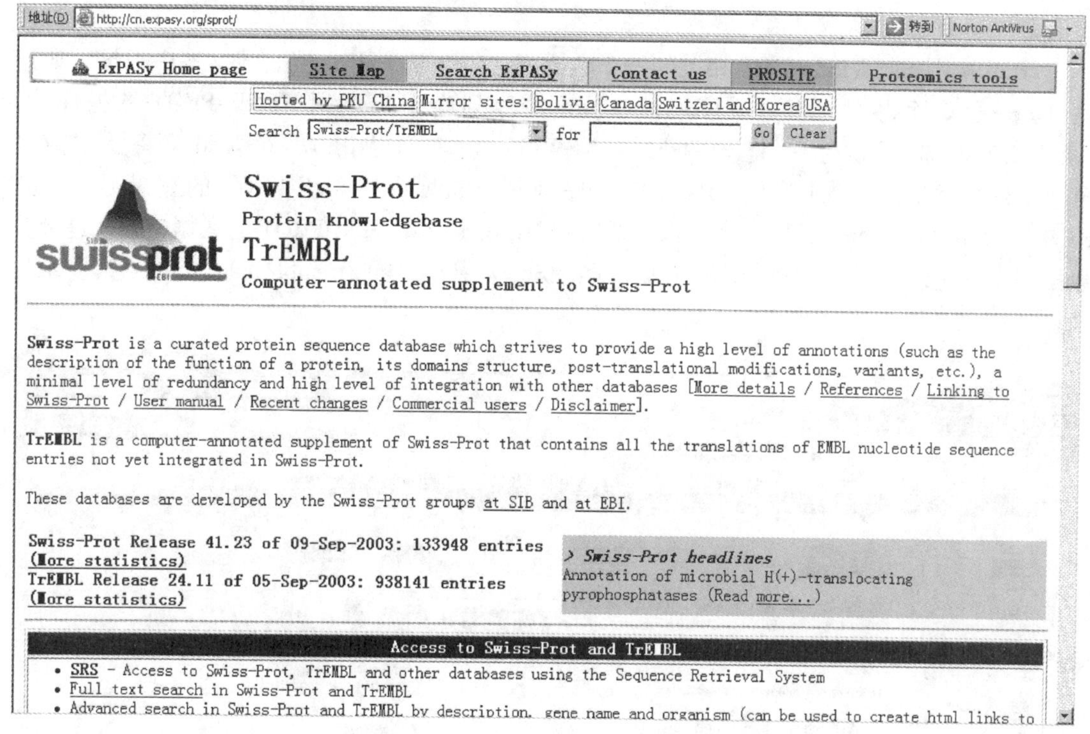


检索 SWISS-PROT 数据库有 3 种方式：序列比对方式(BLAST)、蛋白质名称、数据库记录号(accession number)。在检索方式中输入“P12345”记录号，进入该蛋白质信息界面：

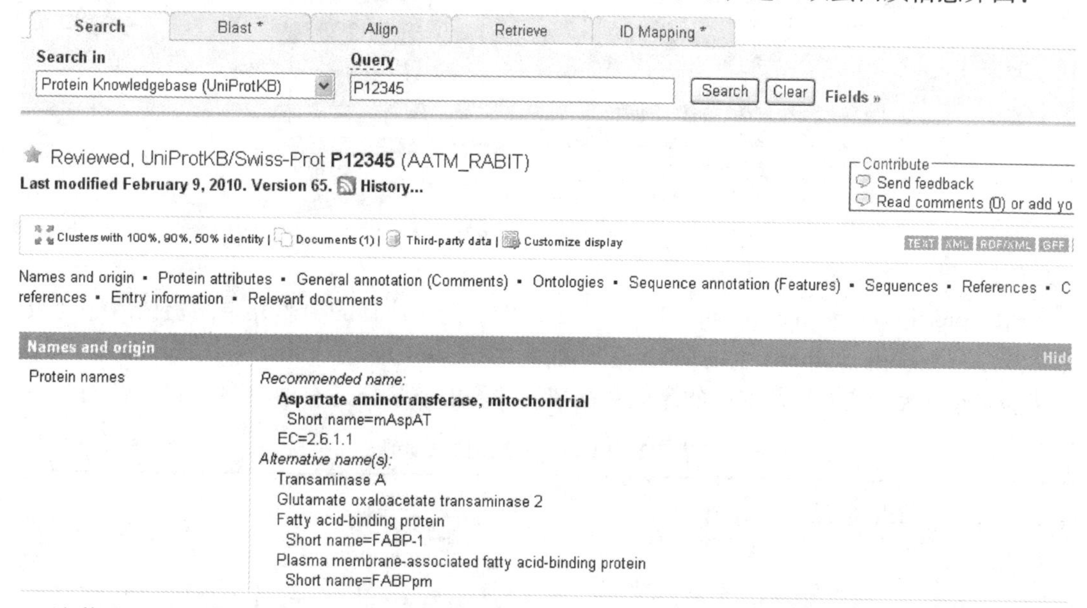


该信息包含两部分内容：第一部分是序列，包括序列数据、参考文献、分类信息(蛋白质生物来源的描述)。第二部分是注释，包括蛋白质的功能描述、翻译后修饰；域和功能位

点，如钙结合区域、ATP 结合位点等；蛋白质的二级结构；蛋白质的四级结构，如同构二聚体、异构三聚体等；与其他蛋白质的相似性；由于缺乏该蛋白质而引起的疾病；序列的突变等信息。

TrEMBL 是与 SWISS-PROT 相关的一个数据库，包含从 EMBL 核酸数据库中根据编码序列(CDS)翻译而得到的蛋白质序列，并且这些序列尚未集成到 SWISS-PROT 数据库中。TrEMBL 有两部分内容：一是 SP-TrEMBL(SWISS-PROT TrEMBL)，包含最终将要集成到 SWISS-PROT 的数据，所有的 SP-TrEMBL 序列都已被赋予 SWISS-PROT 的登录号。二是 REM-TrEMBL(REMaining TrEMBL)，包括所有不准备放入 SWISS-PROT 的数据，因此这部分数据都没有登录号。TrEMBL 的网址为 http：//www. ebi. ac. uk/trembl/index. html。其登录界面如下：

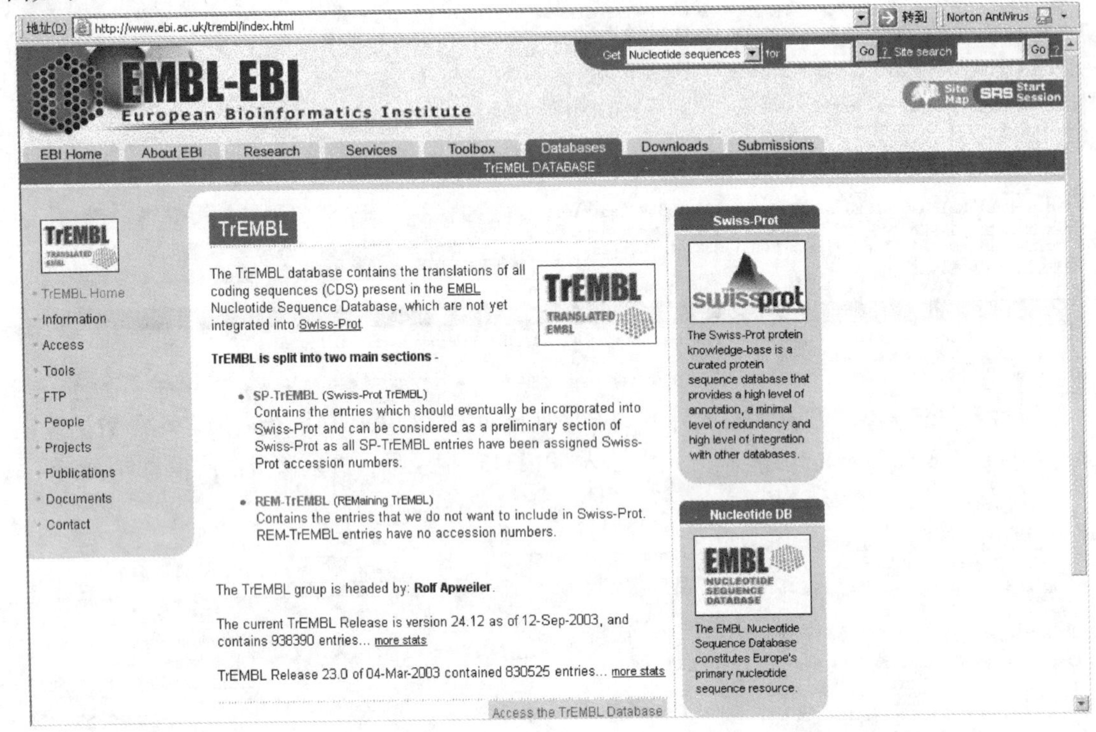


### 9.2.1.2 PIR 数据库

PIR(protein information resource)是一个全面的、经过注释的、非冗余的蛋白质序列数据库。其序列数据由 GenBank 上的 DNA 序列翻译而来(1984)。在 EMBL 和 GenBank 数据库上均建立了镜像站点。PIR 数据库的序列数据依据注释的质量分为 4 种类型，如表 9-2 所示。

**表 9-2 PIR 数据库的信息类型**

| 分类名称 | 说明 | 记录数 |
|---|---|---|
| PIR1 | 已分类、已注释(Classified and annotated) | 13 572 |
| PIR2 | 已注释(Annotated) | 69 368 |
| PIR3 | 未核实(Unverified) | 7 508 |
| PIR4 | 未翻译(Unencoded or untranslated) | 196 |

该数据库可以帮助使用者鉴别和解释蛋白质序列信息，研究分子进化、功能基因组等。所有序列数据都经过整理，超过 99% 的序列已按蛋白质家族分类，一半以上还按蛋白质超家族进行了分类。除了蛋白质序列数据之外，PIR 还包含蛋白质名称、蛋白质的分类、蛋白质的来源；原始数据的参考文献；蛋白质功能和蛋白质的一般特征，包括基因表达、翻译后修饰、活化等；序列中相关的位点、功能区域等信息。PIR 提供 3 种类型的检索服务：一是基于文本的交互式查询，用户可通过关键字进行数据查询。二是标准的序列相似性搜索，包括 BLAST、FastA 等。三是结合序列相似性、注释信息和蛋白质家族信息的高级搜索，包括按注释分类的相似性搜索、结构域搜索等。其网址为 http：//pir. georgetown. edu/，登录的主界面如下：

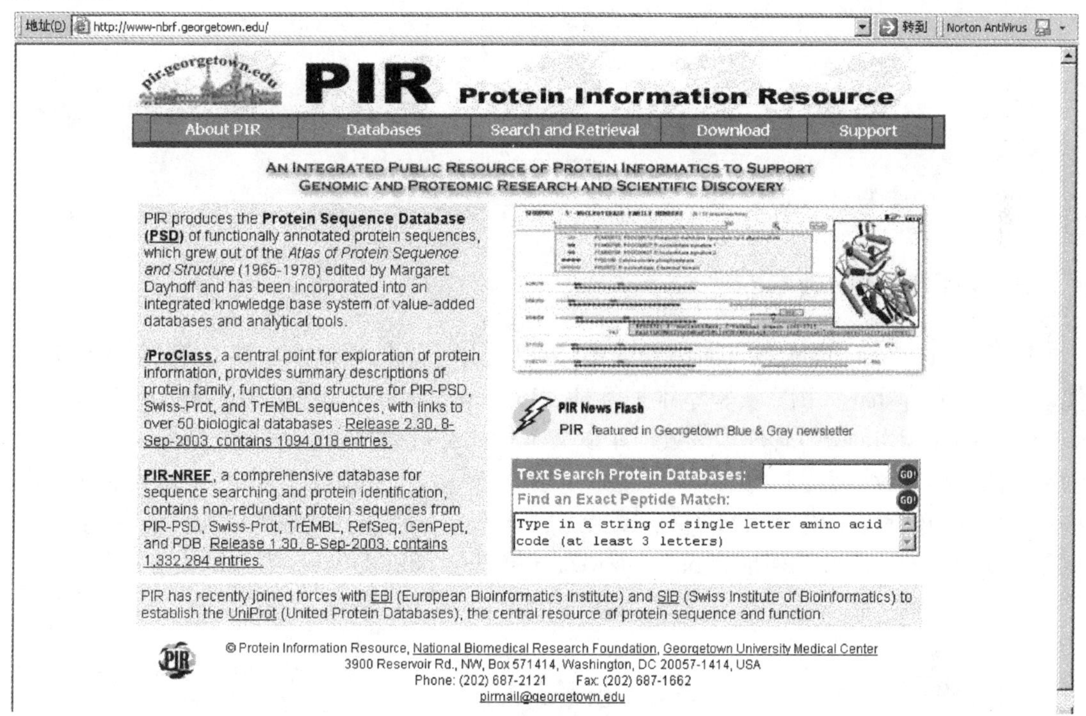


## 9.2.2 蛋白质模式模体数据库 PROSITE

PROSITE 收集了蛋白质的模式(pattern)或表达谱(profile)信息。可用于鉴定蛋白质的家族信息(进化)，也可用于分析其功能位点(功能)。因此，PROSITE 称为蛋白质结构域、家族与功能位点的数据库。

PROSITE 的序列模式包括：酶的催化位点、金属离子结合位点、形成二硫键的半胱氨酸位点、小分子或蛋白质(如 ATP/ADP，GTP/GDP)的结合位点与 Protethic 组(如血红素、生物素)附着位点等。其网址为 www. expasy. org/prosite/，登入的主界面如下：

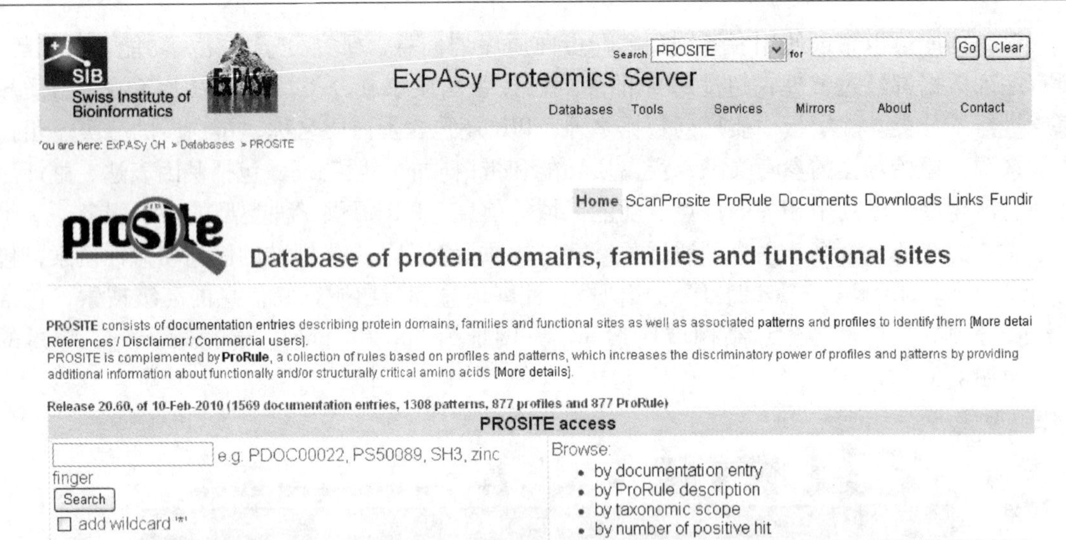


## 9.2.3 蛋白质结构数据库

PDB(protein data bank)是目前最主要的蛋白质分子结构数据库。建立于20世纪70年代，由美国Brookhaven国家实验室维护管理。1988年开始由美国RCSB(Research Collaboratory for Structural Biology)管理。该数据库以文本格式存放数据，包括原子坐标、物种来源、测定方法、提交者信息、一级结构、二级结构等。PDB中含有通过实验(X射线晶体衍射，核磁共振NMR)测定的生物大分子的三维结构，不仅有蛋白质、核酸的结构，也有糖类和其他复合物的结构。PDB的网址为http：//www.rcsb.org/pdb(美国)，登录的主界面如下：

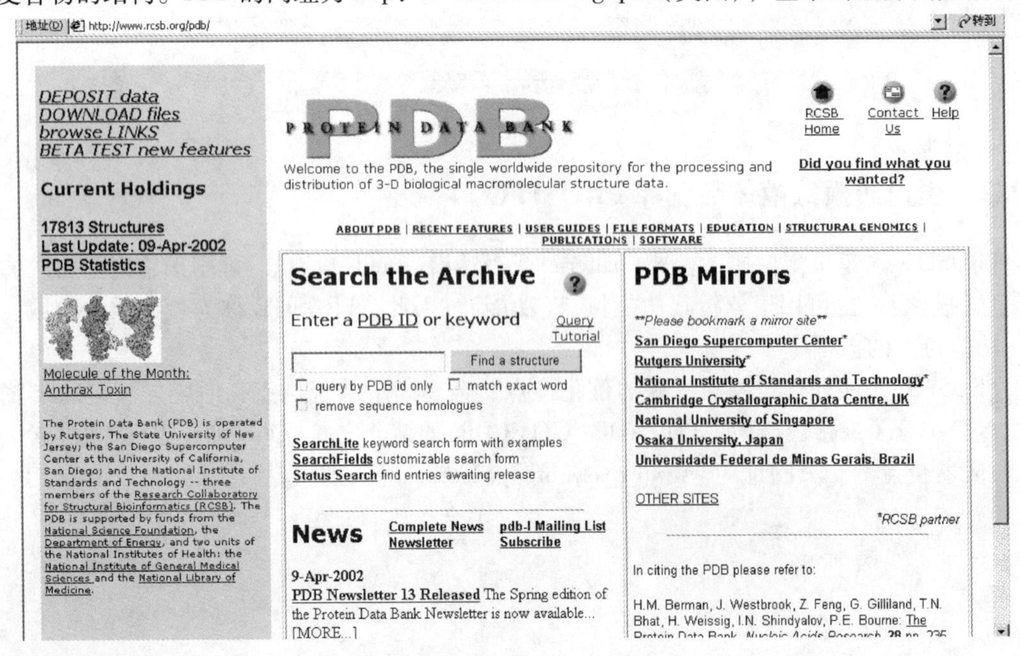

PDBsum 数据库是 PDB 注释信息的综合数据库，具有检索、分析、可视化的功能。PD-Bsum 的网址为 http：//www. biochem. ucl. ac. uk/bsm/pdbsum，其登录的主界面如下：

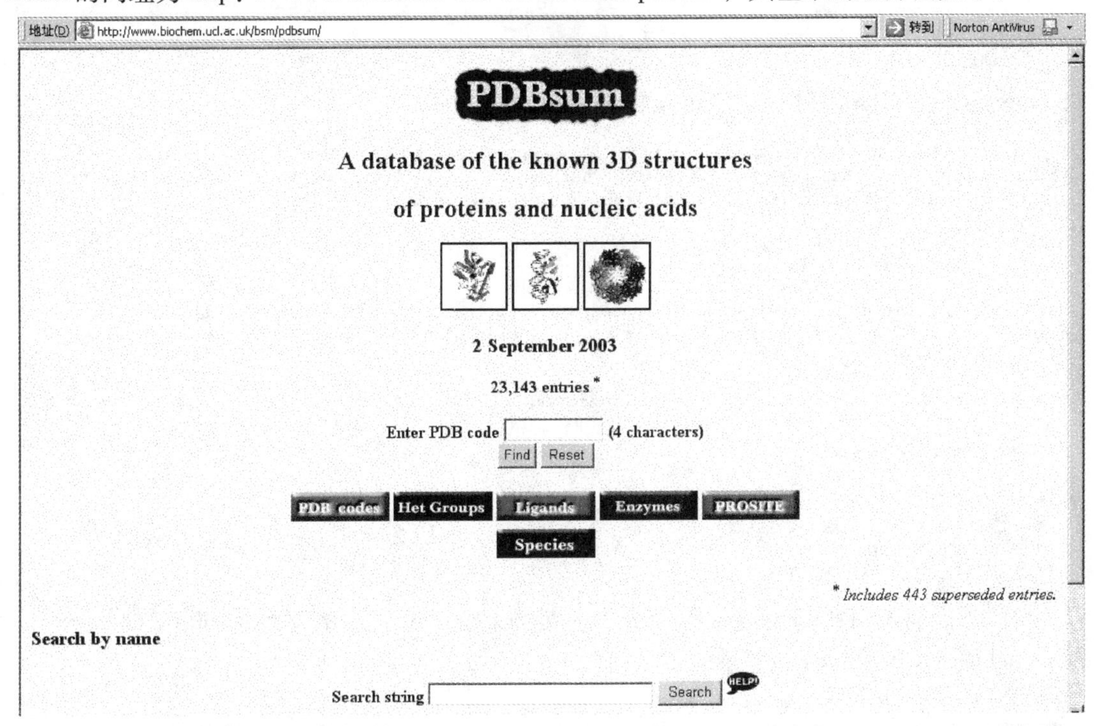


## 9.2.4　蛋白质结构分类数据库

由于组成蛋白质高级结构的折叠形式是有限的，可以按结构和进化关系对蛋白质进行分类，分类结果是一个具有层次结构的树，其主要的层次是家族(具有明显的进化关系)、超家族(具有远源进化关系，具有共同的进化源)和折叠(主要结构相似)。蛋白质结构分类数据库主要有 SCOP(structural classification of proteins)和 CATH(class, architecture, topology, homology)。SCOP 数据库是英国医学研究委员会分子生物学实验室和蛋白质工程中心开发的基于 web 的蛋白质结构数据库分类、检索和分析系统。其目标是提供关于已知结构的蛋白质之间结构和进化关系的详细描述，包括蛋白质结构数据库 PDB 中的所有条目。SCOP 数据库除了提供蛋白质结构和进化关系信息外，对于每一个蛋白质还包括下述信息：到 PDB 的链接、序列、参考文献、结构的图像等。SCOP 的网址为 http：//scop. mrc-lmb. cam. ac. uk/scop/，登录的主界面如下：

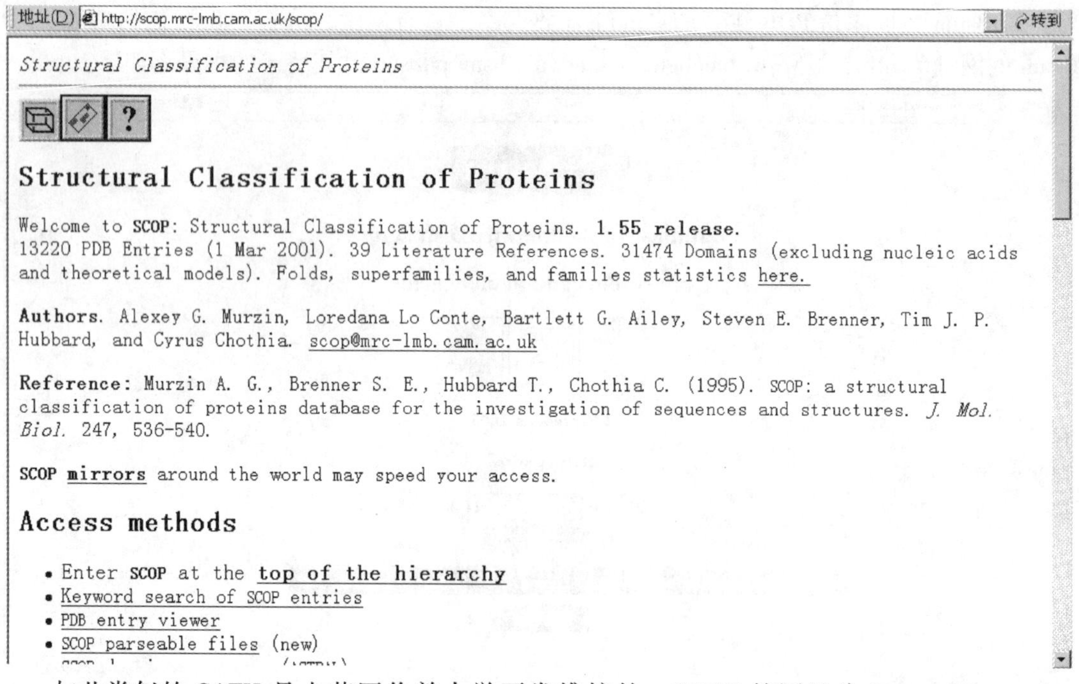


与此类似的CATH是由英国伦敦大学开发维护的。CATH的网址为http：//www. biochem. ucl. ac. uk/bsm/cath，登录的主界面如下：

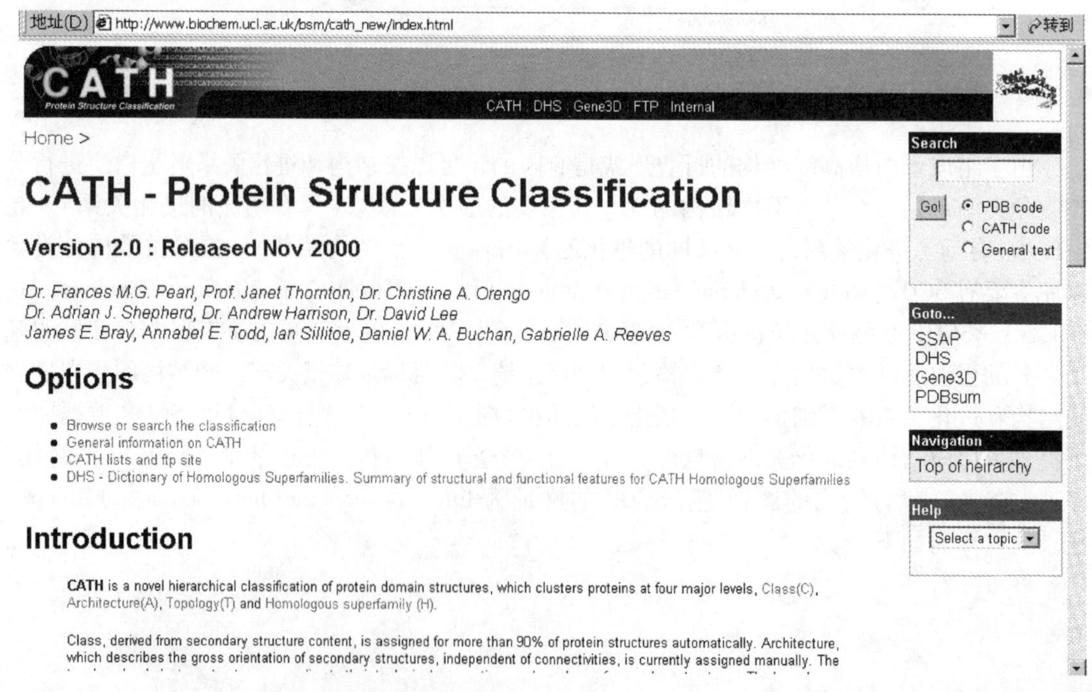


## 9.2.5 蛋白质互作网络数据库

蛋白质相互作用网络数据库常见的有：DIP(http：//dip. doe-mbi. ucla. edu/)与BIND

(http：//www. bind. ca/)。DIP 的数据来源于文献并借助于计算机软件，其登录的主界面如下：

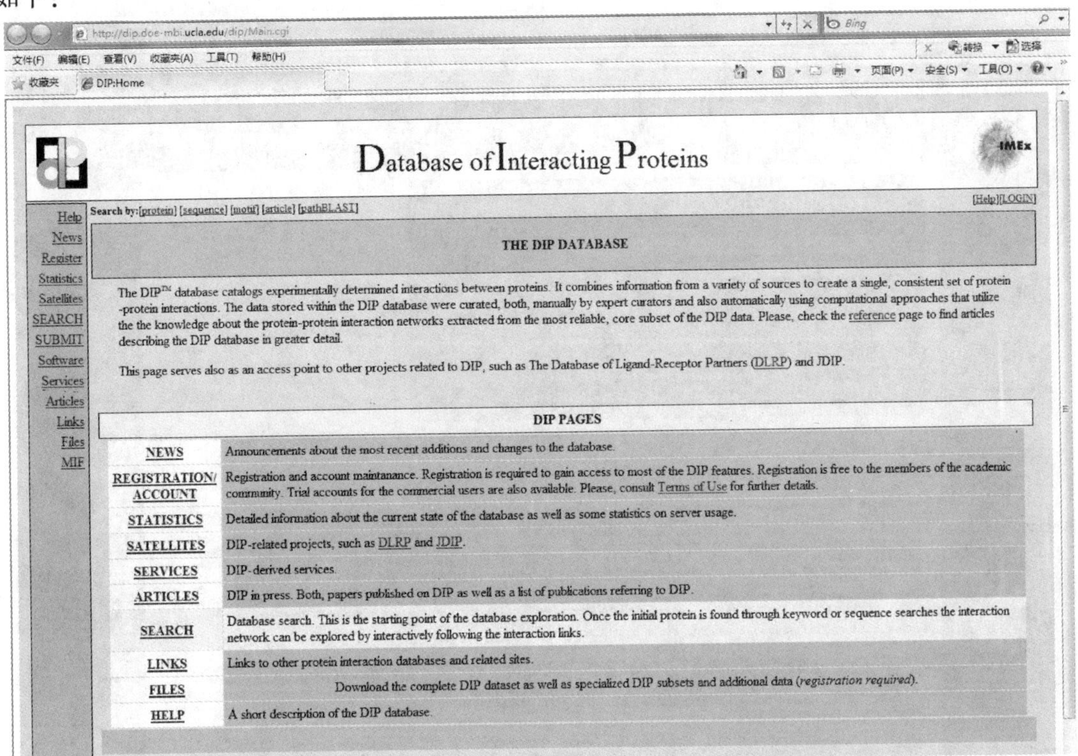


DIP 可以用基因的名字等关键词查询，使用较方便。查询的结果列出节点(node)与连结(link)两项。节点是叙述所查询蛋白质的特性，包括蛋白质的功能域(domain)、指纹(fingerprint)等，若有酶的代码或出现在细胞中的位置，也会一并批注。连结指的是可能产生的相互作用，DIP 对每一个相互作用都会说明证据(实验的方法)与提供文献。DIP 还可以用序列相似性(使用 Blast)、模式(pattern)等进行查询。

BIND 数据库除了记录相互作用的条目外，还特别区分出其中的一些复合物及其反应路径。在 BIND 中所记录的内容与 DIP 相似，包括蛋白质的功能域、在细胞中表达的位置等，对于蛋白质间的相互作用提供文献链接。使用者除可以用关键词、序列相似性等搜寻外，还可以浏览数据库中所有资料。BIND 在收录资料时主要是利用文献。使用者可以使用 PreBind 浏览正在处理的一些可能的交互作用及所提供的文献链接，让使用者可自行判断所寻求的相互作用是否为真。

Biogrid(http：//www. thebiogrid. org) 数据库是由多伦多 Mount Sinail 医院研究中心提供，已有来自 6 个不同物种的近 20 万种蛋白质相互作用信息，使用者可通过输入蛋白质名、选择物种，直接查询与之相互作用的蛋白质。其显示结果包括蛋白质相互作用网络图、相关的实验信息以及文献出处等。如输入 p53，选择人体中与之相互作用的蛋白质，则显示出有 472 种蛋白质与之相互作用。其登录的主界面如下：

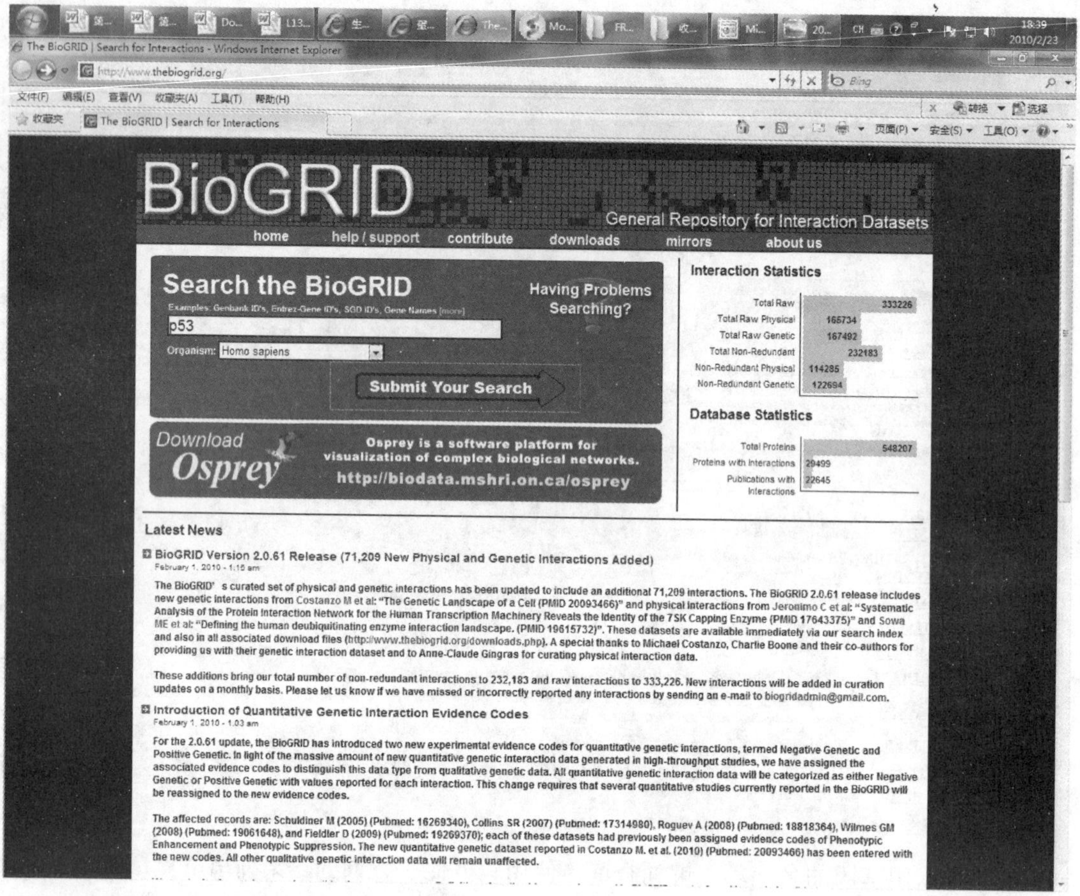

The BioGRID | Search for Interactions - Windows Internet Explorer
http://www.thebiogrid.org/
文件(F) 编辑(E) 查看(V) 收藏夹(A) 工具(T) 帮助(H)
收藏夹 The BioGRID | Search for Interactions

BioGRID
General Repository for Interaction Datasets
home help / support contribute downloads mirrors about us

Search the BioGRID
Examples: Genbank ID's, Entrez-Gene ID's, SGD ID's, Gene Names [more]
p53
Organism: Homo sapiens
Submit Your Search
Having Problems Searching?

Interaction Statistics

| | |
|---|---|
| Total Raw | 333226 |
| Total Raw Physical | 165734 |
| Total Raw Genetic | 167492 |
| Total Non-Redundant | 232183 |
| Non-Redundant Physical | 114285 |
| Non-Redundant Genetic | 122694 |

Database Statistics

| | |
|---|---|
| Total Proteins | 548207 |
| Proteins with Interactions | 29499 |
| Publications with Interactions | 22645 |

Download Osprey
Osprey is a software platform for visualization of complex biological networks.
http://biodata.mshri.on.ca/osprey

Latest News

BioGRID Version 2.0.61 Release (71,209 New Physical and Genetic Interactions Added)
February 1, 2010 - 1:15 am

The BioGRID' s curated set of physical and genetic interactions has been updated to include an additional 71,209 interactions. The BioGRID 2.0.61 release includes new genetic interactions from Costanzo M et al: "The Genetic Landscape of a Cell (PMID 20093466)" and physical interactions from Jeronimo C et al: "Systematic Analysis of the Protein Interaction Network for the Human Transcription Machinery Reveals the Identity of the 7SK Capping Enzyme (PMID 17643375)" and Sowa ME et al: "Defining the human deubiquitinating enzyme interaction landscape. (PMID 19615732)". These datasets are available immediately via our search index and also in all associated download files (http://www.thebiogrid.org/downloads.php). A special thanks to Michael Costanzo, Charlie Boone and their co-authors for providing us with their genetic interaction dataset and to Anne-Claude Gingras for curating physical interaction data.

These additions bring our total number of non-redundant interactions to 232,183 and raw interactions to 333,226. New interactions will be added in curation updates on a monthly basis. Please let us know if we have missed or incorrectly reported any interactions by sending an e-mail to biogridadmin@gmail.com.

Introduction of Quantitative Genetic Interaction Evidence Codes
February 1, 2010 - 1:03 am

For the 2.0.61 update, the BioGRID has introduced two new experimental evidence codes for quantitative genetic interactions, termed Negative Genetic and Positive Genetic. In light of the massive amount of new quantitative genetic interaction data generated in high-throughput studies, we have assigned the associated evidence codes to distinguish this data type from qualitative genetic data. All quantitative genetic interaction data will be categorized as either Negative Genetic or Positive Genetic with values reported for each interaction. This change requires that several quantitative studies currently reported in the BioGRID will be reassigned to the new evidence codes.

The affected records are: Schuldiner M (2005) (Pubmed: 16269340), Collins SR (2007) (Pubmed: 17314980), Roguev A (2008) (Pubmed: 18818364), Wilmes GM (2008) (Pubmed: 19061648), and Fieldler D (2009) (Pubmed: 19269370); each of these datasets had previously been assigned evidence codes of Phenotypic Enhancement and Phenotypic Suppression. The new quantitative genetic dataset reported in Costanzo M. et al. (2010) (Pubmed: 20093466) has been entered with the new codes. All other qualitative genetic interaction data will remain unaffected.

## 9.2.6 蛋白质功能信息学数据库

蛋白质功能信息学数据库，如 KEGG(www.kegg.com)，是一类与信号通路或代谢途径相关的蛋白质组信息数据库。KEGG 着重于基因功能的注释，内容涉及全基因组及代谢途径、信号转导通路等方面的内容。它由 7 个各自独立的数据库组成，包括基因数据库(GENES database)、通路数据库(PATHWAY database)、配体化学反应数据库(NGAND database)、序列相似性数据库(SSDB)、基因表达数据库(EXPRESSION)、蛋白质分子相互关系数据库(BRITE)以及相关疾病(KEGG DISEASE)和药物数据库(KEGG DRUG)。KEGG 提供了 Java 的图形工具用于浏览基因组图谱、比较两个基因组图谱、操作表达图谱，还可作为比较序列、图表、通路的计算工具。

KEGG 需要用各种各样的计算工具来维护基因数据库(GENES database)，尤其是从 GenBank 中提取信息和对基因功能的系统化解释。网络注释工具和其他计算机工具一起用来分配 EC 号/ortholog 识别符，合并文献中新的实验证据，并且对以通路结构为基础的推断做出解释。Ortholog 识别号可以作为查找工具，自动比较通路基因组和基因产物的基因。利用与 KEGG 的通路数据和基因组图谱数据相连接的一个表达图谱浏览器的预备版本，用户可以检查一组共同调节的基因是否在通路上也有相互联系或是否由染色体上的一群基因编码。如在

KEGG 登录主界面中，我们可以查找与 p53 相关的研究内容，方法是在 KEGG 主界面中输入 p53，如下图所示：

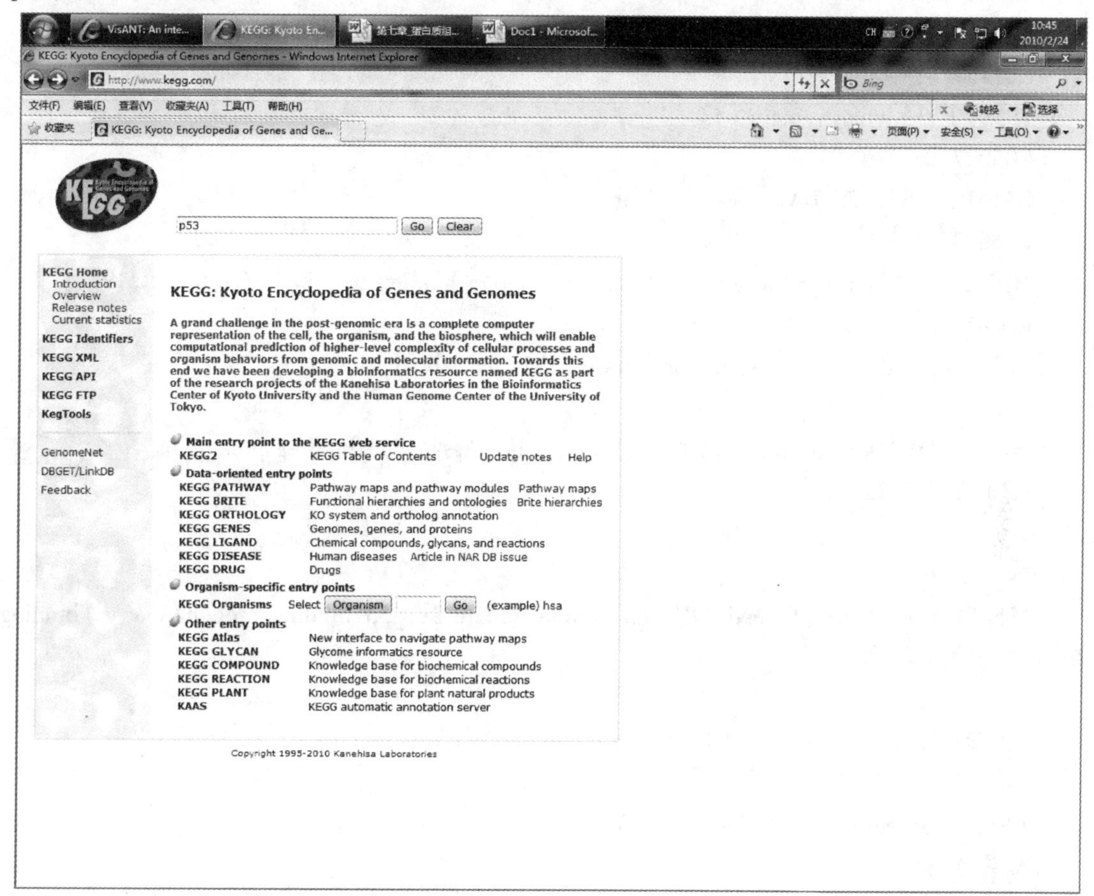


与 p53 相关的检索结果等内容则显示在界面中。使用者可根据需要选择要查询的内容。此外，使用者如果仅对 p53 与相关的信号通路感兴趣，则可以在登录的主界面中，先选择要查询的内容如 PATHWAY，再输入 p53 进行查询，则仅显示与信号转导通路等有关的信息。

p53 signaling pathway;

**KEGG BRITE**

ko00001

KO; KEGG Orthology(KO)

ko01000

Enzyme; Enzymes

ko01001

Kinase; Protein kinases

ko03000

Transcription; Transcription factors

ko03400

Repair; DNA repair and recombination proteins

**KEGG ORTHOLOGY**

K04451

TP53, P53; tumor protein p53

K05627

BAIAP2, IRSP53; BAI1-associated protein 2

K06643

MDM2; transformed 3T3 cell double minute 2, p53-binding protein [EC: 6.3.2.19]

K08851

TP53RK, PRPK; TP53 regulating kinase [EC: 2.7.11.1]

K10127

MDM4, MDMX; transformed 3T3 cell double minute 4, p53-binding protein

**KEGG GENES**

hsa: 27085

MTBP; Mdm2, transformed 3T3 cell double minute 2, p53 binding protein (mouse) binding protein, 104kDa

hsa: 9537

TP53I11; tumor protein p53 inducible protein 11

hsa: 54532

USP53; ubiquitin specific peptidase 53

hsa: 51002

TPRKB; TP53RK binding protein

hsa: 27296

TP53TG5; TP53 target 5

· · ·》display all

**KEGG DGENES**

dfru: 153888

NEWSINFRUG00000144888; K06643 transformed 3T3 cell double minute 2, p53-binding protein [EC: 6.3.2.19]

dfru: 142599

NEWSINFRUG00000134585; K10128 reprimo, TP53-dependent G2 arrest mediator candidate

dfru: 168405

NEWSINFRUG00000156028; K04451 tumor protein p53

dfru: 146391

NEWSINFRUG00000138035; K10136 TP53 apoptosis effector

dfru: 175557

NEWSINFRUG00000121798; K10127 transformed 3T3 cell double minute 4, p53-binding protein

···》display all

**KEGG EGENES**

ecpg: 2078

K08851 TP53 regulating kinase [EC: 2.7.11.1]

ecpg: 4840

K10127 transformed 3T3 cell double minute 4, p53-binding protein

ecpg: 8161

K10136 TP53 apoptosis effector

ecpg: 8954

K11970 p53-associated parkin-like cytoplasmic protein

ecpg: 9107

K11970 p53-associated parkin-like cytoplasmic protein

···》display all

蛋白质组信息学网络资源的使用，应结合相关的计算机软件工具进行。如从PDB下载的蛋白质晶体结构，需要运行相关的软件才能实现可视化。而进行蛋白质分子模拟和建模也需要相关的软件。目前，蛋白质组信息学的相关软件种类繁多，仅药物设计方面的软件就有Molsoft ICM、Accelys Discover Studio、MOE、Insight II、Auto Dock、Dock、Gold等，其中部分软件为免费版，如Auto Dock。这些软件可以用于同源模建、分子对接以及蛋白质靶点的发现等方面的研究，是计算机技术应用于生命科学领域，特别是蛋白质组信息学研究中的最好体现。

## 9.3 蛋白质组信息学技术的应用

充分利用现有的资源寻找和发现进化规律和方向性，了解生命的起源及其发展方向，如建立蛋白质组进化树，通过对蛋白质氨基酸序列的分析比对，推测蛋白质的活性与构象，进而推测其功能，以揭示其内在规律；或通过同源模建的方法，针对保守序列发现与生物学功能相关的重要蛋白质组，发现药物蛋白质相互作用网络，开展疾病的诊断、药物作用靶点的发现并进行药物设计等。下面从序列比对、结构预测和药物筛选及设计三方面来具体说明蛋白质组信息学技术的运用。

### 9.3.1 序列比对

蛋白质序列的相似性和同源性是两个不同的概念。相似性(similarity)是量上的描述，即两个序列的相同或相似的程度。比如，A序列和B序列的相似性是80%。衡量相似性常用的程序有 CLUSTAL 等。同源性(homology)指从一些数据中推断出两个蛋白质序列是否有共同祖先的结论。对同源性的判断只有“是”或“不是”两种可能。如果说 A 序列和 B 序列的同源性为 80%，显然是不科学的说法，比较同源性常用的程序有 BLAST、FASTA 等。序列间的相似性越高，同源序列的可能性就大，通过序列的相似性可以推测序列是否同源。

实例分析：搜索与蛋白质 lkb1 具有同源性或相似性高的蛋白质序列。

>1kb1
MRRLSSWRKMATAEKQKHDGRVKIGHYILGDTLGVGTFGKVKVGKHELTGHKVAVKILNRQKIRS
LDVVGKIRREIQNLKLFRHPHIIKLYQVISTPSDIFMVMEYVSGGELFDYICKNGRLDEKESRRLFQQ
ILSGVDYCHRHMVVHRDLKPENVLLDAHMNAKIADFGLSNMMSDGEFLRTSCGSPNYAAPEVISGR
LYAGPEVDIWSSGVILYALLCGTLPFDDDHVPTLFKKICDGIFYTPQYLNPSVISLLKHMLQVDPMKR
ATIKDIREHEWFKQDLPKYLFPEDPSYSSTMIDDEALKEVCEKFECSEEEVLSCLYNRNHQDPLAVA
YHLIIDNRRIMNEAKDFYLATSPPDSFLDDHHLTRPHPERVPFLVAETPRARHTLDELNPQKSKHQG
VRKAKWHLGIRSQSRPNDIMAEVCRAIKQLDYEWKVVNPYYLRVRRKNPVTSTYSKMSLQLYQVD
SRTYLLDFRSIDDEITEAKSGTATPQRSGSVSNYRSCQRSDSDAEAQGKSSEVSLTSSVTSLDSSPVDL
TPRPGSHTIEFFEMCANLIKILAQ

首先打开 http：//blast. ncbi. nlm. nih. gov/Blast. cgi 的主界面：

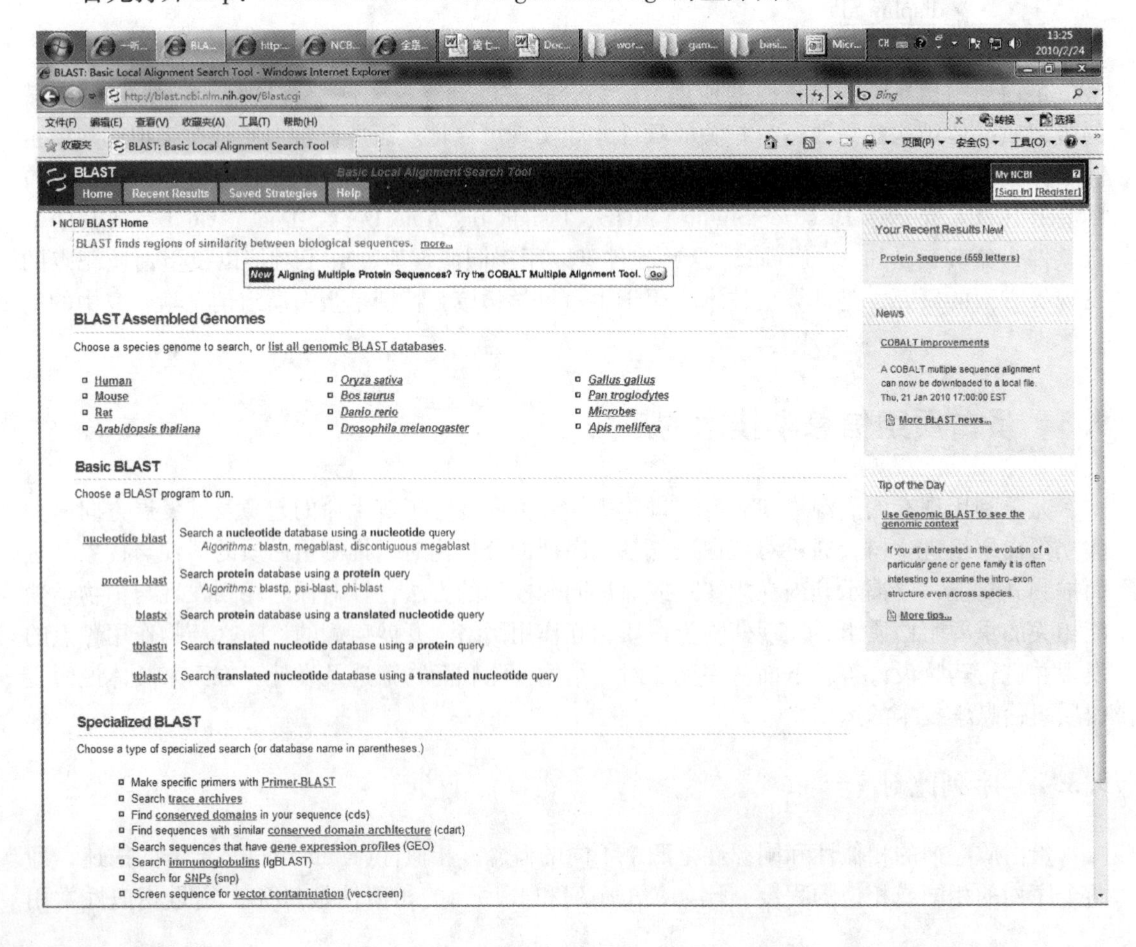

为进行蛋白质-蛋白质序列比对分析，选择BLASTp，出现如下界面：

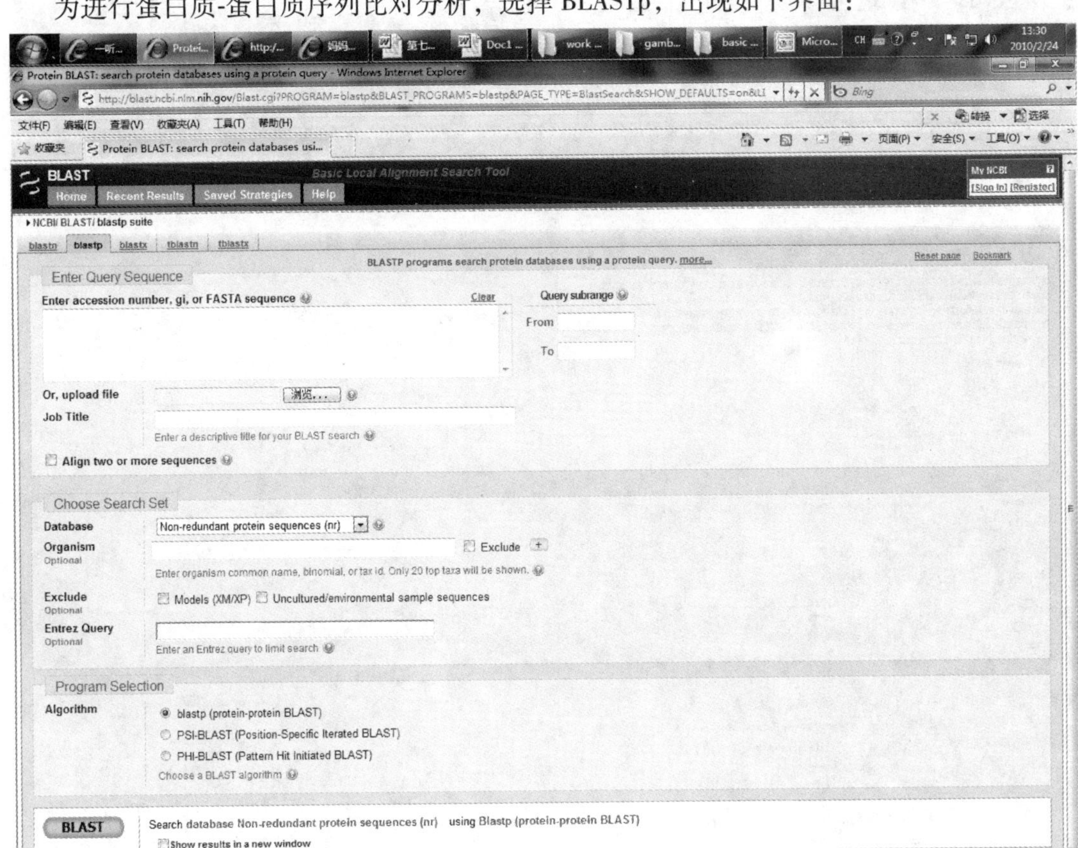


在检索框中输入蛋白质名称1kb1或输入其氨基酸序列，并在Organism中选择Human，则显示如下界面：

点击BLAST按键，则得到比对结果。序列比对可以从核酸序列进行。如何从蛋白质的氨基酸序列获得蛋白质的结构？当然可以用结构检测分析的方法，如X射线晶体衍射或核磁共振检测的技术。但是更快捷、更方便的方法是计算预测的策略。

### 9.3.2　结构预测

基于氨基酸组成的蛋白质结构预测原理：氨基酸不仅是一级结构的基础，同时在二级结构中也存在某些规律。也就是说，一级结构中就包含有形成高级结构的信息。如α-helix常含有氨基酸A、E、L、M、C；而β-sheets中V、T、I、F、W、Y出现的几率较高；在Bends中常有P、G、N出现。蛋白质的三级结构虽缺乏规律，但总体也是由氨基酸序列决定，相距较远的氨基酸残基间的相互作用可使体系的能量降低，保持结构的稳定性。

蛋白质结构预测的方法有同源建模法、折叠识别法以及从头预测法（如“The Holy Grail”）等。同源模建的分子基础是在进化过程中结构比序列更加保守。序列的相似性越高，结构预测的结果可信度更大。在天然结构中大约有1 000到10 000种稳定折叠结构，某种蛋

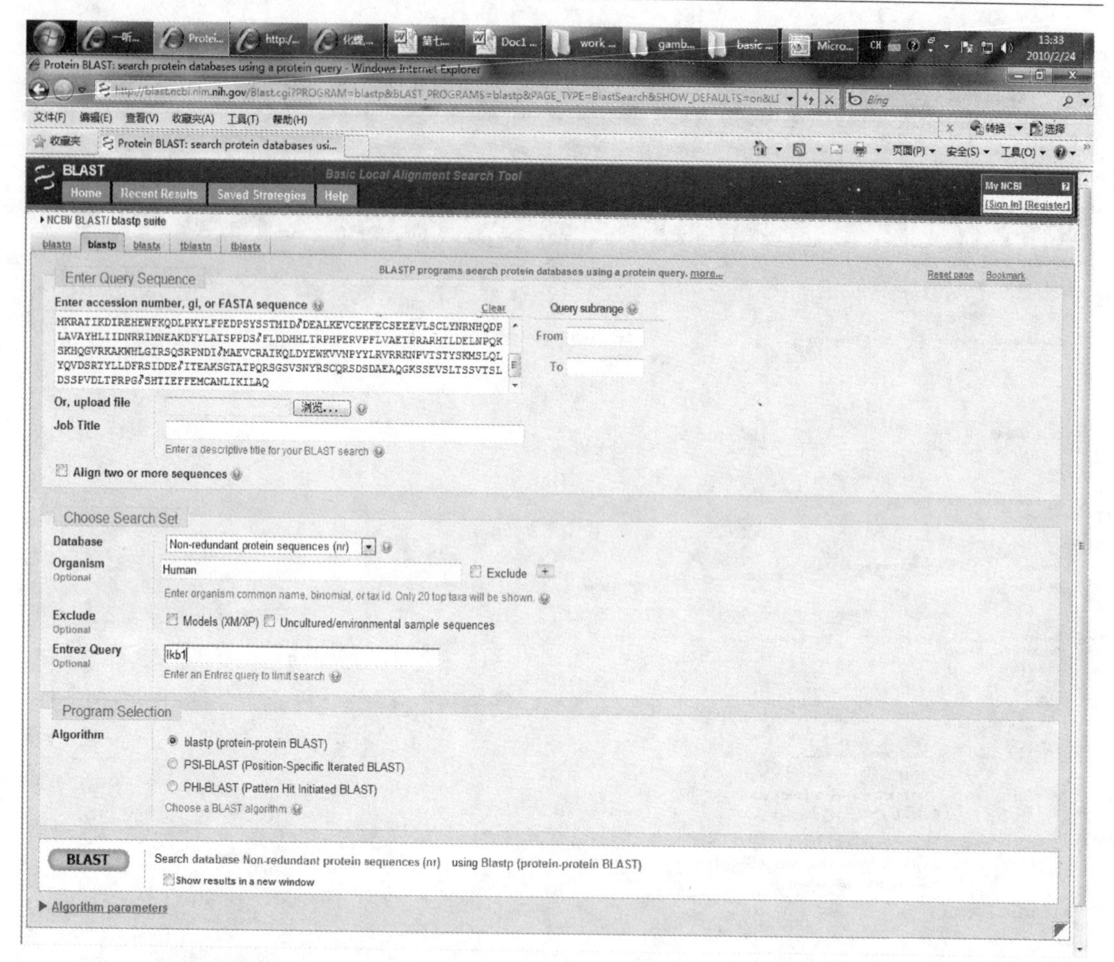


白质可能会采用其中的一种折叠方式。折叠识别法是通过算法从众多的已知折叠结构中发现某一种蛋白质最适合的折叠结构。而从头预测法则是利用序列和蛋白质化学的原理来预测蛋白质的3D结构，按照分子动力学（molecular dynamics）和能量最小化（energy minimization）的原理，将各种结构按能量打分的高低进行排序，预测符合能量最低原理的蛋白质结构。

### 9.3.3　药物筛选及设计

传统的药物筛选方法是采用药理学的实验方法，分子水平和细胞水平的筛选模型是实现高通量药物筛选的技术基础。而基于靶点蛋白质的药物筛选是借助计算机，通过有机化学、量子化学及立体化学计算，找出与靶分子结合的最佳的药物分子结构。在此基础上，通过药效团分析并结合实验进行药物设计，可实现一药多筛。同一化合物与不同靶点蛋白质模型筛选的数据以及由同一靶点模型针对不同化合物筛选的数据，归纳出的结构活性关系可以为药物的发现提供极有价值的信息，并为基于蛋白质组信息的药物发现过程提供准确、丰富的资料。

基于蛋白质三维结构的信息为蛋白质的功能研究和药物设计提供了基础。药物设计的出发点是蛋白质的晶体结构与配体数据库。其核心思想是基于分子间的相互作用，即药物与其靶点蛋白质间存在着相互作用。通过计算机软件，模拟这种相互结合作用，固定蛋白质靶点，考察不同的小分子配体或大分子与靶点蛋白质的结合情况，并根据不同的结合能、结合位点等方面进行打分，通过计算结果，推测靶点蛋白质最可能的小分子配体。当然这种结合是虚拟的，必须借助其他实验数据的支持。药物设计实验需要的基本原件包括靶蛋白、配体及相关的计算软件。靶蛋白可来源于蛋白质晶体结构数据库，配体则来源于配体数据库，相关的对接软件可采用免费的 Auto Dock 等进行。

下面以在 Windows 下运行的 Molsoft ICM（http：//www. molsoft. com/）软件为例来说明基于靶点蛋白质的药物筛选。Hsp90 是抗肿瘤药物的作用靶点之一，其抑制剂已成为重要的抗肿瘤药物先导化合物。如果要从化合物库中进行 Hsp90 抑制剂的筛选，则可以按以下步骤进行：第一步，进行蛋白质结构的准备，Hsp90 的晶体结构可从相应的蛋白质数据库如 PDB 中下载(ID 2CCS)。用 ICM 计算机软件打开相应的 pdb 文件，并运行 ICM Molmachanics 进行结构转换与调整(regulation)，加氢、能量最小化、去掉原有配体，再以 Icm pocketfinder 程序自动生成 pocket 。第二步，蛋白质结构准备好后，拟筛选的小分子化合物的结构可采用其他的软件包如 ACDLABS 12. 0 等生成。用 ICM 的 molecular editor 程序打开并进行编辑，如结构转换、单双键的确定及能量最小化等步骤准备好小分子。第三步，进行分子对接，运用 ICM 的 Docking 程序进行。对接结果以能量、RMSD 值等内容显示，一般是根据能量大小进行排队。另外可与 Hsp90 的已知抑制剂 geldanamycin(GA)进行比较。由于免费的 ICM 一般不具备 VLS 的功能，只能一个化合物一个化合物对接，根据与 GA 的比较结果，确定哪个化合物的能量最低且 RMSD 最小，再综合结构互补等因素，从众多的化合物中筛选出可能的抑制剂。当然，筛选出的化合物还要结合分子或细胞水平的实验进行验证。

从具有生物活性的先导化合物出发，进行基于蛋白质靶点的计算机辅助药物设计，是蛋白质组信息学的一个重要研究领域。相信随着蛋白质组学技术的发展，人们对靶点蛋白质认识的深入，模拟靶点蛋白质与药物分子作用以及药物分子调控细胞信号通路与代谢途径的研究技术将不断完善，这无疑将成为人类战胜疾病的有力武器。

## 本章小结

蛋白质组信息学是随着蛋白质遗传信息、结构信息、相互作用的网络信息、功能信息以及蛋白质的种属特异性、组织特异性等信息的不断涌现而产生与发展起来的。蛋白质组信息学的主要研究内容可以分为蛋白质序列与结构信息学、蛋白质相互作用信息学、功能蛋白质组信息学、蛋白质组遗传信息学等 4 大领域。本章根据蛋白质的结构层次，系统介绍蛋白质信息学的数据资源，包括蛋白质序列数据库、蛋白质模式模体数据库、蛋白质结构数据库、蛋白质互作数据库及功能蛋白质组信息学数据库。然后用实例介绍序列比对、结构预测和药物设计的步骤，以此说明蛋白质组信息学技术的运用。

## 思考题

1. 如何理解蛋白质组信息学？蛋白质组信息学与生物信息学的关系是什么？

2. 蛋白质组信息学的研究内容有哪些?

3. 蛋白质组信息学有哪些方面的应用?

4. 以蛋白激酶为靶点如何进行小分子的药物设计?

# 参考文献

1. YAYOI FUKUYO, CLAYTON R Hunt, NOBUO HORIKOSHI. 2010. Geldanamycin and its anti-cancer activities[J]. Cancer Letters, 290: 24-35.

2. AYRAULT, OLIVIER, GODENY, et al. 2009. Inhibition of Hsp90 via 17-DMAG induces apoptosis in a p53-dependent manner to prevent medulloblastoma[J]. Proceedings of the National Academy of Sciences of the United States of America. 106(40): 17037-17042.

3. HRSTKA R, MULLER P, HUBLAROVA P, et al. 2009. The role of Hsp90 in folding and stabilization of p53 mutants[C]. 34th Congress of the Federation-of-European-Biochemical-Societies, 262.